Viktor Hund
Massimo Malvetti
Hartmut Pilkuhn

Eine kleine Quantenphysik

Facetten

Baumann, Kurt / Sexl, Roman U.
Die Deutungen der Quantentheorie

Eckert, Michael
Die Atomphysiker
Eine Geschichte der theoretischen Physik
am Beispiel der Sommerfeldschule

Genz, Henning / Decker, Roger
Symmetrie und Symmetriebrechung in der Physik

Gilmore, Robert
Alice im Quantenland
Aus dem Engl. übers. von Rainer Sengerling

Hilscher, Helmut
Elementare Teilchenphysik

Selleri, Franco
Die Debatte um die Quantentheorie

Vieweg

Viktor Hund
Massimo Malvetti
Hartmut Pilkuhn

Eine kleine Quantenphysik

Quantenmechanik – Relativistik – Quantenoptik

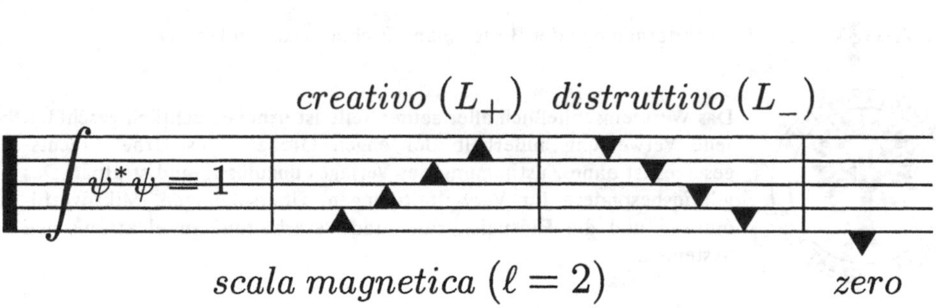

vieweg

Der Verlag Vieweg ist ein Unternehmen der Bertelsmann Fachinformation GmbH.

http://www.vieweg.de

Umschlaggestaltung: Klaus Birk, Wiesbaden
Satz: Vieweg, Wiesbaden
Druck und buchbinderische Verarbeitung: Hubert & Co., Göttingen
Gedruckt auf säurefreiem Papier

ISBN 3-528-06924-4

VORWORT

Dieses Buch umfasst den Stoff von zwei vierstündigen Quantentheorievorlesungen, QI und QII, plus eine Prise Quantenstatistik QIII.
QI ist die nichtrelativistische Quantenmechanik; sie findet sich in den Kapiteln I-III, mit einigen Nachträgen in Kapitel VI. QII behandelt in Kapitel IV das elektromagnetische Quantenfeld und seine Ankopplung in den nichtrelativistischen Gleichungen, in Kapitel V dann die relativistische Quantenmechanik und etwas Quantenelektrodynamik. QIII enthält außer Temperaturdefinition, Boltzmannfaktoren usw. auch Dichtematrizen, auch die der Quantenoptik (§46).
Wir präsentieren diese Stoffmenge stark komprimiert: Eine Formel umfasst manchmal mehrere Gleichungen, die Ausdrucksweise ist knapp und nähert sich schon mal dem Telegrammstil, wofür wir um Nachsicht bitten. Für QI empfehlen wir als zusätzliche Literatur Cohen-Tannoudji et al (1977), Merzbacher (1961), Fließbach (1991) sowie weitere Bücher des Literaturverzeichnisses am Buchende.
Die klassische Mechanik als Grundlage der Quantenmechanik ist praktisch abgeschafft, siehe §0. Neue Grundlage ist die Elektrodynamik. Bezüglich der Wellengleichungen war sie das ja schon immer. Neu ist die Ersetzung einer Anzahl klassischer Hamiltonfunktionen durch das Postulat der Eichinvarianz der Wellengleichungen (§20). Diese Idee ist zwar auch alt, ihre fundamentale Bedeutung offenbarte sich aber erst nach der Entdeckung nichtabelscher Eichtheorien. Man könnte in künftigen Lehrplänen diejenigen Teile der klassischen Mechanik, die nur noch in Hinblick auf die Quantenmechanik gelehrt werden, genausogut hintenanstellen.
Soviel zu QI. QII sollte logischerweise mit Kapitel V (relativistische Teilchen) anschließen, und so wird es auch in vielen Lehrbüchern (z.B. Landau & Lifschitz, Band IV, 1980, 1989) präsentiert. Nur erscheint dieser Teil für einen jobsuchenden Physiker zur Zeit entbehrlich. Quantenoptik und Quanteninformatik dagegen sind neu, anwendungsorientiert und leicht zu lernen. Wir haben deshalb in Kapitel IV die Theorie der Strahlung mit Themen aus der Quantenoptik vereint, die man sonst nur in speziellen Lehrbüchern findet (siehe Literaturverzeichnis).
Ein Hinweis zum Schluss: Nicht irritiert sein, wenn manche Worte ungewohnt geschrieben sind - wir verwenden im Rahmen unseres Wissens und im Vertrauen auf die Richtigkeit unseres Wörterbuches die „neue deutsche Rechtschreibung". Und nun viel Spaß beim Studium! Für Rückfragen und Anregungen (unter vh@ttpux1.physik.uni-karlsruhe.de) sind wir dankbar.

V HUND, M MALVETTI, H PILKUHN
CAROLI QUIES, MXMVII

Inhalt

Kapitel III: Atome und Moleküle

Kapitel IV: Strahlung, Quantenoptik

Kapitel V: Relativistische Teilchen

Kapitel VI: Periodische Systeme. Statistik. Quanteninformatik

§o. Das Quantenfeld erhellt die Welt.

Wo wir einige Worte über die deduktive Struktur der theoretischen Physik verlieren.

Mit der *elektroschwachen* Theorie hat die theoretische Physik ein sicheres Fundament gefunden. Zusammen mit einigen empirischen Kerndaten (Massen, Kernmomente usw.) bestimmt sie im Prinzip alle Einzelheiten der Atom- und Molekülphysik, Chemie, Festkörperphysik usw. Den *schwachen* Anteil (insbesondere den β-Zerfall) behandeln wir allerdings nur in §61, ansonsten beschränken wir uns auf den Grenzfall der normalen Quantenelektrodynamik (QED). Hier braucht man einen Feldoperator Ψ (Psi), der Elektronen erzeugt und Positronen vernichtet, sowie die *Potenzialfeldoperatoren* $\boldsymbol{A}$ und A^0. In der Coulombeichung bewirkt $\boldsymbol{A}$ die Erzeugung und Vernichtung von Fotonen. Weitreichende Konsequenzen der QED sind u.a. das Pauliprinzip für Elektronen und das Bose-Einstein-Prinzip für Fotonen. Aber auch der Elektronfeldoperator Ψ wird selten gebraucht. Bei uns erscheint er erst in §56. Das einzige Quantenfeld von Bedeutung ist $\boldsymbol{A}$, weil es für die Fotonen verantwortlich ist (Kapitel IV). Im optischen Bereich redet man von *Quantenoptik.* Ihr klassischer Grenzfall ist die Elektrodynamik.
Der größte und zur Zeit auch noch wichtigste Teilbereich ist die Quantenmechanik. Hier wiederum ist die relativistische Quantenmechanik (Kapitel V) eher unbedeutend. Damit haben wir unser wichtigstes Gebiet logisch abgegrenzt: die nichtrelativistische Quantenmechanik (Kapitel I-III und VI).
Als Spezialfall der *Quantenmechanik* kommt schließlich noch die klassische *Mechanik*, in der auch die Unschärferelationen vernachlässigbar sind. Auch hier gibt es eine relativistische und eine nichtrelativistische Version. Die Gravitation wollen wir allerdings ausklammern, weil die sogar in der elektroschwachen Theorie fehlt (da gibt's noch was zu tun!). Für ein Teilchen i der Ladung q_i und Masse m_i brauchen wir also nur die Lorentzkraft,

$$d\boldsymbol{p}_i/dt = q_i(\boldsymbol{E} + c^{-1}\boldsymbol{v}_i \times \boldsymbol{B}). \tag{0.1}$$

Hier ist c = Lichtgeschwindigkeit, $\boldsymbol{E} = \boldsymbol{E}(\boldsymbol{r},t)$ = elektrisches Feld, $\boldsymbol{B} = \boldsymbol{B}(\boldsymbol{r},t)$ = Magnetfeld, und $\boldsymbol{v}_i = d\boldsymbol{r}_i(t)/dt$ = Teilchengeschwindigkeit. Relativistisch gilt $\boldsymbol{p}_i = m_i\boldsymbol{u}_i$ mit $\boldsymbol{u}_i = d\boldsymbol{r}_i/d\tau_i$ und τ_i = Eigenzeit. Im nichtrelativistischen Grenzfall setzt man einfach $\tau_i = t$ = Laborzeit, also $\boldsymbol{p}_i = m_i\boldsymbol{v}_i$. Die logische Folge ist also

$$\text{QED} \to \begin{cases} \text{Quantenmechanik} \to \text{Mechanik} \\ \text{Quantenoptik} \to \text{Elektrodynamik} \end{cases}$$

Soweit die Logik. Physikvorlesungen beachten jedoch auch die historische Folge; die ist eher umgekehrt und deshalb gelegentlich unlogisch. Du kennst bereits die Mechanik, wahrscheinlich hast du den Namen *Hamilton-Jacobi-Gleichungen* schon mal gehört. Im Folgenden ist meist von Schrödingers Differenzialgleichung $H\psi = E\psi$ die Rede. Der Differenzialoperator H heißt *Hamiltonoperator*, sein Eigenwert E die *Energie*. Du weißt, dass Bohr (1913) durch eine Quantisierungsvorschrift der Keplerellipsen die richtigen E-werte beim Wasserstoffatom (H-Atom) erhielt:

$$E = -R/n^2, \quad n = 1, 2, 3 \ldots \quad R = 13.6\,\text{eV}. \tag{0.2}$$

Also denkst du vielleicht, Quantenmechanik = Mechanik + Quantisierung. Falsch! Bohrs Erfolg beim H-Atom war Zufall (siehe §19), und schon beim Helium war's aus mit dieser Form der Quantisierung. Die erste konsistente Formulierung war Heisenbergs *Matrizenmechanik*, die wir auf §9 verschieben. Der heute übliche Einstieg basiert auf der Idee von de Broglie (1923), dass die diskreten gebundenen *Zustände* stehende Wellen einer Wellenfunktion $\psi(\boldsymbol{r}, t)$ sind, und zwar beim H-Atom Radialfunktionen mal Kugelflächenfunktionen. De Broglie bezog seine Analogie nicht aus der Mechanik, sondern aus der Elektrodynamik. Er erinnerte sich der elektromagnetischen Eigenschwingungen (*Moden*) einer Kavität. Die sind nämlich abzählbar (= gequantelt): Eine Grundfrequenz ν_0, danach die Oberschwingungen mit Frequenzen $\nu_1, \nu_2 \ldots$ Zwar ist in der Elektrodynamik eine Frequenzquantelung noch keine Energiequantelung. Letztere hatte Planck (1901) empirisch gefunden: Bei festem ν ist $E(\nu) = n_f \cdot h \cdot \nu$, mit $n_f = 0, 1, 2 \ldots$ = Zahl der Anregungsquanten (h = Plancks Konstante, ihr Zahlenwert steht in (17.14)). Wir wollen diese Quanten *Fotonen* nennen, auch wenn sie bei diskreten Frequenzen ν_i in einer Kavität eingesperrt bleiben. Bei Elektronen dagegen ist de Broglies Frequenzquantelung automatisch auch eine Energiequantelung, denn der Fotonenzahl n_f entspricht hier die Elektronenzahl n_e, und die wird für jedes Atom vor Beginn der Rechnung festgelegt. Formel (0.2) z.B. bezieht sich auf das neutrale H-Atom mit $n_e = 1$.

Schrödinger (1926) entwickelte seine Gleichung aus de Broglies Vorstellung eines Wellenfeldes und aus Einsteins Relativität (1905). Klar, denn die als Vorbild dienenden Maxwellgleichungen sind nicht galileiinvariant, sondern lorentzinvariant:

$$\text{div}\boldsymbol{B} = 0, \quad \text{rot}\boldsymbol{E} + c^{-1}\partial_t \boldsymbol{B} = 0, \quad \partial_t = \partial/\partial t. \tag{0.3}$$

Bei den inhomogenen Maxwellgleichungen benutzen wir das cgs-System, $4\pi\epsilon_0 = 11.12 \times 10^{-11}\,\text{As/Vm} = 1$:

$$\text{div}\boldsymbol{E} = 4\pi\rho_{\text{el}}(\boldsymbol{r}, t), \tag{0.4}$$

$$\text{rot}\boldsymbol{B} - c^{-1}\partial_t \boldsymbol{E} = 4\pi c^{-1}\boldsymbol{j}_{\text{el}}(\boldsymbol{r}, t), \tag{0.5}$$

wobei ρ_{el} und j_{el} die elektrischen Ladungs- und Stromdichten bedeuten. Übrigens gelten diese Gleichungen auch in der QED, Felder muss man also tatsächlich *quantisieren*. Aber zwischen Feldgleichungen der Art (0.3) – (0.5) und der Mechanik eines Massenpunktes ist ein himmelweiter Unterschied. Schrödingers $\psi(\boldsymbol{r}, t)$ ist überall gleichzeitig, genau wie $\boldsymbol{E}(\boldsymbol{r}, t)$ und $\boldsymbol{B}(\boldsymbol{r}, t)$. Die Schrgl $H\psi = i\hbar\partial_t\psi$ ist eine partielle Diffgl in den 4 Variablen x, y, z, t. Da wir ständig partielle Ableitungen brauchen, schreiben wir sie besonders kurz: Neben $\partial_t = \partial/\partial t$ definieren wir $\partial_x = \partial/\partial x$ usw. Damit ist z.B. in (0.3)

$$\text{div}\boldsymbol{B} = \partial_x B_x + \partial_y B_y + \partial_z B_z, \tag{0.6}$$

$$(\text{rot}\boldsymbol{E})_z = \partial_x E_y - \partial_y E_x, \quad \ldots \tag{0.7}$$

Für den Spezialfall eines stationären $\boldsymbol{B}$-Feldes, $\partial_t \boldsymbol{B} = 0$, garantiert die zweite Gleichung in (0.3), dass $\boldsymbol{E}$ der Gradient eines Potenzials ϕ (phi) ist,

$$\boldsymbol{E} = -\text{grad}\phi = -\nabla\phi, \quad E_x = -\partial_x\phi, \quad \ldots \tag{0.8}$$

(∇= Nabla). Ein Massenpunkt i dagegen beschreibt eine Bahnkurve $\boldsymbol{r}_i(t)$, die nur noch eine Funktion von t ist. Die Bezeichnung $\boldsymbol{r}_i(t)$ fasst die drei Funktionen $x_i(t)$, $y_i(t)$, $z_i(t)$ zusammen. Die kinetische Energie des Teilchens i ist

$$T_i = \tfrac{1}{2}m_i v_i^2 = p_i^2/2m_i, \tag{0.9}$$

die potenzielle Energie ist $V_i(t) = q_i\phi(\boldsymbol{r}_i(t), t)$ (das Elektron hat $q_e = -e$, das Proton $q_p = +e$). Sind $\boldsymbol{B}$ und $\boldsymbol{E}$ zeitunabhängig, dann gilt auch für das Potenzialfeld $\phi = \phi(x, y, z)$. $\phi(\boldsymbol{r})$ ist zwar überall gleichzeitig, aber in die Bewegungsgleichung (0.1) geht es nur am Ort $\boldsymbol{r}_i(t)$ ein. In zwei Dimensionen $\boldsymbol{r} = (x, y)$ könnte man sich $\phi(x, y)$ als die Höhenangabe auf einem unebenen Parkplatz denken, und $\boldsymbol{r}(t)$ als Bahn eines freigelassenen Einkaufswagens. Solange die Erde nicht bebt, gilt $\phi(\boldsymbol{r}, t) = \phi(\boldsymbol{r})$, d.h. ϕ ist stationär. Durch die Bahnkurve $\boldsymbol{r} = \boldsymbol{r}(t)$ des Wagens wird aber dessen potenzielle Energie T eine Funktion der Zeit. Trotzdem gilt $d(T + V)/dt = 0$, d.h. die Summe aus kinetischer und potenzieller Energie des wilden Wagens ist zeitlich konstant. Allgemein definiert man für ein freigelassenes klassisches Teilchen i die Hamiltonfunktion

$$H_i = \boldsymbol{p}_i^2/2m_i + V_i(\boldsymbol{r}_i(t), t) \tag{0.10}$$

und findet $dH_i/dt = 0$, sofern V_i nicht explizit von der Zeit abhängt, d.h. nur über $\boldsymbol{r}_i(t)$. Der zeitlich konstante Wert von H_i ist die *Energie* des Teilchens i. Für unser Elektron folgt (0.10) aus (0.1) und (0.8), weil (nach der Kettenregel) $dV_i/dt = \text{grad}_i V_i \cdot d\boldsymbol{r}_i/dt = -q_i \boldsymbol{E}\boldsymbol{v}_i$ ist.

Die Quantenmechanik kennt keine Teilchenbahnen $\boldsymbol{r}_i(t)$, genauso wenig wie das Licht. Bereits ein einzelnes Elektron wird durch eine komplexe Funktion $\psi(\boldsymbol{r},t)$ beschrieben, die wie ein Feld überall gleichzeitig ist. Die reelle Funktion $\rho(\boldsymbol{r},t) = |\psi|^2$ gibt die Wahrscheinlichkeit, bei einer Ortsmessung zur Zeit t das Elektron gerade am Ort $\boldsymbol{r}$ zu finden. Deshalb gilt

$$\int \rho(\boldsymbol{r},t)\, d^3r = \int d^3r\, |\psi(\boldsymbol{r},t)|^2 = 1 \tag{0.11}$$

unabhängig von t. Im klassischen Grenzfall türmt sich das ganze ρ an einer einzigen Stelle $\boldsymbol{r}_1(t)$. Wegen (0.11) ist es dann eine Deltafunktion,

$$\rho_{\text{klassisch}}(\boldsymbol{r},t) = \delta(\boldsymbol{r} - \boldsymbol{r}_1(t)). \tag{0.12}$$

In Experimenten war dieser Grenzfall bisher selten relevant. Meist ist man näher am anderen Grenzfall einer fast ebenen Welle, $\psi = \mathrm{e}^{(i\boldsymbol{kr}-i\omega t)}$, $\rho = konst.$ Ein nützlicher Begriff ist das *Wellenpaket*, das ist ein Wellenzug endlicher Länge.

Heute redet man gerne vom *Zustand*, in dem das Elektron sich befindet. Für uns bedeutet das die Festlegung seiner Wellenfunktion, z.B. durch deren Fourierkomponenten. Wichtige Eigenschaften solcher Zustände, insbesondere das Superpositionsprinzip, gelten bereits für elektromagnetische Wellen, die wir deshalb in §1 wiederholen.

Abschließend noch eine Bemerkung zum Einbau der Quantenmechanik in die Maxwellgleichung (0.4). Da das Elektron geladen ist, erzeugt es ein eigenes elektrisches Feld $\boldsymbol{E}$. Die in (0.4) dafür verantwortliche Ladungsdichte ist

$$\rho_{\text{el}}(\boldsymbol{r},t) = -e\rho(\boldsymbol{r},t) = -e|\psi|^2, \tag{0.13}$$

obwohl das Elektron bei einer Ortsmessung nach wie vor punktförmig ist. Die kontinuierliche Funktion ρ ist mathematisch besser als $\rho_{\text{klassisch}}$ mit seiner Deltafunktion.

Hier noch eine kleine Warnung: Die meisten Lehrbücher zur Quantenmechanik haben ein mathematisch gehaltenes Kapitel „Grundlagen der Quantenmechanik“. Bei uns fehlt das. Die Grundlagen der Quantenmechanik sind auf §§1-14 und 23 verteilt, die der Quantenfeldtheorie auf die Kapitel IV und V. Dazwischen kommt die Vielteilchen-Schrödingergleichung, deren Lösungen das Pauliprinzip als zusätzliches Postulat haben. Die Analogie (Klassische Hamiltonfunktion, Poissonklammer) $\longrightarrow$ (Hamiltonoperator, Kommutator) zählen wir nicht zu den Grundlagen. Ein Beispiel: Die „Quantisierung des starren Rotators“ reproduziert qualitativ molekulare Rotationsspektren. Die präzise „ab initio“-Berechnung von Rotations- und Vibrationsspektren

löst zuerst die Vielelektronengleichung bei festen Kernpositionen und behandelt anschließend die Kernfreiheitsgrade des vollständigen Systems (Kerne + Elektronen) in der adiabatischen Näherung (§32). Die Form des „ab initio"-Hamilton ist durch Invarianzprinzipien festgelegt (§20). Bei komplexen Systemen braucht man Modellhamiltone, die man heutzutage häufig direkt quantenmechanisch ansetzt, mit Quasiteilchen usw. Klassische Begriffe sind hier nur noch Orientierungshilfen, etwa das Wort *Rotation* für ein Rotationsspektrum, oder *Corioliskraft* bei der Kopplung zwischen Rotation und antisymmetrischer Vibration bei Molekülen.
Zum grundlegenden Verständnis nützt die klassische Mechanik eher wenig. Besser ist da die Elektrodynamik, bei der man partielle Differenzialgleichungen, Eigenwertprobleme, Kugelfunktionen usw. lernen kann. Wenn Du das schon kennst, kannst Du Vieles in Kapitel I überspringen. Andererseits sind klassische Modelle besonders in der Festkörperphysik hilfreich. Wir werden in (62.1) den Operator für Gitterschwingungen aus der klassischen Mechanik übernehmen, obwohl er aus der adiabatischen Näherung des Systems Elektronen + Kerne folgt. Bei den Potenzialstufen usw. der folgenden §en ist der Modellcharakter sowieso offenkundig.

§1. Licht

Wo wir die Wellengleichung für Licht wiederholen und auf dem Superpositionsprinzip herumreiten.

Die homogenen Maxwellgleichungen (0.3) sind automatisch erfüllt, wenn man die beiden Vektorfelder $\boldsymbol{E}(\boldsymbol{r},t)$ und $\boldsymbol{B}(\boldsymbol{r},t)$ durch ein Vektorfeld $\boldsymbol{A}(\boldsymbol{r},t)$ und ein skalares Feld $\phi(\boldsymbol{r},t)$ ausdrückt:

$$\boldsymbol{B} = \mathrm{rot}\boldsymbol{A}, \quad \boldsymbol{E} = -\mathrm{grad}\phi - c^{-1}\partial_t \boldsymbol{A}. \tag{1.1}$$

Einsetzen des Ausdrucks für $\boldsymbol{E}$ in (0.4) führt auf den Laplace

$$\Delta = \mathrm{divgrad} = \nabla \cdot \nabla = \partial_x^2 + \partial_y^2 + \partial_z^2 = \nabla^2. \tag{1.2}$$

Damit gilt $-\nabla^2\phi - \mathrm{div}\partial_t\boldsymbol{A}/c = 4\pi\rho_{\mathrm{el}}$. Allerdings sind $\boldsymbol{A}$ und ϕ durch Vorgabe von $\boldsymbol{B}$ und $\boldsymbol{E}$ noch nicht ganz festgelegt; es bleiben noch die *Eichtransformationen*

$$\boldsymbol{A}' = \boldsymbol{A} + \mathrm{grad}\Lambda, \quad \phi' = \phi - c^{-1}\partial_t\Lambda \tag{1.3}$$

mit einer differenzierbaren aber sonst beliebigen Funktion $\Lambda(\boldsymbol{r},t)$. Durch geschickte Wahl von Λ kann man die zusätzliche Bedingung

$$\mathrm{div}\boldsymbol{A} = 0 \tag{1.4}$$

erreichen, die *Coulombeichung* heißt. Die Reihenfolge der Differenziationen ist bei unseren Funktionen vertauschbar. So gilt in der Coulombeichung $\mathrm{div}\partial_t\boldsymbol{A} = \partial_t\mathrm{div}\boldsymbol{A} = 0$ und damit die gute alte Poissongleichung, wie in der Elektrostatik:

$$-\nabla^2\phi = 4\pi\rho_{\mathrm{el}}. \tag{1.5}$$

Für $\partial_t\rho_{\mathrm{el}} = 0$ hat diese Gleichung zeitunabhängige Lösungen $\phi = \phi(\boldsymbol{r})$, also $\partial_t\phi = 0$. Schauen wir jetzt Gleichung (0.5) an:

$$\mathrm{rotrot}\boldsymbol{A} + c^{-1}\partial_t(\mathrm{grad}\phi + c^{-1}\partial_t\boldsymbol{A}) = 4\pi c^{-1}\boldsymbol{j}_{\mathrm{el}}. \tag{1.6}$$

Mit $\partial_t\phi = 0$ verschwindet auch $\mathrm{grad}\partial_t\phi$ in (1.6). Außerdem ist $\mathrm{rotrot}\boldsymbol{A} = \mathrm{graddiv}\boldsymbol{A} - \nabla^2\boldsymbol{A} = -\nabla^2\boldsymbol{A}$. Also erfüllt $\boldsymbol{A}(\boldsymbol{r},t)$ im Vakuum in der Coulombeichung (aber außerdem auch in der *Lorentzeichung*, die in §58 kommt,) die berühmte Wellengleichung

$$(c^{-2}\partial_t^2 - \nabla^2)\boldsymbol{A}(\boldsymbol{r},t) = 0. \tag{1.7}$$

Licht, Radiowellen und andere elektromagnetische Wellen im Vakuum sind Lösungen dieser Gleichung in verschiedenen Frequenzbereichen. Die Funktionen $\boldsymbol{A}(\boldsymbol{r},t)$ können sehr verschieden aussehen, aber man kann sie stets nach monochromatischen ebenen Wellen $\boldsymbol{A_k}(\boldsymbol{r},t)$ zerlegen. $\boldsymbol{k}$ heißt *Wellenzahlvektor*, seine Richtung ist die Ausbreitungsrichtung der ebenen Welle. Lösungsansatz:

$$\boldsymbol{A_k}(\boldsymbol{r},t) = \boldsymbol{a}(\boldsymbol{k})\mathrm{e}^{i\boldsymbol{kr}-i\omega t}, \quad \boldsymbol{kr} = k_x x + k_y y + k_z z. \tag{1.8}$$

Legt man z.B. die z-Achse längs $\boldsymbol{k}$, dann ist $\boldsymbol{kr} = kz$.
Die *Wellenlänge* (= Periodenlänge in z) ist also $\lambda = 2\pi/k$.
Einsetzen von $\boldsymbol{A_k}$ aus (1.8) in (1.7) gibt, mit

$$\partial_t\mathrm{e}^{i\boldsymbol{kr}-i\omega t} = -i\omega\mathrm{e}^{i\boldsymbol{kr}-i\omega t}, \quad \nabla\mathrm{e}^{i\boldsymbol{kr}-i\omega t} = i\boldsymbol{k}\mathrm{e}^{i\boldsymbol{kr}-i\omega t} \tag{1.9}$$

$(\omega^2/c^2 - k^2)\boldsymbol{A_k} = 0$, und da $\boldsymbol{A_k} \neq 0$ ist,

$$\omega^2 = c^2k^2 \quad (k^2 = k_x^2 + k_y^2 + k_z^2). \tag{1.10}$$

Bei den drei Gleichungen (1.7) für $\boldsymbol{A}$ (für jede Komponente eine) bleibt noch ein konstanter Vektor $\boldsymbol{a}(\boldsymbol{k})$ frei, der allerdings durch die Coulombeichung eingeschränkt ist: aus $\mathrm{div}\boldsymbol{A} = 0$ folgt

$$\boldsymbol{a}(\boldsymbol{k}) \cdot \boldsymbol{k} = 0. \qquad (1.11)$$

$\boldsymbol{a}(\boldsymbol{k})$ steht also senkrecht zur Ausbreitungsrichtung $\boldsymbol{k}$. Damit stehen auch die oszillierenden Teile von $\boldsymbol{E}$ und $\boldsymbol{B}$ senkrecht zu $\boldsymbol{k}$:

$$\boldsymbol{E} = -\partial_t \boldsymbol{A}/c = i\omega \boldsymbol{A}/c, \quad \boldsymbol{B} = \mathrm{rot}\boldsymbol{A} = i\boldsymbol{k} \times \boldsymbol{A}. \qquad (1.12)$$

Die wirklichen $\boldsymbol{E}$- und $\boldsymbol{B}$-Felder sind natürlich als Realteile (oder Imaginärteile) von (1.12) zu nehmen, wobei dann die Phase von $\boldsymbol{a}$ eine Rolle spielt. Man kann $\boldsymbol{a}$ nach zwei Einheitsvektoren $\boldsymbol{\varepsilon}^{(1)}(\boldsymbol{k})$ und $\boldsymbol{\varepsilon}^{(2)}(\boldsymbol{k})$ zerlegen, die senkrecht zueinander und auch zu $\boldsymbol{k}$ stehen:

$$\boldsymbol{a}(\boldsymbol{k}) = \boldsymbol{\varepsilon}^{(1)} a_1 + \boldsymbol{\varepsilon}^{(2)} a_2. \qquad (1.13)$$

Ein Beispiel für komplexe $\boldsymbol{\varepsilon}$ kommt in (35.14). Da die Wellengleichung (1.7) linear in $\boldsymbol{A}$ ist, gilt das *Superpositionsprinzip*: Hat man zwei verschiedene Lösungen $\boldsymbol{A}_1$ und $\boldsymbol{A}_2$ der Gleichung, dann ist auch $\boldsymbol{A}_1 + \boldsymbol{A}_2$ eine Lösung. Während also eine spezielle Lösung der Wellengleichung die Form (1.8) mit festem $\boldsymbol{a}(\boldsymbol{k})$ hat, lässt sich eine allgemeine Lösung als Integral mit zwei beliebigen Funktionen $a_1(\boldsymbol{k})$ und $a_2(\boldsymbol{k})$ laut (1.13) schreiben:

$$\boldsymbol{A}(\boldsymbol{r}, t) = \int_{-\infty}^{\infty} d^3\boldsymbol{k} \sum_{i=1}^{2} \boldsymbol{\varepsilon}^{(i)}(\boldsymbol{k}) a_i(\boldsymbol{k}) \mathrm{e}^{i\boldsymbol{k}\boldsymbol{r} - i\omega t}, \quad \omega = ck \qquad (1.14)$$

($\int d^3\boldsymbol{k} = \int dk_x \int dk_y \int dk_z$). Durch geschickte Wahl der beiden Funktionen a_i kann man sich die komischsten Lösungen erzeugen, z.B. Kugelwellen. Die einfache Lösung (1.8) ist eine Idealisierung; eine wirkliche Welle ist stets ein Wellenpaket, das nur einen kleinen Teil des Universums ausfüllt (siehe §3).

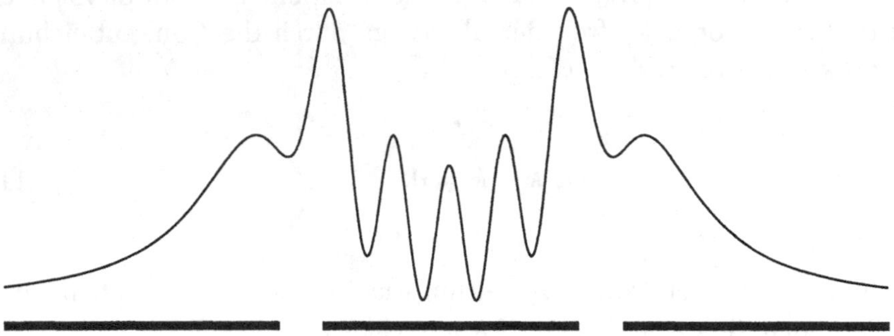

Bild 1-1: Intensitätsverteilung des Lichts im Nahfeld eines Doppelspaltes. Das Maximum in der Mitte zwischen den Spalten beruht auf konstruktiver Interferenz der Teilwellen der beiden Spalte.

Fotografiert man ein Lichtmuster, dann ist die Schwärzung der Fotoplatte proportional zur Energiedichte $(\boldsymbol{E}^2 + \boldsymbol{B}^2)/8\pi$ des Strahlungsfeldes. Ersetzt man die Fotoplatte durch einen elektronischen Bildwandler, dann registriert der recht genau die Einschläge der einzelnen Fotonen. Nach hinreichend langer Belichtung ergibt sich daraus eine Einschlagdichte, die wieder proportional zu $\boldsymbol{E}^2 + \boldsymbol{B}^2$ ist. Auch wenn die Fotonen einzeln kommen, enthält das endgültige Bild alle Interferenzeffekte, die durch die Superposition verschiedener Teilwellen in $\boldsymbol{E}$ und $\boldsymbol{B}$ entstehen. Also nimmt auch ein einzelnes Foton keinen bestimmten Weg, sondern seine Ausbreitung (*Propagation*) wird durch die Wellengleichung (1.7) für $\boldsymbol{A}$ beschrieben, wobei $\boldsymbol{A}$ z.B. durch zwei Spalten gleichzeitig propagieren kann (Bild 1-1). Eine technische Anwendung ist die Fresnelsche Zonenplatte für weiche Röntgenquanten. Die Fotonen selber werden wir erst in Kapitel IV einführen. Jetzt merken wir uns nur, dass ihre Ausbreitung durch eine Wellengleichung beschrieben wird, und dass bei einer Ortsmessung ihre Aufenthaltswahrscheinlichkeit quadratisch in $\boldsymbol{E}$ und $\boldsymbol{B}$ ist.

Kapitel I

Ein Teilchen ohne Magnetfeld und Spin

§2. Die Schrödingergleichung

Wo wir auf Schrödingers Spuren wandeln und auch eine Kontinuitätsgleichung finden.

Die Idee von de Broglie (1923), dass auch massive Teilchen durch eine *Wellenfunktion* beschrieben werden, fand später ihre quantitative Bestätigung durch die Neutronenbeugung (*Diffraktion*) an Kristallen, die häufig zur Kristallstrukturbestimmung benutzt wird. Bei Elektronenstrahlen sind Beugungsexperimente wegen der elektrischen Ladung der Elektronen schwieriger, werden aber ua zur Oberflächenkristallografie (LEED und RHEED) benutzt (siehe z.B. Woodruff & Delchar 1986).
Die Wellengleichung selbst konstruierte Schrödinger (1926) analog zu (1.7). Er kannte Einsteins relativistischen Zusammenhang zwischen Energie E_{rel} und Impuls $\boldsymbol{p}$ eines freien Teilchens der Masse m:

$$E_{\text{rel}}^2/c^2 = m^2c^2 + \boldsymbol{p}^2 \tag{2.1}$$

und wusste von Planck und Einstein, dass für ein einzelnes Foton gilt

$$E = h\nu = \hbar\omega, \quad \boldsymbol{p} = \hbar\boldsymbol{k} \quad (\hbar = h/2\pi). \tag{2.2}$$

Die monokromatische ebene Welle $e^{i\boldsymbol{kr}-i\omega t}$ übernahm er aus der Elektrodynamik und substituierte in (1.9) rückwärts:

$$E = \hbar\omega \to i\hbar\partial_t, \quad \boldsymbol{p} = \hbar\boldsymbol{k} \to -i\hbar\nabla. \tag{2.3}$$

Der Zusammenhang (2.1) ergab so die Diffgl für Schrödingers freie Wellenfunktion, die wir ψ_f nennen ($_f$ für *frei*):

$$(i\hbar c^{-1}\partial_t)^2\psi_f(\boldsymbol{r},t) = (m^2c^2 - \hbar^2\nabla^2)\psi_f(\boldsymbol{r},t). \tag{2.4}$$

Für $m = 0$ ist dies formgleich mit (1.7), d.h. Fotonen (wenn sie nun mal existieren) sind masselose Teilchen. Schwieriger war für Schrödinger das Auffinden der nichtrelativistischen Grenze. Einstein hatte dafür aus (2.1) die Wurzel gezogen und nach $c^2\boldsymbol{p}^2$ entwickelt:

$$E_{\text{rel}} = mc^2\sqrt{1 + \frac{\boldsymbol{p}^2}{m^2c^2}} = mc^2 + \boldsymbol{p}^2/2m + \mathcal{O}(\boldsymbol{p}^4). \tag{2.5}$$

In der nichtrel. Mechanik kann man die additive Konstante mc^2 weglassen, d.h. $E = E_{\text{rel}} - mc^2 = \boldsymbol{p}^2/2m$. Das gleiche machen wir jetzt in (2.4):

$$i\hbar\partial_t\psi_f(\boldsymbol{r},t) = -(\hbar^2\nabla^2/2m)\psi_f(\boldsymbol{r},t). \tag{2.6}$$

In §50 werden wir das verbessern, aber jetzt akzeptieren wir (2.6) als die nichtrel. Diffgl für ein freies Teilchen der Masse m. Für ein Neutron braucht man kaum mehr (seine de Broglie-Wellenlänge kommt in (3.2)), aber für das elektrisch geladene Elektron wollte Schrödinger lieber gleich ein eventuelles elektrostatisches Potenzial $\phi(\boldsymbol{r})$ berücksichtigen. Er entsann sich der potenziellen Energie $V(\boldsymbol{r}) = -e\phi(\boldsymbol{r})$ und der Beziehung $E = \boldsymbol{p}^2/2m + V(\boldsymbol{r})$ bei zeitunabhängigem V. Also addierte er in (2.6) einfach die Funktion $V(\boldsymbol{r})$ dazu:

$$i\hbar\partial_t\psi(\boldsymbol{r},t) = (-\hbar^2\nabla^2/2m + V(\boldsymbol{r}))\psi(\boldsymbol{r},t). \tag{2.7}$$

Es hat sich nun eingebürgert, auch für $V = V(\boldsymbol{r},t)$ zu schreiben

$$i\hbar\partial_t\psi = H\psi, \quad H = -\hbar^2\nabla^2/2m + V(\boldsymbol{r},t), \tag{2.8}$$

weil der *Operator* H die gleiche Summe enthält wie die Hamiltonfunktion (0.10) der klassischen Mechanik. Schrödinger meinte wirklich $V = -e\phi$, womit die mögliche Zeitabhängigkeit von V etwas begrenzt ist (bei rascher Zeitabhängigkeit würde wohl auch ein Magnetfeld entstehen, oder?). Heute steckt man auch schon mal andere Operatoren ins V, so dass (2.8) dann als $V = H + \hbar^2\nabla^2/2m$ zu lesen ist. Die präzise Form von H folgt aus

Lorentzinvarianz und Eichinvarianz, siehe §20. Parallelen zu den Hamilton-Jacobi-Gleichungen der klassischen Mechanik sind dabei entbehrlich. Den Grenzfall einer klassischen Bewegung werden wir in §11 für den harmonischen Oszillator konstruieren.
Für ein statisches Potenzial, $V = V(\boldsymbol{r})$, ist der Operator H (den wir kurz *Hamilton* nennen, auf Englisch *Hamiltonian*) zeitunabhängig, und dann hat (2.8) Lösungen der Art

$$\psi_n(\boldsymbol{r}, t) = \mathrm{e}^{-iE_n t/\hbar}\psi_n(\boldsymbol{r}), \tag{2.9}$$

denn Einsetzen in (2.8) liefert $i\hbar\partial_t \to E_n$, wonach man den Exponentialfaktor abdividieren kann:

$$H\psi_n(\boldsymbol{r}) = E_n\psi_n(\boldsymbol{r}). \tag{2.10}$$

Dies ist die zeitunabhängige oder *stationäre* Schrgl; die ψ_n heißen *stationäre Zustände*. Die Mathematiker nennen sowas eine *Eigenwertgleichung*: H ist ein Operator, der die Funktion ψ bearbeitet. Das Spezielle an ψ_n ist, dass $H\psi_n$ bis auf die Konstante E_n (= *Eigenwert*) wieder die gleiche Funktion ψ_n ist (die man *Eigenfunktion* nennt). Das Auffinden der möglichen Eigenwerte von H wird uns viel beschäftigen. Der klassische Grenzfall wird dabei leider ins Hintertreffen geraten, denn für Lösungen der Art (2.9) ist die Wahrscheinlichkeitsdichte $\rho = |\psi|^2$ unabhängig von t, d.h. sie bewegt sich nicht. Die allgemeine Lösung von (2.8) für stationäres H ist eine Superposition von Lösungen der Art (2.9), wobei wir aber die möglichen Eigenwerte E_n (die möglichen Energien) zunächst als diskret ansetzen (für die gebundenen Zustände ist das auch richtig, vergl. (0.2)):

$$\psi(\boldsymbol{r}, t) = \sum\nolimits_n c_n\psi_n(\boldsymbol{r}, t). \tag{2.11}$$

Mit hinreichend vielen c_n kann man die klassische Bewegung (0.12) annähern. Bisweilen reicht allerdings die eine Summation über n nicht aus. Beim H-Atom z.B. braucht man allerdings zusätzlich zwei weitere Summationen über Drehimpulsquantenzahlen, siehe §15. Man erhält dann ein $\rho(\boldsymbol{r}, t)$, was zumindestens einige Zeit schön kompakt bleibt und dabei eine Keplerellipse beschreibt. Für die Theorie des H-Atoms kann man sich das aber schenken. Insbesondere der *Grundzustand* hat $c_n = \delta_{n,1}$, d.h. $c_1 = 1$, alle anderen $c_n = 0$.
Der Vergleich mit den Maxwellgleichungen lässt einige Fragen offen. Warum ist ψ kein Vektor wie $\boldsymbol{A}(\boldsymbol{r}, t)$? Und warum ist ψ meist komplex? Letzteres hat was mit dem Auftreten von V zu tun, denn die freie relativistische Gleichung

hat auch reelle Lösungen. Übrigens ist ψ zwar kein Vektor, aber auch kein *Skalar.* Hier irrte Schrödinger, die Wahrheit kommt in §21. Und warum ist $\rho = |\psi|^2$, wenn bei Maxwell $\rho \sim \boldsymbol{E}^2 + \boldsymbol{B}^2$ ist? Das liegt daran, dass die zeitliche Konstanz der Gesamtwahrscheinlichkeit

$$\frac{d}{dt}\int d^3r\psi^*(\boldsymbol{r},t)\psi(\boldsymbol{r},t) = 0 \tag{2.12}$$

aus der Schrgl folgen muss. Und das ist tatsächlich der Fall. Laut (2.8) erfüllt ψ^* die Gleichung

$$-i\hbar\partial_t\psi^* = H\psi^* \tag{2.13}$$

und damit gilt

$$\begin{aligned}\partial_t\rho &= \psi^*\partial_t\psi + (\partial_t\psi^*)\psi \\ &= \frac{i\hbar}{2m}(\psi^*\nabla^2\psi - \psi\nabla^2\psi^*) = \frac{i\hbar}{2m}\nabla(\psi^*\nabla\psi - \psi\nabla\psi^*).\end{aligned} \tag{2.14}$$

$\partial_t\rho$ lässt sich also durch die Divergenz des Vektors $\psi^*\nabla\psi - \psi\nabla\psi^*$ ausdrücken. Wir definieren

$$\boldsymbol{j} = -\frac{i\hbar}{2m}(\psi^*\nabla\psi - \psi\nabla\psi^*) \tag{2.15}$$

und erhalten damit

$$\partial_t\rho + \mathrm{div}\boldsymbol{j} = 0. \tag{2.16}$$

Also ist $\int d^3r\,\partial_t\,\rho$ (warum erscheint hier ∂_t statt d/dt wie in (2.12)?) das Volumenintegral einer Divergenz, was sich nach Gauß auch als Oberflächenintegral über die Normalkomponente von $\boldsymbol{j}$ schreiben lässt. Umfasst nun die Integration den ganzen Raum, in dem sich das Elektron befinden kann, dann verschwindet $\psi^*\nabla\psi$ an der Oberfläche, und wir haben in der Tat $\int d^3r\,\partial_t\rho = 0$. Aus dem gleichen Grund können wir auch $\boldsymbol{j}$ als *Wahrscheinlichkeitsstromdichte* deuten, und (2.16) als *Kontinuitätsgleichung.* Eigentlich ist das sogar schon Maxwells Schuld. Der wollte nämlich eine Kontinuitätsgleichung für die elektrische Ladungsdichte haben, $\partial_t\rho_{\mathrm{el}} + \mathrm{div}\boldsymbol{j}_{\mathrm{el}} = 0$. Deshalb addierte er ja das Glied $-\partial_t\boldsymbol{E}/c$ auf der linken Seite der Maxwellgleichung (0.5). Er brauchte dann nur von (0.4) die Zeitableitung und von (0.5) die Divergenz zu nehmen, mit c zu multiplizieren und divrot = 0 zu beachten. Wenn wir also wie in (0.13) $\rho_{\mathrm{el}} = -e\rho$ setzen, dann muss ρ eine Kontinuitätsgleichung erfüllen. Wir setzen deshalb Maxwell zuliebe

$$\rho_{\mathrm{el}} = -e\rho, \quad \boldsymbol{j}_{\mathrm{el}} = -e\boldsymbol{j}. \tag{2.17}$$

Übrigens: Als die Relativität aufkam, musste man an manchen Stellen die bisherige Masse m durch E_{rel}/c^2 ersetzen (ein Beispiel kommt in (49.4)), was man dann die bewegte Masse nannte. Zur besseren Unterscheidung bezeichnete man damals m als die „Ruhemasse". Aber bereits Einstein und Schrödinger unterschieden streng zwischen Masse und Energie. Heute heißen wieder m Masse und E_{rel} Energie.

§3. Freies Wellenpaket und Potenzialstufe

Wo es um die Geschwindigkeit eines Wellenpakets geht, und um eine höchst unklassische Reflexion.

Zunächst betrachten wir ebene Wellen in x-Richtung. Für den Wellenzahlvektor $\boldsymbol{k}$ bedeutet das $\boldsymbol{k} = (k_x, k_y, k_z) = (k, 0, 0)$. Eine monochromatische Welle bezeichnen wir mit ψ_k:

$$\psi_k(x,t) = \mathrm{e}^{ikx - i\omega t} = \mathrm{e}^{i\phi_k}. \tag{3.1}$$

Die zugehörige Wellenlänge $\lambda = 2\pi/k$ heißt *de Broglie-Wellenlänge.* Für die nichtrel. freie Schrgl gilt laut (2.6)

$$\omega = \hbar k^2/2m, \quad \lambda = 2\pi/k = 2\pi/\sqrt{2m\omega/\hbar} = h/\sqrt{2mE}. \tag{3.2}$$

Eine Stelle x_ϕ konstanter Phase hat laut (3.1) $x_\phi = \phi_k/k + t\omega/k$, also die *Phasengeschwindigkeit*

$$v_\phi = \frac{dx_\phi}{dt} = \omega/k = \hbar k/2m. \tag{3.3}$$

Bei Licht ist ω/k gerade die Lichtgeschwindigkeit c laut (1.10), daher ja auch der Name. Ein Wellenpaket ähnelt einer monochromatischen Welle, hat aber endliche Länge. Das lässt sich mit einer *Superposition* von Wellen des Typs (3.1) erreichen,

$$\psi(x,t) = \int_{-\infty}^{\infty} dk\, g(k) \psi_k(x,t). \tag{3.4}$$

☞ *Aufgabe:* Kontrollier mal das Superpositionsprinzip, dass mit (3.1) auch die Funktion (3.4) die Schrgl erfüllt!

Wir wählen die *Gewichtsfunktion* $g(k)$ reell und haben damit

$$\begin{aligned}\rho(x,t) &= \int dk'\, g(k')\psi^*_{k'} \int dk\, g(k)\psi_k \\ &= \int dk'\, dk\, \mathrm{e}^{i(k-k')x}\mathrm{e}^{-i(\omega-\omega')t}g(k')g(k).\end{aligned} \tag{3.5}$$

Durch unsere etwas unrealistische Einschränkung $k_z = k_y = 0$ sind wir in einer *eindimensionalen Welt*, in der z.B. die Gesamtaufenthaltswahrscheinlichkeit des Teilchens

$$\int dx\, \rho(x,t) = 1 \tag{3.6}$$

ist, anstelle des 3D-Integrals (0.11). Mit der nützlichen Gleichung

$$\int dx\, \mathrm{e}^{i(k-k')x} = 2\pi\delta(k-k') \tag{3.7}$$

erhalten wir in (3.6)

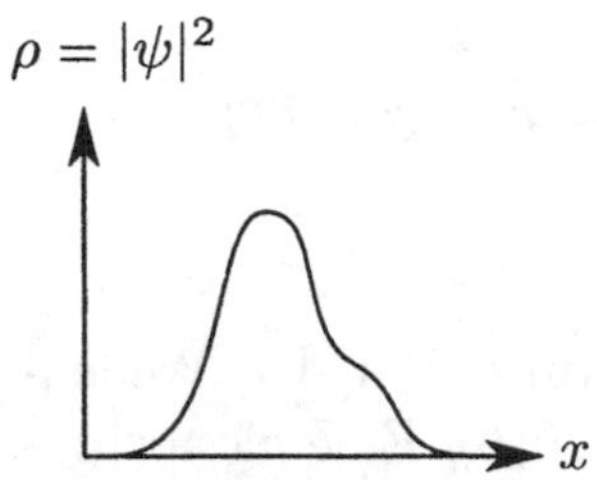

Bild 3-1: Wellenpaket

$$1 = 2\pi \int dk'\, g(k') \int dk\, g(k)\mathrm{e}^{-i(\omega-\omega')t}\delta(k-k') = 2\pi \int dk\, g^2(k). \tag{3.8}$$

($k' = k$ bedingt $\omega' = \omega$, oder?) Diese *Normierungsbedingung* ist keine Folge der Schrgl, sondern eine zusätzliche Forderung an die Gewichtsfunktion g. Eine Folge der Schrgl ist aber, dass diese Zusatzforderung zeitunabhängig ist, wie wir in §2 gesehen haben. Beachte auch, dass die monochromatische Welle (3.1) nicht normierbar ist. Beliebtes Beispiel eines normierbaren ψ ist die Gaußfunktion,

$$\psi(x,t) = \int_{-\infty}^{\infty} dk\, N\mathrm{e}^{-\alpha(k-k_0)^2}\psi_k(x,t). \tag{3.9}$$

☞ *Aufgabe:* Berechne die Normierungskonstante N aus (3.8)! Benutze dazu $\sqrt{\pi/a} = \int_{-\infty}^{\infty} \mathrm{e}^{-ax^2}dx$.

Die Funktion $\rho(x,t)$ hat irgendwo mitten im Wellenzug ihr Maximum. Das bewegt sich aber nicht mit der Phasengeschwindigkeit v_ϕ, sondern mit einer *Gruppengeschwindigkeit* v_g. Sei k_0 der k-Wert, an dem $g(k)$ sein Maximum g_0 hat (vergl. (3.9)). Nahe bei k_0 entwickeln wir das $\omega(k)$ in $\psi(x,t)$

$$g(k)\mathrm{e}^{ikx-i\omega t} \approx g_0\mathrm{e}^{ik_0x-i\omega_0t}\mathrm{e}^{i(k-k_0)[x-t(d\omega/dk)_{k=k_0}]}. \tag{3.10}$$

Der letzte e-Faktor mittelt sich bei der k-Integration zu einem recht kleinen Wert, ausgenommen bei $x = t(d\omega/dk)_{k=k_0}$, wo er im wichtigen Teil der k-Integration seinen Maximalwert 1 annimmt. Dort ist dann auch $|\psi|$ maximal. Die Geschwindigkeit dieses Maximums ist laut (3.2)

$$v_g = (d\omega/dk)_{k=k_0} = \hbar k_0/m. \tag{3.11}$$

Das wäre auch die Geschwindigkeit eines klassischen Teilchens mit Impuls $p_0 = \hbar k_0$: $v_0 = p_0/m$. Da die Phasengeschwindigkeit der k_0-Komponente aber laut (3.3) nur halb so groß ist, *zerfließt* das Wellenpaket allmählich. Für ein freies Teilchen wird seine Aufenthaltswahrscheinlichkeit also immer diffuser (für ein gebundenes Teilchen ist das meist nicht so, weil das erlaubte Volumen dort begrenzt ist).
Angenommen, wir schicken bei $t = 0$ ein Elektron mit einer bekannten Verteilungsfunktion g (z.B. (3.9)) los. Nach einer Mikrosekunde kann seine Wahrscheinlichkeitsdichte ρ schon über ein großes Gebiet verteilt sein. Wenn wir jetzt durch eine Messung nachweisen, dass das Elektron sich in einem kleineren Teilgebiet befindet, dann ist plötzlich ρ durch die Messung auf dieses Teilgebiet reduziert. Komisch, was? Bei Fotonen ist es noch schlimmer: dort ist *nachweisen* in aller Regel gleichbedeutend mit absorbieren, also vernichten. Böse Welt! Allgemein wird quantisch durch eine Messung der Zustand des Systems normalerweise verändert. Insbesondere kann man durch wiederholte Ortsmessungen an einem Elektron sein $|\psi|^2$ gar nicht ausmessen. Stattdessen muss man ein zweites und ein drittes Elektron mit dem gleichen Anfangs-ψ losschicken. Da solche Messungen schnell gehen, kann man dazu einen Strahl von Elektronen benutzen. Allerdings ist es schwer, Elektronen mit völlig identischen ψ-Funktionen zu präparieren. Das schafft neue Komplikationen, die durch eine *Dichtematrix* parametrisiert werden (§33).
Andererseits erlaubt die Quantenphysik auch präzise Vorhersagen. Im Limes $\alpha \to \infty$ wird $g^2(k)$ eine δ-Funktion $\delta(k - k_0)$ laut (3.9). Das Elektron hat dann genau den Impuls $\hbar k_0$, den man später nachmessen kann. Die Messung kann aber den Impuls anschließend abändern. Da der Grenzfall eines wohldefinierten Impulses gerade bei einer ebenen Welle gegeben ist, ist der Aufenthaltsort des Elektrons hierbei völlig unbestimmt. Allgemein gilt auch in Anwesenheit eines Potenzials V Heisenbergs *Unschärferelation* zwischen einer Ortsunschärfe Δx und einer Impulsunschärfe Δp_x

$$\Delta x \Delta p_x \sim \hbar, \tag{3.12}$$

die wir in §10 herleiten werden. Man muss sich erst daran gewöhnen, dass manche klassischen Fragestellungen quantisch unbedeutend sind. Die Frage *wo ist jetzt mein Fahrrad* ist wichtig, *wo ist jetzt mein Elektron* ist unwichtig.

Die Quantenphysik beschäftigt sich hauptsächlich mit Erhaltungsgrößen, die meist ein klassisches Analog haben: der Impuls ist nur für $V = 0$ erhalten, die Energie nur für zeitunabhängiges V, der Drehimpuls nur für kugelsymmetrisches V, usw. Der Teilchenort ist nur bei einem sehr fest gebundenen Teilchen näherungsweise erhalten, aber dann ist sein Δp riesig.
Als besonders einfaches Beispiel einer Schrgl mit Potenzial betrachten wir ein Elektron an einer Metalloberfläche. Außerhalb der Oberfläche bewegt sich das Elektron frei und innerhalb näherungsweise auch, nur ist dort seine potenzielle Energie um einen Betrag V_0 gegenüber dem Vakuum abgesenkt. Da in der nichtrelativistischen Physik der Energienullpunkt frei wählbar ist, setzen wir umgekehrt im Metall $V(x) = 0$ und außerhalb $V = V_0 =$ *Austrittsarbeit*, Bild 3-2. Die Metalloberfläche sei bei $x = x_S$, für alle y und z:

$$V(x, y, z) = V_0 \theta(x - x_S). \tag{3.13}$$

Die Thetafunktion $\theta(z)$ bezeichnet die Einheitsstufe bei $z = 0$, $\theta(z < 0) = 0$, $\theta(z > 0) = 1$. Unser Hamilton (2.8) ist damit nicht nur zeitunabhängig, sondern auch noch unabhängig von y und z:

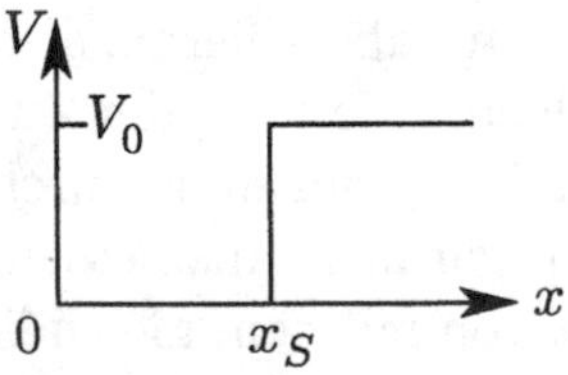

Bild 3-2: Potenzialstufe

$$H = -\frac{\hbar^2}{2m}(\partial_x^2 + \partial_y^2 + \partial_z^2) + V_0 \theta(x - x_S). \tag{3.14}$$

Wir setzen deshalb als spezielle Lösung an

$$\psi(\boldsymbol{r}, t) = \mathrm{e}^{-iE_{\text{tot}}t/\hbar} \mathrm{e}^{ik_y y} \mathrm{e}^{ik_z z} \psi_E(x). \tag{3.15}$$

Das gibt $i\hbar\partial_t \psi = E_{\text{tot}}\psi$ und $(\partial_x^2 + \partial_y^2 + \partial_z^2)\psi = (\partial_x^2 - k_y^2 - k_z^2)\psi$. Nachdem man dies in $(i\hbar\partial_t - H)\psi = 0$ verwandt hat, multipliziert man die Gleichung mit $\exp(iE_{\text{tot}}t/\hbar)\exp(-ik_y y)\exp(-ik_z z)$ und erhält eine Gleichung für die Restfunktion $\psi_E(x)$:

$$\left[E_{\text{tot}} - (\hbar^2/2m)(k_y^2 + k_z^2) + (\hbar^2/2m)\partial_x^2 - V_0\theta(x - x_S)\right] \psi_E(x) = 0. \tag{3.16}$$

Die ersten beiden Glieder fassen wir zu einer neuen Konstanten E zusammen:

$$E = E_{\text{tot}} - (\hbar^2/2m)(k_y^2 + k_z^2). \tag{3.17}$$

In diesem Beispiel ist nicht nur E_{tot} konstant, sondern auch $E_y = \hbar^2 k_y^2/2m$ und $E_z = \hbar^2 k_z^2/2m$. Die neue Konstante ist also $E = E_{\text{tot}} - E_y - E_z = E_x$. Der Index $_{\text{tot}}$ wurde nur eingeführt, damit das Weglassen des Indexes $_x$ bei E_x kein Missverständnis erzeugt.

Damit ist die zeitabhängige Schrgl in 3D auf eine zeitunabhängige in 1D reduziert:

$$H_x \psi_E(x) = E\psi_E(x), \quad H_x = -(\hbar^2/2m)\partial_x^2 + V_0\theta(x - x_S). \qquad (3.18)$$

Auch hier sind die Lösungen trivial, solange man die Gebiete $x < x_S$ ($\theta = 0$) und $x > x_S$ ($\theta = 1$) getrennt betrachtet. Allerdings brauchen wir jetzt die allgemeine Lösung von (3.18), mit zwei Integrationskonstanten C_+ und C_-:

$$\psi_E(x < x_S) = C_+ \mathrm{e}^{ikx} + C_- \mathrm{e}^{-ikx}, \quad E = \hbar^2 k^2/2m. \qquad (3.19)$$

Die Beziehung zwischen E und k^2 folgt durch Einsetzen von ψ in (3.18) (auch hier wäre $k^2 = k_{\mathrm{tot}}^2 - k_y^2 - k_z^2 = k_x^2$). Wir definieren

$$k = +\sqrt{2mE/\hbar^2} \qquad (3.20)$$

denn die negative Wurzel ist ja im 2. Glied in (3.19) explizit berücksichtigt. Für $x > x_S$ erhalten wir analog

$$\psi_E(x > x_S) = D_+ \mathrm{e}^{ik_1 x} + D_- \mathrm{e}^{-ik_1 x}, \quad k_1 = \sqrt{2m(E - V_0)/\hbar^2}. \qquad (3.21)$$

Bei $x = x_S$ müssen die beiden Funktionen stetig anschließen:

$$C_+ \mathrm{e}^{ikx_S} + C_- \mathrm{e}^{-ikx_S} = D_+ \mathrm{e}^{ik_1 x_S} + D_- \mathrm{e}^{-ik_1 x_S}. \qquad (3.22)$$

Gleiches gilt für die 1. Ableitungen:

$$k(C_+ \mathrm{e}^{ikx_S} - C_- \mathrm{e}^{-ikx_S}) = k_1(D_+ \mathrm{e}^{ik_1 x_S} - D_- \mathrm{e}^{-ik_1 x_S}). \qquad (3.23)$$

Bei einem wirklichen Metall steigt auch V stetig auf den Wert V_0. Unser Modell (3.13) vernachlässigt aber diesen schmalen Bereich an der Oberfläche, so dass mit V auch $\partial_x^2 \psi$ springt, d.h. ψ'' ist in unserem Modell unstetig. Die beiden Bedingungen (3.22) und (3.23) legen 2 der 4 Konstanten $C_\pm$ und $D_\pm$ fest. Die konkrete Problemstellung legt eine weitere fest. Interessieren wir uns z.B. für die Wahrscheinlichkeiten R und T, dass ein Metallelektron an der Oberfläche reflektiert bzw. ins Vakuum transmittiert wird, dann müssen wir den Koeffizienten D_- der aus dem Vakuum einlaufenden Welle $\mathrm{e}^{-ik_1 x}$ gleich null setzen. Die letzte freie Konstante wird durch die Normierung der Wellenfunktion festgelegt, $\int |\psi|^2 \, dx \, dy \, dz = 1$, aber mit unseren ebenen Wellen als Näherung von Wellenpaketen ist das unmöglich. Wir können nur C_-/C_+ und D_+/C_+ berechnen und

$$R = |C_-/C_+|^2 \qquad (3.24)$$

als die Wahrscheinlichkeit deuten, dass ein von links einfallendes Elektron an der Metalloberfläche reflektiert wird. Für diesen Teil der Rechnung setzen wir $x_S = 0$:

$$C_+ + C_- = D_+, \quad k(C_+ - C_-) = k_1 D_+ \tag{3.25}$$

und erhalten so

$$C_-(k/k_1 + 1) = C_+(k/k_1 - 1), \quad R = (k - k_1)^2/(k + k_1)^2. \tag{3.26}$$

Nach der (klassischen) Mechanik müsste das Elektron den Potenzialwall stets überwinden, solange seine Energie $> V_0$ ist. Das ist also falsch, nur für $k_1 \approx k$ $(E \gg V_0)$ wird $R \approx 0$. Der Betrag $p_1 = \hbar k_1$ des Elektronimpulses im Außenraum folgt wie in der Mechanik aus Austrittsarbeit und Energieerhaltung (d.h. aus Kombination von (3.20) und (3.21)).
Die Restwahrscheinlichkeit $1 - R$ lässt sich als Transmissionswahrscheinlichkeit deuten:

$$T = 1 - R = 4kk_1/(k + k_1)^2 \tag{3.27}$$

Die drei Wellen sind in Bild 3-3 für $E = \frac{4}{3}V_0$ angedeutet. In diesem Fall ist $k_1 = \frac{1}{2}k$, $R = 1/9$ laut (3.26), also $|C_-/C_+| = 1/3$ und $|D_+/C_+| = 4/3$.

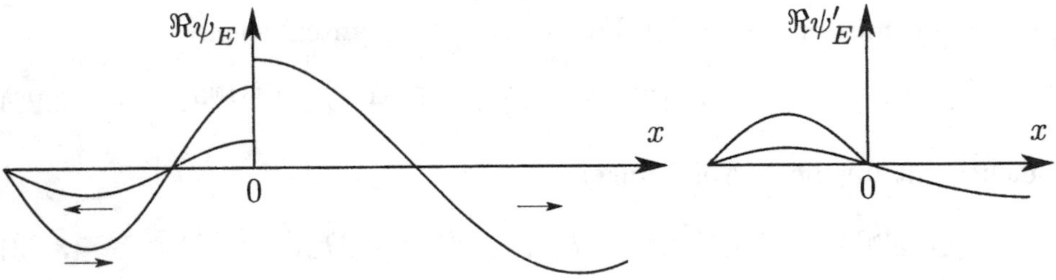

Bild 3-3: Die Realteile der drei ebenen Wellen $C_+ e^{ikx}$, $C_- e^{-ikx}$ und $D_+ e^{ik_1 x}$ und ihre ersten Ableitungen für $k = 2k_1$ in der Umgebung einer Potenzialstufe bei $x = 0$.

☞ *Aufgaben:* (i) Zeige $T = |D_+/C_+|^2 k_1/k$. Erkläre den Faktor k_1/k aus der Wahrscheinlichkeitsstromdichte j (2.15). (ii) Berechne $\psi(x, 0)$ für das Gaußpaket (3.9) mittels quadratischer Ergänzung im Exponenten. Warum gilt $\int_{-\infty}^{\infty} dk' \exp(-\alpha(k' + ix/2\alpha)^2) = \int_{-\infty}^{\infty} dk' \exp(-\alpha k'^2)$? (iii) Berechne $\psi(x, t)$, indem Du $\omega = \hbar k^2/2m$ nach Potenzen von $k' = k - k_0$ entwickelst und wieder quadratisch ergänzt. Berechne die Stelle ξ, an der $|\psi(x, t)|^2$ maximal ist. Woran erkennst Du, dass $|\psi(x, t)|^2$ mit wachsendem t zerfließt? (iv) Ein Elektron der Energie 3 eV treffe unter einem Einfallswinkel von 30° auf eine Potenzialstufe von 2 eV. Berechne T.

§4. ERWARTUNGSWERTE UND EHRENFEST

Wo wir feststellen, dass die klassischen Gesetze zwar für die Erwartungswerte gelten, aber man wenig davon hat.

Da $\rho = |\psi|^2 = \psi^*\psi$ die Aufenthaltswahrscheinlichkeit des Elektrons ist, ist der Mittelwert seiner x-Koordinate

$$\langle x \rangle = \int x\rho \, d^3r = \int x\psi^*\psi \, d^3r. \tag{4.1}$$

Ein gebundener Zustand wird manchmal durch seinen *mittleren quadratischen Radius* charakterisiert,

$$\langle r^2 \rangle = \int (x^2 + y^2 + z^2)\psi^*\psi \, d^3r. \tag{4.2}$$

Solche Mittelwerte nennen wir *Erwartungswerte.* Allgemein ist der Erwartungswert einer Funktion $F(\boldsymbol{r})$

$$\langle F(\boldsymbol{r}) \rangle = \int F(\boldsymbol{r})\rho \, d^3r = \int F(\boldsymbol{r})\psi^*\psi \, d^3r. \tag{4.3}$$

$\langle F(\boldsymbol{r}) \rangle$ ist also keine Funktion von $\boldsymbol{r}$ mehr, wohl aber noch eine Funktion von t (falls ψ nicht zufällig stationär ist, d.h. die Zeitabhängigkeit $\mathrm{e}^{-iEt/\hbar}$ hat). Mit $\boldsymbol{v}(t) = d\boldsymbol{r}/dt$ ist der Erwartungswert der Geschwindigkeit

$$d\langle \boldsymbol{r} \rangle / dt = \langle \boldsymbol{v} \rangle (t) = \int \boldsymbol{r} \dot{\rho} \, d^3r. \tag{4.4}$$

Das lässt sich mit der Kontinuitätsgleichung (2.16), $\dot{\rho} = -\mathrm{div}\boldsymbol{j}$, umformen. Zur Vermeidung des m im Nenner von $\boldsymbol{j}$ (2.15) betrachten wir lieber den Erwartungswert $m\langle \boldsymbol{v} \rangle$, und zwar zunächst nur die x-Komponente:

$$m\langle v_x \rangle = \frac{i\hbar}{2} \int x \, \nabla(\psi^*\nabla\psi - \psi\nabla\psi^*) \, d^3r. \tag{4.5}$$

In $\mathrm{div}\boldsymbol{j} = \partial_x j_x + \partial_y j_y + \partial_z j_z$ lassen sich alle 3 Glieder partiell integrieren. Oberflächenintegrale am Rande des Integrationsvolumens seien wieder vernachlässigbar, so dass die Partialintegration aus $x\nabla\boldsymbol{j}$ ein $-\boldsymbol{j}\nabla x = -j_x$ macht:

$$m\langle v_x \rangle = -\frac{i\hbar}{2} \int (\psi^*\partial_x\psi - \psi\partial_x\psi^*) \, d^3r = -i\hbar \int \psi^*\partial_x\psi \, d^3r. \tag{4.6}$$

Für den letzten Ausdruck haben wir $\psi\partial_x\psi^*$ nochmal partiell integriert. Der Differenzialoperator $-i\hbar\nabla$ ist offensichtlich gerade der *Impulsoperator* $\boldsymbol{p}$, aus (2.3):

$$\boldsymbol{p} = -i\hbar\nabla. \tag{4.7}$$

Vereinbart man nun den Erwartungswert von $\boldsymbol{p}$ folgendermaßen:

$$\langle \boldsymbol{p}\rangle(t) = \int \psi^*(\boldsymbol{r},t)(-i\hbar\nabla)\psi(\boldsymbol{r},t)\,d^3r, \tag{4.8}$$

dann gilt also der klassische Zusammenhang $\boldsymbol{p} = m\,d\boldsymbol{r}/dt$ für die entsprechenden Erwartungswerte:

$$\langle \boldsymbol{p}\rangle(t) = m\,d\langle \boldsymbol{r}\rangle/dt. \tag{4.9}$$

Für einen beliebigen Operator $A(\boldsymbol{r},\nabla)$ definieren wir in Erweiterung von (4.3) und (4.8)

$$\langle A(\boldsymbol{r},\nabla)\rangle = \int \psi^*(\boldsymbol{r},t)A(\boldsymbol{r},\nabla)\psi(\boldsymbol{r},t)\,d^3r. \tag{4.10}$$

Betrachten wir jetzt den Erwartungswert eines Hamiltons mit statischem Potenzial $V(\boldsymbol{r})$:

$$H = V(\boldsymbol{r}) - (\hbar^2/2m)\nabla^2 = V + T, \tag{4.11}$$

$$\begin{aligned}\frac{d\langle H\rangle}{dt} &= \frac{d}{dt}\int \psi^* H\psi = \int \frac{\partial\psi^*}{\partial t}H\psi + \int \psi^* H\frac{\partial\psi}{\partial t}\\ &= \int \frac{i}{\hbar}(H\psi^*)H\psi - \int \psi^* H\frac{i}{\hbar}H\psi.\end{aligned} \tag{4.12}$$

Hier haben wir das d^3r unterdrückt und die Schrgln für ψ (2.8) und ψ^* (2.13) benutzt. Ist ψ ein *Eigenzustand* von H, $H\psi = E\psi$, dann ist auch $H\psi^* = E\psi^*$ und damit (4.12) $= 0$. Aber auch sonst gilt $d\langle H\rangle/dt = 0$, sofern man nur ∇^2 zweimal partiell integrieren kann, ohne störende Oberflächenintegrale. Wir definieren $H\psi = \phi$ und verlangen also

$$\int(\nabla^2\psi^*)\phi = -\int(\nabla\psi^*)\nabla\phi = \int \psi^*\nabla^2\phi, \tag{4.13}$$

woraus dann

$$\int(H\psi^*)\phi = \int \psi^* H\phi \tag{4.13$\frac{1}{2}$}$$

folgt, da die Position von V im Integranden ja egal ist. Jetzt setzen wir wieder $\phi = H\psi$ und erhalten aus (4.12)

$$d\langle H\rangle/dt = 0. \tag{4.14}$$

Dies ist ein weiteres Beispiel eines Satzes von Ehrenfest, dass klassische Bewegungsgleichungen für die Erwartungswerte der entsprechenden Operatoren gelten. Ähnlich zeigt man auch

$$d\langle \boldsymbol{p}\rangle/dt = -\langle \text{grad} V\rangle. \tag{4.15}$$

Für die x-Komponente gilt nämlich

$$\begin{aligned}\frac{d\langle p_x\rangle}{dt} &= \frac{\hbar}{i}\int(\dot{\psi}^*\partial_x\psi + \psi^*\partial_x\dot{\psi})\\ &= \int\left[\left(-\frac{\hbar^2\nabla^2}{2m}+V\right)\psi^*\right]\partial_x\psi - \int\psi^*\partial_x\left(-\frac{\hbar^2\nabla^2}{2m}+V\right)\psi.\end{aligned} \tag{4.16}$$

Aus $(\nabla^2\psi^*)\partial_x\psi$ machen wir durch doppelte partielle Integration wieder $\psi^*\nabla^2\partial_x\psi$, was sich also in (4.16) weghebt. Beim allerletzten Integral $\int \psi^*\partial_x V\psi$ bedeutet

$$\partial_x V\psi = \partial_x(V\psi) = V\partial_x\psi + \psi\partial_x V, \tag{4.17}$$

denn $V\psi$ stammt ja aus $\dot{\psi}$. Der erste Summand rechts in (4.17) kürzt das $V\psi^*\partial_x\psi$ aus (4.16), es bleibt $-\int\psi^*\psi\partial_x V = -\int\psi^*\psi\,\text{grad}_x V$, wie in (4.15) angekündigt.

Allgemein wollen wir vereinbaren, dass Differenzialoperatoren wie ∂_x oder ∂_t auf alle rechts anschließenden Faktoren wirken, wie in (4.17). In (4.15) ist allerdings offenbar die x-Komponente $\langle\text{grad}_x V\rangle = \langle\partial V/\partial x\rangle$ gemeint. Notfalls kann man dafür auch $\langle(\partial_x V)\rangle$ schreiben.

Lass Dich nicht durch Ehrenfests Sätze über die Unterschiede zwischen Klassik und Quantik hinwegtäuschen! So läuft z.B. beim Elektron mit $E > V_0$ der Erwartungswert $\langle x\rangle$ stets über die Potenzialschwelle hinweg. Mit einem normierten Wellenpaket findet man aber, dass der ins Vakuum ausgetretene Teil zu schnell läuft, was bei der Berechnung von $\langle x\rangle(t)$ dadurch kompensiert wird, dass der reflektierte Teil ja in die „falsche“ Richtung läuft. Das Wellenpaket entwickelt hier also zwei Maxima rechts und links von $\langle x\rangle$. Da, wo das Teilchen klassisch sein sollte, wird ρ besonders klein! Wir werden die Ehrenfestsätze nicht weiter gebrauchen, sie sind für die Quantenphysik entbehrlich.

☞ *Aufgabe:* Berechne $\langle x\rangle$ und $\langle x^2\rangle$ für das Gaußpaket. Berechne daraus die Standardabweichung $\Delta x = \sqrt{\langle x^2\rangle - \langle x\rangle^2}$ als Funktion von t (vergl. mit der Aufgabe (iii) am Ende von §3).

§5. Potenzialwall und -graben. Metallquader. Freie Zustandsdichte

Wo wir die Ursache der Energiequantelung verstehen und einen großen Sarg der grenzenlosen Freiheit vorziehen.

Manche physikalischen Effekte entstehen erst durch die Normierung der Wellenfunktion. Bei der Potenzialstufe z.B. betrachten wir jetzt den Fall nichtaustrittsfähiger Elektronen, $E < V_0$. Diese haben im *verbotenen* Gebiet $x > x_S$ eine Wellenzahl k_1, die laut (3.21) imaginär ist. Wir setzen

$$k_1 = i\kappa, \quad \kappa = \sqrt{2m(V_0 - E)/\hbar^2} \tag{5.1}$$

und verfügen $\kappa > 0$. Damit wird aus (3.21)

$$\psi_E = D_+ \mathrm{e}^{-\kappa x} + D_- \mathrm{e}^{\kappa x}. \tag{5.2}$$

Der jetzt exponentiell divergierende zweite Teil von ψ_E verhindert die Normierung $\int |\psi|^2 = 1$, weswegen $D_- \equiv 0$ sein muss. Die Elektronenwellenfunktion ist damit im verbotenen Gebiet zwar nicht null, fällt aber exponentiell. Das Elektron kann nicht mehr aus dem Metall ins Vakuum abschwirren, deswegen erwarten wir für den Reflexionskoeffizienten (3.24) $R = 1$. Da $k_1 = i\kappa$ nicht mehr reell ist, müssen wir statt (3.26) präziser schreiben

$$R = \left| \frac{k - k_1}{k + k_1} \right|^2 = \left| \frac{k - i\kappa}{k + i\kappa} \right|^2 . \tag{5.3}$$

Ohjeh, ist nun $R = 1$ oder nicht?

Kommt dagegen im Abstand x_2 vom Metall wieder Metall (Bild 5-1)

$$V(x) = V_0[\theta(x) - \theta(x - x_2)], \quad (x_S = 0), \tag{5.4}$$

dann darf $D_- \neq 0$ sein, weil die Form (5.2) bei $x = x_2$ wieder endet:

$$|\psi_E|^2 = |D_+|^2 \mathrm{e}^{-2\kappa x} + |D_-|^2 \mathrm{e}^{2\kappa x} + 2\Re(D_+ D_-^*), \quad 0 < x < x_2. \tag{5.5}$$

Das Integral darüber ist endlich. Für $x > x_2$ gilt wieder eine oszillierende Lösung. Das Vakuum zwischen den Metallen kann ein Durchsickern von Wahrscheinlichkeit nicht verhindern ($R < 1$, *Tunneleffekt*).

Ausführlicher betrachten wir jetzt den umgekehrten Fall einer einzelnen dünnen Metallplatte, die bei $x = 0$ beginnt und bei $x = x_S$ endet (Bild 5-2):

$$V = V_0[\theta(x - x_S) + \theta(-x)]. \tag{5.6}$$

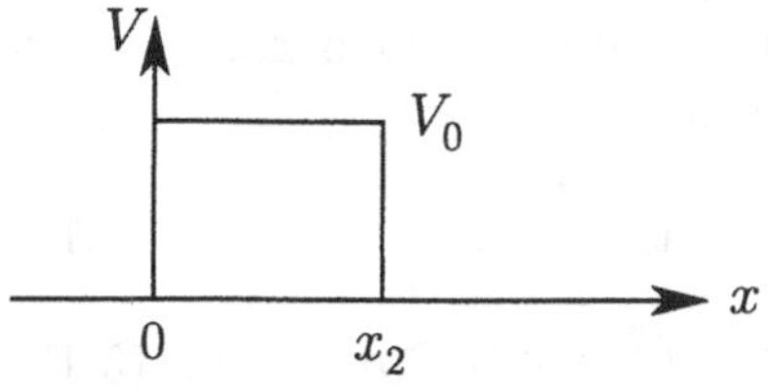

Bild 5-1: Metall mit Spalt der Breite x_2 (Potenzialwall)

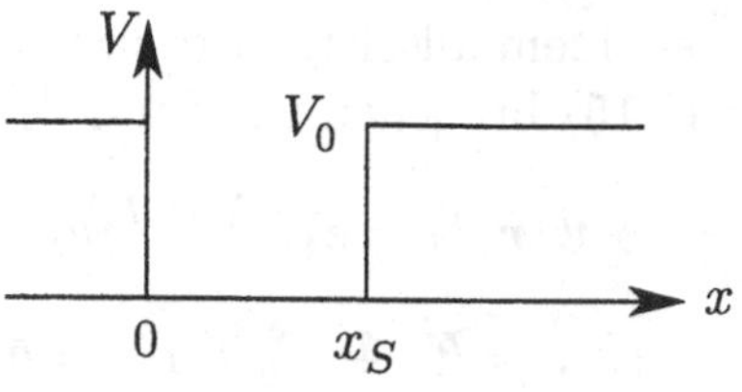

Bild 5-2: Metallspalte der Dicke x_S (Potenzialgraben)

Ab $x = 0$ haben wir also wieder die Potenzialstufe von §3, nur bleiben wir jetzt bei $E < V_0$. Damit lauten (3.22) und (3.23)

$$\begin{aligned} C_+ \mathrm{e}^{ikx_S} + C_- \mathrm{e}^{-ikx_S} &= D_+ \mathrm{e}^{-\kappa x_S}, \\ ik(C_+ \mathrm{e}^{ikx_S} - C_- \mathrm{e}^{-ikx_S}) &= -\kappa D_+ \mathrm{e}^{-\kappa x_S}. \end{aligned} \tag{5.7}$$

Für $x < 0$ muss ψ nach links exponentiell abfallen:

$$\psi_E(x < 0) = B_- \mathrm{e}^{+\kappa x}. \tag{5.8}$$

Daher lauten die Anschlussbedingungen an ψ_E (3.19) bei $x = 0$:

$$B_- = C_+ + C_-, \quad \kappa B_- = ik(C_+ - C_-). \tag{5.9}$$

Die 4 Gleichungen (5.7) & (5.9) legen die 4 Konstanten B_-, D_+, C_+, C_- fest, aber die Normierung von $|\psi|^2$ liefert eine 5. Gleichung, die quadratisch in den Konstanten ist. Das Gleichungssystem hat nur für einige diskrete E-Werte Lösungen, und die sind gar nicht leicht zu finden. Nur der Grenzfall $V_0 \gg E$, d.h. $V_0 \to \infty$ (*Sarg, unendlich tiefer Potenzialtopf*), erweist sich als einfach, denn dann ist $\kappa \sim \infty$; was bedeutet $\psi_E(x < 0) = \psi_E(x > x_S) \equiv 0$ (vergl. (5.2) und (5.8)). Das kann man auch erreichen, indem man in (5.7) und (5.9) $B_- = D_+ = 0$ setzt. Beachte dabei, dass die Gleichungen mit κD_+ bzw. κB_- keine weiteren Informationen beitragen. Die verbleibenden beiden Gleichungen liefern $C_- = -C_+$ und

$$C_+(\mathrm{e}^{ikx_S} - \mathrm{e}^{-ikx_S}) = 0, \tag{5.10}$$

d.h. $\sin kx_S = 0$; es sind nur noch folgende k-Werte möglich:

$$k = k_x = n_x \pi / x_S, \quad n_x = 1, 2, 3 \ldots \tag{5.11}$$

Nur bei den entsprechenden Energien $E = E_x = \hbar^2 k_x^2 / 2m$ existieren normierbare Lösungen der Schrgl. In der Metallplatte ist allerdings $E_{\text{tot}} =$

$E_x + \hbar^2(k_y^2 + k_z^2)/2m$ trotzdem kontinuierlich, weil k_y und k_z frei wählbar sind. Erst bei einem allseitig begrenzten Metallquader ist auch E_{tot} *quantisiert*. Statt (3.15) brauchen wir dann den Ansatz

$$\psi(\boldsymbol{r}, t) = \mathrm{e}^{-iE_{\text{tot}}t/\hbar}\psi_{E_x}(x)\psi_{E_y}(y)\psi_{E_z}(z), \tag{5.12}$$

$$E_{\text{tot}} = E_x + E_y + E_z = \hbar^2(k_x^2 + k_y^2 + k_z^2)/2m. \tag{5.13}$$

Seien y_S und z_S die Quaderlängen in y- und z-Richtung, dann gilt analog zu (5.11)

$$k_y = n_y\pi/y_S, \quad k_z = n_z\pi/z_S. \tag{5.14}$$

Bei Produkten normierbarer Funktionen ist es üblich, jede Funktion einzeln zu normieren. Da in unserem Grenzfall $\kappa \sim \infty$ im Außenraum $B_- = D_+ = 0$ und damit $\psi = 0$ gilt, haben wir z.B. für $\psi_{E_x} = \psi$

$$\begin{aligned} 1 &= \int_{-\infty}^{\infty} dx|\psi(x)|^2 = \int_0^{x_S} dx|\psi(x)|^2 = \int_0^{x_S} dx|2iC_+ \sin kx|^2 \\ &= 4|C_+|^2 \int_0^{x_S} dx \, \sin^2(kx) = 2x_S|C_+|^2. \end{aligned} \tag{5.15}$$

Die Phase von C_+ bleibt offen. Wir wählen sie so, dass ψ_{E_x} reell wird: $C_+ = -i/\sqrt{2x_S}$,

$$\psi_{E_x}(x) = \sqrt{2/x_S}\sin(k_x x), \tag{5.16}$$

und natürlich entsprechend für die beiden anderen Funktionen $\psi_{E_y}(y)$ und $\psi_{E_z}(z)$ in (5.12).
Weil $\psi_{E_x}(x)$ in (5.16) $\exp(ik_x x)$ mit $\exp(-ik_x x)$ kombiniert, gilt nicht mehr $p_x\psi = \hbar k_x\psi$, sondern k_x ist schlicht die positive Wurzel aus $2mE_x/\hbar^2$. Klarer legt man ψ direkt durch die Quantenzahlen n_x, n_y, n_z fest:

$$\begin{aligned} \psi_{n_x n_y n_z}(\boldsymbol{r}, t) &= \exp(-iE_n t)\times \\ &\sqrt{8/x_S y_S z_S}\sin(\pi n_x x/x_S)\sin(\pi n_y y/y_S)\sin(\pi n_z z/z_S), \end{aligned} \tag{5.17}$$

$$E_n = (n_x^2/x_S^2 + n_y^2/y_S^2 + n_z^2/z_S^2)\hbar^2\pi^2/2m. \tag{5.18}$$

(Im analogen Fall eines elektromagnetischen Feldes in einer Kavität wäre dies eine der diskreten *Feldmoden*, nur dass in der klassischen Elektrodynamik der Fotonbegriff, der zur Energiequantelung führt, noch fehlt.) Die allgemeine Lösung der Schrgl im Quader ist eine Linearkombination (= Superposition) von Lösungen der Art (5.17):

$$\psi = \sum_{n_x, n_y, n_z = 1}^{\infty} c_{n_x n_y n_z}\psi_{n_x n_y n_z}. \tag{5.19}$$

Die Koeffizienten c sind dabei beliebig bis auf die Normierungsbedingung $\int \psi^2\, dx\, dy\, dz = 1$. Zwar enthält ψ^2 gemischte Produkte von Sinussen, aber das Integral darüber verschwindet glücklicherweise, denn Sinusse mit verschiedenen n sind *orthogonal* zueinander, z.B.:

$$\frac{2}{x_S}\int_0^{x_S} dx\, \sin(\pi n x/x_S)\sin(\pi n' x/x_S) = \delta_{nn'} \tag{5.20}$$

($\delta_{nn'} = 1$ für $n = n'$ und $= 0$ sonst). Damit lautet die Normierungsbedingung der Koeffizienten

$$\sum_{n_x, n_y, n_z = 1}^{\infty} |c_{n_x n_y n_z}|^2 = 1. \tag{5.21}$$

Der Potenzialsarg wird auch bei einem freien Elektron zur Berechnung der *Zustandsdichte* benutzt, das ist die Zahl dZ der *orthonormierten* Zustände (= Wellenfunktionen) pro Volumen im k-Intervall d^3k im Limes eines ∞ großen Sarges. Laut (5.11) ist $d(n_x/x_S) = dk_x/\pi$, und mit $Vol = x_S y_S z_S$ ergibt das

$$dZ = dn_x dn_y dn_z / Vol = d^3k/\pi^3. \tag{5.22}$$

Der theophysikalische Freiheitsbegriff: ein Sarg, dessen Wände nicht mehr stören. Im Thomas-Fermi-Modell (§34) ist das nur der Bruchteil eines Atomvolumens. Für Anwendungen mit Kugelsymmetrie benutzt man statt $\boldsymbol{k} = (k_x, k_y, k_z)$ Kugelkoordinaten,

$$d^3k = k^2\, dk\, d\Omega_k, \quad d\Omega_k = \sin\vartheta_k\, d\vartheta_k\, d\varphi_k. \tag{5.23}$$

Die Integration über den vollen Raumwinkel gibt $\int d\Omega = 4\pi$, aber bei Ω_k wird nur über $\frac{1}{8}$ der Kugeloberfläche integriert, weil k_x, k_y, k_z positiv sein müssen, vergl. (5.11). Also ist bei kugelsymmetrischen Problemen

$$dZ = k^2 dk/2\pi^2, \quad kdk = mdE/\hbar^2. \tag{5.24}$$

Die Umformung von dk auf dE benutzt (5.13) in der Form $E = \hbar^2k^2/2m$. Ein echtes Metall hat natürlich sehr viele Elektronen, die sich nicht nur gegenseitig abstoßen, sondern, schlimmer noch, sich um die Zustände zanken: maximal zwei Elektronen pro Zustand, laut Pauliprinzip. Hier wird das Thomas-Fermi-Modell bei der Beschreibung der *Leitungselektronen* verwandt, die sich tatsächlich über das ganze Metallvolumen verteilen. Bei tiefen Temperaturen sind dann alle Zustände bis zur *Fermikante* E_F doppelt mit Elektronen besetzt, darüber sind alle Zustände leer. Diese Nebenbemerkung aber nur, weil Du das Schlagwort *Fermikante* sicher schon kennst. Bis zum Ende von Kapitel II elaborieren wir die Quantenmechanik eines einzelnen Teilchens. Aber auch das muss gelegentlich die Zahl der verfügbaren Zustände kennen.

§6. Der harmonische Oszillator (HO)

Wo wir lernen, verschiedene Variable einer Diffgl zu trennen und erstmalig ein Eigenwertproblem bei einem schönen Potenzialverlauf lösen.

Ein Elektron im Innern eines runden Drahtes sieht eine potenzielle Energie $V(\boldsymbol{r})$, die man um ihr Minimum V_0 entwickeln kann. Wir legen die z-Achse in Drahtrichtung, den Nullpunkt der xy-Ebene bei V_0 (Bild 6-1) und betrachten ein zylindersymmetrisches V. Da V_0' verschwindet, lautet die Entwicklung bis zur 2. Ableitung:

$$V = V(x,y) = V_0 + \tfrac{1}{2}(x^2+y^2)V_0'', \quad V_0'' = \partial_x^2 V|_{x=y=0}. \tag{6.1}$$

$(\partial_x^2 V = \partial_y^2 V)$

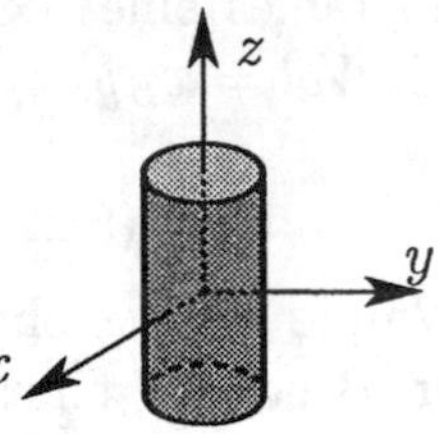

Bild 6-1: Draht aus Metall

Das reicht zur Berechnung von $\psi(x,y,z)$, solange ψ bei größeren x und y schnell genug verschwindet. Wir setzen $V_0 = 0$ wie schon beim Metallquader und schreiben

$$V = \tfrac{1}{2}m\omega^2(x^2+y^2), \quad \omega^2 = V_0''/m. \tag{6.2}$$

Unseren Hamilton teilen wir diesmal wie folgt auf:

$$H = -(\hbar^2/2m)\partial_z^2 + H_x + H_y, \tag{6.3}$$

$$H_x = -(\hbar^2/2m)\partial_x^2 + \tfrac{1}{2}m\omega^2x^2, \quad H_y = -(\hbar^2/2m)\partial_y^2 + \tfrac{1}{2}m\omega^2y^2. \tag{6.4}$$

Für ψ setzen wir analog zu (3.15)

$$\psi(\boldsymbol{r},t) = \mathrm{e}^{-iE_{\text{tot}}t/\hbar}\mathrm{e}^{ik_zz}\psi_{n_x}(x)\psi_{n_y}(y) \tag{6.5}$$

an, wobei die Quantenzahlen n_x und n_y nur vorsorglich sind. Einsetzen in die Schrgl gibt

$$(E_{xy} - H_x - H_y)\psi_{n_x}(x)\psi_{n_y}(y) = 0, \quad E_{xy} \equiv E_{\text{tot}} - (\hbar^2/2m)k_z^2. \tag{6.6}$$

<u>Trennung der Variablen</u> — Weil der Operator $H_x + H_y$ in (6.6) in Summanden zerfällt, die von nur je einer Variablen abhängen, lässt sich (6.6) in zwei getrennte Differenzialgleichungen für $\psi_{n_x}(x)$ und $\psi_{n_y}(y)$ umwandeln. Dazu multipliziert man (6.6) (von links) mit $[\psi_{n_x}(x)\psi_{n_y}(y)]^{-1}$ und beachtet

$H_x\psi_{n_y}(y) = \psi_{n_y}(y)H_x$, $H_y\psi_{n_x}(x) = \psi_{n_x}(x)H_y$, so dass sich bei H_x das $\psi_{n_y}(y)$ herauskürzt, bei H_y das $\psi_{n_x}(x)$, und bei E_{xy} natürlich beides:

$$E_{xy} = [\psi_{n_x}(x)]^{-1}H_x\psi_{n_x}(x) + [\psi_{n_y}(y)]^{-1}H_y\psi_{n_y}(y). \tag{6.7}$$

Das hat die Struktur $E_{xy} = F(x) + G(y)$. Ableitung nach x bzw y ergibt $0 = dF/dx$, $0 = dG/dy$. Also sind F und G einzeln konstant, und diese Konstanten nennen wir E_x und E_y:

$$\begin{aligned} F &= [\psi_{n_x}(x)]^{-1}H_x\psi_{n_x}(x) = E_x, \\ G &= [\psi_{n_y}(y)]^{-1}H_y\psi_{n_y}(y) = E_y, \end{aligned} \qquad E_{xy} = F + G = E_x + E_y. \tag{6.8}$$

Damit ist es uns wieder mal gelungen, die partielle Diffgl $H\psi = E_{\text{tot}}\psi$ in gewöhnliche Diffgln zu zerhacken. Wir betrachten jetzt nur noch die x-Gleichung und schreiben $E_x = E_n$, $n_x = n$:

$$\left[-(\hbar^2/2m)\partial_x^2 + \tfrac{1}{2}m\omega^2x^2\right]\psi_n(x) = E_n\psi_n(x). \tag{6.9}$$

Bevor wir das lösen, ersetzen wir x durch eine dimensionslose Variable ξ (xi). Wir wissen schon, dass $\hbar\omega$ die Dimension *Energie* hat, deshalb multiplizieren wir (6.9) mit $2/\hbar\omega$:

$$\left[-(\hbar/\omega m)\partial_x^2 + (\omega m/\hbar)x^2\right]\psi_n = (2E_n/\hbar\omega)\psi_n. \tag{6.10}$$

Jetzt ist jedes Glied dimensionslos, und ξ empfiehlt sich als

$$\xi = x\sqrt{\omega m/\hbar}, \quad \partial_x = \sqrt{\omega m/\hbar}\,\partial_\xi, \quad (\xi^2 - \partial_\xi^2)\psi_n = (2E_n/\hbar\omega)\psi_n. \tag{6.11}$$

Wie löst man sowas? Zuerst sucht man nach Gegenden der Variablen ξ, wo ein Operator divergiert. In unserem Beispiel ist das $\xi \to \infty$. Dort muss ∂_ξ auch divergieren, damit $\xi^2 - \partial_\xi^2 = 2E_n/\hbar\omega$ endlich bleibt. Die zugehörige *asymptotische Lösung* vernachlässigt endliche Operatoren, hier also die Zahl $2E_n/\hbar\omega$:

$$(\xi^2 - \partial_\xi^2)\psi_{\text{as}} = 0, \quad \psi_{\text{as}} = N_+\mathrm{e}^{\xi^2/2} + N\mathrm{e}^{-\xi^2/2}. \tag{6.12}$$

(Beachte auch: $\xi^2 - 1 \approx \xi^2$.)
Die Normierbarkeit von ψ verlangt $N_+ = 0$, dann (und nur dann) ist ψ_{as} völlig harmlos. Für die volle Funktion ψ_n setzen wir jetzt

$$\psi_n = \psi_{\text{as}}H_n(\xi) = N\mathrm{e}^{-\xi^2/2}H_n(\xi) \tag{6.13}$$

an. Dann ziehen wir die Funktion $e^{-\xi^2/2}$ vor ∂_ξ^2, um sie danach abzudividieren. Dazu zerlegen wir $\partial_\xi^2 = \partial_\xi \partial_\xi$ und ziehen die Funktion erstmal vor ∂_ξ:

$$\partial_\xi \mathrm{e}^{-\xi^2/2} H_n = \mathrm{e}^{-\xi^2/2}(\partial_\xi - \xi) H_n. \tag{6.14}$$

Wir wollen ∂_ξ und ξ als Operatoren verstehen, die auf alles rechts folgende wirken, und dürfen deshalb das H_n auch weglassen:

$$¡\ \partial_\xi \mathrm{e}^{-\xi^2/2} = \mathrm{e}^{-\xi^2/2}(\partial_\xi - \xi)\ ! \tag{6.14!}$$

Jetzt ziehen wir $\mathrm{e}^{-\xi^2/2}$ auch vor den zweiten Operator ∂_ξ:

$$\partial_\xi^2 \mathrm{e}^{-\xi^2/2} = \mathrm{e}^{-\xi^2/2}(\partial_\xi - \xi)^2 = \mathrm{e}^{-\xi^2/2}(\partial_\xi^2 + \xi^2 - 2\xi\partial_\xi - 1). \tag{6.15}$$

Die 1 in der Klammer stammt aus $\partial_\xi \xi = \xi \partial_\xi + 1$. Wir bringen sie in (6.11) nach rechts, definieren $E_n/\hbar\omega - \frac{1}{2}$ als n, dividieren $N\mathrm{e}^{-\xi^2/2}$ ab und erhalten für die Restfunktion H_n:

$$(\partial_\xi^2 - 2\xi\partial_\xi + 2n) H_n(\xi) = 0. \tag{6.16}$$

Für H_n setzen wir eine Potenzreihe in ξ an:

$$H_n = \sum_{\nu=0}^{\infty} a_\nu \xi^\nu. \tag{6.17}$$

Von den 3 Operatoren in (6.16) halten die letzten 2 die ξ-Potenz konstant:

$$(2n - 2\xi\partial_\xi)\xi^\nu = (2n - 2\nu)\xi^\nu, \tag{6.18}$$

während ∂_ξ^2 die Potenz um 2 senkt, $\partial_\xi^2 \xi^\nu = \nu(\nu-1)\xi^{\nu-2}$. So bleiben ungerade ν-Potenzen von geraden entkoppelt; d.h. es gibt getrennte Lösungen für gerade und ungerade a_ν. Der Ansatz (6.17) führt so in (6.16) zur Rekursionsformel

$$(\nu+2)(\nu+1)a_{\nu+2} + (2n - 2\nu)a_\nu = 0, \tag{6.19}$$

wobei das erste Glied von $a_{\nu+2}\partial_\xi^2 \xi^{\nu+2}$ stammt. Für $\nu \to \infty$ geht $a_{\nu+2}/a_\nu \approx 2/\nu$. Dies Verhältnis gilt auch für die Reihenentwicklung $\exp(\xi^2) = \sum_n (\xi^2)^n/n! = \sum_\nu \xi^\nu/(\nu/2)!$. Kein Wunder, denn laut (6.13) divergiert ψ_n dann wie $\exp(\xi^2/2)$, wie schon in (6.12) gefunden. Die Normierbarkeitsbedingung $N_+ = 0$ können wir nur erfüllen, indem wir die Reihe bei einer Potenz $\nu = \nu_{\max}$ zum Abbruch zwingen. Das ist laut (6.19) in der Tat möglich, wenn unser vorhin definiertes n ganz und nicht negativ ist,

$$n = \nu_{max} = 0, 1, 2, 3 \ldots, \quad E_n = \hbar\omega(n + \tfrac{1}{2}). \tag{6.20}$$

Damit endet die unendliche Summe (6.17) effektiv bei $\nu = n$, weil alle höheren a_ν null sind. H_n heißt *Hermitepolynom.* Dr. Hermite konnte die Bedeutung seiner Polynome für den Quanten-HO nicht ahnen und forderte, zur Normierung von H_n, $a_n = 2^n$:

$$H_n = 2^n \left[\xi^n - \tfrac{1}{4}n(n-1)\xi^{n-2}\ldots\right] \tag{6.21}$$

(den Koeffizienten a_{n-2} haben wir gleich aus (6.19) eingesetzt, mit $\nu + 2 = n$). Uns stört das nicht weiter, zur „richtigen" Normierung $\int |\psi|^2 dx = 1$ werden wir das N aus (6.13) benutzen. Die ersten 4 H-Polynome sind also

$$H_0 = 1, \quad H_1 = 2\xi, \quad H_2 = 4\xi^2 - 2, \quad H_3 = 8\xi^3 - 12\xi. \tag{6.22}$$

Höhere H-Polynome folgen natürlich auch aus (6.19) und $a_n = 2^n$. Es geht aber auch anders: man kann z.B. (6.16) nach ξ differenzieren; mit $\partial_\xi H \equiv H'$ gibt das

$$H_n''' - 2\xi H_n'' + 2(n-1)H_n' = 0. \tag{6.23}$$

Also erfüllt H_n' die gleiche Diffgl wie H_{n-1}. Der Vorfaktor folgt aus (6.21):

$$H_n' = 2nH_{n-1}. \tag{6.24}$$

Differenzieren von (6.24) liefert $H_n'' = 4n(n-1)H_{n-2}$. Damit kann man in (6.16) H_n'' und H_n' ersetzen und erhält die Rekursionsformel

$$H_n = 2\xi H_{n-1} - 2(n-1)H_{n-2}. \tag{6.25}$$

Jetzt noch die Normierungskonstante N: mit (6.13) und (6.11) ist

$$1 = \int |\psi_n|^2 dx = N^2 \int \mathrm{e}^{-\xi^2} H_n^2(\xi) d\xi \sqrt{\hbar/m\omega}. \tag{6.26}$$

Wir benutzen jetzt ohne Beweis

$$\int \mathrm{e}^{-\xi^2} H_n^2(\xi) d\xi = \sqrt{\pi} 2^n n! \tag{6.27}$$

(für $n = 0$ hatten wir das schon beim Gaußpaket (3.9)). Damit ist

$$N = (m\omega/\hbar\pi)^{\frac{1}{4}} (2^n n!)^{-\frac{1}{2}}. \tag{6.28}$$

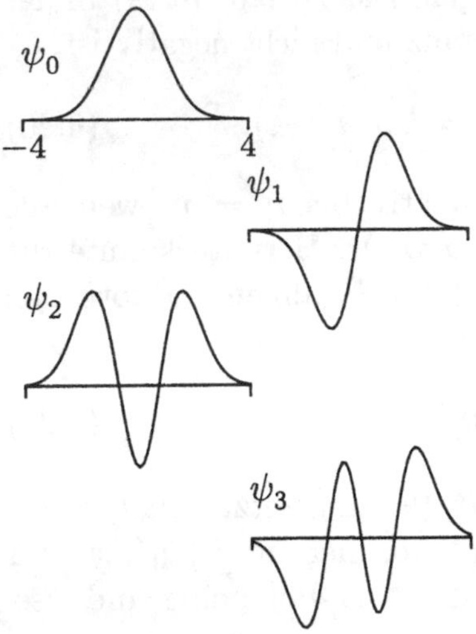

Bild 6-2: Die HO-Funktionen ψ_n für $n = 0$ bis 3.

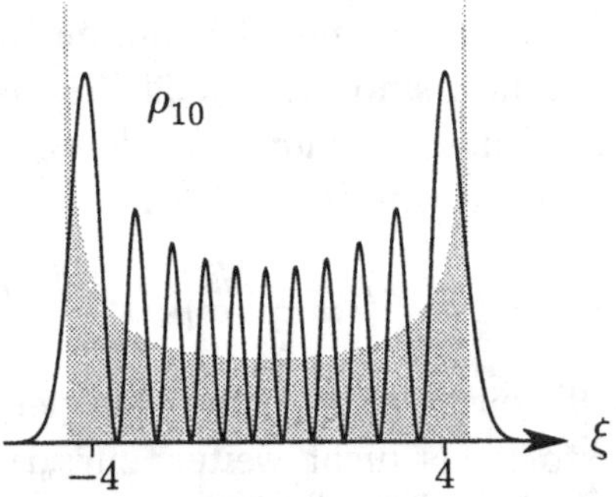

Bild 6-3: ψ_n^2 für $n = 10$. In Grau die klassische Aufenthaltswahrscheinlichkeit eines Pendels mit $E = 10.5\hbar\omega$.

Die Funktionen ψ_0 bis ψ_3 sind in Bild 6-2 gezeichnet. Sie sind wie gesagt abwechselnd gerade und ungerade. Für $n = 0$ hat E_n den kleinstmöglichen Wert, $E_0 = \frac{1}{2}\hbar\omega$ laut (6.20). Das ist der *Grundzustand*, die *angeregten Zustände* folgen in stets gleichen Abständen $\hbar\omega$. Bild 6-3 zeigt $\rho_{10} = \psi_{10}^2$, was schon einige Züge der klassischen x-Wahrscheinlichkeitsverteilung zeigt (graue Fläche, gezeichnet für $E = 10.5\,\hbar\omega$). Letztere ist nämlich an den Umkehrpunkten x_u (wo $V(x_u) = E$) singulär, weil dort das klassische Pendel oder dergl. momentan stillsteht. Für große E_n versagt die HO-Näherung allerdings meist, weil dann die Entwicklung (6.1) nicht ausreicht (siehe §32).

§7. Operatoren und Eigenzustände. Messungen. Nochmal freie Zustandsdichte

Wo wir die Hermitizität von Operatoren definieren und übers Superpositionsprinzip ausbauen, und wo wir dem ALTEN beim Würfeln zuschauen.

In §4 hatten wir gesehen, dass den klassischen Messgrößen Ort, Impuls, kinetische Energie T und potenzielle Energie $V(\boldsymbol{r})$ die *Operatoren*

$\boldsymbol{r}, -i\hbar\nabla, -\hbar^2\nabla^2/2m$ und $V(\boldsymbol{r})$ insofern entsprechen, als die gemäß (4.10) gebildeten Erwartungswerte

$$\langle A \rangle = \int \psi^* A \psi \tag{7.1}$$

(Integrationsvariablen werden ab jetzt unterdrückt) den klassischen Bewegungsgleichungen als Funktion der Zeit gehorchen. Diese Erwartungswerte müssen natürlich reell sein, $\langle A \rangle = \langle A \rangle^*$:

$$\int \psi^* A \psi = \int \psi (A\psi)^* = \int \psi A^* \psi^*. \tag{7.2}$$

Diese Eigenschaft heißt *Hermitizität.* Für $\boldsymbol{r}$ und $V(\boldsymbol{r})$ folgt sie aus der *Realität*, $\boldsymbol{r} = \boldsymbol{r}^*, V = V^*$. Bei $A = -i\hbar\nabla$ ist $A^* = i\hbar\nabla$. Um $\psi^*\nabla\psi$ in $\psi\nabla\psi^*$ umzuwandeln, muss man partiell integrieren, was gleichzeitig den Vorzeichenwechsel bei i kompensiert. Bei ∇^2 schließlich schreibt man $\nabla^2 = \nabla \cdot \nabla$ und integriert zweimal partiell. Dabei müssen natürlich die ausintegrierten *Oberflächenintegrale* verschwinden. Das ist praktisch eine zusätzliche Forderung an die zulässigen (*physikalischen*) Lösungen ψ der Schrgl. Insbesondere darf man deshalb ein freies Wellenpaket (3.4) nicht durch eine ebene Welle (3.1) e^{ikx} annähern. Man tut es allerdings trotzdem, und rettet die Hermitizität durch den *Periodizitätstrick*: man gibt dem Universum eine endliche Länge L in x-Richtung und integriert in (7.1) nur noch von $-L/2$ bis $+L/2$. Dann setzt man ψ am rechten Rand mit ψ am linken Rand gleich,

$$\psi(x = L/2) = \psi(x = -L/2), \tag{7.3}$$

wodurch sich die beiden ausintegrierten Teile wegkürzen. Für die ebene Welle bedeutet das $\mathrm{e}^{ikL/2} = \mathrm{e}^{-ikL/2}$, also $\mathrm{e}^{ikL} = 1$. Das beschränkt zwar k auf diskrete Werte,

$$k = k_x = n_x \cdot 2\pi/L, \quad n_x = \pm 1, \pm 2, \pm 3, \ldots, \tag{7.4}$$

aber $L \to \infty$ liefert wieder das richtige Kontinuum, genau wie beim Freiheitssarg (siehe die Aufgabe am Ende dieses §en).
Sind nun ψ_i und ψ_j zwei physikalische Lösungen der Schrgl, dann ist

$$\psi = c_i\psi_i + c_j\psi_j \tag{7.5}$$

auch physikalisch, für beliebige Konstanten c_i und c_j. Damit und mit $\psi^* = c_i^*\psi_i^* + c_j^*\psi_j^*$ folgt aus (7.1) und (7.2)

$$c_j^* c_i \int \psi_j^* A \psi_i + c_j c_i^* \int \psi_i^* A \psi_j = c_j^* c_i \int \psi_i A^* \psi_j^* + c_j c_i^* \int \psi_j A^* \psi_i^*. \tag{7.6}$$

Wählt man jetzt einmal $c_j = c_i$ und danach $c_j = ic_i$, dann folgt aus der Summe der erhaltenen Gleichungen

$$\int \psi_i^* A \psi_j = \int \psi_j A^* \psi_i^*. \tag{7.7}$$

Auch diese Bedingungen erfüllt also ein hermitischer Operator. Für ∇^2 und H haben wir sie schon in (4.13) benutzt.
Sei nun ψ_{ai} eine Eigenfunktion des hermitischen Operators A, mit der Zahl a_i als Eigenwert:

$$A\psi_{ai} = a_i \psi_{ai}. \tag{7.8}$$

Diese Begriffe hatten wir ja schon nach (2.10) erläutert. Der Erwartungswert von A für diesen Zustand ist

$$\langle A \rangle_{ai} = \int \psi_{ai}^* A \psi_{ai} = a_i \int \psi_{ai}^* \psi_{ai} = a_i, \tag{7.9}$$

sofern ψ_{ai} auf 1 normiert ist. Die Eigenwerte hermitischer Operatoren sind also die Erwartungswerte für die speziellen Funktionen ψ_{ai} und damit reell. Insbesondere sind in der stationären Schrgl $H\psi_n = E_n \psi_n$ die Energien E_n reell. Jetzt kommt was Komisches: Zustände mit verschiedenen Eigenwerten $a_i \neq a_j$ von A sind *orthogonal* zueinander

$$\int \psi_{aj}^* \psi_{ai} = 0 \quad \text{falls} \quad a_i \neq a_j. \tag{7.10}$$

Zum Beweis setzen wir in (7.7) $\psi_i^* = \psi_{ai}^*$, $\psi_j = \psi_{aj}$, benutzen (7.8),

$$a_j \int \psi_{ai}^* \psi_{aj} = a_i \int \psi_{aj} \psi_{ai}^* = a_i \int \psi_{ai}^* \psi_{aj}, \tag{7.11}$$

bringen das rechte Integral ganz nach links, klammern $a_j - a_i$ aus und dividieren es ab. ¿Esta claro? Man fasst gerne (7.10) mit der Normierungsbedingung $\int |\psi_{ai}|^2 = 1$ mittels des *Kroneckerdeltas* zusammen:

$$\int \psi_{aj}^* \psi_{ai} = \delta_{ij}. \tag{7.12}$$

Ein Beispiel solcher *Orthonormalitätsrelationen* hatten wir schon in (5.20). Beim HO ist H_x (6.4) hermitisch, mit Eigenfunktionen ψ_n (6.13), also sollte als Erweiterung von (6.27)

$$\int_{-\infty}^{\infty} H_n(\xi) H_{n'}(\xi) \mathrm{e}^{-\xi^2} d\xi = \delta_{nn'} \sqrt{\pi} 2^n n! \tag{7.13}$$

gelten. Für n gerade und n' ungerade ist (7.13) natürlich schon wegen der entgegengesetzten Symmetrie der H-Polynome erfüllt. (Für $n = 0$ und $n' = 2$ kann man es nachrechnen, indem man H_2 aus (6.22) durch H_0^2 und H_1^2 ausdrückt.)
Wenn die Eigenfunktionen ψ_{ai} von mehreren Variablen abhängen, z.B. $\psi_{ai}(x, y)$, können mehrere Funktionen den gleichen Eigenwert haben. Beim 2D-HO ist laut (6.3)

$$H_{xy} = H_x + H_y, \quad H_{xy}\psi_{n_xn_y} = \hbar\omega(n+1)\psi_{n_xn_y}, \quad n = n_x + n_y. \tag{7.14}$$

Das folgt aus $E_x = \hbar\omega_x(n_x + \frac{1}{2})$, $E_y = \hbar\omega_y(n_y + \frac{1}{2})$ und $\omega_x = \omega_y = \omega$. Dann verallgemeinert sich (7.12) auf

$$\int \psi^*_{n'_xn'_y}\psi_{n_xn_y} = \delta_{n'_xn_x}\delta_{n'_yn_y}. \tag{7.15}$$

Obwohl also die Eigenwerte E_{xy} von H_{xy} nur die Quantenzahl n kennen, muss man in (7.15) doch sicherheitshalber zwei Quantenzahlen angeben. Für $n = 0$ ist das unnötig (da liegen $n_x = 0$, $n_y = 0$ beide fest), aber schon zu $n = 1$ gibt es 2 verschiedene Funktionen, $\psi_{01} = \psi_0(x)\psi_1(y)$ und $\psi_{10} = \psi_1(x)\psi_0(y)$. Hat ein Operator A bei festem Eigenwert a_n mehrere Eigenfunktionen, spricht man von *Entartung*. In unserem Beispiel sind also die Produkteigenfunktionen ψ_{01} und ψ_{10} bezüglich H_{xy} entartet, weil sie beide zum Eigenwert $2\hbar\omega$ gehören.
Der Messprozess ist in der Quantenphysik kompliziert. Als Messwerte kommen nur Eigenwerte der zugeordneten hermitischen Operatoren in Frage. Besonders einleuchtend ist das bei Energiemessungen: Die allgemeine Lösung der Schrgl $i\hbar\partial_t\psi = H\psi$ lässt sich als Superposition der Eigenfunktionen ψ_n von H schreiben, wobei wir diesmal die t-Abhängigkeit der einzelnen Funktionen explizit schreiben:

$$\psi(\boldsymbol{r}, t) = \sum\nolimits_n c_n \mathrm{e}^{-iE_nt/\hbar}\psi_n(\boldsymbol{r}), \quad H\psi_n = E_n\psi_n. \tag{7.16}$$

Wegen der 3 Argumente $\boldsymbol{r} = (x, y, z)$ ist n jetzt ein Sammelindex, etwa das Triplett von Indizes n_x, n_y, n_z von (5.19). Bei den gebundenen Zuständen sind ja nun die Energien gequantelt, d.h. eine Messung von E ergibt E_0, E_1 oder E_2, nie aber einen Zwischenwert $E_{1.38}$. Der Erwartungswert von H dagegen,

$$\begin{aligned}\langle H\rangle = \int \psi^* H\psi &= \int \Big[\sum\nolimits_m c^*_m \mathrm{e}^{iE_mt/\hbar}\psi_m\Big] H \Big[\sum\nolimits_n c_n \mathrm{e}^{-iE_nt/\hbar}\psi_n\Big] \\ &= \sum\nolimits_n |c_n|^2 E_n\end{aligned} \tag{7.17}$$

(hier wurden $H\psi_n = E_n\psi_n$ + Orthonormalität benutzt) kann offenbar jeden reellen Zwischenwert annehmen, je nach Wahl der c_n. $\langle H \rangle$ stellt sich als Mittelwert ein, wenn man das Elektron immer wieder in den gleichen Anfangszustand ψ bringt, und dann mal den einen Energiewert findet, mal den anderen. Sind sowohl ψ als auch ψ_n normiert, dann folgt aus der Orthonormalität

$$\sum_n |c_n|^2 = 1. \tag{7.18}$$

Der Vergleich zwischen (7.17) und (7.18) zeigt, dass $|c_n|^2$ die Wahrscheinlichkeit ist, den Wert E_n zu messen (und natürlich den Wert E_n^2 von H^2 usw., obwohl das belanglos ist). Hat man allerdings tatsächlich den Wert E_5 gemessen, dann ist plötzlich ψ reduziert auf $\mathrm{e}^{-iE_5 t/\hbar}\psi_5(\boldsymbol{r})$, und eine nachfolgende Messung zeigt nur noch $E = E_5$ (Kollaps der Wellenfunktion, siehe auch §67).
¡Durch die Messung sind also alle $c_n = 0$ gesetzt worden, bis auf $c_5 = 1$!
Manche klassischen Größen sind auch quantisiert, z.B. die Zahl der Kinder in einer Familie. Selbst wenn diese Zahl im Durchschnitt 1.38 ist, gibt es doch in Karlsruhe keine Familie mit 1.38 Kindern, dagegen mehrere mit 5 Kindern. Messungen in der Quantenmechanik beschädigen jeden Zustand, der nicht gerade ein Eigenzustand des zu messenden Operators ist (Beispiele dazu in §67). Bei einem stark lokalisierten Wellenpaket ist die Unkenntnis von E eine Folge der Kenntnis der Lokalisierung (siehe auch §10).
Verallgemeinerung auf einen beliebigen hermitischen Operator A: Man entwickle obiges ψ nach den Eigenzuständen ψ_{ai} von A:

$$\psi(\boldsymbol{r},t) = \sum_i c_i \psi_{ai}(\boldsymbol{r},t), \quad \sum_i |c_i|^2 = 1, \quad \langle A \rangle = \sum_i |c_i|^2 a_i. \tag{7.19}$$

Dann ist $|c_i|^2$ die Wahrscheinlichkeit, den Wert a_i zu messen. Die Eigenfunktionen ψ_{ai} haben wir fertig im Regal liegen. Sie spielen die Rolle von Maßstäben; die Information über den physikalischen Zustand des Systems (d.h. unseres Elektrons) liegt ausschließlich in den Koeffizienten c_i. Mit der Orthonormalität (7.12) können wir aus der Summe (7.19) jedes c_j einzeln herausgreifen:

$$\int \psi_{aj}^* \psi = \sum_i c_i \int \psi_{aj}^* \psi_{ai} = \sum_i c_i \delta_{ij} = c_j. \tag{7.20}$$

Mit A ist auch A^2 hermitisch, mit den gleichen Eigenfunktionen ψ_{ai}, denn mit (7.8) gilt

$$A^2 \psi_{ai} = A a_i \psi_{ai} = a_i A \psi_{ai} = a_i^2 \psi_{ai}. \tag{7.21}$$

Ein nützliches Maß der Wahrscheinlichkeitsverteilung ist die Standardabweichung $\sigma_A = \Delta A$, das ist die Wurzel aus der *Varianz* (= *mittlere quadratische Abweichung*)

$$\sigma_A = \Delta A := \sqrt{(\Delta A)^2}, \quad (\Delta A)^2 := \langle A^2 \rangle - \langle A \rangle^2. \tag{7.22}$$

Mit der Entwicklung (7.19) ist

$$(\Delta A)^2 = \langle A^2 \rangle - \langle A \rangle^2 = \sum\nolimits_i |c_i|^2 a_i^2 - \left(\sum\nolimits_i |c_i|^2 a_i \right)^2. \tag{7.23}$$

Für einen Eigenzustand von A, $\psi = \psi_{aj}$ ($c_i = \delta_{ij}$), ist $\Delta A = 0$, sonst ist $\Delta A > 0$.
Das Produkt zweier hermitischer Operatoren A und B ist häufig nicht hermitisch. Wir setzen in (7.7) $\psi_j = B\psi$ und erhalten

$$\int \psi_i^* AB\psi = \int B\psi A^* \psi_i^* = \int \psi B^* A^* \psi_i^*. \tag{7.24}$$

Setzen wir $C = AB$, dann müsste bei einem hermitischen C rechts $C^* = A^* B^*$ stehen, was $\neq B^* A^*$ sein kann. Für $A = x$, $B = p_x = -i\hbar\partial_x$ z.B. ist

$$C = -i\hbar x \partial_x, \quad \int \psi_i^* x(-i\partial_x)\psi = i \int \psi \partial_x x \psi_i^* = i \int \psi (x\partial_x + 1)\psi_i^*, \tag{7.25}$$

laut $\partial_x x \psi_i^* = \psi_i^* + x\partial_x \psi_i^*$, wie schon in (4.17). Ist man sicher, dass x ein Operator ist (d.h. dass dahinter noch eine Funktion kommt), dann kann man auch die Operatorschreibweise ohne diese Funktion benutzen (vergl. auch (6.14!)):

$$\partial_x x = x\partial_x + 1. \tag{7.26}$$

Die Quantenklempner beschreiben das mit einem *Kommutator*:

$$[B, A] = BA - AB, \quad [\partial_x, x] = 1. \tag{7.27}$$

Sie schreiben z.B. statt (4.17)

$$\partial_x V = V\partial_x + V', \quad V' = \partial V/\partial x = [\partial_x, V]. \tag{7.28}$$

Man kann dann das ψ immer ganz rechts stehenlassen, $\psi \partial_x V = [\partial_x, V]\psi$. Ähnliches macht man bei ψ^*. Zu jedem (nicht unbedingt hermitischen) Operator C definiert man einen *hermitisch adjungierten* $C^\dagger$:

$$\int \psi_i^* C^\dagger \psi_j = \int (C\psi_i)^* \psi_j = \int (C^* \psi_i^*)\psi_j, \tag{7.29}$$

wobei mögliche Differenziationen in den beiden letzten Ausdrücken nur innerhalb der Klammer wirken. Für hermitische Operatoren gilt dann

$$A = A^\dagger, \quad B = B^\dagger, \tag{7.30}$$

$$C = AB, \quad C^\dagger = (AB)^\dagger = B^\dagger A^\dagger = BA. \tag{7.31}$$

Daraus folgt

$$(AB)^\dagger = AB + [B, A]. \tag{7.32}$$

Zwei Operatoren A und B *kommutieren*, wenn $[A, B] = 0$. Ihre Reihenfolge ist dann gleichgültig. Das Produkt zweier hermitischer Operatoren ist nur hermitisch, wenn sie kommutieren.

☞ *Aufgaben:* (i) Berechne die in (5.22) definierte Zustandsdichte d^3n/Vol aus (7.4), also jetzt für ein freies Teilchen. Warum ist das Resultat nicht wieder d^3k/π^3 wie in (5.22)? Was ist da eigentlich los? (ii) Sei $\psi(x, t = 0) = N \sin^3(\pi x/b)$ die Anfangswellenfunktion eines Elektrons zwischen zwei ∞ hohen Potenzialwänden bei $x = 0$ und $x = b$. Berechne die Normierungskonstante N, $\psi(x,t)$ sowie $\langle x\rangle(t)$. Wann ist erstmals wieder $|\psi(x,t)|^2 = \psi^2(x,0)$? (Zerlege $\psi(x,0)$ nach Eigenfunktionen von H_x, bestimme die Koeffizienten mittels (7.20).)

§8. Welche Operatoren sind neben H nützlich? Drehungen um die z-Achse

Wo wir lernen, dass nur solche Konstanten der Bewegung nützlich sind, die sich nicht beißen.

In §6 haben wir aus der partiellen Diffgl in den 4 Variablen x, y, z, t durch den Ansatz (6.5) die t- und z-Abhängigkeit sofort eliminiert und den Rest auf getrennte Diffgln in x und y reduziert. Die Funktion ψ (6.5) schreiben wir jetzt als

$$\psi = \psi_{E_{\text{tot}},k_z,n_x,n_y} = \mathrm{e}^{-iE_{\text{tot}}t/\hbar}\psi_{k_z}(z)\psi_{n_x}(x)\psi_{n_y}(y). \tag{8.1}$$

Sie ist nicht nur Eigenfunktion von H (Eigenwert E_{tot}), sondern auch von $p_z = -i\hbar\partial_z$,

$$p_z\psi_{k_z} = \hbar k_z\psi_{k_z}, \quad \psi_{k_z}(z) = N\mathrm{e}^{ik_z z} \tag{8.2}$$

(N = Normierungskonstante, siehe (8.21)), von H_x (Eigenwert $\hbar\omega(n_x + \frac{1}{2})$) und von H_y (Eigenwert $\hbar\omega(n_y + \frac{1}{2})$). Selten ist die Schrgl so leicht zu lösen.

Welche Operatoren liefern in komplizierteren Fällen nützliche Eigenfunktionen?
Solange H nicht von t abhängt, sind Eigenfunktionen von H nützlich, weil sie die Zeitabhängigkeit mit $\exp(-iE_{\text{tot}}t/\hbar)$ erledigen. Die fraglichen Operatoren A sind damit auch zeitunabhängig. Die Zeitabhängigkeit ihrer Erwartungswerte folgt aus der Schrgl:

$$\frac{d\langle A\rangle}{dt} = \int \dot{\psi}^* A\psi + \int \psi^* A\dot{\psi} = \frac{i}{\hbar}\int \psi^*(HA-AH)\psi = \frac{i}{\hbar}\langle[H,A]\rangle \quad (8.3)$$

(hier wurde im 1. Integral $-i\hbar\dot{\psi}^* = H\psi^*$ benutzt, sowie die Hermitizität, $H = H^\dagger$). Falls wir also außer H noch einen anderen hermitischen Operator finden, der mit H kommutiert, dann ist der entsprechende Erwartungswert eine *Konstante der Bewegung*:

$$d\langle A\rangle/dt = 0 \quad \text{für} \quad [A,H] = 0. \quad (8.4)$$

Damit zwei Operatoren A und B gemeinsame Eigenfunktionen haben, müssen sie kommutieren. Fordern wir nämlich

$$A\psi_{ai,bj} = a_i\psi_{ai,bj}, \quad B\psi_{ai,bj} = b_j\psi_{ai,bj}, \quad (8.5)$$

dann gilt

$$BA\psi_{ai,bj} = b_j a_i \psi_{ai,bj} = AB\psi_{ai,bj}. \quad (8.6)$$

Soll das für alle Eigenwerte gelten, dann muss es auch für die Operatoren selber gelten, $BA = AB$, also $[A,B] = 0$.
Beim HO von §6 gilt $[p_z, H] = 0$ weil $V = V(x,y)$ dort nicht von z abhängt, $[\partial_z, V] = 0$. Außerdem ist

$$H = p_z^2/2m + H_x + H_y, \quad [H_x, H_y] = 0, \quad (8.7)$$

so dass auch $[H, H_x]$ und $[H, H_y]$ null sind. Da andererseits $[p_x, V] \neq 0$, $[p_y, V] \neq 0$ gilt, scheiden Eigenfunktionen von p_x, p_y und V aus.
Sehr häufig ist V drehsymmetrisch um mindestens eine Achse. Diese wird dann als z-Achse gewählt; V hat damit die Form

$$V = V(\rho, z), \quad \rho = \sqrt{x^2+y^2}. \quad (8.8)$$

(Unser HO-Potenzial (6.2) $V_{\text{HO}} = \frac{1}{2}m\omega^2\rho^2$ ist zylindersymmetrisch und damit auch drehsymmetrisch um die Zylinderachse.) Beim H-Atom ist V sogar drehsymmetrisch um jede Achse, d.h. kugelsymmetrisch. Das von einem Kern der Ladung Ze hervorgerufene elektrostatische Potenzial $\phi(r)$ im

Abstand r ist Ze/r, die potenzielle Energie des Elektrons (Ladung $q = -e$) ist also

$$V = -e\phi = -Ze^2/r, \quad r = \sqrt{x^2 + y^2 + z^2}. \tag{8.9}$$

Aber auch bei zweiatomigen Molekülen ist V noch drehinvariant um die Verbindungsachse zwischen den beiden Atomkernen (Azimutalsymmetrie). Als Beispiel hier das H_2^+-Ion, weil es nur ein einziges Elektron enthält (Bild 30-1): die beiden Protonen haben $Z_1 = Z_2 = 1$,

$$V = -e^2/r_a - e^2/r_b, \quad r_i = \sqrt{x^2 + y^2 + (z - z_i)^2}. \tag{8.10}$$

In all diesen Fällen kommutiert V mit dem hermitischen Operator

$$L_z = (\boldsymbol{r} \times \boldsymbol{p})_z = xp_y - yp_x = -i\hbar(x\partial_y - y\partial_x), \tag{8.11}$$

denn es gilt nach der Kettenregel

$$[\partial_y, V] = V'y/\rho, \quad [\partial_x, V] = V'x/\rho, \quad V' = dV/d\rho. \tag{8.12}$$

Für die kinetische Energie T gilt außerdem

$$[L_z, p_z^2] = 0, \quad [L_z, p_x^2 + p_y^2] = 0. \tag{8.13}$$

☞ *Aufgabe:* Beweise (8.13)! Benutze dazu

$$\hbar^{-2}[x, p_x^2] = -x\partial_x^2 + \partial_x^2 x = -x\partial_x^2 + \partial_x(x\partial_x + 1) = -x\partial_x^2 + x\partial_x^2 + 2\partial_x = 2\partial_x. \tag{8.13'}$$

Der Operator $\boldsymbol{L} = \boldsymbol{r} \times \boldsymbol{p}$ heißt Drehimpuls, analog zur klassischen Definition. Aus $[L_z, V] = 0$ und $[L_z, T] = 0$ folgt $[L_z, H] = 0$. In der Mechanik heißt eine Variable *zyklisch*, wenn sie im Hamilton nicht vorkommt. Jede zyklische Variable bewirkt einen Erhaltungssatz, auch in der Quantenmechanik. So folgt in §6 die Erhaltung von p_z aus der Zyklizität von z. Die zyklische Variable, aus der $[L_z, H] = 0$ folgt, ist das *Azimut* φ (Bild 8-1):

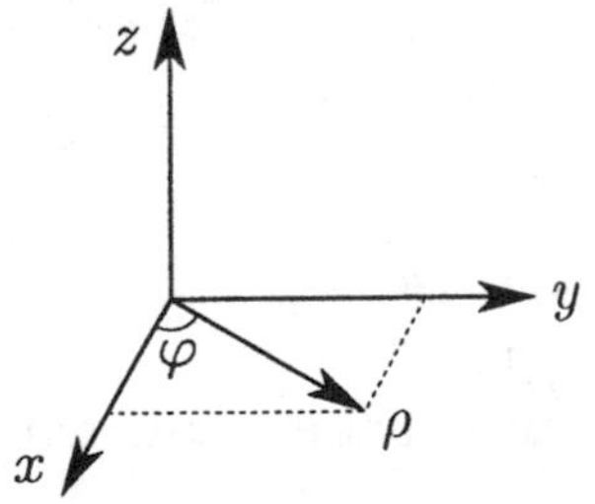

Bild 8-1: Zylinderkoordinaten

$$x = \rho\cos\varphi, \quad y = \rho\sin\varphi, \tag{8.14}$$

(ρ = rho), denn damit gilt

$$\frac{\partial x}{\partial \varphi} = -y, \quad \frac{\partial y}{\partial \varphi} = x, \quad \partial_\varphi = \left(\frac{\partial x}{\partial \varphi}\right)\partial_x + \left(\frac{\partial y}{\partial \varphi}\right)\partial_y = x\partial_y - y\partial_x, \tag{8.15}$$

$$L_z = -i\hbar\partial_\varphi. \tag{8.16}$$

Auch gilt, wie wir gleich sehen werden,

$$\partial_x^2 + \partial_y^2 = \rho^{-2}\partial_\varphi^2 + \rho^{-1}\partial_\rho\rho\partial_\rho, \tag{8.17}$$

so dass also φ weder in $V(\rho, z)$ noch in $T = \boldsymbol{p}^2/2m$ vorkommt. Die normierten Eigenfunktionen von L_z sind

$$\psi_{m_\ell}(\varphi) = \mathrm{e}^{im_\ell\varphi}/\sqrt{2\pi}, \quad m_\ell = 0, \pm1, \pm2\ldots \tag{8.18}$$

Der Definitionsbereich von φ geht von 0 bis 2π. Damit

$$\psi_{m_\ell}(2\pi) = \psi_{m_\ell}(0) \tag{8.19}$$

gilt, muss m_ℓ ganz sein. Der Faktor $1/\sqrt{2\pi}$ folgt aus der Normierung

$$\int_0^{2\pi} d\varphi\, |\psi_{m_\ell}|^2 = 1. \tag{8.20}$$

Bei dieser Gelegenheit wollen wir die Normierung der ebenen Welle $\psi = \mathrm{e}^{ikx}$ im Universum der Länge L (7.3) nachholen:

$$\psi_k(x) = \mathrm{e}^{ikx}/\sqrt{L}. \tag{8.21}$$

Die Identifikation (7.3) von ψ an den beiden Enden des Definitionsbereichs entspricht (8.19), aber das φ -Intervall ist wirklich endlich, so dass die Eigenwerte von L_z

$$L_z\psi_{m_\ell} = \hbar m_\ell \psi_{m_\ell} \tag{8.22}$$

echt gequantelt sind. Das nennt man gelegentlich *Richtungsquantelung* (Bild 13-2). Aber selbstverständlich sind nicht Richtungen gequantelt, sondern die messbaren Eigenwerte von L_z.

Jetzt noch die Herleitung von (8.17): Natürlich kann man ∂_x^2 und ∂_y^2 einzeln aus (8.14) berechnen. Man kann aber auch x und y zu einem 2D-Vektor $\boldsymbol{\rho}$ zusammenfassen, und damit φ-unabhängige Kombinationen bilden:

$$x\partial_x + y\partial_y = \boldsymbol{\rho}\nabla = \rho\widehat{\boldsymbol{\rho}}\nabla = \rho\partial_\rho. \tag{8.23}$$

Hier ist $\widehat{\boldsymbol{\rho}}$ ein radialer Einheitsvektor, $\widehat{\boldsymbol{\rho}}\nabla$ daher die Radialkomponente von ∇, also ∂_ρ.

☞ *Aufgabe:* Zeige durch Quadrieren von (8.23) $(\rho\partial_\rho)^2 = x^2\partial_x^2 + y^2\partial_y^2 + 2xy\partial_x\partial_y + x\partial_x + y\partial_y$ und aus (8.15) $\partial_\varphi^2 = y^2\partial_x^2 + x^2\partial_y^2 - 2xy\partial_x\partial_y - y\partial_y - x\partial_x$.
Addition dieser beiden Ausdrücke liefert

$$\rho\partial_\rho\rho\partial_\rho + \partial_\varphi^2 = (x^2+y^2)(\partial_x^2+\partial_y^2) = \rho^2(\partial_x^2+\partial_y^2) \tag{8.24}$$

und damit offenbar (8.17).
Zusammenfassung — Sobald V unabhängig von φ ist, hat $H\psi = E\psi$ Lösungen der Art

$$\psi(\boldsymbol{r}) = \psi_{m_\ell}(\varphi)Z_{m_\ell}(\rho, z), \tag{8.25}$$

wobei die Gleichung für $Z_{m_\ell}(\rho, z)$ durch Einsetzen von (8.17) und $\partial_\varphi^2 \to -m_\ell^2$ folgt:

$$-(\hbar^2/2m)(-\rho^{-2}m_\ell^2 + \rho^{-1}\partial_\rho\rho\partial_\rho + \partial_z^2)Z_{m_\ell} = (E-V)Z_{m_\ell}. \tag{8.26}$$

Ob man den Ansatz (8.25) wirklich benutzt, hängt von den sonstigen Symmetrien von H ab, beim HO z.B. ist (8.1) etwas einfacher.
☞ *Aufgaben:* (i) Berechne in einer Dimension ($H = -\hbar^2\partial_x^2/2m + V(x)$) $d\langle x\partial_x\rangle/dt$ gemäß (8.3) für einen stationären Zustand, leite daraus den Virialsatz

$$\langle x[\partial_x, V]\rangle = 2\left\langle p_x^2/2m\right\rangle \tag{8.27}$$

her und benutze ihn für den HO. (ii) Ein Elektron befinde sich in einem unendlich langen, runden Draht des Radius ρ_0. Im Draht verschwinde das Potenzial, außen sei es unendlich hoch. Finde die Eigenfunktionen $Z_n(\rho)$ und die zugehörigen Energien E_n. (Benutze Bessels Diffgl $[x^2\partial_x^2 + x\partial_x + x^2 - n^2]J_n = 0$.)

§9. Hilbertraum. Vollständige Funktionssysteme

Wo wir lineare Algebra und Diracs Bras und Kets benutzen lernen.

Die normierbaren komplexen Funktionen von $\boldsymbol{r}$ (mit t als Parameter) bilden den *Hilbertraum*. Das ist ein linearer Vektorraum: gehören ψ_a und ψ_b dazu, dann gehört $\psi = c_a\psi_a + c_b\psi_b$ (mit komplexen, endlichen c_i) auch dazu. Die Norm ist stets positiv:

$$(\psi, \psi) := \int \psi^*\psi. \tag{9.1}$$

Integriert wird über den Definitionsbereich von $\boldsymbol{r}$, also $\int d^3r$. Wir wollen jedoch zunächst Funktionen von nur einer Variablen betrachten, z.B. x oder φ. Aus (9.1) und der Linearität folgt das Skalarprodukt

$$(\psi_a, \psi_b) = \int \psi_a^* \psi_b. \tag{9.2}$$

Anders als manche Mathematiker setzen Physiker also den * (= Komplexkonjugation) an die erste Funktion im Skalarprodukt. Wenn ψ_a und ψ_b (auf 1) normiert sind, ist ψ normalerweise unnormiert:

$$(\psi, \psi) = |c_a|^2 + |c_b|^2 + c_a^* c_b (\psi_a, \psi_b) + c_b^* c_a (\psi_b, \psi_a). \tag{9.3}$$

Die orthonormierten Eigenfunktionen eines hermitischen Operators (z.B. H_x oder L_z) bilden ein Koordinatensystem im Hilbertraum. Die Entwicklungen von ψ und ψ^*

$$\psi = \sum\nolimits_n \psi_n c_n, \quad \psi^* = \sum\nolimits_m \psi_m^* c_m^* \tag{9.4}$$

werden als Zerlegung von Vektoren in Komponenten aufgefasst. Die c_n folgen aus der Orthonormalität (7.12), was wir schon in (7.20) gesehen haben:

$$(\psi_m, \psi_n) = \delta_{mn}, \quad c_n = (\psi_n, \psi). \tag{9.5}$$

Einsetzen dieser Werte von c_n in (9.4) muss natürlich zu $\psi = \psi$ führen, für jedes ψ aus dem Hilbertraum. Schreiben wir in (9.4) $\psi = \psi(x)$, dann müssen wir die Integrationsvariable umbenennen, z.B. in x':

$$\psi(x) = \sum\nolimits_n \psi_n(x) \int dx' \psi_n^*(x') \psi(x'). \tag{9.6}$$

Für unsere *Einheitsvektoren* ψ_n muss also gelten

$$\sum\nolimits_n \psi_n(x) \psi_n^*(x') = \delta(x - x'). \tag{9.7}$$

Diese Beziehung heißt *Vollständigkeit*. Sie besagt, dass die ψ_n den ganzen (Hilbert-)Raum aufspannen. Für die ψ_{m_ℓ} (8.18) z.B. ist dies eine bekannte Eigenschaft der Fourierkomponenten:

$$(2\pi)^{-1} \sum_{m=-\infty}^{\infty} \mathrm{e}^{im\varphi} \mathrm{e}^{-im\varphi'} = \delta(\varphi - \varphi'). \tag{9.8}$$

Hermitische Operatoren, die ein *vollständiges Orthonormalsystem* bilden, nennt man auch *Observable.* Die ψ_n bilden Einheitsvektoren wie die Stacheln eines Igels, nur stehen sie alle senkrecht aufeinander, was beim Igel höchstens drei Stacheln zulassen würde. Kein Gleichnis ist perfekt.
Die erste formal konsistente Quantenmechanik war Heisenbergs *Matrizenmechanik* (1925). Sie lässt sich folgendermaßen aus Schrödingers Erwartungswerten herleiten:

$$\langle A \rangle = \int \psi^* A \psi = \sum\nolimits_{m,n} c_m^* c_n A_{mn}, \quad A_{mn} = \int \psi_m^* A \psi_n. \tag{9.9}$$

Die A_{mn} heißen *Matrixelemente von* A. Sammelt man nämlich die c_n in einem Vektor und die A_{mn} in einer Matrix, dann ist laut Matrizenrechnung $A \cdot c$ wieder ein Vektor:

$$(A \cdot c)_m = \sum\nolimits_n A_{mn} c_n. \tag{9.10}$$

$$A \cdot c = \begin{pmatrix} A_{11} & A_{12} & \dots \\ A_{21} & A_{22} & \dots \\ \vdots & \vdots & \ddots \end{pmatrix} \begin{pmatrix} c_1 \\ c_2 \\ \vdots \end{pmatrix}$$

Das Skalarprodukt zweier Vektoren c und d ist

$$(c, d) = \sum\nolimits_m c_m^* d_m. \tag{9.11}$$

Indem wir $d_m = (A \cdot c)_m$ setzen, finden wir

$$\langle A \rangle = (c, Ac). \tag{9.12}$$

Für das Produkt zweier Operatoren $A \cdot B$ wie in (7.31) erwarten wir für die Produktmatrix

$$(A \cdot B)_{ij} = \sum\nolimits_n A_{in} B_{nj}. \tag{9.13}$$

Das ist tatsächlich der Fall, denn man kann mittels (9.7) folgendermaßen umformen:

$$\begin{aligned} &\int dx\, \psi_i^*(x) A(x, \nabla) B(x, \nabla) \psi_j(x) \\ &\quad = \int dx\, \psi_i^*(x) A(x, \nabla) \int dx'\, \delta(x - x') B(x', \nabla') \psi_j(x') \qquad (9.14) \\ &\quad = \int dx\, \psi_i^*(x) A(x, \nabla) \sum\nolimits_n \psi_n(x) \int dx'\, \psi_n^*(x') B(x', \nabla') \psi_j(x'). \end{aligned}$$

Dirac (1958) schuf mit Liebe und Sorgfalt den einigenden Überbau von Heisenbergs Matrizenmechanik und Schrödingers Differenzialgleichungen. Er führte die Bezeichnung $\langle\ |$ = *bra* für ψ^* ein, sowie $|\ \rangle$ = *ket* für ψ. Das Skalarprodukt (*bracket* = Klammer) schrieb er als

$$\langle a|b\rangle = (\psi_a, \psi_b) = \int \psi_a^* \psi_b. \tag{9.15}$$

(Wir sind nicht dahintergekommen, warum Dirac nicht bracket = brac-ket trennte.) Die Matrixelemente von A schrieb er als

$$\langle i|A|n\rangle = A_{in} = \int \psi_i^* A \psi_n = \langle i|An\rangle = \langle A^\dagger i|n\rangle. \tag{9.16}$$

Matrixprodukt und Vollständigkeit lauten bei Dirac:

$$\langle i|AB|j\rangle = \sum\nolimits_n \langle i|A|n\rangle\langle n|B|j\rangle, \tag{9.17}$$

$$\sum\nolimits_n |n\rangle\langle n| = 1. \tag{9.18}$$

Den Übergang von der linken zur rechten Seite in (9.17) nennt man heute *ein vollständiges System von Zuständen einfügen.* Gemeint ist nach wie vor (9.14). Nützlich ist das aber nur, wenn die Zustände zumindest abzählbar sind. Beim HO und bei L_z ist das der Fall, aber beim H-Atom nicht: dort gibt es außer den abzählbaren gebundenen Zuständen $\psi_n(\boldsymbol{r})$ ein Kontinuum ungebundener Zustände $\psi(E, \boldsymbol{r})$, $E > 0$ (siehe (17.29)), die man bei der Vollständigkeit nicht vergessen darf.

Auch wenn die Matrizenmechanik heute sekundär ist, so muss man doch häufig komplizierte Funktionen nach Eigenfunktionen eines einfachen hermitischen Operators entwickeln. Dadurch kommt man ganz von selbst auf die Matrixform von Operatoren.

☞ *Aufgaben:* (i) Berechne die Matrixelemente von x beim HO:

$$x_{mn} = \int \psi_m^* x \psi_n = N_m N_n \int x\, dx\, \mathrm{e}^{-\xi^2} H_m(\xi) H_n(\xi). \tag{9.19}$$

Schreibe dazu $x\,dx = \xi\, d\xi\, \hbar/\omega m$ und versuche ξH_m durch (6.25) zu eliminieren. (ii) Sei A ein hermitischer Operator (H oder L_z) mit den Eigenfunktionen ψ_n. Wie lauten dann die Elemente A_{mn} der Matrix A?

§10. Heisenbergs Unschärferelationen

Wo wir im Hilbertraum herumstolpern.

Für das Skalarprodukt im Hilbertraum gilt die Dreiecksungleichung von Schwarz

$$\langle a|a\rangle\langle b|b\rangle \geq |\langle a|b\rangle|^2. \tag{10.1}$$

Zum Beweis definiert man einen Hilfszustand $|c\rangle$ und eine freie Konstante λ:

$$|c\rangle = |a\rangle + \lambda|b\rangle, \quad \langle c| = \langle a| + \lambda^*\langle b|, \tag{10.2}$$

$$\langle c|c\rangle = \langle a|a\rangle + \lambda\langle a|b\rangle + \lambda^*\langle b|a\rangle + |\lambda|^2\langle b|b\rangle. \tag{10.3}$$

Wir wählen jetzt λ und multiplizieren (10.3) mit $\langle b|b\rangle$:

$$\lambda = -\langle b|a\rangle/\langle b|b\rangle, \quad \lambda^* = -\langle a|b\rangle/\langle b|b\rangle, \tag{10.4}$$

$$\langle c|c\rangle\langle b|b\rangle = \langle a|a\rangle\langle b|b\rangle - 2\langle b|a\rangle\langle a|b\rangle + \langle a|b\rangle\langle b|a\rangle = \langle a|a\rangle\langle b|b\rangle - |\langle a|b\rangle|^2. \tag{10.5}$$

Da die linke Seite positiv ist, muss die Ungleichung (10.1) gelten. Wie bei normalen Vektoren gilt das Gleichheitszeichen nur, falls $|b\rangle$ *parallel* zu $|a\rangle$ ist, $|b\rangle = \beta|a\rangle$, denn dann ist $|c\rangle = 0$. Aus (10.5) und aus dem Kommutator (7.27)

$$[p_x, x] = -i\hbar, \tag{10.6}$$

folgt die Heisenbergsche Unschärferelation $\Delta x \Delta p_x > \hbar/2$, die für ein freies Elektron bereits in (3.12) erwähnt wurde. Wir dürfen uns jetzt ∂_x, x und 1 auch als Matrizen vorstellen (beim HO sind die Matrixelemente von x durch (9.19) definiert). Wir wollen noch etwas verallgemeinern und definieren dazu den Kommutator iC zweier hermitischer Matrizen A und B, mit gleichfalls hermitischem C:

$$[A, B] = AB - BA = iC. \tag{10.7}$$

Die verallgemeinerte Unschärferelation lautet

$$(\Delta A)^2 \cdot (\Delta B)^2 \geq \tfrac{1}{4}|\langle C\rangle|^2, \quad (\Delta A)^2 = \langle A^2\rangle - \langle A\rangle^2 \tag{10.8}$$

(vergl. (7.23)). Zur Herleitung aus (10.1) definieren wir für einen beliebigen Zustand $|i\rangle$

$$|a\rangle = (A - \langle A\rangle)|i\rangle, \quad |b\rangle = (B - \langle B\rangle)|i\rangle, \tag{10.9}$$

denn es gilt (für $A^\dagger = A$)

$$\langle a|a\rangle = \langle i|A^2 - 2A\langle A\rangle + \langle A\rangle^2|i\rangle = \langle A^2\rangle - 2\langle A\rangle\langle A\rangle + \langle A\rangle^2 = (\Delta A)^2. \tag{10.10}$$

Für das Skalarprodukt $\langle a|b\rangle$ finden wir

$$\langle a|b\rangle = \langle i|AB - \langle A\rangle B - \langle B\rangle A + \langle A\rangle\langle B\rangle|i\rangle = \left\langle \tfrac{1}{2}F + \tfrac{1}{2}iC\right\rangle . \qquad (10.11)$$

Hier ist $\frac{1}{2}F$ der in A und B symmetrische Teil und $\frac{1}{2}iC$ der antisymmetrische (10.7):

$$F = AB + BA - 2\langle A\rangle B - 2\langle B\rangle A + 2\langle A\rangle\langle B\rangle = F^\dagger . \qquad (10.12)$$

Des Weiteren ist

$$4|\langle a|b\rangle|^2 = |\langle F\rangle|^2 + |\langle C\rangle|^2 + i\langle C\rangle\langle F\rangle^* - i\langle C\rangle^*\langle F\rangle . \qquad (10.13)$$

Die Summe der beiden letzten Glieder ist null, weil die Erwartungswerte hermitischer Operatoren reell sind. Einsetzen von (10.10) und (10.13) in (10.1) liefert also

$$(\Delta A)^2 \cdot (\Delta B)^2 \geq \tfrac{1}{4}|\langle F\rangle|^2 + \tfrac{1}{4}|\langle C\rangle|^2 \geq \tfrac{1}{4}|\langle C\rangle|^2 . \qquad (10.14)$$

Die Unschärferelationen sind bei Abschätzungen nützlich, besonders wenn man noch die Relation $\Delta E \Delta t \sim \hbar$ mitverwendet (die keine präzise Definition analog zu (10.8) hat, die aber mit etwas Glück trotzdem anwendbar ist, siehe §41).
Manchmal ist eine Fouriertransformation von $\psi(\boldsymbol{r},t)$ auch für $[\boldsymbol{p},H] \neq 0$ nützlich:

$$\psi(\boldsymbol{r},t) = \int d^3k\, \mathrm{e}^{i\boldsymbol{kr}} g(\boldsymbol{k},t) . \qquad (10.15)$$

Die Zeit t ist jetzt ein Parameter und im Folgenden unwichtig. Wir haben dann in Abwandlung von (3.5)

$$\rho = \int d^3k'\, d^3k\, \mathrm{e}^{i(\boldsymbol{k}-\boldsymbol{k}')\boldsymbol{r}} g^*(\boldsymbol{k}',t) g(\boldsymbol{k},t) . \qquad (10.16)$$

Wir wollen nun zeigen, wie man $\langle x\rangle$ direkt aus der Fouriertransformierten g berechnen kann. Man schreibt zunächst $x\mathrm{e}^{i\boldsymbol{kr}}$ als $-i\partial \mathrm{e}^{i\boldsymbol{kr}}/\partial k_x$ und wirft das $\partial/\partial k_x =: \partial_{k_x}$ durch partielle k-Integration in (10.16) auf $g(\boldsymbol{k},t)$:

$$\langle x\rangle = \int d^3r\, x\rho = \int d^3r\, d^3k'\, d^3k\, \mathrm{e}^{i(\boldsymbol{k}-\boldsymbol{k}')\boldsymbol{r}} g^*(\boldsymbol{k}',t) i\partial_{k_x} g(\boldsymbol{k},t) . \qquad (10.17)$$

Die d^3r-Integration produziert jetzt einen Faktor $8\pi^3\delta(\boldsymbol{k}-\boldsymbol{k}')$ analog zu (3.7), dann „kürzt“ man d^3k' gegen $\delta(\boldsymbol{k}-\boldsymbol{k}')$ und erhält

$$\langle x\rangle = 8\pi^3 \int d^3k\, g^*(\boldsymbol{k},t) i\partial_{k_x} g(\boldsymbol{k},t) \equiv \langle i\partial_{k_x}\rangle_g . \qquad (10.18)$$

Man sagt, im *Impulsraum* (d.h. im Raum der Fouriertransformierten) habe der Operator x die Form $i\partial_{k_x}$. Den Faktor $8\pi^3$ kann man durch die Definition

$$g = \widehat{g}/\sqrt{8\pi^3} \tag{10.19}$$

wegtransformieren, was wir aber lieber lassen. Auch $\langle p_x \rangle$ kann man direkt im Impulsraum berechnen, denn es gilt

$$p_x \psi(\boldsymbol{r}, t) = \int d^3k\, \mathrm{e}^{i\boldsymbol{kr}} \hbar k_x g. \tag{10.20}$$

Anstelle von (10.18) erhält man also

$$\langle p_x \rangle = 8\pi^3 \int d^3k\, g^* \hbar k_x g \equiv \langle \hbar k_x \rangle_g. \tag{10.21}$$

Dies war nach unserer Diskussion von §7 zu erwarten, denn wir haben ja ψ nach den Eigenzuständen von $\boldsymbol{p}$ entwickelt. Allerdings ist aus der $\sum_n$ (7.19) ein $\int d^3k$ (10.15) geworden. Man spricht in diesem Fall von einer *kontinuierlichen Basis* aus Eigenfunktionen, im Gegensatz zur $\sum_n$ mit *diskreter* Basis.

Im Impulsraum haben also die Operatoren x und p_x die Formen $i\partial_{k_x}$ und $\hbar k_x$. Das Interessante daran ist, dass der Kommutator sich nicht geändert hat:

$$[p_x, x]_g = \hbar[k_x, i\partial_{k_x}] = -i\hbar \tag{10.22}$$

genau wie in (10.6). Man sagt, dass die Kommutatoren der Operatoren unabhängig von der Basiswahl (Ortsraum, Impulsraum, Raum der HO-Funktionen) im Hilbertraum sind. Mehr darüber in §23. In den folgenden zwei §en wird gezeigt, dass der *algebraische* Operatorformalismus ohne Basiswahl gelegentlich besonders bequem ist.

Zustände minimaler Unschärfe $|\text{mini}\rangle$ — Hier gilt in (10.14) beidemale das Gleichheitszeichen. Damit es links gilt, muss wie gesagt $|b\rangle = \beta|a\rangle$ sein, also laut (10.9)

$$(B - \langle B \rangle)|\text{mini}\rangle = \beta(A - \langle A \rangle)|\text{mini}\rangle. \tag{10.23}$$

Damit es auch rechts gilt, muss außerdem $\langle F \rangle = 0$ sein. Aus (10.23) bilden wir die Erwartungswerte der beiden Produkte,

$$\langle (A - \langle A \rangle)(B - \langle B \rangle) \rangle_{\text{mini}} = \beta (\Delta A)^2_{\text{mini}}, \tag{10.24}$$

$$\langle (B - \langle B \rangle)(A - \langle A \rangle) \rangle_{\text{mini}} = \beta^{-1} (\Delta B)^2_{\text{mini}}. \tag{10.25}$$

Deren Summe gibt gerade $\langle F\rangle_{\text{mini}} = \langle AB + BA\rangle_{\text{mini}} - 2\langle A\rangle\langle B\rangle_{\text{mini}}$. Die Forderung $\langle F\rangle = 0$ liefert also

$$\beta(\Delta A)^2_{\text{mini}} + \beta^{-1}(\Delta B)^2_{\text{mini}} = 0. \tag{10.26}$$

Die Differenz dagegen gibt $\langle AB - BA\rangle_{\text{mini}} = i\langle C\rangle_{\text{mini}}$ einerseits und, mit $(\Delta B)^2 = \beta^2(\Delta A)^2$, $2\beta(\Delta A)^2_{\text{mini}}$ andererseits, also

$$\beta = i\langle C\rangle_{\text{mini}}/2(\Delta A)^2_{\text{mini}}. \tag{10.27}$$

Für $A = x$, $B = p_x = -i\hbar\partial_x$ ist $C = \hbar$ und also auch $\langle C\rangle_{\text{mini}} = \hbar$. Die Zustände $|\text{mini}\rangle$ sind für $V = 0$ die gaußmodulierten ebenen Wellen (3.9). (Kontrolliere bitte $\Delta x \Delta p_x = \hbar/2$ für (3.9)!). Siehe auch §11.
☞ *Aufgabe:* Beweise die Hermitizität von C in (10.7)!

§11. HO mit Leiteroperatoren. Kohärente Zustände

Wo wir die Macht der Algebra merken, zählen lernen, Heisenbergs Matrizenmechanik verstehen und ein Pendel betrachten.

Nachdem wir die Schrgl für den HO bereits in §6 gelöst haben, wollen wir das gleiche Problem jetzt nur mit Hilfe der Hermitizität und Kommutatoren von x und p_x lösen,

$$x = x^\dagger, \quad p_x = p_x^\dagger, \quad [x, p_x] = i\hbar. \tag{11.1}$$

Die explizite Form $p_x = -i\hbar\partial_x$ brauchen wir dazu nicht. Für den HO bringt das nichts Neues, aber der Formalismus wird später in §35 für Fotonen gebraucht. Außerdem ist dies eine Vorübung zur Drehimpulsalgebra, §12. Wir gehen wieder zum dimensionslosen Operator ξ (6.11) über,

$$x = \sqrt{\hbar/\omega m}\,\xi, \quad p_x = \sqrt{\omega m\hbar}\,\widehat{p}, \quad [\xi, \widehat{p}] = i, \tag{11.2}$$

also $\widehat{p} = -i\partial_\xi$. Unser Hamilton (6.9) lautet

$$H = \tfrac{1}{2}\hbar\omega\left((m\omega/\hbar)x^2 + (1/m\omega\hbar)p_x^2\right) = \tfrac{1}{2}\hbar\omega\left(\xi^2 + \widehat{p}^2\right). \tag{11.3}$$

Wir definieren jetzt einen neuen Operator a und seinen hermitisch konjugierten $a^\dagger$:

$$a = (\xi + i\widehat{p})/\sqrt{2}, \quad a^\dagger = (\xi - i\widehat{p})/\sqrt{2}, \quad [a, a^\dagger] = 1, \tag{11.4}$$

$$H = \tfrac{1}{2}\hbar\omega\left(a^\dagger a + a a^\dagger\right) = \hbar\omega\left(a^\dagger a + \tfrac{1}{2}\right). \tag{11.5}$$

In der letzten Formel haben wir $[a, a^\dagger] = 1$ benutzt, um $aa^\dagger$ durch $a^\dagger a + 1$ zu ersetzen.
Offenbar müssen wir die Eigenwerte des Operators $a^\dagger a = N$ finden, die wir mit n bezeichnen wollen. Die zugehörigen Zustände nennen wir einfach $|n\rangle$:

$$N|n\rangle = a^\dagger a|n\rangle = n|n\rangle. \tag{11.6}$$

Zuerst zeigen wir, dass mit $|n\rangle$ auch $a|n\rangle = |an\rangle$ ein Eigenzustand von N ist. Aus dem Kommutator (11.4) folgt nämlich

$$Na = a^\dagger a a = \left(aa^\dagger - 1\right)a = a\left(a^\dagger a - 1\right) = a(N-1) \tag{11.7}$$

und damit

$$Na|n\rangle = a(N-1)|n\rangle = a(n-1)|n\rangle = (n-1)a|n\rangle. \tag{11.8}$$

Also ist $a|n\rangle$ ein Eigenzustand von N, mit Eigenwert $n-1$. Wenn $|n\rangle$ normiert ist, $\langle n|n\rangle = 1$, ist $|an\rangle$ allerdings nicht normiert. Es gilt

$$\langle an|an\rangle = \langle n|a^\dagger an\rangle = n. \tag{11.9}$$

Für den normierten Zustand $|n-1\rangle$ zum Eigenwert $n-1$ gilt also

$$a|n\rangle = \sqrt{n}|n-1\rangle. \tag{11.10}$$

Im Prinzip kann man da die Normierungskonstante nur bis auf eine Phase $\exp(i\phi_n)$ festlegen, aber wie üblich wählen wir $\phi_n = 0$.
Eine wichtige Einschränkung der möglichen n-Werte folgt aus der unscheinbaren Gleichung (11.9): n ist offenbar die Norm des Zustands $|an\rangle$, deshalb darf n nicht negativ sein. Sei nun $n_{\min}$ das kleinste nicht-negative n, dann muss gelten

$$a|n_{\min}\rangle = 0, \tag{helau}$$

weil ja sonst laut (11.10) ein Zustand $|n_{\min}-1\rangle$ entstünde. Damit nun (helau) mit (11.10) verträglich ist, muss $n_{\min} = 0$ sein. Damit sind die möglichen n-Werte und zugehörigen Eigenwerte E_n von H (11.5)

$$n = 0, 1, 2, \ldots, \quad E_n = \hbar\omega\left(n + \tfrac{1}{2}\right). \tag{11.12}$$

Die Bedingung $a|0\rangle = 0$ ist eine Eigenschaft des HO-Grundzustandes, die uns beim Lösen der Schrgl entgangen ist. Aus (11.4) folgt ja, mit $\widehat{p} = -i\partial_\xi$,

$$a = (\xi + \partial_\xi)/\sqrt{2}. \tag{11.13}$$

Die Gleichung $a|0\rangle = 0$ ist also eine Diffgl 1. Ordnung für $\psi_0(\xi)$:

$$\left(\xi + \partial_\xi\right) \psi_0 = 0, \quad \psi_0 = N_0 \mathrm{e}^{-\xi^2/2}. \tag{11.14}$$

Indem wir (11.10) mit $a^\dagger$ malnehmen und $\sqrt{n}$ abdividieren, finden wir

$$\sqrt{n}|n\rangle = a^\dagger|n-1\rangle. \tag{11.15}$$

Wir nennen die Operatoren a und $a^\dagger$ *Senker* und *Heber*, weil sie den Eigenwert von N um 1 senken bzw heben. Andere Namen sind *Vernichter* und *Erzeuger*.

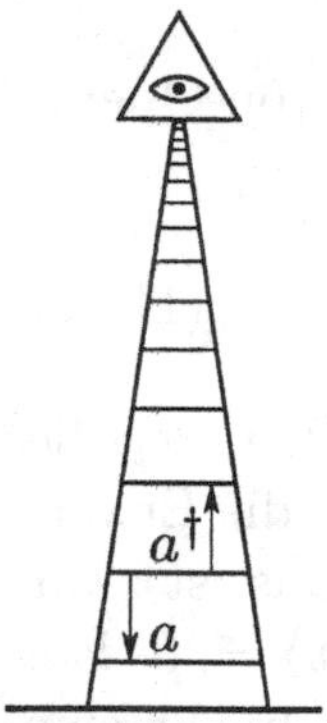

Bleibt noch die Frage, ob es zu einem Eigenwert n von N mehrere Eigenzustände $|n\rangle, |n'\rangle, |n''\rangle, \ldots$ geben könnte. Offenbar müsste es dann entsprechend viele Grundzustände $|0\rangle, |0'\rangle, |0''\rangle, \ldots$ geben. Wählen wir einen davon aus, z.B. $|0\rangle$, dann erzeugt uns die wiederholte Anwendung von $a^\dagger$ eine nach oben offene Leiter von Zuständen (Himmelsleiter). Entsprechend gibt die wiederholte Anwendung von $a^\dagger$ auf $|0'\rangle$ eine zweite Himmelsleiter, und es gibt keinen Operator, der die beiden Leitern verbindet. In der Tat gibt es ja beim 2D-HO ∞ viele Zustände mit $n_x = 0$, nämlich solche mit $n_y = 0$, $n_y = 1$, $n_y = 2$ etc. Vom Standpunkt des x-HO sind das alles Grundzustände. Die Wirklichkeit sieht allerdings anders aus, schließlich entstand unser HO nur als Entwicklung von $V(x,y)$ um ein Minimum.

Rückblickend kann man sagen, dass wir statt eines normierbaren ψ (was die asymptotische Funktion $\exp(\xi^2/2)$ eliminierte) jetzt fordern, dass x und p_x hermitische Operatoren sind.

Eine Darstellung von a und $a^\dagger$ durch Matrizen ist denkbar einfach. Wir schreiben die $|n\rangle$ als Einheitsvektoren, mit einer *1* in der n-ten Position, und sonst lauter Nullen. Um bei unserer Leiter zu bleiben, muss $|0\rangle$ die *1* ganz unten haben (andersrum wärs eine Höllenleiter):

$$|0\rangle = \begin{pmatrix} \vdots \\ 0 \\ 0 \\ 0 \\ 1 \end{pmatrix}, \; |1\rangle = \begin{pmatrix} \vdots \\ 0 \\ 0 \\ 1 \\ 0 \end{pmatrix}, \; |2\rangle = \begin{pmatrix} \vdots \\ 0 \\ 1 \\ 0 \\ 0 \end{pmatrix}, \; a = \begin{pmatrix} \ddots & & & & \\ & 0 & 0 & 0 & 0 \\ & \sqrt{3} & 0 & 0 & 0 \\ & 0 & \sqrt{2} & 0 & 0 \\ & 0 & 0 & 1 & 0 \end{pmatrix}. \tag{11.16}$$

$a^\dagger$ ist die zu a hermitisch adjungierte Matrix (Zeilen und Spalten vertauscht, alle Matrixelemente komplexkonjugiert, nur sind sie hier zufällig reell):

$$a^\dagger = \begin{pmatrix} \ddots & & & & \\ & 0 & \sqrt{3} & 0 & 0 \\ & 0 & 0 & \sqrt{2} & 0 \\ & 0 & 0 & 0 & 1 \\ & 0 & 0 & 0 & 0 \end{pmatrix}, \quad \xi = 2^{-\frac{1}{2}} \begin{pmatrix} \ddots & & & & \\ & 0 & \sqrt{3} & 0 & 0 \\ & \sqrt{3} & 0 & \sqrt{2} & 0 \\ & 0 & \sqrt{2} & 0 & 1 \\ & 0 & 0 & 1 & 0 \end{pmatrix}. \tag{11.17}$$

Zur Berechnung von ξ haben wir (11.13) verwandt, $\xi = \left(a + a^\dagger\right)/\sqrt{2}$. Unser ξ ist also eine Matrix mit Elementen ξ_{mn}. Der normierte Zustand ψ_n folgt aus (11.15)

$$\psi_n(\xi) = \left(1/\sqrt{n!}\right) a^{\dagger n} \psi_0(\xi). \tag{11.18}$$

Kohärente Zustände — In §4 sahen wir, dass Erwartungswerte von Operatoren klassische Bewegungsgleichungen erfüllen. Beim HO:

$$d\langle x\rangle/dt = \langle p_x\rangle/m, \quad d\langle p_x\rangle/dt = -m\omega^2\langle x\rangle. \tag{11.19}$$

Bei allen stationären Zuständen (= Eigenzuständen von H) hat ψ_n die Zeitabhängigkeit $\exp(-iE_n t/\hbar)$, ψ^* hat $\exp(+iE_n t/\hbar)$, so dass die Erwartungswerte zeitunabhängig sind, $d\langle x\rangle/dt = 0$, $d\langle p_x\rangle/dt = 0$. Das ist zwar kein Widerspruch zu (11.19), sondern besagt nur $\langle p_x\rangle = 0$, $\langle x\rangle = 0$. Ein schwingendes Pendel ist das aber nicht. Dazu braucht man vielmehr eine Superposition (7.16) stationärer Lösungen,

$$\psi(x,t) = \sum\nolimits_n c_n \mathrm{e}^{-i(n+\frac{1}{2})\omega t} \psi_n(x). \tag{11.20}$$

Beim HO kann ein Wellenpaket zwar nicht wie bei einem freien Teilchen zerfließen, aber bei willkürlicher Wahl der c_n wabbelt es recht *unklassisch*. Welche Wahl der c_n liefert ein brav pendelndes Paket ψ_k?
In der dimensionslosen Variablen ξ und mit $a = (\xi + i\widehat{p})/\sqrt{2}$ lassen sich die beiden reellen Gleichungen (11.19) zu einer komplexen zusammenfassen:

$$id\langle a\rangle/dt = \omega\langle a\rangle, \quad \langle a\rangle(t) = \langle a\rangle(0)\mathrm{e}^{-i\omega t}. \tag{11.21}$$

Man kann also $\langle a\rangle(0) = \alpha$ beliebig vorgeben (α = komplex, womit sowohl $\langle x\rangle(0)$ als auch $\langle p_x\rangle(0)$ festgelegt sind). Nun gibt es normierte Eigenzustände $\psi_\alpha(x,0)$,

$$a\psi_\alpha(x,0) = \alpha\psi_\alpha(x,0), \quad \langle a\rangle_\alpha(0) = \alpha. \tag{11.22}$$

Hier ist $H = \hbar\omega(a^\dagger a + \frac{1}{2})$ zwar nicht diagonal, aber immerhin ist $\langle a^\dagger a\rangle = \langle a^\dagger\rangle\alpha = \langle a^\dagger\rangle\langle a\rangle$ $(= |\alpha|^2)$, womit H vom klassischen Pendel $H_{kl} = \langle a^\dagger\rangle\langle a\rangle$ nur $\frac{1}{2}\hbar\omega$ entfernt ist. ψ_α ist ein Zustand $|\text{mini}\rangle$ minimaler Unschärfe: (11.22) bedeutet ja

$$(\xi + i\widehat{p})\psi_\alpha = \sqrt{2}\alpha\psi_\alpha = (\langle\xi\rangle + i\langle\widehat{p}\rangle)\psi_\alpha, \tag{11.23}$$

$$(\xi - \langle\xi\rangle)\psi_\alpha = -i(\widehat{p} - \langle\widehat{p}\rangle)\psi_\alpha. \tag{11.24}$$

Das ist genau (10.23) für den Fall $\beta = -i$. Laut (10.26) ist hier $(\Delta A)^2_{\text{mini}} = (\Delta B)^2_{\text{mini}}$ und laut (10.27) $(\Delta A)^2_{\text{mini}} = 1/2$.
Zur Berechnung der c_n (11.20) drücken wir ψ_α durch den Grundzustand $|0\rangle$ des HO aus:

$$\psi_\alpha(\boldsymbol{r}, 0) = \mathrm{e}^{-|\alpha|^2/2}\mathrm{e}^{\alpha a^\dagger}|0\rangle, \quad \mathrm{e}^M = 1 + M + \frac{M^2}{2!} + \ldots \equiv \sum_n \frac{M^n}{n!}, \tag{11.25}$$

mit $M = \alpha a^\dagger$. Zum Beweis von (11.22) braucht man nur (bitte prüfen!)

$$a a^{\dagger n} = a^{\dagger n-1}(a^\dagger a + n) \tag{11.26}$$

sowie $a^\dagger a|0\rangle = 0$. Der Vergleich von (11.25) mit (11.22) und den ψ_n (11.18) zeigt

$$c_n = \mathrm{e}^{-|\alpha|^2/2}\alpha^n/\sqrt{n!}. \tag{11.27}$$

Die Wahrscheinlichkeit, in diesem Zustand die Energie $n\hbar\omega$ zu messen, ist

$$|c_n|^2 = \mathrm{e}^{-|\alpha|^2}|\alpha|^{2n}/n! \tag{11.28}$$

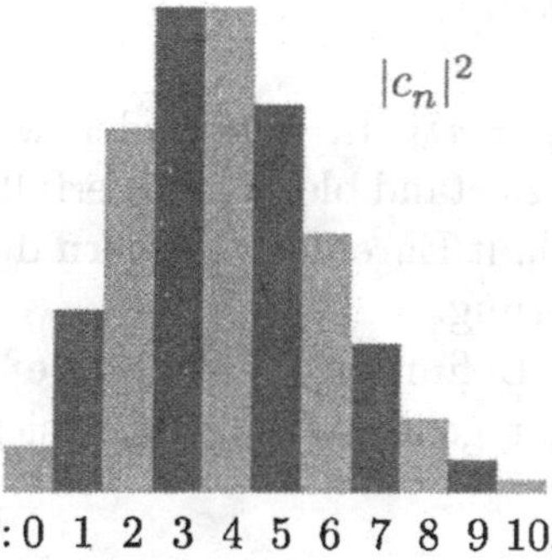

Bild 11-1: Poissonverteilung für $|\alpha|^2 = 4$

und ist als *Poissonverteilung* bekannt (Bild 11-1). Der Erwartungswert von H ist, wie gesagt, $\hbar\omega(|\alpha|^2 + \frac{1}{2})$. Für $\alpha = 0$ ist $\psi_\alpha(x) = |0\rangle$ eine Gaußfunktion, wie wir schon wissen. Für $\alpha \neq 0$ ist es eine verschobene Gaußfunktion, wie sich gleich zeigen wird. Die Bedeutung von α folgt aus den Definitionen (11.4) und (6.11),

$$\alpha = \langle a\rangle(0) = \langle x\rangle(0)(m\omega/2\hbar)^{\frac{1}{2}} + i\langle p_x\rangle(0)/(2m\omega\hbar)^{\frac{1}{2}}. \tag{11.29}$$

Der Realteil von α bestimmt die Anfangsposition des Pendels, der Imaginärteil den Anfangsimpuls. Reelles α bedeutet maximale Auslenkung bei

$t = 0$. Nimm z.B. einen HO im konstanten elektrischen Feld (in x-Richtung), $\boldsymbol{E} = (E_0, 0, 0) = -\nabla\phi_0$, also $\phi_0 = -xE_0$, $V_0 = -e\phi_0 = exE_0$:

$$\begin{aligned} \widetilde{H}_x &= H_x + exE_0 = p_x^2/2m + \tfrac{1}{2}m\omega^2 x^2 + exE_0 \\ &= p_x^2/2m + \tfrac{1}{2}m\omega^2(x+b)^2 - \tfrac{1}{2}m\omega^2 b^2, \quad b = eE_0/m\omega^2. \end{aligned} \tag{11.30}$$

Bis auf die Konstante $-\frac{1}{2}m\omega^2 b^2$ ist $\widetilde{H}_x$ also der um b verschobene HO $H_x(x+b)$, mit Eigenfunktionen $\psi_n(x+b)$. Der neue Grundzustand ist $\psi_0(x+b)$. Schaltet man jetzt das elektrische Feld bei $t = 0$ wieder ab, dann ist $\psi_0(x+b)$ nicht mehr stationär, weil es ja kein Eigenzustand von H_x ist. Stattdessen ist $\psi_0(\xi+\xi_0)$, mit $\xi_0 = b\sqrt{m\omega/\hbar}$, identisch mit dem kohärenten Zustand (11.22) für $\alpha = -\xi_0/\sqrt{2}$. Zum Beweis braucht man zunächst die Taylorreihe,

$$f(\xi+\xi_0) = f(\xi) + \xi_0\partial_\xi f(\xi) + \tfrac{1}{2}\xi_0^2\partial_\xi^2 f(\xi) .... = e^{\xi_0\partial_\xi} f(\xi), \tag{11.31}$$

danach schreibt man $\xi_0\partial_\xi = \xi_0(a - a^\dagger)/\sqrt{2} = \alpha(a^\dagger - a)$, und schließlich braucht man noch die Formel

$$e^{\alpha(a^\dagger - a)} = e^{\alpha a^\dagger} e^{-\alpha a} e^{[a^\dagger, a]\alpha^2/2}, \tag{11.32}$$

sowie für $f(\xi) = \psi_0(\xi)$ die Eigenschaft $e^{-\alpha a}\psi_0 = \psi_0$. In §23 werden wir sehen, dass $\psi_k(\boldsymbol{r}, t)$ auch für $t \neq 0$ ein kohärenter Zustand bleibt. Also erfüllt nicht nur $\langle a \rangle$ die klassische Bewegungsgleichung laut Ehrenfest, sondern die ganze Funktion $\psi_\alpha(x, t)$ pendelt ohne Formänderung.
Zur Herleitung von (11.32) kann man wieder die Definition (11.25) von e^M benutzen und Formeln der Art (11.26). Eleganter geht es, wenn man sich einmal $\partial_\alpha e^{\alpha M} = M e^{\alpha M}$ überlegt. Sei

$$G(\alpha) = e^{\alpha a} b e^{-\alpha a} = \sum_n \alpha^n \partial_\alpha^n G(0)/n!. \tag{11.33}$$

Dann ist

$$\partial_\alpha G = aG - Ga = [a, G], \quad \partial_\alpha^2 G = [a, \partial_\alpha G] = [a, [a, G]], .. \tag{11.34}$$

und mit $G(0) = b$ also

$$e^{\alpha a} b e^{-\alpha a} = b + \alpha[a, b] + \alpha^2[a, [a, b]]/2! ... \tag{11.35}$$

(Baker-Hausdorff-Lemma) Nun betrachten wir $F = e^{\alpha(b-a)} e^{\alpha a} e^{-\alpha b}$:

$$\partial_\alpha F = e^{\alpha(b-a)}[(b - a + a)e^{\alpha a} - e^{\alpha a} b]e^{-\alpha b} = -e^{\alpha(b-a)}\alpha[a, b]e^{\alpha a}e^{-\alpha b}. \tag{11.36}$$

Hier wurde das letzte Glied der eckigen Klammer $e^{\alpha a}b$ auf $(e^{\alpha a}be^{-\alpha a})e^{\alpha a} = (b + \alpha[a,b])e^{\alpha a}$ umgeschrieben. Wenn jetzt $[a,b]$ sowohl mit a als auch mit b kommutiert, ist der rechte Ausdruck $-\alpha[a,b]F$, und die Lösung der Diffgl (11.36) ist

$$F(\alpha) = e^{-\alpha^2[a,b]/2}F(0) = e^{\alpha^2[b,a]/2}F(0),$$

$$e^{\alpha(b-a)}e^{\alpha a}e^{-\alpha b} = e^{\alpha^2[b,a]/2}. \tag{11.37}$$

Daraus folgt für $b = a^\dagger$ (11.32). Wir werden diese Formeln erst in der Quantenoptik wieder brauchen.

☞ *Aufgaben:* (i) Berechne im obigen Modell $\langle p_x\rangle(0)$ und $\Delta p_x(0)$. (ii) Zeige, dass das in Aufgabe (9.19) definierte und hoffentlich berechnete $x_{mn} = \sqrt{\hbar/\omega m}\,\xi_{mn}$ (11.17) ist! (iii) Zeige, dass $\psi_n = (1/\sqrt{n!})a^{\dagger n}\psi_0 = (N_0/\sqrt{n!})(\xi - \partial_\xi)^n e^{-\xi^2/2}$ für $n = 2$ mit (6.22) übereinstimmt. (iv) Beweise für (11.27) $\sum_n |c_n|^2 = 1$. (v) Nicht jedes Pendel an der Wand ist genau im Zustand (11.24). Warum braucht es zum Pendeln aber stets eine Mischung aus geraden und ungeraden n-Werten?

§12. Kugelkoordinaten und Drehimpuls

Wo wir Drehimpulse als Differenzialoperatoren einführen und dann doch keine Diffgl lösen.

Wir kommen jetzt zur Behandlung der Schrgl mit Zentralpotenzial

$$V(\boldsymbol{r}) = V(r), \quad r = \sqrt{x^2 + y^2 + z^2} = \sqrt{\rho^2 + z^2}. \tag{12.1}$$

Den allgemeineren Fall $V = V(\rho, z)$ hatten wir schon in §8 vorweggenommen. Dort fanden wir $[L_z, V] = 0$. Jetzt brauchen wir den ganzen Vektor von Drehimpulsoperatoren:

$$\boldsymbol{L} = \boldsymbol{r} \times \boldsymbol{p} = -i\hbar \boldsymbol{r} \times \nabla = \hbar\widehat{\boldsymbol{L}}, \tag{12.2}$$

$$\widehat{L}_x = -i\left(y\partial_z - z\partial_y\right), \quad \widehat{L}_y = -i\left(z\partial_x - x\partial_z\right), \quad \widehat{L}_z = -i\left(x\partial_y - y\partial_x\right). \tag{12.3}$$

Da wir Drehimpulse viel brauchen werden, lohnt es sich, $\hbar$ durch die Abkürzung $\boldsymbol{L} = \hbar\widehat{\boldsymbol{L}}$ zu beseitigen. Mit (12.1) finden wir jetzt neben $[L_z, V] = 0$ (8.12) auch $[L_x, V] = [L_y, V] = 0$, also $[\boldsymbol{L}, V] = 0$. Außerdem gilt nicht nur $[L_z, \boldsymbol{p}^2] = 0$ (siehe (8.13) und die Aufgabe dazu), sondern genauso $[L_x, \boldsymbol{p}^2] = [L_y, \boldsymbol{p}^2] = 0$, also $[\boldsymbol{L}, \boldsymbol{p}^2] = 0$. Wir haben damit in der zeitunabhängigen Schrgl

$$H\psi = E\psi, \quad H = -\hbar^2\nabla^2/2m + V(r), \quad [\boldsymbol{L}, H] = 0. \tag{12.4}$$

Nach der Diskussion von §8 könnten wir dann Zustände $|E_n, \ell_x, \ell_y, \ell_z\rangle$ mit Eigenwerten E_n von H und ℓ_i von $\widehat{L}_i$ erwarten. Dazu müssten die $\widehat{L}_i$ allerdings auch untereinander kommutieren. Das tun sie leider nicht.
☞ *Aufgabe:* Beweise

$$[\widehat{L}_z, \widehat{L}_x] = i\widehat{L}_y \tag{12.5}$$

durch Ausmultiplizieren der Klammern in $\widehat{L}_z\widehat{L}_x - \widehat{L}_x\widehat{L}_z$.
Die anderen beiden Kommutatoren folgen aus (12.5) einfach durch zyklisches Vertauschen der Indizes $zxy \to xyz \to yzx$:

$$[\widehat{L}_x, \widehat{L}_y] = i\widehat{L}_z, \quad [\widehat{L}_y, \widehat{L}_z] = i\widehat{L}_x. \tag{12.6}$$

Man muss also neben H noch eine Komponente von $\boldsymbol{L}$ heraussuchen, und da wählt man L_z. Trotzdem gibt es einen weiteren Operator, der mit $\widehat{L}_z$ und bei kugelsymmetrischem V auch mit H kommutiert, nämlich

$$\widehat{\boldsymbol{L}}^2 = \widehat{L}_x^2 + \widehat{L}_y^2 + \widehat{L}_z^2. \tag{12.7}$$

Wenn L_x, L_y und L_z mit H kommutieren, kommutieren auch ihre Quadrate und die Summe ihrer Quadrate mit H. Natürlich gilt auch $[\widehat{L}_z, \widehat{L}_z^2] = 0$. Andererseits ist $[\widehat{L}_z, \widehat{L}_x^2] \neq 0$:

$$\begin{aligned}
[\widehat{L}_z, \widehat{L}_x^2] &= \widehat{L}_z\widehat{L}_x^2 - \widehat{L}_x^2\widehat{L}_z + \widehat{L}_x\widehat{L}_z\widehat{L}_x - \widehat{L}_x\widehat{L}_z\widehat{L}_x \\
&= \left(\widehat{L}_z\widehat{L}_x - \widehat{L}_x\widehat{L}_z\right)\widehat{L}_x + \widehat{L}_x\left(\widehat{L}_z\widehat{L}_x - \widehat{L}_x\widehat{L}_z\right) \\
&= i\widehat{L}_y\widehat{L}_x + i\widehat{L}_x\widehat{L}_y.
\end{aligned} \tag{12.8}$$

In der 1. Zeile haben wir $\widehat{L}_x\widehat{L}_z\widehat{L}_x$ addiert und subtrahiert, damit wir in der 2. Zeile $\widehat{L}_z\widehat{L}_x - \widehat{L}_x\widehat{L}_z = i\widehat{L}_y$ ausklammern können. Wenn wir das gleiche mit $[\widehat{L}_z, \widehat{L}_y^2]$ machen, klammern wir entsprechend $\widehat{L}_z\widehat{L}_y - \widehat{L}_y\widehat{L}_z = -i\widehat{L}_x$ aus. Deshalb ist

$$[\widehat{L}_z, \widehat{L}_y^2] = -i\widehat{L}_x\widehat{L}_y - i\widehat{L}_y\widehat{L}_x \tag{12.9}$$

und die Summe von (12.8) und (12.9) ist tatsächlich Null:

$$[\widehat{L}_z, \widehat{\boldsymbol{L}}^2] = [\widehat{L}_z, \widehat{L}_x^2 + \widehat{L}_y^2 + \widehat{L}_z^2] = 0. \tag{12.10}$$

Es gibt also Eigenzustände $|E_n, \lambda, m\rangle$, wobei $\ell_z = m_\ell = m$ der Eigenwert von $\widehat{L}_z$ ist (vergleiche (8.18)), und λ der noch zu berechnende Eigenwert von $\widehat{\boldsymbol{L}}^2$. Zum Auffinden dieser Zustände braucht man Kugelkoordinaten, (ϑ = theta = Polarwinkel)

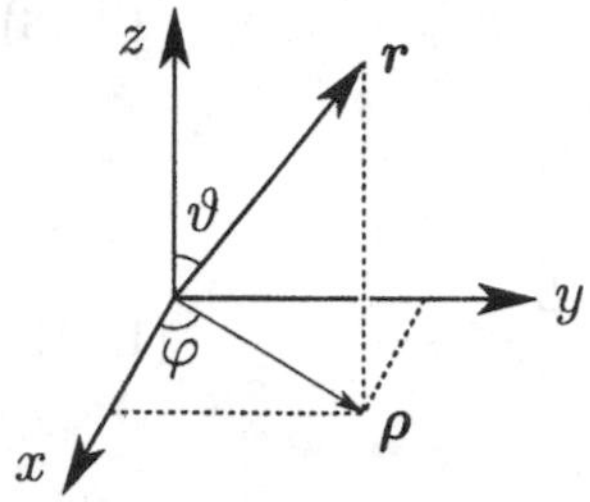

Bild 12-1: Kugelkoordinaten

$$z = r\cos\vartheta, \quad \rho = r\sin\vartheta, \tag{12.11}$$

$$\begin{aligned} x &= \rho\cos\varphi = r\sin\vartheta\cos\varphi, \\ y &= \rho\sin\varphi = r\sin\vartheta\sin\varphi, \end{aligned} \tag{12.12}$$

in denen $\psi(\boldsymbol{r})$ separiert, wie wir sehen werden:

$$\psi(\boldsymbol{r}) = Y_\ell^m(\vartheta,\varphi)R_{n\ell}(r), \quad Y_\ell^m(\vartheta,\varphi) = \big(1/\sqrt{2\pi}\big)\mathrm{e}^{im\varphi}\Theta_\ell^m(\vartheta). \tag{12.13}$$

Dabei bezieht sich die φ-Abhängigkeit von Y_ℓ^m auf L_z-Eigenzustände gemäß (8.18). Die $Y_\ell^m(\vartheta,\varphi)$ heißen Kugelfunktionen und werden erst in §14 konstruiert. Der Index $_\ell$ wird in (13.15) erklärt.

Zum Auffinden der Radialgleichung, d.h. der Diffgl für $R_{n\ell}(r)$ müssen wir noch ∇^2 auf Kugelkoordinaten umschreiben. Wir könnten an §8 anschließen, da die neue Transformation (12.11) analog zu (8.14) ist, $x = \rho\cos\varphi$, $y = \rho\sin\varphi$, man braucht ja nur $x \to z$, $y \to \rho$, $\varphi \to \vartheta$ zu ersetzen. Für unseren Zweck geht es aber einfacher. Der Operator

$$\widehat{\boldsymbol{L}}^2 = -(\boldsymbol{r}\times\nabla)^2 = -(\boldsymbol{r}\times\nabla)(\boldsymbol{r}\times\nabla) \tag{12.14}$$

lässt sich nämlich nach der Formel

$$(\boldsymbol{a}\times\boldsymbol{b})(\boldsymbol{c}\times\boldsymbol{d}) = (\boldsymbol{ac})(\boldsymbol{bd}) - (\boldsymbol{ad})(\boldsymbol{bc}) \tag{12.15}$$

vereinfachen. Allerdings müssen wir rechts $\boldsymbol{b} = \nabla$ vor $\boldsymbol{c} = \boldsymbol{r}$ und $\boldsymbol{d} = \nabla$ nach $\boldsymbol{c}$ schreiben, was nur mit expliziten Summationsindizes geht, $\boldsymbol{ac} = \sum_i a_i c_i$, $\boldsymbol{bd} = \sum_j b_j d_j$:

$$(\boldsymbol{r}\times\nabla)(\boldsymbol{r}\times\nabla) = \sum\nolimits_{ij}(r_i\partial_j r_i\partial_j - r_i\partial_j r_j\partial_i). \tag{12.16}$$

Nun ist $\partial_j r_i = r_i\partial_j + \delta_{ij}$ und $\sum_j \partial_j r_j = \sum_j r_j\partial_j + 3$:

$$(\boldsymbol{r}\times\nabla)^2 = \sum\nolimits_{ij}(r_i^2\partial_j^2 + r_i\delta_{ij}\partial_j - r_ir_j\partial_j\partial_i) - 3\sum\nolimits_i r_i\partial_i. \tag{12.17}$$

Schließlich ist $\sum_i r_i^2 = r^2$, $\sum_j \partial_j^2 = \nabla^2$, $\sum_j r_j \partial_j = \boldsymbol{r}\nabla = r\partial_r = r\cdot$(Radialkomponente von ∇), vergleiche auch (8.23), sowie $\sum_i r_i r \partial_r \partial_i = r^2 \partial_r^2$:

$$\widehat{\boldsymbol{L}}^2 = -(\boldsymbol{r} \times \nabla)^2 = -r^2\nabla^2 + r^2\partial_r^2 + 2r\partial_r. \tag{12.18}$$

Daraus folgt umgekehrt

$$\nabla^2 = \partial_r^2 + \frac{2}{r}\partial_r - \frac{\widehat{\boldsymbol{L}}^2}{r^2} = -\widehat{p}_r^2 - \frac{\widehat{\boldsymbol{L}}^2}{r^2}, \tag{12.19}$$

$$-\widehat{p}_r^2 = \partial_r^2 + \frac{2}{r}\partial_r = (\partial_r + \frac{1}{r})^2 = \frac{1}{r}\partial_r^2 r. \tag{12.20}$$

Mit $\widehat{L}_z = i\partial_\varphi$ ist klar, dass auch $\widehat{\boldsymbol{L}}^2$ nur noch Winkel enthält, so dass (12.19) die Aufteilung von ∇^2 in einen radialen und einen Winkeloperator bedeutet. Den expliziten Ausdruck

$$\widehat{\boldsymbol{L}}^2 = -\partial_\varphi^2/\sin^2\vartheta - \partial_u(1-u^2)\partial_u, \quad u = \cos\vartheta, \tag{12.21}$$

findet man aus Formelsammlungen mit ∇^2 in Kugelkoordinaten, oder sonst aus der oben angedeuteten Methode. Wir werden ohne (12.21) auskommen. Übrigens erkennen wir jetzt auch ohne Rechnung, dass $[\boldsymbol{L}, \boldsymbol{p}^2] = 0$, weil $[\boldsymbol{L}, r] = [\boldsymbol{L}, \partial_r] = 0$ gilt, sowie $[\boldsymbol{L}, \boldsymbol{L}^2] = 0$.

§13. Drehimpuls mit Leiteroperatoren

Wo wir die Eigenwerte von L^2 und L_z algebraisch finden.

Gegeben 3 hermitische Operatoren $\widehat{L}_x$, $\widehat{L}_y$, $\widehat{L}_z$ mit den Vertauschern

$$[\widehat{L}_x, \widehat{L}_y] = i\widehat{L}_z, \quad \text{zyklisch}, \tag{13.1}$$

sowie $\widehat{\boldsymbol{L}}^2 = \widehat{L}_x^2 + \widehat{L}_y^2 + \widehat{L}_z^2$. Aus (13.1) folgt $[\widehat{\boldsymbol{L}}^2, \widehat{L}_z] = 0$ gemäß (12.10), also gibt es gemeinsame Eigenzustände $|\lambda, m\rangle$ von $\widehat{\boldsymbol{L}}^2$ und $\widehat{L}_z$:

$$\widehat{\boldsymbol{L}}^2|\lambda, m\rangle = \lambda|\lambda, m\rangle, \quad \widehat{L}_z|\lambda, m\rangle = m|\lambda, m\rangle. \tag{13.2}$$

Die Quantenzahl m ist unser früheres m_ℓ. Aus der Differenzialform $\widehat{L}_z = -i\partial_\varphi$ wissen wir bereits $m = 0, \pm1, \pm2, \ldots$, aber das wollen wir zunächst vergessen. Die Ermittlung von λ und m ist die schönste Anwendung von Leiteroperatoren; statt einer Himmelsleiter gibt es hier eine Serie endlicher Leitern. Außerdem umfasst die Methode auch den später zu behandelnden Spin. Zuerst zeigen wir, dass

$$L_- = \widehat{L}_x - i\widehat{L}_y \tag{13.3}$$

den Eigenwert von $\widehat{L}_z$ um 1 senkt. Aus (13.1) folgt nämlich

$$\begin{aligned} [\widehat{L}_z, L_-] &= -L_-, \\ \widehat{L}_z L_- |\lambda, m\rangle &= L_-(\widehat{L}_z - 1)|\lambda, m\rangle = (m-1)L_-|\lambda, m\rangle. \end{aligned} \tag{13.4}$$

Bei normiertem $|\lambda, m\rangle$ haben wir also

$$L_-|\lambda, m\rangle = C(\lambda, m)|\lambda, m-1\rangle, \tag{13.5}$$

wobei die Normierungskonstante C wieder reell sei.
Den zu L_- hermitisch adjungierten Operator nennen wir L_+:

$$L_+ := L_-^\dagger = \widehat{L}_x + i\widehat{L}_y, \quad [\widehat{L}_z, L_+] = L_+. \tag{13.6}$$

Damit können wir die Norm von $L_-|\lambda, m\rangle = |L_-\lambda, m\rangle$ umschreiben auf

$$C^2 = \langle L_-\lambda, m | L_-\lambda, m\rangle = \langle \lambda, m | L_+ L_- \lambda, m\rangle \tag{13.7}$$

und das L_+L_- ist wieder verhältnismäßig einfach:

$$L_+L_- = \left(\widehat{L}_x + i\widehat{L}_y\right)\left(\widehat{L}_x - i\widehat{L}_y\right) = \widehat{L}_x^2 + \widehat{L}_y^2 + \widehat{L}_z = \widehat{\boldsymbol{L}}^2 - \widehat{L}_z(\widehat{L}_z - 1). \tag{13.8}$$

Einsetzen in (13.7) liefert also

$$C^2 = \lambda - m(m-1) \tag{13.9}$$

(beim HO hatten wir $C^2 = n$). Da $C^2 \geq 0$ sein muss, muss das Senken wieder bei einem $m_{\min}$ enden, und zwar muss laut (13.5) $C(\lambda, m_{\min}) = 0$ sein, genau wie beim HO. Einsetzen in (13.9) gibt

$$m_{\min}(m_{\min} - 1) = \lambda. \tag{13.10}$$

L_+ wirkt wieder als Heber. Wir multiplizieren (13.5) mit L_+ und finden

$$L_+L_-|\lambda, m\rangle = C(\lambda, m)L_+|\lambda, m-1\rangle \tag{13.11}$$

oder, nach Gebrauch von $L_+L_-|\lambda, m\rangle = C^2|\lambda, m\rangle$,

$$C(\lambda, m)|\lambda, m\rangle = L_+|\lambda, m-1\rangle. \tag{13.12}$$

Weil nun C^2 laut (13.9) auch für große m negativ werden kann, muss außerdem der Heber L_+ bei einem m_{max} enden:

$$L_+|\lambda, m_{\text{max}}\rangle = 0. \tag{13.13}$$

Daraus folgt $C(m_{\text{max}} + 1) = 0$, oder laut (13.9)

$$(m_{\text{max}} + 1)m_{\text{max}} = \lambda. \tag{13.14}$$

Kombination mit (13.10) liefert $(m_{\text{max}} + 1)m_{\text{max}} = (m_{\text{min}} - 1)m_{\text{min}}$. Normalerweise hat so eine Gleichung 2 Lösungen, aber da m_{max} nicht kleiner als m_{min} sein soll, gilt

$$m_{\text{max}} = -m_{\text{min}} \equiv \ell. \tag{13.15}$$

ℓ nennt man etwas ungenau den *Drehimpuls*. Einsetzen in (13.10) oder (13.14) gibt

$$\lambda = \ell(\ell + 1). \tag{13.16}$$

Klassisch wäre ja $|\widehat{\boldsymbol{L}}| = \sqrt{\widehat{\boldsymbol{L}}^2} = \sqrt{\ell(\ell+1)} \approx \ell + \frac{1}{2}$ (für $\ell \gg 1$), so dass der Betrag des Drehimpulsvektors ungefähr $\ell + \frac{1}{2}$ wäre, statt ℓ. Aber irgend einen Namen muss ℓ ja haben. m heißt übrigens *magnetische Quantenzahl.*

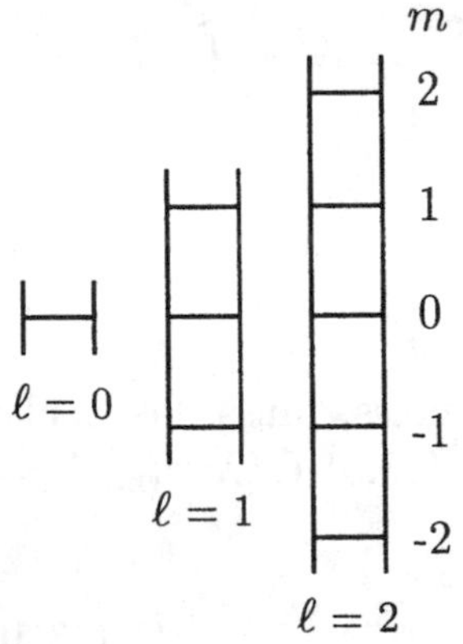

Bild 13-1: Die ersten Normleitern beim Bahndrehimpuls.

Da $m_{\text{max}} - m_{\text{min}} = 2\ell$ ganz sein muss (die Leitersprossen haben den Abstand 1 wie bei einer Normleiter), ist ℓ entweder ganzzahlig oder halbzahlig. In §23 werden wir halbzahliges ℓ kennenlernen, nur nennen wir es da j. Beim wirklichen *Bahndrehimpuls*, den wir jetzt besprechen, ist im Ortsraum $\widehat{L}_z = -i\partial_\varphi$; da muss m ganzzahlig sein, wie bereits aus (8.18) bekannt. Folglich ist auch ℓ ganz. Zu $\ell = 0, 1, 2$ gehören folgende m-Werte:

$$\ell = 0, \quad m = 0 \quad \text{(s-Zustand)}$$
$$\ell = 1, \quad m = 0, +1, -1 \quad \text{(p-Zustände)}$$
$$\ell = 2, \quad m = 0, \pm 1, \pm 2 \quad \text{(d-Zustände)}$$

Zustände mit $\ell = 3,4,5,6$ heißen f, g, h, i. Die Zahl der *magnetischen Zustände* bei festem ℓ ist $2\ell + 1$. Das C aus (13.9) ist

$$C(\ell, m) = \sqrt{\ell(\ell+1) - m(m-1)} = \sqrt{(l+m)(l-m+1)}. \qquad (13.17)$$

Die letzte Form zeigt deutlich $C = 0$ für $m = -\ell$ und für $m = \ell + 1 = m_{\max} + 1$. Wegen $[\boldsymbol{L}, \boldsymbol{L}^2] = 0$ können wir die Matrizen $\widehat{L}_z$, L_- und L_+ für jeden Wert von ℓ einzeln angeben. Für $\ell = 0$ ist $L_x = L_y = L_z = 0$, für $\ell = 1$ ist

$$\widehat{L}_z^{(1)} = \begin{pmatrix} 1 & 0 & 0 \\ 0 & 0 & 0 \\ 0 & 0 & -1 \end{pmatrix}, L_-^{(1)} = \begin{pmatrix} 0 & 0 & 0 \\ \sqrt{2} & 0 & 0 \\ 0 & \sqrt{2} & 0 \end{pmatrix}, L_+^{(1)} = \begin{pmatrix} 0 & \sqrt{2} & 0 \\ 0 & 0 & \sqrt{2} \\ 0 & 0 & 0 \end{pmatrix}. \qquad (13.18)$$

Die Vektoren $|\ell = 1, m\rangle$ sind wieder Einheitsvektoren, und die Position der *1* folgt aus $\widehat{L}_z^{(1)}|1, m\rangle = m|1, m\rangle$. Also hat $m = -1$ die *1* zuunterst, wie der Grundzustand beim HO. Für $\ell = 2$ ist

$$\widehat{L}_z^{(2)} = \begin{pmatrix} 2 & 0 & 0 & 0 & 0 \\ 0 & 1 & 0 & 0 & 0 \\ 0 & 0 & 0 & 0 & 0 \\ 0 & 0 & 0 & -1 & 0 \\ 0 & 0 & 0 & 0 & -2 \end{pmatrix}, \quad L_-^{(2)} = \begin{pmatrix} 0 & 0 & 0 & 0 & 0 \\ \sqrt{4} & 0 & 0 & 0 & 0 \\ 0 & \sqrt{6} & 0 & 0 & 0 \\ 0 & 0 & \sqrt{6} & 0 & 0 \\ 0 & 0 & 0 & \sqrt{4} & 0 \end{pmatrix}. \qquad (13.19)$$

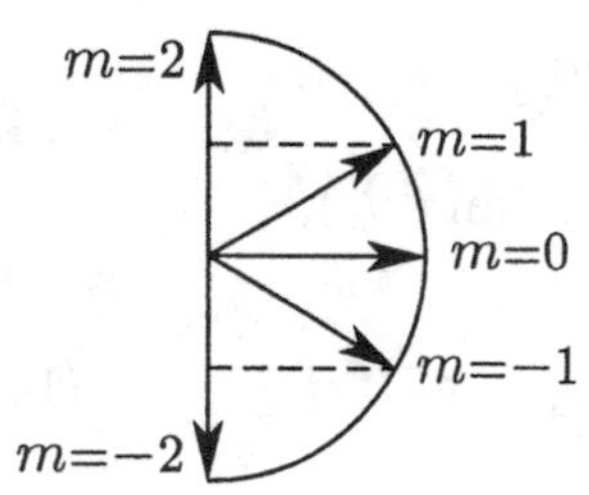

Bild 13-2: Bohrbahndrehimpulse für $\ell = 2$

So wie Bohr an gequantelte „Bahnen" glaubte, zeichnen die Experimentalphysiker auch heute noch $\widehat{L}$ als klassischen Pfeil der Länge ℓ und der z-Projektion m, in Bild 13-2 z.B. für $\ell = 2$. Klassisch steht ja $\boldsymbol{L}$ senkrecht auf der Bahnebene, so dass sich eine *Richtungsquantelung* der damaligen Bohrbahnen ergibt.

§14. Kugelfunktionen und Legendrepolynome

Wo wir doch noch eine Diffgl lösen, die wir schon aus der Elektrodynamik kennen.

Viele Bücher diskutieren direkt die Diffgl 2. Ordnung in ϑ und φ, $\widehat{\boldsymbol{L}}^2 Y_\ell^m = \lambda Y_\ell^m$, mit $\widehat{\boldsymbol{L}}^2$ aus (12.21). Wir haben aber bereits beim

HO gesehen, dass die Konstruktion mit Leiteroperatoren nur Gleichungen 1. Ordnung erfordert. Deshalb wollen wir erstmal $L_-|\lambda, -\ell\rangle = 0$ untersuchen. Da gab es zwei Franzosen, Cartès und Cartan; der eine war reell, der andere komplex. Cartès benutzte x und y als Koordinaten:

$$L_- = \widehat{L}_x - i\widehat{L}_y = -i\left(y\partial_z - z\partial_y\right) - z\partial_x + x\partial_z = (x - iy)\partial_z - z(\partial_x - i\partial_y). \tag{14.1}$$

Cartan benutzte

$$x_\pm = -iy \mp x = \mp r \sin\vartheta \mathrm{e}^{\pm i\varphi} \tag{14.2}$$

und erzielte damit einfachere Kommutatoren als Cartès: $[L_z, x_\pm] = \pm x_\pm$. Früher schrieb man vielleicht auch $x_+ = x + iy$, aber heute muss hier ein gemeinsames Minuszeichen hin (in (23.35) werden wir sogar noch eine $\sqrt{2}$ abdividieren). Bei Cartan ist also

$$\begin{aligned} \partial_x &= \frac{\partial x_+}{\partial x}\partial_{x_+} + \frac{\partial x_-}{\partial x}\partial_{x_-} = -\partial_{x_+} + \partial_{x_-}, \\ \partial_y &= \frac{\partial x_+}{\partial y}\partial_{x_+} + \frac{\partial x_-}{\partial y}\partial_{x_-} = -i(\partial_{x_+} + \partial_{x_-}), \end{aligned} \tag{14.3}$$

$$\partial_x - i\partial_y = -2\partial_{x_+}, \quad L_- = x_-\partial_z + 2z\partial_{x_+}. \tag{14.4}$$

Das $z = r\cos\vartheta$ hat Cartan beibehalten. Damit ist

$$\begin{aligned} \partial_\vartheta =& \frac{\partial x_+}{\partial\vartheta}\partial_{x_+} + \frac{\partial x_-}{\partial\vartheta}\partial x_- - r\sin\vartheta\partial_z \\ =& - r\cos\vartheta(\mathrm{e}^{i\varphi}\partial_{x_+} - \mathrm{e}^{-i\varphi}\partial_{x_-} + \tan\vartheta\partial_z), \end{aligned} \tag{14.5}$$

$$\partial_\varphi = \frac{\partial x_+}{\partial\varphi}\partial_{x_+} + \frac{\partial x_-}{\partial\varphi}\partial_{x_-} = -ir\sin\vartheta(\mathrm{e}^{i\varphi}\partial_{x_+} + \mathrm{e}^{-i\varphi}\partial_{x_-}). \tag{14.6}$$

Wie erhält man daraus L_-? Da nur (14.5) ∂_z enthält, muss man dies mit $-\mathrm{e}^{-i\varphi}$ malnehmen, um $x_-\partial_z$ zu erhalten. Um außerdem ∂_{x_-} loszuwerden, braucht man die Kombination

$$\begin{aligned} &- \mathrm{e}^{-i\varphi}\partial_\vartheta + i\mathrm{e}^{-i\varphi}\cot\vartheta\partial_\varphi = r\left[\cos\vartheta\left(\partial_{x_+} - \mathrm{e}^{-2i\varphi}\partial_{x_-}\right) + \mathrm{e}^{-i\varphi}\sin\vartheta\partial_z\right] \\ &+ r\cos\vartheta\left(\partial_{x_+} + \mathrm{e}^{-2i\varphi}\partial_{x_-}\right) = 2z\partial_{x_+} + x_-\partial_z. \end{aligned} \tag{14.7}$$

Zusammenfassend ist also

$$L_- = \mathrm{e}^{-i\varphi}\left(-\partial_\vartheta + i\cot\vartheta\partial_\varphi\right), \tag{14.8}$$

$$L_-Y_\ell^m(\vartheta,\varphi) = \left(1/\sqrt{2\pi}\right)\mathrm{e}^{i(m-1)\varphi}\left(-\partial_\vartheta - m\cot\vartheta\right)\Theta_\ell^m(\vartheta). \tag{14.9}$$

Hier haben wir (12.13) benutzt. Die Bedingung $L_- \Theta_\ell^{-\ell} = 0$ lautet

$$(\ell \cot\vartheta - \partial_\vartheta)\, \Theta_\ell^{-\ell} = 0. \tag{14.10}$$

Sie hat die Lösung

$$\Theta_\ell^{-\ell} = N_{\ell-\ell} \sin^\ell \vartheta. \tag{14.11}$$

Zur Bestimmung der Normierungskonstanten $N_{\ell-\ell}$ müssen wir d^3r auf Kugelkoordinaten umschreiben:

$$d^3r = r^2 dr\, d\varphi\, \sin\vartheta\, d\vartheta. \tag{14.12}$$

Hier ist die Variable $u = \cos\vartheta$ nützlich:

$$u = \cos\vartheta, \quad \sin\vartheta\, d\vartheta = -du. \tag{14.13}$$

Der Integrationsbereich in u ist -1 bis $+1$:

$$N_{\ell-\ell}^2 \int_{-1}^{1} du\, (1-u^2)^\ell = 1. \tag{14.14}$$

Das Integral berechnet man am besten rekursiv,

$$\begin{aligned} I_\ell &= \int_{-1}^{1} du\, (1-u^2)^\ell = \int du\, (1-u^2)(1-u^2)^{\ell-1} \\ &= I_{\ell-1} - \int du\, u^2 (1-u^2)^{\ell-1}. \end{aligned} \tag{14.15}$$

Im letzten Integrand schreiben wir $-u^2(1-u^2)^{\ell-1}$ als $uv'/2\ell$, mit $v = (1-u^2)^\ell$ und integrieren partiell, $I_\ell = I_{\ell-1} - I_\ell/2\ell$:

$$I_\ell = \frac{2\ell}{2\ell+1} I_{\ell-1}, \quad I_0 = \int_{-1}^{1} du = 2, \tag{14.16}$$

$$N_{\ell-\ell}^2 = \frac{(2\ell+1)(2\ell-1)\cdots}{2\ell(2\ell-2)\cdots}, \quad N_{\ell-\ell} = \left(2^\ell \ell!\right)^{-1} \sqrt{(2\ell+1)!/2}. \tag{14.17}$$

Die übrigen Θ_ℓ^m folgen jetzt durch wiederholte Anwendung von L_+

$$L_+ = \mathrm{e}^{i\varphi}(\partial_\vartheta + i \cot\vartheta \partial_\varphi) = -\mathrm{e}^{i\varphi}\sqrt{1-u^2}\left(\partial_u + \frac{mu}{1-u^2}\right). \tag{14.18}$$

In der letzten Formel haben wir wieder $i\partial_\varphi \to -m$ gesetzt. Eine noch praktischere Formel ist, für beliebiges $\Theta(u)$,

$$L_+\Theta = -\mathrm{e}^{i\varphi}(1-u^2)^{(m+1)/2}\partial_u(1-u^2)^{-m/2}\Theta, \tag{14.19}$$

wie man mit $\partial_u(1-u^2)^{-m/2} = (1-u^2)^{-m/2}\partial_u + mu(1-u^2)^{-m/2-1}$ verifiziert. Insbesondere erhält man für $m = -\ell$

$$\begin{aligned} L_+\Theta_\ell^{-\ell} &= -\mathrm{e}^{i\varphi}(1-u^2)^{\frac{1}{2}(1-\ell)}\partial_u(1-u^2)^\ell N_{\ell-\ell} \\ &= 2\ell\mathrm{e}^{i\varphi}(1-u^2)^{\frac{1}{2}(\ell-1)}uN_{\ell-\ell} = \sqrt{2\ell}\mathrm{e}^{i\varphi}\Theta_\ell^{-\ell+1}. \end{aligned} \tag{14.20}$$

Der Faktor $\sqrt{2\ell}$ kommt von

$$L_+\Theta_\ell^m = C(\ell, m+1)\mathrm{e}^{i\varphi}\Theta_\ell^{m+1} \tag{14.21}$$

und der Formel (13.17), $C(\ell, m+1) = \sqrt{(\ell+m+1)(\ell-m)}$ für $m = -\ell$. Die kompletten Kugelfunktionen ergeben sich damit und mit der φ-Abhängigkeit (12.13):

$$Y_0^0 = \sqrt{\frac{1}{4\pi}}, \quad Y_1^0 = \sqrt{\frac{3}{4\pi}}\cos\vartheta = \sqrt{\frac{3}{4\pi}}\frac{z}{r}, \tag{14.22}$$

$$Y_1^{\pm 1} = \mp\sqrt{\frac{3}{8\pi}}\sin\vartheta\mathrm{e}^{\pm i\varphi} = \sqrt{\frac{3}{8\pi}}\frac{x_\pm}{r}, \tag{14.23}$$

$$Y_2^0 = \sqrt{\frac{5}{4\pi}}\frac{1}{2}(3\cos^2\vartheta - 1) = \sqrt{\frac{5}{4\pi}}\frac{2z^2 + x_+x_-}{2r^2}, \tag{14.24}$$

$$Y_2^{\pm 1} = \mp\sqrt{\frac{15}{8\pi}}\mathrm{e}^{\pm i\varphi}\cos\vartheta\sin\vartheta = \sqrt{\frac{15}{8\pi}}\frac{x_\pm z}{r^2}, \tag{14.25}$$

$$Y_2^{\pm 2} = \sqrt{\frac{15}{32\pi}}\mathrm{e}^{\pm 2i\varphi}\sin^2\vartheta = \sqrt{\frac{15}{32\pi}}\frac{x_\pm^2}{r^2}, \tag{14.26}$$

mit $r = \sqrt{z^2 - x_+x_-}$. Ihre Orthogonalitätsrelationen lauten

$$\int_0^{2\pi} d\varphi \int_{-1}^1 du\, Y_{\ell'}^{m'*}Y_\ell^m = \delta_{\ell\ell'}\delta_{mm'}. \tag{14.27}$$

Die Zustände mit $m = 0$ sind unabhängig von φ und deshalb besonders wichtig. Durch ℓ-faches Anwenden von L_+ auf $Y_\ell^{-\ell}$ findet man

$$Y_\ell^0 = \frac{(-1)^\ell}{2^\ell \ell!}\sqrt{\frac{2\ell+1}{4\pi}}\partial_u^\ell(1-u^2)^\ell = \sqrt{\frac{2\ell+1}{4\pi}}P_\ell(u). \tag{14.28}$$

Die P_ℓ heißen Legendrepolynome und sind auf $P_\ell(1) = 1$ normiert. Wir finden

$$P_0 = 1, \quad P_1 = u, \quad P_2 = \tfrac{1}{2}(3u^2 - 1), \quad P_3 = \tfrac{1}{2}(5u^3 - 3u). \tag{14.29}$$

Aus (14.28) folgt eine nützliche Rekursionsformel,

$$(\ell + 1)P_{\ell+1} = (2\ell + 1)uP_\ell - \ell P_{\ell-1}, \quad P_0 = 1, \tag{14.30}$$

die wir aber aufschieben. Auch die Orthogonalität

$$\int_{-1}^{1} du\, P_{\ell'}(u)P_\ell(u) = \frac{2}{2\ell+1}\delta_{\ell\ell'} \tag{14.31}$$

lässt sich aus (14.28) herleiten. Man findet nämlich durch ℓ-fache Partialintegration

$$\begin{aligned} &\int du \left[\partial_u^{\ell'}(u^2-1)^{\ell'}\right] \partial_u^{\ell}(u^2-1)^{\ell} \\ &\quad = (-1)^\ell \int du \left[\partial_u^{\ell'+\ell}(u^2-1)^{\ell'}\right](u^2-1)^\ell. \end{aligned} \tag{14.32}$$

Wir dürfen $\ell \geq \ell'$ voraussetzen; dann ist für $\ell > \ell'$ die eckige Klammer $= 0$, weil das zu differenzierende Polynom in u nur den Grad $2\ell'$ hat. Für $\ell' = \ell$ dagegen ist $\partial_u^{2\ell}(u^2-1)^\ell = \partial_u^{2\ell} u^{2\ell} = (2\ell)!$, und der Faktor $(u^2-1)^\ell$ lässt sich integrieren.
Die Legendrepolynome kennst Du vielleicht schon aus der *Multipolentwicklung*

$$T(u, s) = (1 - 2su + s^2)^{-\frac{1}{2}} = \sum_{\ell=0}^{\infty} s^\ell P_\ell(u) \tag{14.33}$$

für $s^2 < 1$ (siehe (28.15) mit $s = r_1/r_2$). Hier erscheinen die $P_\ell(u)$ als Koeffizienten einer Potenzreihe in s der *erzeugenden Funktion* $T(u, s)$. Durch Manipulation von T kann man die P_ℓ auch bestimmen. Man kann z.B. T nach s differenzieren:

$$(u - s)\frac{T}{1 - 2su + s^2} = \sum_{\ell=1}^{\infty} \ell s^{\ell-1} P_\ell \tag{14.34}$$

und dann wieder mit $(1 - 2su + s^2)$ malnehmen:

$$(u - s)T = (u - s)\sum\nolimits_\ell s^\ell P_\ell = (1 - 2su + s^2)\sum\nolimits_\ell \ell s^{\ell-1} P_\ell. \tag{14.35}$$

Diese Gleichung kann man wieder nach s-Potenzen ordnen:

$$\sum_\ell s^\ell \left(uP_\ell - P_{\ell-1} - (\ell+1)P_{\ell+1} + 2u\ell P_\ell - (\ell-1)P_{\ell-1}\right) = 0. \quad (14.36)$$

Bei jeder s-Potenz muss die Klammer verschwinden, was zusammen mit $T(u,0) = 1 = P_0$ wieder auf (14.30) führt.
Heutzutage ist die Quantenchemie ein wichtiger Anwender der Quantenmechanik. Bei komplizierten Molekülen geht selbst die Drehinvarianz um die z-Achse flöten. Cartans Kombinationen $x_\pm$ (14.2) sind hier unpassend. Beim Wassermolekül H_2O z.B. bilden die Richtungen der beiden H-Atome vom O-Atom aus gesehen einen Winkel von gut 90° (vergl. Bild 32-5). Statt $Y_1^{\pm 1}$ (14.23) braucht man dort als Basisfunktionen

$$Y_{1x} = \sqrt{\frac{3}{4\pi}}\frac{x}{r}, \quad Y_{1y} = \sqrt{\frac{3}{4\pi}}\frac{y}{r}, \quad (14.37)$$

in Analogie zu $Y_1^0 =: Y_{1z}$ (14.22). Hier schlägt Cartès Cartan (siehe auch §31).

§15. Parität

Wo wir Wellenfunktionen spiegeln.

Unsere bisherigen Operatoren waren Kombinationen aus x, y, z und ∂_x, ∂_y, ∂_z. Es gibt auch andere lineare Operatoren: die Parität $\mathcal{P}$ ersetzt $\boldsymbol{r}$ durch $-\boldsymbol{r}$:

$$\mathcal{P}\psi(\boldsymbol{r},t) = \psi(-\boldsymbol{r},t). \quad (15.1)$$

Viel ist nicht daran, es gilt $\mathcal{P}^2 = 1$:

$$\mathcal{P}^2\psi(\boldsymbol{r},t) = \mathcal{P}\psi(-\boldsymbol{r},t) = \psi(\boldsymbol{r},t). \quad (15.2)$$

Seien ψ_η die Eigenfunktionen von $\mathcal{P}$

$$\mathcal{P}\psi_\eta(\boldsymbol{r},t) = \eta\psi_\eta(\boldsymbol{r},t), \quad \eta^2 = 1. \quad (15.3)$$

Also ist $\eta = +1$ oder -1, die zugehörigen Eigenfunktionen ψ_{+1} und ψ_{-1} heißen vulgär *gerade* und *ungerade*, $\psi_{+1} = \psi_g$, $\psi_{-1} = \psi_u$:

$$\psi_{+1} = \psi_g(\boldsymbol{r},t) = \psi_g(-\boldsymbol{r},t), \quad \psi_{-1} = \psi_u(\boldsymbol{r},t) = \psi_{-1} = -\psi_u(-\boldsymbol{r},t). \quad (15.4)$$

Vornehm sagt man: ψ_g *und* ψ_u *haben positive und negative Parität.* Der Operator $\mathcal{P}$ lässt sich auch mit $\boldsymbol{r}$ und ∇ kommutieren:

$$\mathcal{P}\boldsymbol{r} = -\boldsymbol{r}\mathcal{P}, \quad \mathcal{P}\nabla = -\nabla\mathcal{P}. \tag{15.5}$$

Wenn der Hamilton nur von x^2, y^2, z^2 und ∂_x^2, ∂_y^2, ∂_z^2 abhängt, führt zweifache Anwendung von (15.5) zu

$$\mathcal{P}H = H\mathcal{P}, \quad \text{also} \quad [\mathcal{P}, H] = 0. \tag{15.6}$$

Es gibt also gemeinsame Eigenfunktionen von H und $\mathcal{P}$. Klar, denn aus $H\psi(\boldsymbol{r}) = E\psi(\boldsymbol{r})$ folgt $H\psi(-\boldsymbol{r}) = E\psi(-\boldsymbol{r})$, da ein Umtaufen $\boldsymbol{r} \to -\boldsymbol{r}$ H nicht ändert. Also ist mit $\psi(\boldsymbol{r})$ auch $\psi(-\boldsymbol{r})$ eine Lösung von $H\psi = E\psi$, mit gleichem E-Wert. Solange die Zustände nicht entartet sind, sind sie also automatisch gerade oder ungerade. Das hatten wir schon bei den Hermitepolynomen (6.22) gesehen

$$H_n(\xi) = (-1)^n H_n(-\xi). \tag{15.7}$$

In Kugelkoordinaten bedeutet $\boldsymbol{r} \to -\boldsymbol{r}$

$$r \to r, \quad \vartheta \to \pi - \vartheta, \quad \varphi \to \varphi + \pi, \tag{15.8}$$

$$u = \cos\vartheta \to -u. \tag{15.9}$$

Die $P_\ell(u)$ (14.29) haben also die Parität $(-1)^\ell$. $\Theta_\ell^{-\ell} = N_{\ell-\ell}(1-u^2)^\ell$ hat $\eta = 1$ und Θ_ℓ^m hat $\eta = (-1)^{\ell-m}$, weil das ∂_u in L_+ (14.19) die Parität ändert, $\mathcal{P}\partial_u = -\partial_u\mathcal{P}$. Schließlich hat der Faktor $e^{im\varphi}$ die Parität $(-1)^m$, wegen $e^{im(\varphi+\pi)} = (-1)^m e^{im\varphi}$. Insgesamt haben damit die Kugelfunktionen die Parität ($\widehat{\boldsymbol{r}} = \boldsymbol{r}/r$):

$$Y_\ell^m(-\widehat{\boldsymbol{r}}) = (-1)^{\ell-m}(-1)^m Y_\ell^m(\widehat{\boldsymbol{r}}) = (-1)^\ell Y_\ell^m(\widehat{\boldsymbol{r}}) \tag{15.10}$$

unabhängig von m. Der Nutzen der Parität liegt in einfachen *Auswahlregeln*, z.B.

$$\int Y_\ell^{m'*}(\vartheta,\varphi)\, \boldsymbol{r}\, Y_\ell^m(\vartheta,\varphi)\, d\varphi\, du = 0 \tag{15.11}$$

(wieso?). Aus dem gleichen Grund verschwinden die Diagonalmatrixelemente ξ_{nn} der Matrix $\xi_{nn'}$ (11.17).
Damit (15.10) gilt, muss übrigens $[\mathcal{P}, L_z] = 0$ sein. Für einen *richtigen Vektor* $\boldsymbol{V}$ gilt $\mathcal{P}\boldsymbol{V} = -\boldsymbol{V}\mathcal{P}$. $\boldsymbol{L} = \boldsymbol{r} \times \boldsymbol{p}$ ist also ein falscher Vektor. Man nennt $\boldsymbol{L}$ einen *Pseudo-* oder *Axialvektor.* Ob das elektrische Feld $\boldsymbol{E}$ oder das Magnetfeld $\boldsymbol{B}$ wohl auch axial sind?

§16. Radiale Schrödingergleichung, Randbedingungen

Wo wir beim H-Atom die ganz kleinen und ganz großen Abstände vorweg betrachten.

Die stationäre Schrgl $(-\hbar^2\nabla^2/2m + V - E)\psi = 0$ lautet in Kugelkoordinaten mit (12.19)

$$-\frac{\hbar^2}{2m}\left[-\widehat{p}_r^2 - \frac{\widehat{\boldsymbol{L}}^2}{r^2} - \frac{2m}{\hbar^2}(V-E)\right]\psi = 0, \quad V = V(r). \tag{16.1}$$

Für ψ setzen wir (12.13) an:

$$\psi(r,\vartheta,\varphi) = R_{n\ell}(r)Y_\ell^{m_\ell}(\vartheta,\varphi), \quad \widehat{\boldsymbol{L}}^2 Y_\ell^{m_\ell} = \lambda Y_\ell^{m_\ell}, \tag{16.2}$$

mit $\lambda = \ell(\ell+1)$. Einsetzen dieses Ansatzes in (16.1) gibt

$$\left[(\partial_r + 1/r)^2 - \frac{\lambda}{r^2} - \frac{2m}{\hbar^2}V + k^2\right]R_{n\ell}(r) = 0, \quad k^2 = \frac{2mE}{\hbar^2}. \tag{16.3}$$

Die Radialgleichung hängt nicht von der magnetischen Quantenzahl m_ℓ ab, wohl aber von ℓ. Gelegentlich fasst man die beiden ortsabhängigen Funktionen zu einem *effektiven Potenzial* zusammen:

$$V_{\text{eff}} = V(r) + (\hbar^2/2m)\lambda/r^2 \tag{16.4}$$

und nennt das zweite Glied *Zentrifugalpotenzial*, analog zur Behandlung der klassischen Bewegung im Zentralpotenzial. Von $V(r)$ wollen wir zunächst nur $V(r \to \infty) = 0$ voraussetzen. Im *asymptotischen Gebiet* $r \to \infty$ können wir außer V auch $1/r$ vernachlässigen:

$$(\partial_r^2 + k^2)R_{\text{as}}(r) = 0. \tag{16.5}$$

Die Lösungen dieser Gleichung sind

$$R_{\text{as}} = C_+\mathrm{e}^{ikr} + C_-\mathrm{e}^{-ikr} \tag{16.6}$$

wie in (3.19). Bei gebundenen Zuständen setzen wir wieder $k = i\kappa$, $\kappa > 0$ und erhalten aus der Forderung der Normierbarkeit von R die Randbedingung $C_- = 0$, $R_{\text{as}} = C_+\mathrm{e}^{-\kappa r}$. Für die vollständige Funktion $R_{n\ell}$ setzen wir an

$$R_{n\ell} = C_+\mathrm{e}^{-\kappa r}v(r), \tag{16.7}$$

und ziehen die Funktion $e^{-\kappa r}$ in (16.3) nach vorne, um sie danach abzudividieren (vergl. (6.15)):

$$\begin{aligned}(\partial_r + 1/r)^2 e^{-\kappa r} &= e^{-\kappa r}(\partial_r + 1/r - \kappa)^2 \\ &= e^{-\kappa r}\left[(\partial_r + 1/r)^2 - 2\kappa(\partial_r + 1/r) + \kappa^2\right],\end{aligned} \tag{16.8}$$

$$\left[(\partial_r + 1/r)^2 - 2\kappa(\partial_r + 1/r) - \frac{2mV}{\hbar^2} - \frac{\lambda}{r^2}\right] v(r) = 0. \tag{16.9}$$

Der Operator (16.3) ist außerdem bei $r = 0$ singulär. Dort können wir $E = 0$ setzen ($\kappa = 0$). Für $\lambda = \ell(\ell+1) > 0$ können wir auch V weglassen, solange es schwächer als r^{-2} divergiert:

$$\left((\partial_r + 1/r)^2 - \ell(\ell+1)/r^2\right) R_{n\ell}(r \to 0) = 0. \tag{16.10}$$

Durch Einsetzen sieht man, dass (16.10) die Lösungen r^ℓ und $r^{-\ell-1}$ hat. Letztere müssen wir als unnormierbar verwerfen. Mit (14.12) lautet das radiale Normierungsintegral

$$\int_0^\infty r^2\, dr\, R_{n\ell}^2(r) = 1 \tag{16.11}$$

was für $R^2 \sim r^{-2-2\ell}$ nicht existiert. Also setzen wir

$$\begin{aligned} v = r^\ell w(r), \quad (\partial_r + 1/r) r^\ell &= r^\ell\,(\partial_r + 1/r + \ell/r) \\ (\partial_r + 1/r + \ell/r)^2 &= (\partial_r + 1/r)^2 + 2(\ell/r)\partial_r + (\ell^2 + \ell)/r^2,\end{aligned} \tag{16.12}$$

$$\left((\partial_r + 1/r)^2 + (2\ell/r)\partial_r - 2\kappa\,(\partial_r + 1/r + \ell/r) - 2mV/\hbar^2\right) w = 0. \tag{16.13}$$

Für $\ell = 0$ muss man den bei $r = 0$ singulären Teil von $V(r)$ in (16.10) mit berücksichtigen. Sei insbesondere $V = -Ze^2/r$, dann haben wir statt (16.10)

$$r^{-1}(\partial_r^2 r + a) R_{n0}(r \to 0) = 0, \quad a = (2mZe^2/\hbar^2). \tag{16.14}$$

Dies hat die unabhängigen Lösungen $R_1 = 1 - ar/2 + \ldots$, $\widetilde{R} = 1/r - a \log r + \ldots$, wobei die Punkte Zusatzglieder bedeuten, die für $r \to 0$ unwichtig sind (insbesondere gilt $\partial_r^2 r \widetilde{R} = -a\partial_r(\log r + 1) = -a/r$, so dass nur noch das schwächer divergierende Glied $-a^2 \log r$ übrigbleibt). Das Normierungsintegral (16.11) ist für $\widetilde{R}$ für $r \to 0$ konvergent. Nur ist $-\widehat{p}_r^2 = r^{-1}\partial_r^2 r$ für $\widetilde{R}$ nicht hermitisch, weil $\int r dr \widetilde{R} \partial_r \partial_r r R_1$ bereits bei der ersten partiellen Integration einen ausintegrierten Teil $\neq 0$ erhält. Dadurch ist $\widetilde{R}$ von den physikalischen Zuständen ausgeschlossen.

☞ *Aufgabe:* Beweise für $R_{n\ell}$ die Hermitizität von

$$\widehat{p}_r = -i(\partial_r + 1/r) = -(i/r)\partial_r r. \tag{16.15}$$

§17. H-Atom, Radialfunktionen und Bindungsenergien

Wo wir endlich das Levelschema und die kompletten Wellenfunktionen beim H-Atom herleiten.

Wir idealisieren den Atomkern durch eine Punktladung Ze bei $r = 0$ (der H-Kern hat $Z = 1$, der He-Kern $Z = 2$ usw.) und erhalten aus (1.5) $\phi = Ze/r$ und damit $V = -e\phi = -Ze^2/r$.
Die radiale Gleichung (16.3) lässt sich auch mit Leiteroperatoren lösen, aber die Methode ist für die folgenden Anwendungen unpraktisch.
Wir führen $z = 2\kappa r$ als dimensionslose Variable ein und substituieren wieder gemäß (16.7) und (16.12)

$$R_{n\ell}(r) = N\mathrm{e}^{-z/2} z^{\ell} F(z). \tag{17.1}$$

Unsere alte Normierungskonstante C_+ aus (16.7) ist offenbar $C_+ = N(2\kappa)^{\ell}$.
Wir multiplizieren Gleichung (16.13) mit $r/2\kappa$ und beachten $(1/2\kappa)\partial_r = \partial_z$:

$$\left(z\partial_z^2 + (2\ell + 2 - z)\partial_z - \ell - 1 + z_0\right) F(z) = 0. \tag{17.2}$$

Bei dieser Gelegenheit haben wir abgekürzt

$$z_0 = Ze^2 m/\hbar^2\kappa. \tag{17.3}$$

Für F setzen wir jetzt eine Potenzreihe an:

$$F(z) = \sum\nolimits_k a_k z^k, \tag{17.4}$$

$$(2\ell + 2 - z)F' = \sum\nolimits_k z^k \left[(2\ell + 2)(k+1)a_{k+1} - ka_k\right], \tag{17.5}$$

$$zF'' = \sum\nolimits_k z^k k(k+1)a_{k+1}, \tag{17.6}$$

$$a_{k+1}(k+1)(k + 2\ell + 2) + a_k(z_0 - \ell - 1 - k) = 0. \tag{17.7}$$

Für $k \to \infty$ gilt $a_{k+1}/a_k \sim 1/k$, d.h. die Reihe divergiert wie $\mathrm{e}^z = \sum z^k/k!$, was wegen der asymptotischen Lösung $\mathrm{e}^{\kappa r} = \mathrm{e}^{-z/2}\mathrm{e}^z$ zu erwarten war. Also muss (17.4) wieder ein Polynom sein, d.h. die Rekursionsformel (17.7) muss bei einem $k_{\max} = n_r$ abbrechen, $n_r = 0, 1, 2 \ldots$ (n_r = *radiale Quantenzahl*). Das erfordert laut (17.7)

$$z_0 = n_r + \ell + 1. \tag{17.8}$$

Damit wird nach (17.3)

$$\kappa = Ze^2m/\hbar^2(n_r+\ell+1), \quad E = -\hbar^2\kappa^2/2m = -Z^2e^4m/2\hbar^2(n_r+\ell+1)^2. \tag{17.9}$$

Die Formel für E wurde zuerst empirisch von Rydberg gefunden. Man schreibt

$$E = -Z^2R_\infty/n^2, \quad R_\infty = e^4m/2\hbar^2 \approx 13.605\,693\,\text{eV} \tag{17.10}$$

mit $n = n_r + \ell + 1$ = *Hauptquantenzahl.* Der Index $_\infty$ an R_∞ deutet an, dass der Kernrückstoß vernachlässigt wurde, also $m_{\text{Kern}} = \infty$. Leider ist die Formel auch bei schweren Kernen unpräzise, weil dann relativistische Korrekturen erscheinen, die von n_r und ℓ einzeln abhängen (*Feinstruktur*). In unsrer Näherung geht in E jedoch nur die Hauptquantenzahl ein, d.h. nur die Summe von n_r und $\ell + 1$. Wir haben also zusätzlich zur m_ℓ-Entartung ($(2\ell+1)$-fach) noch eine ℓ-Entartung (von 0 bis $n-1$), siehe Bild 17-1. Der gesamte Entartungsgrad beim nichtrelativistischen H-Atom ist damit, wenn wir gleich auch noch einen Faktor 2 für den Elektronenspin berücksichtigen,

$$g(n) = 2\sum_{\ell=0}^{n-1}(2\ell+1) = 2n^2. \tag{17.11}$$

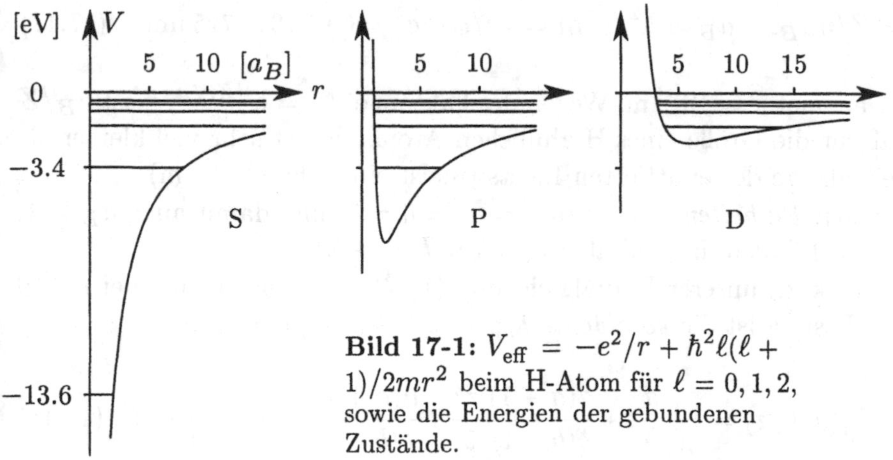

Bild 17-1: $V_{\text{eff}} = -e^2/r + \hbar^2\ell(\ell+1)/2mr^2$ beim H-Atom für $\ell = 0, 1, 2$, sowie die Energien der gebundenen Zustände.

An dieser Stelle ein Wort über Naturkonstanten. Die Lichtgeschwindigkeit c lässt sich heute genau messen:

$$c = 299\,792\,458\,\text{m/s} \tag{17.12}$$

und dient praktisch zur Definition des Meters, d.h. das Meter ist über die genauer messbare Zeit sowie c definiert. Eine gut bekannte dimensionslose Größe ist Sommerfelds Feinstrukturkonstante

$$\alpha = e^2/\hbar c = (137.036)^{-1}. \tag{17.13}$$

Präzisionsmessungen von Energien beruhen auf Frequenzmessungen der emittierten Strahlung, die man aber über (17.12) auf eine Wellenlänge umrechnet, $E = h\nu = hc/\lambda$. Der Umrechnungsfaktor ist

$$hc = 0.123\,984\,2 \times 10^{-3}\mathrm{eV\,cm} = 2\pi\hbar c. \tag{17.14}$$

Da all diese Faktoren Fehler haben, ist der präziseste Wert von R_∞ nur in cm^{-1} bekannt:

$$hcR_\infty = 109\,737.315\,73\,\mathrm{cm}^{-1}. \tag{17.15}$$

Die Elektronenmasse ist

$$mc^2 = 510.999\,06\,\mathrm{keV}. \tag{17.16}$$

Wegen der großen historischen Bedeutung gibt es beim H-Atom noch andere Einheiten, insbesondere den *Bohrradius* a_B. Weil κ die Dimension 1/Länge hat, schreibt man in (17.9)

$$\kappa = Z/na_B, \quad a_B = \hbar^2/e^2m = \hbar c/\alpha mc^2 = 0.052\,917\,725\,\mathrm{nm} \tag{17.17}$$

nm = Nanometer = 10^{-9}m. Wegen des Faktors $\mathrm{e}^{-\kappa r} = \mathrm{e}^{-Zr/na_B}$ ist a_B/Z ein Maß für die Größe eines H-ähnlichen Atoms. Es ist sehr viel kleiner als die Wellenlänge des emittierten Lichts (meist einige hundert nm).
In *atomaren Einheiten* setzt man $e = m = \hbar = 1$, und damit auch $a_B = 1$, $c = \alpha^{-1} = 137.036$, und erhält in (17.10) $E = -Z^2/2n^2$.
Jetzt zurück zu unserer Radialgleichung (17.2). Ihre allgemeine, bei $r = 0$ reguläre Lösung ist die *konfluente hypergeometrische Funktion*

$$F = {}_1F_1(a,b,z) = 1 + \frac{a}{b}z + \frac{a(a+1)}{b(b+1)}\frac{z^2}{2!} + \frac{a(a+1)(a+2)}{b(b+1)(b+2)}\frac{z^3}{3!} + \ldots \tag{17.18}$$

und für den Koeffizienten a_{k+1} von z^{k+1} gilt offenbar

$$a_{k+1} = \frac{a+k}{b+k}\frac{1}{k+1}a_k. \tag{17.19}$$

Der Vergleich mit (17.7) liefert

$$b = 2\ell + 2, \quad a = \ell + 1 - z_0 = -n_r, \tag{17.20}$$

$$F(-n_r, 2\ell+2, z) = 1 + \frac{-n_r}{2\ell+2} z + \frac{-n_r(-n_r+1)}{(2\ell+2)(2\ell+3)} \frac{z^2}{2!} \dots \tag{17.21}$$

Die Normierungskonstante N aus (17.1) ist

$$N = \frac{1}{(2\ell+1)!} \sqrt{\frac{8\kappa_n^3 (n+\ell)!}{2n n_r!}}, \quad \kappa_n = Z/n a_B. \tag{17.22}$$

Mit anderer Normierung heißt F für $n_r = 0, 1, 2, \dots$ *Laguerrepolynom.* Die ersten $R_{n\ell}$ sind

$$R_{10} = \left(\frac{Z}{a_B}\right)^{\frac{3}{2}} 2\mathrm{e}^{-Zr/a_B}, \quad R_{20} = \left(\frac{Z}{2a_B}\right)^{\frac{3}{2}} \left(2 - \frac{Zr}{a_B}\right) \mathrm{e}^{-Zr/2a_B},$$

$$R_{21} = \left(\frac{Z}{2a_B}\right)^{\frac{3}{2}} \frac{1}{\sqrt{3}} \frac{Zr}{a_B} \mathrm{e}^{-Zr/2a_B}, \tag{17.23}$$

$$R_{31} = \left(\frac{Z}{3a_B}\right)^{\frac{3}{2}} \frac{4\sqrt{2}}{9} \frac{Zr}{a_B} \left(1 - \frac{1}{6} \frac{Zr}{a_B}\right) \mathrm{e}^{-Zr/3a_B}.$$

Bild 17-2 zeigt die Funktionen R_{nl} bis $n = 3$ (nach Herzberg 1944), sowie die zugehörigen Wahrscheinlichkeiten, das Elektron bei gegebenem Abstand vom Ursprung vorzufinden.

Später werden wir die Erwartungswerte der Operatoren r, r^{-1} bis r^{-4} brauchen, die wir ohne Beweis angeben:

$$\langle r \rangle = (a_B/2Z)(3n^2 - \lambda), \quad \lambda = \ell(\ell+1), \quad \langle r^{-1} \rangle = Z/n^2 a_B, \tag{17.24}$$

$$\langle r^{-2} \rangle = \left(\frac{Z}{a_B}\right)^2 \frac{1}{n^3(\ell + \frac{1}{2})}, \quad \langle r^{-3} \rangle = \left(\frac{Z}{a_B}\right)^3 \frac{1}{n^3 \lambda (\ell + \frac{1}{2})}, \tag{17.25}$$

$$\langle r^{-4} \rangle = \left(\frac{Z}{a_B}\right)^4 \frac{3 - \lambda/n^2}{2n^3(\ell + \frac{3}{2})(\ell^2 - \frac{1}{4})\lambda}. \tag{17.26}$$

Beachte, dass $\langle r^{-3} \rangle$ und $\langle r^{-4} \rangle$ für $\ell = 0$ nicht existieren, weil mit $\lambda = 0$ der Nenner dort $= 0$ ist.

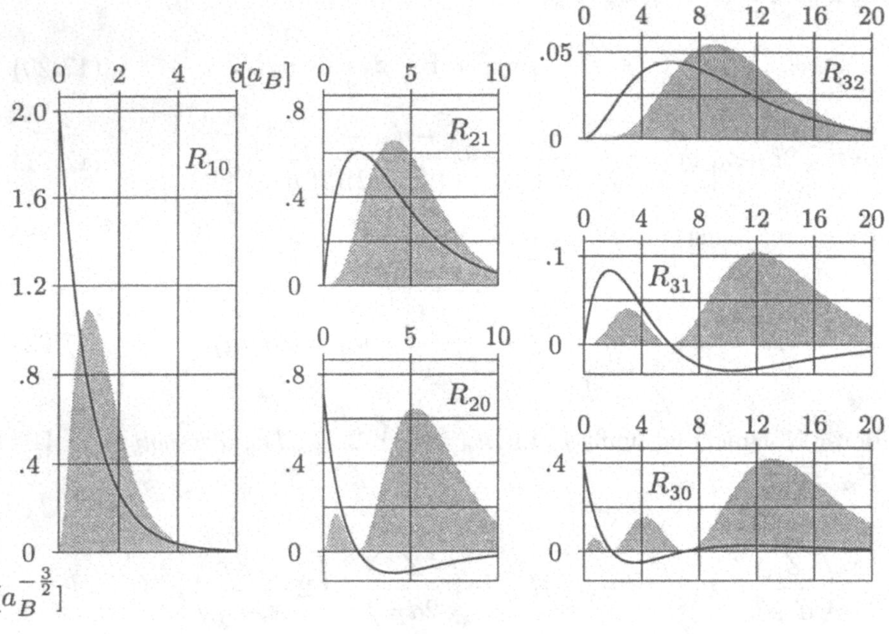

Bild 17-2: Einige Radialwellenfunktionen für das H-Atom. Die grauen Flächen ergeben auf 1 normiert die zugehörigen radialen Aufenthaltswahrscheinlichkeiten $r^2 R_{n\ell}^2$.

Kontinuumszustände — Hier ist $E = \hbar^2 k^2/2m$ positiv, also $k = i\kappa > 0$,

$$z = 2\kappa r = -2ikr, \quad z_0 = iZe^2 m/\hbar^2 k = -i\eta. \tag{17.27}$$

η heißt Sommerfeldparameter, das Vorzeichen berücksichtigt die negative Ladung des Elektrons. Für ein Teilchen der Ladung $Z_1 e$ und Kernladung $Z_2 e$ ist

$$\eta = Z_1 Z_2 e^2 m/\hbar^2 k = Z_1 Z_2 \alpha c/v, \quad v = m/\hbar k. \tag{17.28}$$

Aus $\exp(\pm z/2)$ wird $\exp(\mp ikr)$; damit entfällt die Notwendigkeit, z_0 in (17.8) zu quanteln. Man kann also einfach η vorgeben, hat dann $n_r = -i\eta - \ell - 1$ und im übrigen wieder (17.1) als Lösung,

$$R_{\eta\ell}(r) = N\mathrm{e}^{ikr}(-2ikr)^\ell F(1 + \ell + i\eta, 2\ell + 2, -2ikr). \tag{17.29}$$

§18. $V = 0$ IN KUGELKOORDINATEN. STREUPHASEN, STREUUNG

Wo wir die Streuung an einem Atom beschreiben, ohne sein Inneres zu kennen.

In §3 betrachteten wir ein Elektron an einer Potenzialstufe. Jetzt wählen wir ein Metallkügelchen vom Radius r_0, $V(x,y,z) = V_0\theta(r-r_0)$. Zunächst lösen wir die Schrgl für $r < r_0$, $V \equiv 0$. Wir setzen wieder $2mE/\hbar^2 = k^2, (\nabla^2 + k^2)\psi = 0$. Lösungen der Form $e^{i\boldsymbol{kr}}$ mit einem Wellenzahlvektor $\boldsymbol{k} = (k_x, k_y, k_z)$ können wir aber nicht gebrauchen, weil der Rand nur in Kugelkoordinaten einfach ist. Stattdessen setzen wir an:

$$\psi_{E,\ell,m} = Y_\ell^m(\vartheta,\varphi)R_{E,\ell}(r) \tag{18.1}$$

und erhalten für $R_{E,\ell}$ (16.3) mit $V = 0$:

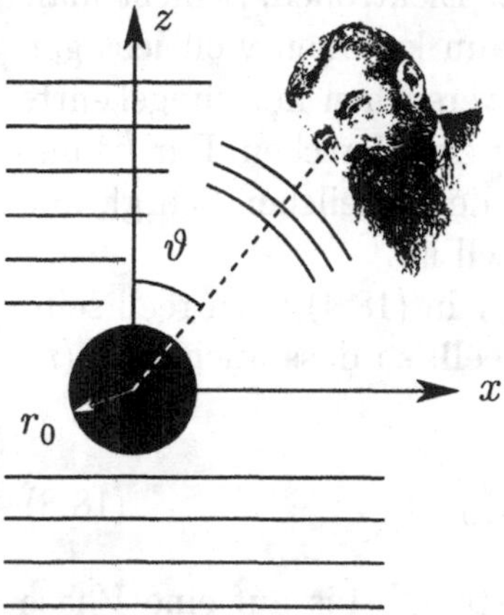

Bild 18-1: Auslaufende Kugelwellen

$$\left(r^{-1}\partial_r^2 r - \lambda/r^2 + k^2\right) R_{E,\ell} = 0, \tag{18.2}$$

mit $\lambda = \ell(\ell+1)$. Diesmal benutzen wir $\rho = kr$ als dimensionslose Variable:

$$\left(\rho^{-1}\partial_\rho^2 \rho - \lambda/\rho^2 + 1\right) R_{E,\ell} = 0. \tag{18.3}$$

Die allgemeine Lösung von (18.3) hat wieder zwei Integrationskonstanten

$$R_{E,\ell} = C_\ell(k)j_\ell(\rho) + D_\ell(k)n_\ell(\rho) \tag{18.4}$$

wobei die *sphärische Besselfunktion* j_ℓ für $\rho \to 0$ wie ρ^ℓ geht und die *sphärische Neumannfunktion* n_ℓ wie $\rho^{-\ell-1}$. Für $\ell = 0$ ist

$$j_0 = \rho^{-1}\sin\rho, \quad n_0 = \rho^{-1}\cos\rho, \tag{18.5}$$

wie man leicht durch Einsetzen in (18.3) nachprüft. Für $\ell = 1$ ist

$$j_1 = \rho^{-2}(\sin\rho - \rho\cos\rho), \quad n_1 = \rho^{-2}(\cos\rho - \rho\sin\rho). \tag{18.6}$$

Mit den Entwicklungen $\sin\rho \sim \rho - \rho^3/3!$, $\cos\rho \sim 1 - \rho^2/2!$ findet man $n_1(\rho \to 0) \sim \rho^{-2}$, und nach etwas Rechnung auch $j_1(\rho \to 0) \sim \rho(-\frac{1}{6} + \frac{1}{2}) = \rho/3$. Für $\ell > 1$ gilt die Rekursionsformel

$$j_{l+1} = \rho^{-1}(2\ell+1)j_\ell - j_{\ell-1}. \tag{18.7}$$

Die gleiche Formel gilt auch für n_ℓ.

Aus Gründen der Normierbarkeit (und für $\ell = 0$ der Hermitizität von H) müssen wir natürlich $D_\ell = 0$ setzen.
Alsdann lösen wir die Schrgl im Außenraum $r > r_0$. Die Lösung hat wieder die Form (18.4), sofern wir k durch $k_1 = \sqrt{2m(E - V_0)/\hbar^2}$ (3.21) ersetzen. Die Konstanten C und D haben natürlich andere Werte, insbesondere darf im Außenraum $D \neq 0$ sein. Diese Außenraumlösung tritt bei allen Problemen auf, bei denen $V(r > r_0) = konst.$ ist. Wenn wir insbesondere die Metallkugel durch ein einziges kugelsymmetrisches (elektrisch neutrales) Atom ersetzen, können wir stets ein r_0 angeben, so dass $V(r > r_0) = 0$ ist. Dieses Problem ist so viel wichtiger als das Metallkügelchen, dass wir (18.1)–(18.4) im Folgenden *nur noch* für den Außenraum $r > r_0$ benutzen, und zwar mit $V(r > r_0) = 0$. Die Metallkugel bräuchte dann im Innenraum $V = -V_0$, aber das interessiert uns nicht mehr. Wir verlangen außerdem $k^2 > 0$. Der Grund dieses Sinneswandels liegt in der Kompliziertheit der Dinge: bereits ein einzelnes Atom brodelt ja voller Elektronen. Schießt man ein Elektron mit zu großem k^2 auf ein Atom, dann kommen vielleicht gar zwei Elektronen heraus (*knockout*). Die Physiker versuchen nun umgekehrt, durch Elektronstreuung am Atom dessen Struktur zu erforschen. Für k^2 unterhalb der KO-Schwelle geht das tatsächlich mit der 1-Teilchen-Schrgl, mit einem effektiven Potenzial $V(r)$, das jedenfalls reell ist.
Solange $V(r)$ reell ist, muss das Verhältnis D_ℓ/C_ℓ in (18.4) auch reell sein. Denn die volle Radialgleichung (16.3) ist dann reell, so dass auch $R^*_{E,\ell}(r)$ eine Lösung ist: für $r > r_0$ ist

$$R^*_{E,\ell} = C^*_\ell (j_\ell + n_\ell D^*_\ell / C^*_\ell). \tag{18.8}$$

Da aber die normierte Außenraumlösung bei festem k bis auf eine Phase eindeutig ist, muss $R^* = (C^*_\ell/C_\ell)R$ sein, also $D^*_\ell/C^*_\ell = D_\ell/C_\ell$. Man setzt $D_\ell/C_\ell = -\tan\delta_\ell$:

$$R_{E,\ell} = C_\ell(k)\left(j_\ell(\rho) - \tan\delta_\ell(k) n_\ell(\rho)\right). \tag{18.9}$$

Für $\rho \to \infty$ gilt

$$\begin{aligned} j_\ell(\rho \to \infty) &= \frac{1}{\rho}\sin\left(\rho - \frac{\ell\pi}{2}\right) = (-i)^\ell \frac{1}{2i\rho}(\mathrm{e}^{i\rho} - (-1)^\ell \mathrm{e}^{-i\rho}), \\ n_\ell(\rho \to \infty) &= -\frac{1}{\rho}\cos\left(\rho - \frac{\ell\pi}{2}\right) = (-i)^\ell \frac{1}{2\rho}(\mathrm{e}^{i\rho} + (-1)^\ell \mathrm{e}^{-i\rho}). \end{aligned} \tag{18.10}$$

Nach der Regel $\sin(\alpha + \delta) = \sin\alpha\cos\delta + \cos\alpha\sin\delta$ gilt also

$$R_{E,\ell}(\rho \to \infty) = C_\ell \cos\delta_\ell^{-1} \rho^{-1} \sin(\rho - \ell\pi/2 + \delta_\ell). \tag{18.11}$$

Man kann also δ_ℓ als durch den Streuer verursachte Phasenverschiebung (*phase shift*) verstehen. Deshalb heißt δ_ℓ *Streuphase*; es hängt vom atomaren Innenleben ab.
Wie hängt dies mit der Elektronstreuung zusammen? In (18.10) sind $\mathrm{e}^{i\rho}/\rho$ und $\mathrm{e}^{-i\rho}/\rho$ ein- und auslaufende radiale Kugelwellen. Die vollständige einlaufende Kugelwelle wäre $Y_\ell^m(\vartheta,\varphi)\mathrm{e}^{i\rho}/\rho$. Im thermodynamischen Gleichgewicht darf man an solche Funktionen tatsächlich denken, aber in gezielten Streuexperimenten bringen unsere Physiker bestenfalls ebene Wellen $\mathrm{e}^{i\boldsymbol{kr}}$ zustande.
Wir legen die z-Achse längs $\boldsymbol{k}$ (Bild 18-1) und haben damit vor dem Streuer $\psi(z\to-\infty)=\mathrm{e}^{ikz}$. Diese Welle enthält viele *Partialwellen* der Form (18.1). Da $\mathrm{e}^{i\rho u}$ nur von u und nicht von φ abhängt, erscheinen in der Zerlegung nur die Y_ℓ^0 (14.28). Wir zerlegen deshalb gleich nach Legendrepolynomen. Da $\mathrm{e}^{i\rho u}$ für $\rho=0$ endlich ist, dürfen in dieser Zerlegung die $n_\ell(\rho)$ nicht vorkommen:

$$\mathrm{e}^{i\rho u}=\sum\nolimits_{\ell=0}^{\infty}a_\ell j_\ell(\rho)P_\ell(u). \tag{18.12}$$

Die Entwicklungskoeffizienten a_ℓ folgen aus der Orthonormalität (14.31),

$$\frac{2}{2\ell+1}a_\ell j_\ell(\rho)=\int_{-1}^{1}\mathrm{e}^{i\rho u}P_\ell(u)\,du=\frac{\mathrm{e}^{i\rho u}}{i\rho}P_\ell(u)\bigg|_{-1}^{1}-\frac{1}{i\rho}\int\mathrm{e}^{i\rho u}P_\ell'(u)\,du. \tag{18.13}$$

Für $\rho\to\infty$ können wir das letzte Integral weglassen, wie eine weitere partielle Integration zeigt (die bringt einen weiteren Faktor $(i\rho)^{-1}$ herunter). Mit (18.10) und $P_\ell(1)=1$, $P_\ell(-1)=(-1)^\ell$ haben wir also

$$\frac{2}{2\ell+1}a_\ell(-i)^\ell\frac{1}{2i\rho}(\mathrm{e}^{i\rho}-(-1)^\ell\mathrm{e}^{-i\rho})=\frac{1}{i\rho}(\mathrm{e}^{i\rho}-(-1)^\ell\mathrm{e}^{-i\rho}). \tag{18.14}$$

Das gibt $a_\ell=(2\ell+1)i^\ell$ und damit in (18.12)

$$\mathrm{e}^{i\rho u}=\sum\nolimits_\ell(2\ell+1)i^\ell j_\ell P_\ell\underset{\rho\to\infty}{\longrightarrow}\sum\nolimits_\ell\frac{2\ell+1}{2i\rho}(\mathrm{e}^{i\rho}-(-1)^\ell\mathrm{e}^{-i\rho})P_\ell. \tag{18.15}$$

Diese asymptotische Form zeigt, dass e^{ikz} sowohl einlaufende als auch auslaufende Kugelwellen enthält. Für die vollständige asymptotische Lösung ψ_∞ fordern wir jetzt, dass alle zusätzlichen Kugelwellen auslaufend sind:

$$\psi_\infty=\mathrm{e}^{i\rho u}+r^{-1}f_k(u)\mathrm{e}^{i\rho},\quad \rho=kr,\quad u=\cos\vartheta, \tag{18.16}$$

$$f_k(u)=\sum\nolimits_{\ell=0}^{\infty}(2\ell+1)f_\ell(k)P_\ell(u). \tag{18.17}$$

$f_k(u)$ heißt Streuamplitude, $f_\ell(k)$ Partialwellenamplitude.
Also erscheint in ψ_∞ beim $\mathrm{e}^{i\rho}P_\ell$ insgesamt $(1 + 2ikf_\ell(k))(2\ell + 1)/2i\rho$, während der Koeffizient von $\mathrm{e}^{-i\rho}P_\ell$ bereits vollständig in (18.15) steht. Zum Vergleich mit dem jeweiligen $R_{E,\ell}(\rho \to \infty)P_\ell$ schreiben wir (18.11) als

$$\begin{aligned} R_{E,\ell}(\rho \to \infty) &= \frac{C_\ell}{\cos\delta_l}\frac{1}{2i\rho}(\mathrm{e}^{i\rho}\mathrm{e}^{i\delta_\ell} - (-1)^\ell \mathrm{e}^{-i\rho}\mathrm{e}^{-i\delta_\ell}) \\ &= \frac{C_\ell}{\cos\delta_l}\mathrm{e}^{-i\delta_\ell}\frac{1}{2i\rho}(\mathrm{e}^{i\rho}\mathrm{e}^{2i\delta_\ell} - (-1)^\ell \mathrm{e}^{-i\rho}). \end{aligned} \tag{18.18}$$

Also brauchen wir

$$\mathrm{e}^{2i\delta_\ell} = 1 + 2ikf_\ell, \quad f_\ell = k^{-1}\sin\delta_\ell \mathrm{e}^{i\delta_\ell}. \tag{18.19}$$

Gemessen wird der *differenzielle Streuquerschnitt*

$$d\sigma/d\Omega = |f_k|^2 = \sum\nolimits_\ell (2\ell+1) f_\ell P_\ell \sum\nolimits_{\ell'} (2\ell'+1) f_{\ell'}^* P_{\ell'} \tag{18.20}$$

mit $d\Omega = d\varphi\, du$. Da (18.20) nicht von φ abhängt, gibt die φ-Integration 2π. Im totalen Streuquerschnitt σ wird auch über u integriert, wobei sich die Doppelsumme in (18.20) wegen der Orthonormalität (14.31) vereinfacht

$$\sigma = 4\pi \sum\nolimits_\ell (2\ell+1)|f_\ell|^2 = (4\pi/k^2)\sum\nolimits_\ell (2\ell+1)\sin^2\delta_\ell. \tag{18.21}$$

Ohne Streuer sind alle $\delta_\ell = 0$ und damit $f = 0$.
Soweit die Elektronenstreuung an einem neutralen Atom. Bei Streuung an einem Ion der Gesamtladung Z' ist das asymptotische Coulombpotenzial $V_{\mathrm{as}} = -Z'e^2/r$ nirgends vernachlässigbar. Hier gelten Lösungen der Art (17.29), wobei noch eine bei $r = 0$ divergierende Lösung dazukommen kann, falls das vollständige Potenzial V im Inneren des Ions von V_{as} abweicht.

§19. Halbklassische Näherung (WKB)

Wo wir die Quantenbedingung von Bohr und Sommerfeld bei der WKB-Näherung wiederfinden.

Die Schrgl lässt sich nur für ganz spezielle Potenziale V (HO, Coulomb, $ax + b$,...) analytisch lösen. Als erste Näherungsmethode für andere V

bringen wir die von Wentzel, Kramers und Brillouin, weil sie die historische *Bohr-Sommerfeld-Quantisierung* liefert. Sie ist leider nur auf eine gewöhnliche Diffgl anwendbar, insbesondere auf die Schrgl in einer Variablen x. Bei kugelsymmetrischem V würde es sich um die Radialgl für $\psi(x) = xR(x)$ handeln, mit $x = r$ (wegen $x^{-1}\partial_x^2 xR = x^{-1}\partial_x^2\psi$), V würde dann das Zentrifugalpotenzial enthalten. Wir schreiben in diesem Sinne

$$\left[\partial_x^2 + 2m\hbar^{-2}(E - V(x))\right] \psi(x) = 0. \tag{19.1}$$

Wir definieren die *lokale Wellenzahl*

$$k(x) = \hbar^{-1}\sqrt{2m(E - V(x))} \tag{19.2}$$

und diskutieren zunächst die Gebiete von x, für die $|k'/k^2| \ll 1$ ist ($k' = dk/dx$). Eine nullte Näherung ist dort $\psi \sim \mathrm{e}^{\pm ikx}$. Wir setzen nun an

$$\psi = \mathrm{e}^{iu(x)}, \quad \psi' = iu'\mathrm{e}^{iu}, \quad \psi'' = (iu'' - u'^2)\mathrm{e}^{iu}. \tag{19.3}$$

Mit der Abkürzung (19.2) gilt also

$$iu'' - u'^2 + k^2 = 0, \quad u' = \pm\sqrt{k^2 + iu''} = \pm k\sqrt{1 + iu''/k^2}. \tag{19.4}$$

Wenn nun k^2 fast konstant ist, ist $u' \approx \pm k$, und $u'' \approx \pm k'$ ist dann klein. Folglich kann man die Wurzel in (19.4) entwickeln:

$$u' \approx \pm k(1 \pm ik'/k^2)^{\frac{1}{2}} \approx \pm k + ik'/2k. \tag{19.5}$$

Diese Gleichung lässt sich integrieren

$$u = \pm \int^x k(x')\,dx' + \frac{i}{2}\log k + konst. \tag{19.6}$$

Mit $\mathrm{e}^{-\frac{1}{2}\log k} = k^{-\frac{1}{2}}$ finden wir ψ aus (19.3)

$$\psi_{\mathrm{WKB}} = \frac{C_+}{\sqrt{k(x)}} \exp\left[i\int^x k(x')\,dx'\right] + \frac{C_-}{\sqrt{k(x)}} \exp\left[-i\int^x k(x')dx'\right]. \tag{19.7}$$

Der Definition $k = k(x)$ entspricht eine *lokale Geschwindigkeit* $v(x) = \hbar k(x)/m$. Aus (19.7) finden wir $|\psi|^2 = |C|^2/k = |C|^2\hbar/mv$, also $|\psi|^2 \sim 1/v$. Da wir kein Wellenpaket betrachten, ist $|\psi|^2$ zeitunabhängig, lässt sich aber mit dem Zeitmittel der klassischen Bahn vergleichen. Für die Aufenthaltswahrscheinlichkeit ist das $\rho(x) = \overline{dt/dx}$, wobei dx die Flugstrecke während dt ist, also $dx/dt = v$, $\overline{dt/dx} = v^{-1}(x)$. Bei WKB ist also $\rho = |\psi|^2 \sim 1/v(x)$, wie im Zeitmittel der klassischen Bewegung.

Die WKB-Methode leistet aber mehr. Für $E < V(r)$ setzt man $k = i\kappa$ wie üblich und kann für $|\kappa'/\kappa^2| \ll 1$ wieder die Wurzel in (19.5) entwickeln. Mit $k = i\kappa$ gilt also (19.7) im klassisch verbotenen Gebiet. Nur in der Nähe eines klassischen Umkehrpunktes a, $V(a) = E$, gilt (19.7) nicht, wegen $k^2 \sim 0$. Man kann dort (19.1) exakt lösen, indem man $V(x)$ begradigt:

$$V(x \sim a) = E + \alpha(x - a). \tag{19.8}$$

Die Lösung enthält Besselfunktionen und ist kompliziert. An beiden Enden der geraden Strecke muss $|V - E|$ bereits so groß sein, dass man WKB-Lösungen anschließen kann (siehe z.B. Merzbacher (1961), sowie den Nachtrag am §enende). Jedenfalls lässt sich die gerade Durststrecke eliminieren, und man erhält folgende Fortsetzung des Sinus ins klassisch verbotene Gebiet

$$\frac{A}{\sqrt{k}} \sin\left[\int_x^a k\,dx' - \frac{\pi}{4}\right] \to \frac{A}{\sqrt{\kappa}} \exp\left[\int_a^x \kappa\,dx'\right]. \tag{19.9}$$

Entsprechend ist die Fortsetzung des $\cos(\cdots)$ in $\exp(-\cdots)$, aber die ist instabil: eine winzige Abweichung vom cos produziert einen winzigen $\exp(+\cdots)$-Beitrag, der sich für $x \gg a$ böse aufbläht. Die Umkehr ist natürlich stabil: hat man für $x > a$ die Funktion $B\exp(-\cdots)$, dann gilt

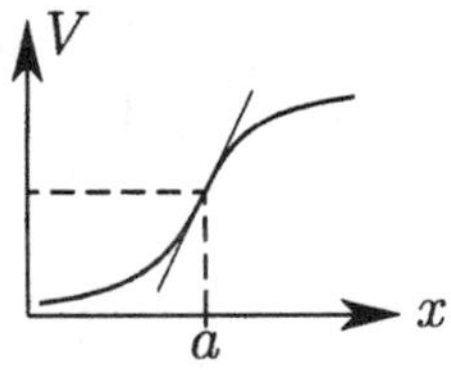

Bild 19-1: Potenzial am Umkehrpunkt

$$\frac{2B}{\sqrt{k}} \cos\left[\int_x^a k\,dx' - \frac{\pi}{4}\right] \leftarrow \frac{B}{\sqrt{\kappa}} \exp\left[-\int_a^x \kappa\,dx'\right]. \tag{19.10}$$

Beim linken Umkehrpunkt $x = b$ gilt entsprechend

$$\frac{C}{\sqrt{\kappa}} \exp\left[-\int_x^b \kappa\,dx'\right] \to \frac{2C}{\sqrt{k}} \cos\left[\int_b^x k\,dx' - \frac{\pi}{4}\right]. \tag{19.11}$$

Man kann mit der WKB-Näherung auch gebundene Zustände berechnen. Wir nehmen eine Bewegung zwischen den Wendepunkten b und a an (also keine weiteren Wendepunkte). Dann muss ψ sowohl für $x < b$ als auch für $x > a$ exponentiell abfallen. Von links anschließend, finden wir laut (19.11) im erlaubten Gebiet

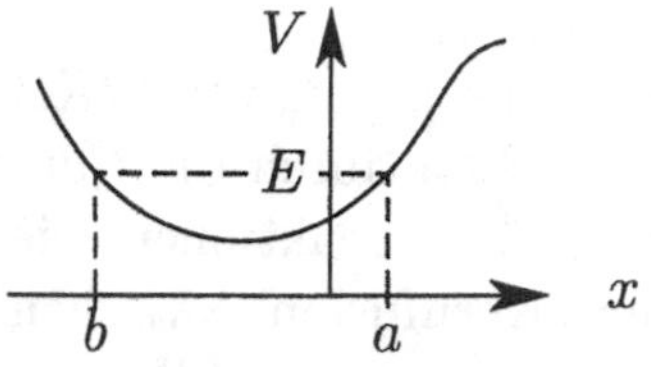

Bild 19-2: Umkehrpunkte einer gebundenen Bahn

$$\begin{aligned}\psi &= \frac{2C}{\sqrt{k}} \cos\left[\int_b^x k\,dx' - \frac{\pi}{4}\right] \\ &= 2Ck^{-\frac{1}{2}} \cos(I_1 - I_2 - \pi/4),\end{aligned} \tag{19.12}$$

$$I_1 = \int_b^a k\,dx', \quad I_2 = \int_x^a k\,dx', \tag{19.13}$$

$$\begin{aligned}\psi &= 2Ck^{-\frac{1}{2}} \left[\cos I_1 \cos(I_2 + \pi/4) + \sin I_1 \sin(I_2 + \pi/4)\right] \\ &= 2Ck^{-\frac{1}{2}} \left[-\cos I_1 \sin(I_2 - \pi/4) + \sin I_1 \cos(I_2 - \pi/4)\right].\end{aligned} \tag{19.14}$$

Da nun laut (19.9) der $\sin(I_2 - \pi/4)$ für $x > a$ in den anwachsenden Exponenten übergeht, muss für gebundene Zustände $\cos I_1 = 0$ sein. Das bedeutet

$$\int_b^a k(x)\,dx = \left(n + \tfrac{1}{2}\right)\pi, \quad n = 0, 1, 2, \ldots \tag{19.15}$$

Für eine klassische Bewegung, etwa ein Pendel oder eine Planetenbahn, ist $\int_b^a dx$ gerade das halbe Bahnintegral. Mit $p(x) = \hbar k(x)$ liefert (19.15)

$$J = \oint p\,dx = 2\left(n + \tfrac{1}{2}\right)\pi\hbar = \left(n + \tfrac{1}{2}\right)h. \tag{19.16}$$

J nennt man auch *Phasenintegral* (längs eines Umlaufs). Bohr postulierte dafür den Wert nh. Für das H-Atom liefert dies die richtigen Energiedifferenzen. Der innere Umkehrpunkt der radialen Bewegung wird durch das (repulsive) Zentrifugalpotenzial $\hbar^2\lambda/2mr^2$ geliefert. Dabei ist allerdings r^{-2} kein besonders sanftes Potenzial für $r \to 0$, und man muss denn auch $\lambda = \ell(\ell+1)$ durch $(\ell + \frac{1}{2})^2$ ersetzen, damit das Richtige rauskommt.

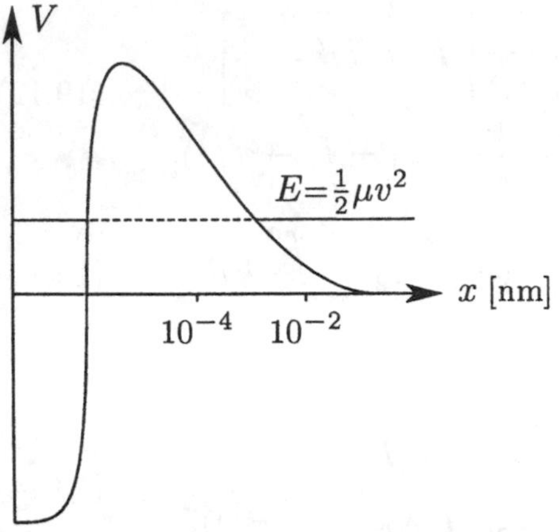

Bild 19-3: Potenzial zweier Kerne im Abstand x

Eine wichtige Anwendung von WKB ist die Transmission durch die *Coulombbarriere* bei Kernreaktionen, wie z.B. bei der Kernfusion zwischen Proton (p) und Deuteron (d), p + d $\to$ ^{3}He + γ (γ=γ-Quant, trägt die freigesetzte Energie fort). Das Potenzial ist in Bild 19-3 skizziert. Bei niederen Energien trägt nur die s-Welle bei, man hat also $\ell = 0$, $V = Z_1 Z_2 e^2/r + V_{\text{Kern}}$, wobei V_{Kern} plötzlich bei $r \sim r_1$ einsetzt. Die Wahrscheinlichkeitsdichte bei kleinen r ist

$$\rho \sim |\psi(r \sim r_1)|^2 = D|\psi(r \sim r_2)|^2,$$
$$D = (\mathrm{e}^{-I})^2 = \mathrm{e}^{-2I}, \quad I = \int_{r_1}^{r_2} \kappa(r)dr = \frac{1}{\hbar}\int_{r_1}^{r_2} \sqrt{2\mu(V-E)}dr. \tag{19.17}$$

Hier ist $\mu = m_\mathrm{p} m_\mathrm{d}/(m_\mathrm{p} + m_\mathrm{d})$ die reduzierte Masse, wie wir noch sehen werden. D ist die *Durchlässigkeit* und bei thermischen Energien der Faktor, der die Kernreaktion verhindert. Meist kann man sogar $r_1 = 0$ setzen und nennt dann D den *Gamowfaktor*.

Für den Übergang zur klassischen Mechanik braucht man die volle zeitabhängige Schrgl mit dem Lösungsansatz

$$\psi(\boldsymbol{r}, t) = A\mathrm{e}^{iS(\boldsymbol{r},t)/\hbar}. \tag{19.18}$$

Aus $i\hbar\partial_t\psi = -(\hbar^2/2m)\nabla^2\psi + V\psi$ wird dann

$$\partial_t S + (2m)^{-1}(\nabla S)^2 + V - (i\hbar/2m)\nabla^2 S = 0. \tag{19.19}$$

Das letzte Glied ist linear in $\hbar$ und wird jetzt vernachlässigt. Mit der Abkürzung $\boldsymbol{p}_{\text{kl}} = \nabla S$ erhält man

$$\partial_t S + H_{\text{kl}} = 0, \quad H_{\text{kl}} = p_{\text{kl}}^2/2m + V. \tag{19.20}$$

Das ist die Hamilton-Jacobi-Gleichung der klassischen Punktmechanik. Das Feld $S(\boldsymbol{r}, t)$ (die *Wirkung*) bestimmt jetzt die möglichen Teilchenbahnen.

☞ *Aufgabe:* Setze $r_1 = 0$ in (19.17) und berechne, mit $E = \hbar^2 k^2/2\mu$ und $x = kr$

$$I = \int_0^{x_2} \frac{dx}{x}\sqrt{2\eta x - x^2}, \quad \eta = \frac{Z_1 Z_2 e^2 \mu}{\hbar^2 k}. \tag{19.21}$$

Zeige $I = \eta \arcsin(x/\eta - 1)|_{x=0}^{2\eta} = \eta\pi$ und berechne den resultierenden Gamowfaktor D (19.17) für das pd-System ($m_\mathrm{p}c^2 = 9.383 \cdot 10^8\,\mathrm{eV}$, $m_\mathrm{d} \approx 2m_\mathrm{p}$) für Schwerpunktsenergien $E = 1\,\mathrm{eV}, 1\,\mathrm{keV}$ und $20\,\mathrm{keV}$ (α aus (17.13)).

Nachträgliche Herleitung von (19.10) laut Landau & Lifschitz (1979, Seite 162) — Man umgeht den Umkehrpunkt $x = a$ (19.8) in einem Halbkreis in der komplexen x-Ebene, $x - a = z = r\mathrm{e}^{i\phi}$ mit respektvollem Abstand r, so dass man im WKB-Gültigkeitsbereich $|\kappa'/\kappa^2| \ll 1$ bleibt. Mit $\kappa = (2m\alpha z)^{1/2}/\hbar$ liefert $\kappa^{-1/2}$ den Faktor $z^{-1/4} = r^{-1/4}\mathrm{e}^{-i\phi/4}$; der Integrand $\kappa(x')$ liefert nahe $z' = 0$ den Faktor $r'^{1/2}\mathrm{e}^{i\phi'/2}$, wobei man bei geradliniger Integration zum (komplexen) Endpunkt $\phi' = \phi$ setzt. Im oberen Halbkreis läuft ϕ von 0 bis π, am Ende ist mit $\mathrm{e}^{i\pi/2} = i$ der Integrand rein imaginär. Der Exponent rechts in (19.10) wird damit insgesamt $i(-\pi/4 - \int_a^x \sqrt{2m\alpha(a-x)} = i(-\pi/4 + \int_x^a k dx')$, also gerade der $\mathrm{e}^{-i(\dots)}$-Anteil von $2\cos(\dots)$ links in (19.10). Aber wo bleibt der $\mathrm{e}^{+i(\dots)}$-Anteil? Wenn man den von links in den oberen Bogen fortsetzt, schrumpft er exponentiell und wird vom entgegenkommenden WKB übersehen. Deshalb muss man von rechts her zusätzlich noch den unteren Bogen durchfahren; die Substitution $\phi \to -\phi$ liefert genau den komplexkonjugierten Exponenten, also insgesamt $2\cos(\dots)$. Das Tolle daran ist, dass man so auch Matrixelemente von Operatoren mit WKB berechnen kann, siehe L & L §51.

Kapitel II

Ein Teilchen mit Magnetfeld und Spin nach Pauli

§20. Eichinvarianz. Relativistische Schrödingergleichung. Spinloser Zeemaneffekt. Freies Elektron im Magnetfeld

Wo das Vektorpotenzial seinen Einzug hält.

Bisher hatten wir für die Schrgl des Elektrons $i\hbar\partial_t\psi = H\psi$ das H analog zur klassischen Mechanik geschustert, $H = p^2/2m + V$, $V = -e\phi(r)$ (ϕ = elektrostatisches Potenzial). Eine konsistente Formulierung sollte aber die klassische Mechanik vermeiden, da diese ja nur einen etwas seltsamen Spezialfall der Quantenmechanik bildet. Wir ersetzen deshalb die Flickschusterei durch ein Postulat: *Die Quantenphysik sei eichinvariant!* Die Eichinvarianz ist heute in der in §0 erwähnten elektroschwachen Feldtheorie verankert und damit sakrosankt. Für ϕ und das Vektorpotenzial $\boldsymbol{A}$ wurden die Eichtransformationen in (1.3) definiert, $\phi' = \phi - \dot{\Lambda}/c$, $\boldsymbol{A}' = \boldsymbol{A} + \text{grad}\Lambda$. Wenn ϕ und $\boldsymbol{A}$ in der Diffgl eines geladenen Teilchens (Ladung $q = -e$) direkt erscheinen (also nicht über ihre Ableitungen $\boldsymbol{E}$ und $\boldsymbol{B}$), dann nur zusammen mit ∂_t und ∇ in der Kombination

$$c\pi^0 = (i\hbar\partial_t + e\phi(\boldsymbol{r},t)), \tag{20.1}$$

$$\boldsymbol{\pi} = \left(-i\hbar\nabla + ec^{-1}\boldsymbol{A}(\boldsymbol{r},t)\right), \tag{20.2}$$

denn nur so kann man die Änderung von ϕ und $\boldsymbol{A}$ durch eine Transformation von ψ kompensieren. Hier setzen wir an

$$\psi' = \mathrm{e}^{i\beta(\boldsymbol{r},t)}\psi, \quad \beta = -e\Lambda/\hbar c. \tag{20.3}$$

Somit ist

$$(i\hbar\partial_t + e\phi')\mathrm{e}^{i\beta} = \mathrm{e}^{i\beta}(i\hbar\partial_t - \hbar\dot{\beta} + e\phi') = \mathrm{e}^{i\beta}(i\hbar\partial_t + e\phi). \tag{20.4}$$

Man kann danach $\mathrm{e}^{i\beta}$ abdividieren und hat damit jede Spur der beliebigen Funktion Λ in $\pi^0\psi$ gelöscht. Analog gilt

$$(-i\hbar\nabla + e\boldsymbol{A}'/c)\mathrm{e}^{i\beta} = \mathrm{e}^{i\beta}(-i\hbar\nabla + \hbar\,\mathrm{grad}\beta + e\boldsymbol{A}'/c) = \mathrm{e}^{i\beta}(-i\hbar\nabla + e\boldsymbol{A}/c). \tag{20.5}$$

Gleiches gilt für höhere Potenzen von π^0 und $\boldsymbol{\pi}$; insbesondere ist

$$\boldsymbol{\pi}'^2\mathrm{e}^{i\beta} = \boldsymbol{\pi}'\boldsymbol{\pi}'\mathrm{e}^{i\beta} = \boldsymbol{\pi}'\mathrm{e}^{i\beta}\boldsymbol{\pi} = \mathrm{e}^{i\beta}\boldsymbol{\pi}\boldsymbol{\pi} = \mathrm{e}^{i\beta}\boldsymbol{\pi}^2. \tag{20.6}$$

Die korrekte Form unseres bisherigen Hamilton ist also nicht $\boldsymbol{p}^2/2m - e\phi$, sondern

$$H = \boldsymbol{\pi}^2/2m - e\phi, \quad \boldsymbol{\pi} = -i\hbar\nabla + e\boldsymbol{A}/c. \tag{20.7}$$

Der richtige Impuls ist also $\boldsymbol{\pi}$. Das $-i\hbar\nabla = \boldsymbol{p} = \boldsymbol{\pi} - e\boldsymbol{A}/c$ ist der zu $\boldsymbol{r}$ *kanonisch konjugierte Impuls.* Man kann das Argument auch umdrehen und (20.3) als Definition der Eichtransformation wählen. Wenn es noch keine Potenziale ϕ und $\boldsymbol{A}$ gäbe, müsste man sie jetzt zur Ermöglichung eichinvarianter Diffgln erfinden:

¡Kein Nabla ohne $e\boldsymbol{A}$ — ∂_t nie ohne $e\phi$!

Schrödinger selbst hatte ja zunächst die Diffgl (2.4) aufgestellt, weil er sich an der Wellengleichung (1.7) für $\boldsymbol{A}$ orientierte, die ebenfalls ∂_t^2 enthält, und weil er auch Einsteins Resultat (2.1) $E_{\mathrm{rel}}^2/c^2 = m^2c^2 + \boldsymbol{p}^2$ reproduzieren wollte. Die eichinvariante Version der relativistischen Schrgl (2.4) lautet also

$$({\pi^0}^2 - \boldsymbol{\pi}^2 - m^2c^2)\psi_{\mathrm{rel}} = 0. \tag{20.8}$$

Deshalb haben wir auch in (20.1) $c\pi^0$ definiert, statt π^0. Bereits Lorentz hatte ja ϕ und $\boldsymbol{A}$ zu einem 4-Vektor (*Vierervektor*) zusammengefasst

$$A^\mu = (\phi, \boldsymbol{A}) = (A^0, \boldsymbol{A}). \tag{20.9}$$

Einstein hatte entsprechend $p^\mu = (E_{\rm rel}/c, \boldsymbol{p})$ geschrieben, und Schrödinger hatte das lediglich mit (2.3) auf Differenzialoperatoren übertragen;

$$p^\mu = i\hbar(\partial_t/c, -\nabla) = (p^0, \boldsymbol{p}), \tag{20.10}$$

sowie diese Übertragung schließlich noch eichinvariant gemacht:

$$\pi^\mu = p^\mu + eA^\mu/c = (i\hbar\partial_t/c + e\phi/c, -i\hbar\nabla + e\boldsymbol{A}/c). \tag{20.11}$$

So ist aus Einsteins $E_{\rm rel}^2/c^2 - \boldsymbol{p}^2 = m^2c^2$ schließlich (20.8) geworden, $(\pi^{0\,2} - \boldsymbol{\pi}^2)\psi = m^2c^2\psi$. Wir rechnen jedoch zunächst mit dem Hamilton (20.7). Damit die Kontinuitätsgleichung (2.16), $\dot\rho + {\rm div}\boldsymbol{j} = 0$, gilt, müssen wir den Stromoperator $\boldsymbol{j}$ entsprechend abändern (Beweis?):

$$\boldsymbol{j} = (\psi^*\boldsymbol{\pi}\psi + \psi\boldsymbol{\pi}^*\psi^*)/2m. \tag{20.12}$$

In der Coulombeichung, ${\rm div}\boldsymbol{A} = 0$, ist der Operator $\nabla\boldsymbol{A} = \boldsymbol{A}\nabla$. Damit ist

$$\boldsymbol{\pi}^2 = -\hbar^2\nabla^2 - 2i\hbar e\boldsymbol{A}\nabla/c + e^2\boldsymbol{A}^2/c^2. \tag{20.13}$$

Wichtiger Spezialfall ist ein räumlich und zeitlich konstantes Magnetfeld $\boldsymbol{B}$. Wir legen die z-Achse längs $\boldsymbol{B}$ und versuchen $\boldsymbol{A}$ so zu bestimmen, dass sowohl ${\rm rot}\boldsymbol{A} = \boldsymbol{B}$ als auch ${\rm div}\boldsymbol{A} = 0$ gilt:

$${\rm rot}\boldsymbol{A} = \boldsymbol{B} = \begin{pmatrix} 0 \\ 0 \\ B \end{pmatrix}, \quad \boldsymbol{A} = B\begin{pmatrix} -by \\ (1-b)x \\ 0 \end{pmatrix}, \tag{20.14}$$

mit beliebigem b (wegen $({\rm rot}\boldsymbol{A})_z = \partial_x A_y - \partial_y A_x$). Die Wahl von b hängt vom jeweiligen Problem ab. Hat man z.B. ein $V = -e\phi$, das um die gleiche Achse drehinvariant ist, $[V, L_z] = 0$, dann möchte man gerne $[\boldsymbol{\pi}^2, L_z] = 0$ haben wie bisher. Dazu wählt man $b = \frac{1}{2}$,

$$\boldsymbol{A} = \tfrac{1}{2}\boldsymbol{B}\begin{pmatrix} -y \\ x \\ 0 \end{pmatrix} = \tfrac{1}{2}\boldsymbol{B}\times\boldsymbol{r}, \quad \boldsymbol{A}^2 = \tfrac{1}{4}\boldsymbol{B}^2(x^2+y^2), \tag{20.15}$$

$$-2i\hbar\boldsymbol{A}\nabla = 2\boldsymbol{A}\boldsymbol{p} = (\boldsymbol{B}\times\boldsymbol{r})\boldsymbol{p} = \boldsymbol{B}(\boldsymbol{r}\times\boldsymbol{p}) = BL_z. \tag{20.16}$$

Eine mögliche Kugelsymmetrie wird aber durch jedes B-Feld zerstört. Mit der Wahl (20.15) ist $[L_x, \boldsymbol{\pi}^2] \neq 0$, $[L_y, \boldsymbol{\pi}^2] \neq 0$.
Landau wählte $b = 0$,

$$\boldsymbol{A}_L = \begin{pmatrix} 0 \\ Bx \\ 0 \end{pmatrix}, \quad \boldsymbol{A}_L^2 = \boldsymbol{B}^2x^2, \quad -i\hbar\boldsymbol{A}_L\nabla = B_x p_y, \tag{20.17}$$

was auch vorteilhaft sein kann.

☞ *Aufgabe:* Zeige, dass mit beliebigem b in (20.14) folgendes gilt:

$$[\pi_x, \pi_y] = -i\hbar eB/c, \quad [\pi_i, \tilde{\pi}_j] = 0, \quad \tilde{\boldsymbol{\pi}} = \boldsymbol{\pi} + \boldsymbol{r} \times e\boldsymbol{B}/c. \tag{20.18}$$

Unser alter Fall $\boldsymbol{B} = 0$ bedeutet nicht unbedingt $\boldsymbol{A} = 0$, sondern aus rot$\boldsymbol{A} = 0$ folgt, für beliebiges $\boldsymbol{r}_1$,

$$\boldsymbol{A}(\boldsymbol{B} = 0) = \text{grad}\Lambda, \quad \Lambda = \int_{\boldsymbol{r}_1}^{\boldsymbol{r}} d\boldsymbol{r}' \, \boldsymbol{A}(\boldsymbol{r}'). \tag{20.19}$$

Das ist wichtig, wenn wir ψ um ein Gebiet herum betrachten, durch das ein magnetischer Fluss Φ läuft:

$$\Phi = \oint d\boldsymbol{r}' \, \boldsymbol{A}. \tag{20.20}$$

Das transformierte $\psi' = \mathrm{e}^{-ie\Lambda/\hbar c}\psi$ erfüllt die alte Schrgl mit $\boldsymbol{A} = 0$. Da aber ψ eindeutig sein muss, $\psi(\varphi) = \exp(im_\ell\varphi), m_\ell = 0, \pm 1, \ldots$ bei Zylindersymmetrie (8.18), ist ψ' höchstens ausnahmsweise eindeutig. Bei zylindersymmetrischem $\boldsymbol{B}$ ist $\Lambda = \varphi\Phi/2\pi$ ($\boldsymbol{A} =$?), also

$$-i\hbar\partial_\varphi\psi' = \hbar(m_\ell - \Phi/\Phi_0)\psi', \quad \Phi_0 = hc/e. \tag{20.21}$$

Damit ist aber in der Eichung $\boldsymbol{A} = 0$ der Winkelanteil der kinetischen Energie, $T_\varphi = -\partial_\varphi^2/2m\rho^2$ laut (8.17), $T_\varphi = \hbar^2(m_\ell - \Phi/\Phi_0)^2/2m$. Also ist die Phase von $\psi(\boldsymbol{r})$ (i) messbar und (ii) abhängig von einem Gebiet, in dem $\psi = 0$ sein kann! Das glauben Aharanov & Bohm (1959). Andere glauben, Φ müsste ein ganzzahliges Vielfaches von Φ_0 sein, damit auch $\psi'(2\pi) = \psi'(0)$ gilt (*Flussquantisierung*).
Für ein H-Atom im Magnetfeld ist $\boldsymbol{B}$ normalerweise eine kleine Störung, so dass man $\boldsymbol{A}^2$ vergessen kann. Mit (20.16) ist dann

$$\boldsymbol{\pi}^2/2m \approx \boldsymbol{p}^2/2m + eBL_z/2mc. \tag{20.22}$$

Der Ansatz $\psi(\boldsymbol{r}) = R_{n\ell m_\ell}(r)Y_\ell^{m_\ell}(\vartheta, \varphi)$ liefert $L_z Y_\ell^{m_\ell} = \hbar m_\ell Y_\ell^{m_\ell}$, so dass in der radialen Schrödingergl (16.1) zu E noch die Konstante $-e\hbar Bm_\ell/2mc$ dazukommt. Wir definieren deshalb ein $E(B = 0)$ gemäß

$$E = E(B = 0) + \mu_B Bm_\ell, \quad \mu_B = e\hbar/2mc \tag{20.23}$$

und erhalten damit die alte Gleichung für $E(B = 0)$. μ_B heißt *Bohrmagneton*. Die bisher entarteten Zustände $|n, \ell, m_\ell\rangle$ spalten also äquidistant in m_ℓ auf; daher der Name *magnetische Quantenzahl* für m_ℓ. Dies ist der *Zeemaneffekt*, allerdings nur für ein spinloses Teilchen (Pion oder π-Meson; das entsprechende Atom heißt *pionischer Wasserstoff*). Beim echten H-Atom sorgt der Elektronenspin für erhebliche Komplikation.

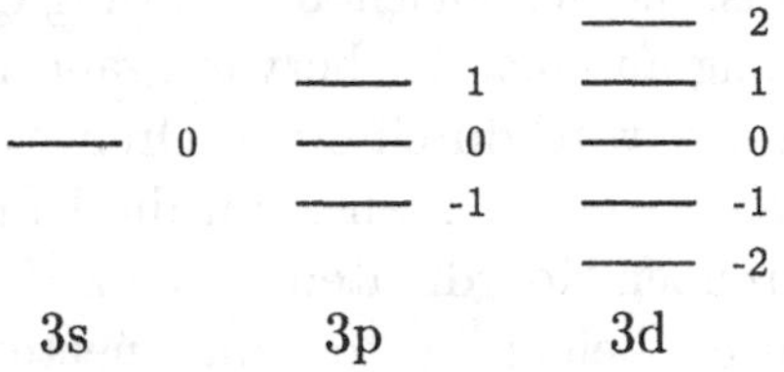

Bild 20-1: Zeemanaufspaltung beim spinlosen H-Atom für $n = 3$

Für $V = 0$ ist $2mH - p_z^2 = \pi_x^2 + \pi_y^2$, was in Anbetracht des Kommutators (20.18) einem HO äquivalent ist. Zur Verdeutlichung setzen wir

$$q_x = c\pi_y/eB, \quad [\pi_x, q_x] = -i\hbar, \tag{20.24}$$

$$2mH - p_z^2 = \pi_x^2 + \pi_y^2 = \pi_x^2 + m^2\omega_0^2 q_x^2, \quad \omega_0 = eB/mc. \tag{20.25}$$

Die zugehörigen Energielevel $E_{xy} = \hbar\omega_0(n + \frac{1}{2})$ heißen *Landaulevel.* Die entsprechenden klassischen Bahnen in der xy-Ebene sind Kreise, die mit der *Larmorfrequenz* $\omega_L = \omega_0/2$ durchlaufen werden. Es gilt also $E_{xy} = \hbar\omega_L(2n+1)$. Tatsächlich erscheint klassisch ein Teilchen auf einer Kreisbahn sowohl in x als auch in y als Oszillator der Frequenz ω_L, mit identischen Maximalamplituden $x_{\max} = y_{\max}$, was den Faktor 2 erklärt.
Die Eichung (20.15) ist jetzt nützlich bei Verwendung von Zylinderkoordinaten (8.14), mit $\boldsymbol{A}^2 = \frac{1}{4}\boldsymbol{B}^2\rho^2$ und $L_z\psi = \hbar m_\ell\psi$. Sie führt auf Energielevel

$$E_{xy} = \hbar\omega_0\left(n_\rho + |m_\ell| + \tfrac{1}{2}\right) \tag{20.26}$$

mit n_ρ = Zahl der Nullstellen von $\psi(\rho)$. Die Zustände sind also entartet, mit $n = n_\rho + |m_\ell|$. Also müssen auch die Lösungen von (20.25) entartet sein (aus $\pi_y = -i\hbar\partial_y + eBx/c$ folgt, dass in der Landaueichung $p_y = -i\hbar\partial_y$ mit π_x und π_y und damit auch mit H kommutiert).
☞ *Aufgabe:* Wie muss man β in (20.3) wählen, damit aus $\boldsymbol{A}$ (20.14) $\boldsymbol{A}'$ (20.17) wird?

§21. Drehungen und Spinoren

Wo wir die Spinoren entdecken und nachträglich in die Schrgl einbauen.

Das Potenzial ϕ ist ein Beispiel für eine *skalare Funktion*, während das Vektorpotenzial $\boldsymbol{A}$, oder auch die elektrischen und magnetischen Felder $\boldsymbol{E}$ und $\boldsymbol{B} = \mathrm{rot}\boldsymbol{A}$ *Vektorfunktionen* sind. Darunter versteht man nicht einfach nur eine Funktion oder ein Funktionentripel von $\boldsymbol{r}$ und t; vielmehr verhalten sich diese unter Drehungen in einer ganz bestimmten Weise: angenommen die Beobachter Max und Moritz beschreiben solche Funktionen von zwei rechtshändigen Koordinatensytemen aus, die den gleichen Ursprung O haben, deren Achsen aber durch eine Drehung auseinander hervorgegangen sind. Eine Drehung um eine beliebige Achse $\widehat{\boldsymbol{\alpha}}$ wird durch einen Drehvektor $\boldsymbol{\alpha} = \alpha\widehat{\boldsymbol{\alpha}}$ beschrieben, wobei α der Drehwinkel ist. Man kann die Drehung aber auch nach Drehungen um die einzelnen Koordinatenachsen zerlegen (Eulerwinkel); dann mischen jeweils nur die beiden Vektorkomponenten in der Ebene senkrecht zu $\widehat{\boldsymbol{\alpha}}$. Wenn beide Koordinatensysteme parallele z-Achsen haben, ergibt sich für die xy-Ebene die Situation von Bild 21-1. Nun kann Max, der das ungestrichene Koordinatensystem benutzt, aus seinen Funktionswerten die von Moritz im gestrichenen System berechnen. Wenn die Koordinaten durch die 3×3-Matrix R transformiert werden ($\boldsymbol{r}' = R\boldsymbol{r}$), dann transformieren sich Vektorfunktionen mit der gleichen Matrix (z.B. $\boldsymbol{B}'(\boldsymbol{r}') = R\boldsymbol{B}(\boldsymbol{r})$); für eine skalare Funktion ist die Sache noch einfacher: $\phi'(\boldsymbol{r}') = \phi(\boldsymbol{r})$. In Komponenten bedeutet das mit $\mathrm{c} = \cos\alpha$ und $\mathrm{s} = \sin\alpha$

$$R = \begin{pmatrix} \mathrm{c} & -\mathrm{s} & 0 \\ \mathrm{s} & \mathrm{c} & 0 \\ 0 & 0 & 1 \end{pmatrix} \qquad \begin{aligned} z' = z, \quad x' &= x\mathrm{c} - y\mathrm{s}, \quad y' = x\mathrm{s} + y\mathrm{c}, \\ B'_x(\boldsymbol{r}') &= B_x(\boldsymbol{r})\mathrm{c} - B_y(\boldsymbol{r})\mathrm{s}, \\ B'_y(\boldsymbol{r}') &= B_x(\boldsymbol{r})\mathrm{s} + B_y(\boldsymbol{r})\mathrm{c}. \end{aligned} \tag{21.1}$$

(Man kann das Ganze aber auch andersherum betrachten. Das Magnetfeld von Moritz ist ja dasselbe wie das, was Max mäße, verschöbe er alle seine Spulen um den Winkel $-\alpha$. Die Transformation in diesem Falle lautet $\boldsymbol{B}'(\boldsymbol{r}) = \boldsymbol{B}(R^{-1}\boldsymbol{r})$, was bei genauem Hinsehen das gleiche ist wie oben!) Durch die Wahl (14.2) der Kombinationen

$$x_\pm = \mp x - iy, \quad B_\pm = B_x \pm iB_y \tag{21.2}$$

hatte Cartan die Drehungen um die z-Achse weiter vereinfacht:

$$x'_\pm = x_\pm \mathrm{e}^{\pm i\alpha}, \quad B'_\pm(\boldsymbol{r}') = B_\pm(\boldsymbol{r})\mathrm{e}^{\pm i\alpha}. \tag{21.3}$$

Drehungen um die z-Achse mischen die Cartankomponenten eines Vektors nicht. (Drehungen um die y-Achse mischen sie allerdings dann alle drei.) Was Schrödinger nicht wissen konnte: Die Wellenfunktion eines Elektrons ist nicht wie bisher unterstellt ein Skalar ψ, sondern ein Funktionsdublett

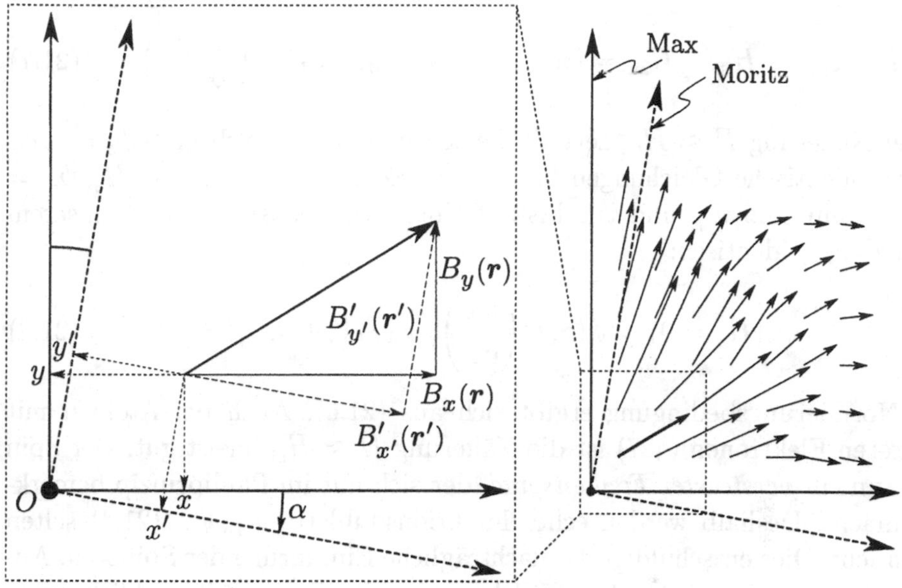

Bild 21-1: Ein beliebiges Vektorfeld $\boldsymbol{B}$ (in der Ebene $z = 0$) von zwei Koordinatensystemen aus betrachtet — rechts, die Projektionen der Feldvektoren zu verschiedenen Aufpunkten — links, exemplarisch, die Koordinaten eines Feldvektors in beiden Koordinatensystemen.

(*Spinor*) ψ_s, dessen Komponenten bei Drehungen mischen. Entsprechend den drei cartanschen Einheitsvektoren $\widehat{e}_\pm = \widehat{x}_\pm = (\mp\widehat{x} - i\widehat{y})/\sqrt{2}$ und $\widehat{e}_0 = \widehat{z}$ hat man hier zwei Einheitsspinoren χ_+ und χ_-:

$$\psi_s = \begin{pmatrix} \psi_+(\boldsymbol{r},t) \\ \psi_-(\boldsymbol{r},t) \end{pmatrix} = \psi_+(\boldsymbol{r},t)\chi_+ + \psi_-(\boldsymbol{r},t)\chi_-, \tag{21.4}$$

$$\chi_+ = \begin{pmatrix} 1 \\ 0 \end{pmatrix} = \chi(\tfrac{1}{2}), \quad \chi_- = \begin{pmatrix} 0 \\ 1 \end{pmatrix} = \chi(-\tfrac{1}{2}). \tag{21.5}$$

In $\chi(\pm\frac{1}{2}) = \chi(m_s)$ ist m_s die *magnetische Spinquantenzahl* m_s; der Name wird erst beim Zeemaneffekt klarwerden. Die alte Wahrscheinlichkeitsdichte $\rho = |\psi|^2$ ist in Wahrheit die Summe zweier Wahrscheinlichkeitsdichten:

$$\rho(\boldsymbol{r},t) = |\psi_+|^2 + |\psi_-|^2. \tag{21.6}$$

Und die alte Schrgl ist in Wirklichkeit eine Matrixgleichung für ψ_s, $i\hbar\partial_t\psi_s = H\psi_s$, wobei H eine 2×2-Matrix ist. Unser altes H nennen wir jetzt H_{su} ($_{\text{su}}$ = *spinunabhängig*). Im Spinorraum ist es ein Vielfaches der Einheitsmatrix σ_0. Neu dazu kommt ein spinabhängiger Teil H_s, der häufig klein ist:

$$H = H_{\mathrm{su}} + H_s, \quad H_{\mathrm{su}} = \left(\boldsymbol{\pi}^2/2m + V\right)\sigma_0, \quad \sigma_0 = \begin{pmatrix} 1 & 0 \\ 0 & 1 \end{pmatrix}. \tag{21.7}$$

In der Näherung $H \approx H_{\mathrm{su}}$ zerfällt die zeitunabhängige Schrgl $H\psi_s = E\psi_s$ in zwei identische Gleichungen für ψ_+ und ψ_-, $H_{\mathrm{su}}\psi_+ = E\psi_+$, $H_{\mathrm{su}}\psi_- = E\psi_-$; dann sind ψ_+ und ψ_- bis auf Normierungkonstanten mit unserem alten $\psi(\boldsymbol{r}, t)$ identisch:

$$\psi_s(H_s = 0) = \psi(\boldsymbol{r}, t)\begin{pmatrix} a_+ \\ a_- \end{pmatrix}, \quad |a_+|^2 + |a_-|^2 = 1. \tag{21.8}$$

Die Normierungsbedingung ergibt sich aus (21.6). Auch bei Atomen mit mehreren Elektronen (§27) ist die Näherung $H \approx H_{\mathrm{su}}$ meist gut. Der Spin ist dann ein *versteckter Freiheitsgrad*, der sich nur im Pauliprinzip bemerkbar macht. Deshalb werden echte Funktionsdublette ψ_+, ψ_- (21.4) selten gebraucht. Dies entschuldigt die nachträgliche Einführung der Spinoren. Außerdem gibt's ja auch spinlose Teilchen wie z.B. Pionen, die wirklich durch eine skalare Wellengleichung beschrieben werden. Für Protonen und Neutronen gelten wieder Spinorgleichungen; α-Teilchen sind spinlos und gehorchen einer skalaren Gleichung (solange innere Anregungen keine Rolle spielen). Jetzt aber Spinorformalismus: H ist also eine 2×2-Matrix,

$$H = \begin{pmatrix} H_{++} & H_{+-} \\ H_{-+} & H_{--} \end{pmatrix} \equiv \begin{pmatrix} H_{++} & h_- \\ h_+ & H_{--} \end{pmatrix}. \tag{21.9}$$

Zur Diskussion der Erwartungswerte definieren wir einen zu ψ_s hermitisch konjugierten Spinor $\psi_s^\dagger$:

$$\psi_s^\dagger = (\psi_+^*, \psi_-^*) = \psi_{s,\mathrm{tr}}^* \tag{21.10}$$

mit $_{\mathrm{tr}}$ = transponiert. Damit lässt sich ρ (21.6) als Skalarprodukt aus ψ und $\psi^\dagger$ schreiben:

$$\rho = \psi_s^\dagger \psi_s = \psi_s^\dagger \sigma_0 \psi_s. \tag{21.11}$$

Die Erwartungswerte von H sind entsprechend

$$\langle H \rangle = \int d^3r\, \psi_s^\dagger H \psi_s. \tag{21.12}$$

Wann sind solche Erwartungswerte reell? In Erweiterung von (7.29) definieren wir zu einem Operator C seinen hermitisch adjungierten $C^\dagger$:

$$\int \psi_{si}^\dagger C^\dagger \psi_{sj} := \int (C\psi_{si})^\dagger \psi_{sj} = \int (C\psi_{si})_{\mathrm{tr}}^* \psi_{sj}. \tag{21.13}$$

Zusätzlich zu (7.29) haben wir also eine Transposition im Spinorraum und anschließende Summation. Damit H nur relle Erwartungswerte hat, muss $H = H^\dagger$ sein. Wir zeigen hier nur das umgekehrte: $\langle H^\dagger \rangle = \int (H\psi_s)^*_{\text{tr}}\psi_s = \int \psi_{s,\text{tr}}(H\psi_s)^* = \int(\psi_s^\dagger H \psi_s)^* = \langle H \rangle^*$. Für $H = H^\dagger$ müssen H_{++} und H_{--} reell sein bis auf $i\nabla$. h_- und h_+ enthalten meist keine Differenzialoperatoren, wie wir noch sehen werden. Hier erfordert $H = H^\dagger$: $h_- = h_+^*$. Man kann jede 2×2-Matrix nach den 4 linear unabhängigen Grundmatrizen

$$\begin{pmatrix} 1 & 0 \\ 0 & 0 \end{pmatrix} = \sigma_{++}, \begin{pmatrix} 0 & 0 \\ 0 & 1 \end{pmatrix} = \sigma_{--}, \begin{pmatrix} 0 & 1 \\ 0 & 0 \end{pmatrix} = \sigma_+, \begin{pmatrix} 0 & 0 \\ 1 & 0 \end{pmatrix} = \sigma_- \tag{21.14}$$

zerlegen. Man kann aber auch andere Grundmatrizen wählen; insbesondere ist $\sigma_0 = \sigma_{++} + \sigma_{--}$ vorteilhaft, weil es mit allen Matrizen kommutiert. Als zweite Grundmatrix bietet sich dann $\sigma_{++} - \sigma_{--} = \sigma^3$ an. Pauli (1927) setzte außerdem $\sigma_\pm = (\sigma_x \pm i\sigma_y)/2$. Die Paulimatrizen lauten also

$$\sigma^1 = \sigma_x = \begin{pmatrix} 0 & 1 \\ 1 & 0 \end{pmatrix}, \quad \sigma^2 = \sigma_y = \begin{pmatrix} 0 & -i \\ i & 0 \end{pmatrix}, \quad \sigma^3 = \sigma_z = \begin{pmatrix} 1 & 0 \\ 0 & -1 \end{pmatrix}. \tag{21.15}$$

Es gilt $\sigma_x^2 = \sigma_y^2 = \sigma_z^2 = \sigma_0$ (im Folgenden setzen wir $\sigma_0 = 1$ und unterdrücken die 1 bei Multiplikation). Außerdem ist die Phase von σ_y so gewählt, dass $\sigma^i\sigma^j = i\sigma^k$ ($i, j, k = 1, 2, 3$ zyklisch) gilt, also z.B. $\sigma_x\sigma_y = i\sigma_z$. Damit gilt zusammenfassend

$$\sigma^i\sigma^j = \delta_{ij} + i\epsilon^{ijk}\sigma^k, \quad \epsilon^{123} = 1, \quad \epsilon^{ijk} = -\epsilon^{jik}. \tag{21.16}$$

Die Spinordrehungen können wir so hinbiegen, dass $\psi_s^\dagger \boldsymbol{\sigma} \psi_s$ bei festen $\boldsymbol{\sigma}$ ein Vektor ist. Da σ_0 laut (21.7) bereits mit H_{su} abgetrennt ist, können wir in den restlichen 3 Komponenten H_s von H Vektoren unterbringen, insbesondere $\boldsymbol{B}$ (21.1). Wir setzen also $h_\pm = h_x \pm i h_y$ wie bei $B_\pm$,

$$\begin{aligned} H_s = \boldsymbol{h\sigma} &= h_z\sigma_z + h_-\sigma_+ + h_+\sigma_- = h_z\sigma_z + h_x\sigma_x + h_y\sigma_y \\ &= \begin{pmatrix} h_z & h_x - ih_y \\ h_x + ih_y & -h_z \end{pmatrix} = \begin{pmatrix} h_z & h_- \\ h_+ & -h_z \end{pmatrix}. \end{aligned} \tag{21.17}$$

Man sieht, dass die Grundmatrizen $\sigma_\pm$ aus (21.14) doch praktischer sind als σ_x und σ_y. Sie sind gerade die Heber und Senker der Einheitsspinoren (21.5), analog zu den $L_\pm$ von §13 (Cartans $x_\pm$ (21.2) ist leider mit einem zusätzlichen Minuszeichen definiert, verglichen mit h_+, B_+ oder σ_+).

Wie mischen nun die Spinorkomponenten bei Drehungen? Wir setzen mal an:

$$\psi_s'(\boldsymbol{r}') = U(\boldsymbol{\alpha})\psi_s(\boldsymbol{r}), \quad \psi_s^{\dagger\prime}(\boldsymbol{r}') = \psi_s^\dagger(\boldsymbol{r})U^\dagger(\boldsymbol{\alpha}), \tag{21.18}$$

mit einer komplexen 2×2-Matrix U. Damit die Wahrscheinlichkeitsdichte ρ eine skalare Funktion ist, $\rho'(\boldsymbol{r}') = \rho(\boldsymbol{r})$, muss laut (21.11) gelten

$$U^\dagger U = \sigma^0 = \begin{pmatrix} 1 & 0 \\ 0 & 1 \end{pmatrix}. \tag{21.19}$$

Solch eine Matrix nennt man *unitär*. Sie lässt sich durch 4 reelle Parameter β_0, $\boldsymbol{\beta}$ festlegen. Eine Vorphase $\mathrm{e}^{i\beta_0}$ ist dabei allerdings wertlos, weil sie mit allen 2×2-Matrizen C kommutiert und deswegen in allen Ausdrücken der Form $\psi^\dagger C\psi$ rausfällt. Vergisst man die wertlose Phase, erhält man die *speziellen* unitären Matrizen, die Determinante +1 haben und mit SU bezeichnet werden. Die restlichen 3 Parameter $\boldsymbol{\beta}$ können wir dem Drehvektor $\boldsymbol{\alpha}$ zuordnen.
Die Zuordnung erfordert eine Mindestkenntnis von H_s. Wir wollen ja, dass die 3 Operatoren h_z, h_+ und h_- von H_s sich wie ein Vektor drehen, insbesondere bei Drehungen um die z-Achse wie (21.3). Dann lautet der gedrehte Hamilton H_s':

$$H_s' = \begin{pmatrix} h_z & h_-\mathrm{e}^{-i\alpha} \\ h_+\mathrm{e}^{i\alpha} & -h_z \end{pmatrix}. \tag{21.20}$$

Die gedrehten Argumente $\boldsymbol{r}'$ unterdrücken wir jetzt. Auf jeden Fall ist $H_s(\boldsymbol{r}) \neq H_s'(\boldsymbol{r}')$, H_s ist also kein skalarer Operator. Die störenden Faktoren $\mathrm{e}^{-i\alpha}$ und $\mathrm{e}^{i\alpha}$ in (21.20) müssen durch eine Transformation des Spinors kompensiert werden, ähnlich wie bei der Eichtransformation. Wir erreichen das mit

$$\psi_s'(\boldsymbol{r}') = \begin{pmatrix} \psi_+' \\ \psi_-' \end{pmatrix} = \begin{pmatrix} \mathrm{e}^{-i\alpha/2} & 0 \\ 0 & \mathrm{e}^{i\alpha/2} \end{pmatrix} \begin{pmatrix} \psi_+ \\ \psi_- \end{pmatrix} = D_z(\alpha)\psi_s(\boldsymbol{r}). \tag{21.21}$$

Denn dafür gilt

$$\begin{pmatrix} h_z & h_-\mathrm{e}^{-i\alpha} \\ h_+\mathrm{e}^{i\alpha} & -h_z \end{pmatrix} \begin{pmatrix} \mathrm{e}^{-i\alpha/2} & 0 \\ 0 & \mathrm{e}^{i\alpha/2} \end{pmatrix} = \begin{pmatrix} \mathrm{e}^{-i\alpha/2} & 0 \\ 0 & \mathrm{e}^{i\alpha/2} \end{pmatrix} \begin{pmatrix} h_z & h_- \\ h_+ & -h_z \end{pmatrix} \tag{21.22}$$

oder in Matrixform $H_s'D_z = D_z H_s$. Nachdem das D_z derart *vorgezogen* wurde, kann man es abdividieren (wie erwartet ist $D_z^\dagger = D_z^{-1}$, d.h. D_z ist unitär). Man hat dann genau die alte Gleichung in den gedrehten Koordinaten. Alternativ kann man sagen, dass $\psi_s^\dagger\boldsymbol{\sigma}\psi_s$ sich wie ein Vektor dreht. Die Paulimatrizen $\boldsymbol{\sigma}$ sind dabei durch (21.15) fest gegeben und werden nicht transformiert. Trotzdem werden wir uns nicht genieren, $\boldsymbol{\sigma}$ einen *Vektor* zu nennen.

Die Exponentialfunktion e^M einer Matrix M ist durch die konvergierende Exponentialreihe (11.25) definiert: wenn M diagonal ist mit Eigenwerten m_+ und m_-, ist e^M natürlich auch diagonal, mit Eigenwerten e^{m_+} und e^{m_-}. Wir können also (21.21) umschreiben als

$$D_z(\alpha) = e^{-i\alpha\sigma_z/2} = \begin{pmatrix} e^{-i\alpha/2} & 0 \\ 0 & e^{i\alpha/2} \end{pmatrix}. \tag{21.23}$$

Entsprechend ist bei einer Drehung um die y-Achse

$$D_y(\beta) = e^{-i\beta\sigma_y/2} = \begin{pmatrix} \cos(\beta/2) & -\sin(\beta/2) \\ \sin(\beta/2) & \cos(\beta/2) \end{pmatrix}. \tag{21.24}$$

Das liegt daran, dass Pauli bei seinen 3 Grundmatrizen die Phasen wie bei den Drehimpulsoperatoren gewählt hat. Aus (21.16) folgt nämlich

$$\left[\sigma^i, \sigma^j\right] = 2i\sigma^k, \quad ijk \text{ zyklisch.} \tag{21.25}$$

Der *Spinoperator*

$$\boldsymbol{S} = \tfrac{1}{2}\boldsymbol{\sigma} \tag{21.26}$$

erfüllt also die Drehimpulsalgebra. Es gilt auch $\boldsymbol{S}^2 = \frac{1}{4}(\sigma_x^2 + \sigma_y^2 + \sigma_z^2) = \frac{3}{4} = s(s+1)$. Deshalb sagt man, Elektronen haben $s = \frac{1}{2}$. Entsprechend sind die $\chi_\pm = \chi(m_s)$ in (21.5) die Eigenspinoren von $\sigma_z/2$, mit Eigenwerten $m_s = \pm\frac{1}{2}$.

Ausgedrückt durch einen beliebigen Drehvektor $\boldsymbol{\alpha}$ ist

$$D(\boldsymbol{\alpha}) = e^{-i\boldsymbol{\alpha\sigma}/2} \equiv SU(\boldsymbol{\alpha}). \tag{21.27}$$

Für $\alpha = 2\pi$ ist $D(\alpha) = -1$, siehe (21.23), mit $e^{\mp i\pi} = -1$. Für jeden Vektor, Tensor usw. dagegen ist $R(2\pi) = 1$, weil $\alpha = 2\pi$ einer Drehung um 360° entspricht. Erst für $\alpha = 4\pi$ wird $D(\alpha) = 1$. Streng genommen bilden die Spinortransformationen $SU(\boldsymbol{\alpha})$ keine Darstellung der *Drehgruppe*. Umgekehrt bilden aber die Drehungen R eine Darstellung der 2×2-Matrizen $SU(\boldsymbol{\alpha})$, wobei sowohl den Matrizen $-\sigma_0$ als auch σ_0 die Drehung um 0° zugeordnet ist. Spinoren sind also fundamentaler als Vektoren. Mit $\psi_s^\dagger\boldsymbol{\sigma}\psi_s$ haben wir aus zwei Spinoren einen Vektor gebastelt. Aus Vektoren kann man nie einen Spinor basteln.

<u>Zweizustandssysteme</u> — Für manche Rechnungen braucht man aus einem vollständigen Zustandssystem nur zwei Zustände, z.B. die beiden *Grundzustände* beim NH_3-Molekül (N oberhalb bzw. unterhalb der H_3-Ebene), oder 1s und 2p beim H-Atom (§43). Der Hamilton dieser beiden Zustände hat die Form (21.9) und kann wieder nach 4 Grundmatrizen zerlegt werden, die man gerne analog zu $\sigma^0, \boldsymbol{\sigma}$ (21.15) wählt. Damit ist man wieder beim Spinorformalismus, obwohl in (21.17) $\boldsymbol{h}$ vielleicht gar kein Vektor ist; man spricht dann auch von *Pseudospin* oder *Isospin* (§61).

☞ *Aufgaben:* (i) Zeige, dass $D(\boldsymbol{\alpha})$ (21.27) unitär ist. (ii) Kontrolliere (21.22).

§22. Pauligleichung und „normaler" Zeemaneffekt. Spin-Bahn-Kopplung und Hyperfeinstruktur

Wo wir die Paulimatrizen in die kinetische Energie hineinpraktizieren.

In Anwesenheit eines Magnetfelds $\boldsymbol{B}(\boldsymbol{r},t)$ ist in (21.17)

$$H_s = \boldsymbol{h\sigma h}(\boldsymbol{B}) = \tfrac{1}{2} g_e \mu_B \boldsymbol{B}, \quad g_e = 2.002\,319, \tag{22.1}$$

mit $\mu_B = e\hbar/2mc$ wie in (20.23). Der *g-Faktor des Elektrons*, $g_e = 2.002\,319$, ist erstaunlich nahe an 2. Man erhält daher in guter Näherung für den Hamilton (21.7), mit $\sigma_0 = 1$:

$$H = \boldsymbol{\pi}^2/2m + V + \mu_B \boldsymbol{\sigma B} = H_{\mathrm{P}} \tag{22.2}$$

= *Paulihamilton*. Für den *Zeemaneffekt* (Aufspaltung der Zustände im konstanten Magnetfeld) beim H-Atom setzen wir jetzt

$$\psi_s = RY_\ell^{m_\ell}(\vartheta,\varphi)\chi(m_s), \quad R = R_{n\ell m_\ell m_s}(r) \tag{22.3}$$

an, legen die z-Achse wieder längs $\boldsymbol{B}$, $\boldsymbol{B\sigma} = B\sigma_z$, und nutzen $\sigma_z\chi(m_s) = 2m_s\chi(m_s)$. In der Radialgleichung für R braucht man also nur (20.23) auf

$$E = E(B=0) + \mu_B B(m_\ell + 2m_s) \tag{22.4}$$

zu erweitern und schon hat man die alte Radialgl für $B = 0$. In Wirklichkeit ist aber der *Paulihamilton* durch die Spin-Bahn-Kopplung (22.10) gestört, so dass (22.4) nur bei recht starkem $\boldsymbol{B}$-Feld gilt (*Paschen-Back-Effekt*).

Der Operator (22.1) ist auf triviale Weise eichinvariant, $\boldsymbol{B} = \mathrm{rot}\boldsymbol{A} = \boldsymbol{B}'$. Aber selbst hier gibt es in der Näherung $g_e = 2$ eine Kompaktversion, die $\boldsymbol{B}$ nicht mehr direkt enthält:

$$H_{\mathrm{P}} - V = (\boldsymbol{\pi\sigma})^2/2m = [(-i\hbar\nabla + e\boldsymbol{A}/c)\boldsymbol{\sigma}]^2/2m. \tag{22.5}$$

Zum Beweis brauchen wir die Algebra (21.16) der Paulimatrizen. Mit $\sigma_x^2 = 1$, $\sigma_x\sigma_y + \sigma_y\sigma_x = 0$ usw. ist

$$(\nabla\boldsymbol{\sigma})^2 = (\partial_x\sigma_x + \partial_y\sigma_y + \partial_x\sigma_z)^2 = \partial_x^2 + \partial_y^2 + \partial_z^2, \tag{22.6}$$

$$-i\nabla\boldsymbol{\sigma A\sigma} + \boldsymbol{A\sigma}(-i\nabla\boldsymbol{\sigma}) = -i(\nabla\boldsymbol{A} + \boldsymbol{A}\nabla) + (\nabla\times\boldsymbol{A} + \boldsymbol{A}\times\nabla)\boldsymbol{\sigma}. \tag{22.7}$$

Da sowohl ∇ als auch $\boldsymbol{A}$ Operatoren sind, gilt $\nabla\times\boldsymbol{A} = \mathrm{rot}\boldsymbol{A} - \boldsymbol{A}\times\nabla$. Die letzte Klammer ist also $\mathrm{rot}\boldsymbol{A} = \boldsymbol{B}$:

$$(\boldsymbol{\pi\sigma})^2 = \boldsymbol{\pi}^2 + \hbar e\boldsymbol{B\sigma}/c. \tag{22.8}$$

In der QED hat der *Elektronenfeldoperator* Ψ in der Tat genau $g_e = 2$; der *effektive Wert* $g_e = 2.002\,319$ entsteht durch *Strahlungskorrekturen*.
In Anwesenheit eines elektrostatischen Feldes $\boldsymbol{E}$ kommt zu $\boldsymbol{h}(\boldsymbol{B})$ noch ein Operator

$$\boldsymbol{h}(\boldsymbol{E}) = \frac{e}{4m^2c^2}(\boldsymbol{E} \times \boldsymbol{p}), \quad e\boldsymbol{E} = -e\text{grad}\phi = \text{grad}V. \tag{22.9}$$

Nun ist ja beim H-Atom stets das kugelsymmetrische Coulombpotenzial $V = V(r)$ vorhanden, für das grad$V = V'\boldsymbol{r}/r$ ist, mit $V' = dV/dr$. Damit ist

$$\boldsymbol{h\sigma} = \frac{\hbar^2}{4m^2c^2}\frac{V'}{r}\widehat{\boldsymbol{L}}\boldsymbol{\sigma} \equiv V_{LS}. \tag{22.10}$$

Das Potenzial V_{LS} heißt *Spin-Bahn-Kopplung*, weil es den Bahndrehimpuls $\boldsymbol{L}$ mit dem Spin $\boldsymbol{S} = \boldsymbol{\sigma}/2$ koppelt. Auch dieser Teil des Hamilton enthält keinen neuen Parameter. Wir werden ihn in §54 aus der Diracgleichung herleiten. Jetzt ist nur zu bemerken, dass weder $\boldsymbol{B}$ noch $\boldsymbol{L}$ bei der Paritätstransformation $\mathcal{P}$ ihr Vorzeichen wechseln. Deswegen haben beide Komponenten von ψ_s bei $\mathcal{P}$ das gleiche Vorzeichen. Man sagt, $\psi_s^\dagger\boldsymbol{\sigma}\psi_s$ sei ein Axialvektor.

Die *Hyperfeinstruktur* entsteht durch eine Wechselwirkung der Elektronen mit einem eventuellen Kernspin. Wir wollen nur Kerne mit Spin $\frac{1}{2}$ betrachten, die entsprechenden Paulimatrizen seien $\boldsymbol{\sigma}_K = 2\boldsymbol{I}, \boldsymbol{I} =$ Kernspinoperator (ohne $\hbar$). Man definiert auch ein *magnetisches Moment*

$$\boldsymbol{\mu} = g_K\mu_K\boldsymbol{I}, \quad \mu_K = e\hbar/2m_{\text{p}}c \tag{22.11}$$

($\mu_K =$ *Kernmagneton*), wobei für alle Kerne m_{p} die Protonmasse ist, analog zur Elektronmasse in μ_B (22.1); nur der Kern-g-Faktor g_K unterscheidet die einzelnen Kerne (das Proton selbst hat $g_{\text{p}}/2 = 2.79$, andere Kerne haben $-3 < g_K I < 5$). Ein klassisches magnetisches Moment $\boldsymbol{\mu}$ bei $r = 0$ würde bei $\boldsymbol{r}$ das Potenzial

$$\boldsymbol{A}_K = \boldsymbol{\mu} \times \boldsymbol{r}/r^3 = \text{rot}(\boldsymbol{\mu}/r) \tag{22.12}$$

erzeugen. Wenn du die Magnetostatik schon vergessen hast, kannst du dir (22.12) auch anders erklären: Da der Kern bei $\boldsymbol{r} = 0$ festgenagelt ist, ist $\boldsymbol{I}$ der einzige verfügbare Kernoperator. $\boldsymbol{A} \sim \boldsymbol{I}$ ist paritätsverboten ($\boldsymbol{A}$ ist ein polarer Vektor); $\boldsymbol{A} \sim \text{rot}(\boldsymbol{I}/r)$ ist also bereits die einfachste Möglichkeit, wenn man als *fundamentale r-Abhängigkeit* r^{-1} wie beim Coulombpotenzial verlangt. Die Faktoren $e\hbar/m_{\text{p}}c$ könnte man auch weglassen; dann wäre g_K halt dimensionsbehaftet.

Im Folgenden betrachten wir das H-Atom und setzen $\boldsymbol{\pi} = -i\hbar\nabla + e\boldsymbol{A}_K/c$. Im Paulihamilton erscheint dann laut (22.8)

$$(\boldsymbol{\pi\sigma})^2 = \boldsymbol{\pi}^2 + \frac{e\hbar}{c}\boldsymbol{\sigma}\mathrm{rot}\boldsymbol{A}_K = -\hbar^2\nabla^2 - 2i\frac{e\hbar}{c}\boldsymbol{A}_K\nabla + \frac{e^2}{c^2}\boldsymbol{A}_K^2 + \frac{e\hbar}{c}\boldsymbol{\sigma}\mathrm{rot}\boldsymbol{A}_K \tag{22.13}$$

(mit $\nabla\boldsymbol{A}_K + \boldsymbol{A}_K\nabla = 2\boldsymbol{A}_K\nabla$, wegen $\mathrm{div}\boldsymbol{A}_K = 0$). Das Glied $e^2\boldsymbol{A}_K^2/c^2$ trägt in 1. Ordnung Störungstheorie nicht bei. Des Weiteren ist

$$-i\hbar\boldsymbol{A}_K\nabla = (\boldsymbol{\mu}\times\boldsymbol{r})r^{-3}\boldsymbol{p} = r^{-3}(\boldsymbol{r}\times\boldsymbol{p})\boldsymbol{\mu} = \boldsymbol{L\mu}/r^3. \tag{22.14}$$

Bei $\mathrm{rot}\boldsymbol{A}_K = \mathrm{rotrot}\boldsymbol{\mu}/r$ benutzen wir $\mathrm{rotrot} = \mathrm{graddiv} - \nabla^2$ sowie $\nabla^2/r = -4\pi\delta(\boldsymbol{r})$ laut Gauß:

$$[\mathrm{rot}\boldsymbol{A}_K]_i = \sum\nolimits_j \partial_i\partial_j\mu_j/r + 4\pi\delta(\boldsymbol{r})\mu_i. \tag{22.15}$$

Den Tensoroperator $\partial_i\partial_j/r$ zerlegen wir folgendermaßen:

$$\partial_i\partial_j r^{-1} = (\partial_i\partial_j - \delta_{ij}\nabla^2/3)r^{-1} + \delta_{ij}(-4\pi)\delta(\boldsymbol{r})/3 \tag{22.16}$$

und kombinieren die δ-Funktionen aus (22.15) und (22.16) zu $\frac{8}{3}\pi\delta(\boldsymbol{r})\mu_i$. Den Restoperator in (22.16) nennen wir $T_{(2)ij}$; er hat hat $\ell = 2$ (siehe das Wigner-Eckart-Theorem in §24); sein Erwartungswert für s-Zustände $|\ell = 0, m_\ell = 0\rangle$ verschwindet: $\langle 00|T_{(2)ij}|00\rangle = 0$. Da aber andererseits $\langle\nabla^2 r^{-1}\rangle = \langle -4\pi\delta(\boldsymbol{r})\rangle = -4\pi|\psi(0)|^2$ nur für $\ell = 0$ was gibt (wegen $\psi(0) \sim r^\ell$), kann man diesen Operator in $T_{(2)ij}$ weglassen. Bleibt $\partial_i\partial_j/r = (3\widehat{r}_i\widehat{r}_j - \delta_{ij})/r^3$. Damit folgt der Hyperfeinhamilton H_{hf} aus $(\boldsymbol{\pi\sigma})^2/2m$ als

$$H_{\mathrm{hf}} = (\hbar e g_K\mu_K/mc)\left[r^{-3}(\widehat{\boldsymbol{L}}\boldsymbol{I} + 3S_rI_r - \boldsymbol{SI}) + \tfrac{8}{3}\pi\boldsymbol{SI}\delta(\boldsymbol{r})\right] \tag{22.17}$$

mit $\boldsymbol{S} = \boldsymbol{\sigma}/2$ und $S_r = \boldsymbol{S}\widehat{\boldsymbol{r}}$, $I_r = \boldsymbol{I}\widehat{\boldsymbol{r}}$. Für s-Zustände ist auch $\langle\boldsymbol{L}\rangle = 0$ und damit $H_{hf} = \hbar e g_K\mu_K\frac{8}{3}\pi\boldsymbol{SI}|\psi(0)|^2/mc$ (Fermis *Kontakthamilton*).

§23. Basiswechsel im Hilbertraum. $\boldsymbol{J}$ und $\boldsymbol{p}$ helfen drehen und schieben. Heisenbergbild

Wo wir unitäre Operatoren aus hermitischen erzeugen.

Gegeben ein orthonormiertes Basissystem ψ_j von Funktionen, z.B. die Kugelfunktionen $Y_\ell^m(\vartheta,\varphi)$:

$$\int \psi_j^*\psi_i = \delta_{ij}. \tag{23.1}$$

Je nach Wahl des Koordinatensystems und der hermitischen Operatoren, deren Eigenzustände die Funktionen ψ_i sind, gibt es noch weitere orthonormierte Syteme ψ'

$$\int \psi_n'^* \psi_m' = \delta_{nm}. \tag{23.2}$$

Das könnten z.B. die Eigenzustände $Y_\ell'^{m_x}(\vartheta_x, \varphi_x)$ von $\boldsymbol{L}^2$ und L_x sein, statt wie üblich die von $\boldsymbol{L}^2$ und L_z. Wenn die ψ_i vollständig sind, kann man ψ_m' nach ihnen zerlegen:

$$\psi_m' = \sum\nolimits_i U_{mi}\psi_i, \quad \psi_n'^* = \sum\nolimits_j U_{nj}^* \psi_j^*. \tag{23.3}$$

Die Koeffizienten bilden eine unitäre Matrix U, denn Einsetzen in (23.2) gibt

$$\delta_{nm} = \int \sum\nolimits_j U_{nj}^* \psi_j^* \sum\nolimits_i U_{mi}\psi_i. \tag{23.4}$$

Hier sind alle Integrale aus (23.1) bekannt

$$\delta_{nm} = \sum\nolimits_j U_{nj}^* \sum\nolimits_i U_{mi}\delta_{ij} = \sum\nolimits_j U_{nj}^* U_{mj}. \tag{23.5}$$

Die U_{mj} sind Elemente einer Matrix U, mit $U^\dagger = U_{\text{tr}}^*$ (in Komponenten: $U_{jn}^\dagger = U_{nj}^*$). Dann besagt (23.5) in Matrixform

$$1 = UU^\dagger. \tag{23.6}$$

Die Transformation von einem Orthonormalsystem auf ein anderes ist also *unitär* (siehe auch die Aufgage am §enende).
Eine Drehung des Systems, sagen wir um einen Winkel α um die z-Achse, macht aus den $\widehat{L}_z$-Eigenzuständen $\mathrm{e}^{im\varphi}$ die Zustände $\mathrm{e}^{im\varphi'} = \mathrm{e}^{im(\varphi-\alpha)}$ (vergl. Bild 21-1). Aus $\mathrm{e}^{im\varphi'} = \mathrm{e}^{-im\alpha}\mathrm{e}^{im\varphi}$ folgt, dass die Transformationsmatrix U in diesem einfachen Fall diagonal ist, mit Diagonalelementen $\mathrm{e}^{-im\alpha}$. Wie sähe aber die entsprechende Matrix U bei *unpassender* Basiswahl aus, etwa bei Eigenzuständen von L_y?
Jede beliebige Basisfunktion lässt sich taylorentwickeln:

$$f(\varphi - \alpha) = f(\varphi) - \alpha f'(\varphi) + \frac{\alpha^2}{2!} f''(\varphi) - \frac{\alpha^3}{3!} f'''(\varphi) + - \ldots \tag{23.7}$$

Mit $f' = \partial_\varphi f$, $f'' = \partial_\varphi^2 f$, $f''' = \partial_\varphi^3 f \ldots$ können wir (23.7) formal aufsummieren:

$$f(\varphi - \alpha) = \mathrm{e}^{-\alpha\partial_\varphi} f(\varphi) = \mathrm{e}^{-i\alpha\widehat{L}_z} f(\varphi). \tag{23.8}$$

In der letzten Form haben wir $\widehat{L}_z = -i\partial_\varphi$ benutzt. Man sagt, der hermitische Operator $\widehat{L}_z$ *erzeugt Drehungen*. Der Operator $e^{-i\alpha\widehat{L}_z}$ ist unitär: $(e^{-i\alpha\widehat{L}_z})^\dagger = e^{i\alpha\widehat{L}_z^\dagger} = e^{i\alpha\widehat{L}_z}$, $e^{i\alpha\widehat{L}_z}e^{-i\alpha\widehat{L}_z} = 1$. (Matrizen bzw. Operatoren im Exponenten sind stets über die Exponentialreihe (11.25) definiert.) Wenn $f(\varphi)$ eine Eigenfunktion von $\widehat{L}_z$ mit Eigenwert m ist, gilt natürlich $e^{-i\alpha\widehat{L}_z} = e^{-im\alpha}$. Bei Drehungen um die y-Achse mit Drehwinkel β gilt für jedes ℓ

$$Y_\ell^{\prime m}(\vartheta,\varphi) = \sum\nolimits_{m'} \left(e^{-i\beta\widehat{L}_y}\right)_{mm'} Y_\ell^{m'}(\vartheta,\varphi) = \sum\nolimits_{m'} d^\ell_{mm'} Y_\ell^{m'} . \quad (23.9)$$

Die gesamte β-Abhängigkeit steckt dabei in der Drehmatrix $d^\ell(\beta)$. Ähnlich hat man bei einer Parallelverschiebung des Raumes

$$f(x-a) = e^{-a\partial_x} f(x) = e^{-iap_x/\hbar} f(x). \quad (23.10)$$

Für die Taylorreihe in der Zeit substituieren wir in (23.10) $a \to -t, x \to 0$:

$$f(t) = e^{t\partial_t} f(0). \quad (23.11)$$

Setzen wir nun $f = \psi$, dann ist $\partial_t\psi = H\psi/i\hbar$:

$$\psi(t) = e^{-itH/\hbar}\psi(0). \quad (23.12)$$

Impuls und Hamilton erzeugen also Verschiebungen in Raum und Zeit. Solche Überlegungen können einem bei komplizierteren Systemen helfen, Operatoren zu finden, die mit H kommutieren. In Abwesenheit eines äußeren Feldes kann man z.B. die Wellenfunktion eines Atoms oder auch Moleküls drehen, ohne dass sich dabei die Physik ändert (*Isotropie des leeren Raumes*). Dies Postulat wird ja bereits bei der Konstruktion der Bewegungsgleichungen benutzt und findet sich z.B. in der Spin-Bahn-Kopplung (22.10) wieder. Es muss also ein Operator $\boldsymbol{J}$ existieren, der Drehungen erzeugt und für den $[\boldsymbol{J}, H] = 0$ ist:

$$\psi_s(\varphi - \alpha) = e^{-i\alpha J_z}\psi_s(\varphi). \quad (23.13)$$

$\widehat{L}_z$ ist es diesmal nicht, denn es ist $[\widehat{L}_z, H] = [\widehat{L}_z, V_{LS}] = (\hbar/2mc)^2 r^{-1} \times V'[\widehat{L}_z, \widehat{\boldsymbol{L}}\boldsymbol{\sigma}]$. Wir schreiben

$$\widehat{\boldsymbol{L}}\boldsymbol{\sigma} = \widehat{L}_z\sigma_z + \sigma_+ L_- + \sigma_- L_+ = \begin{pmatrix} L_z & L_- \\ L_+ & -L_z \end{pmatrix} . \quad (23.14)$$

mit $L_\pm = \widehat{L}_x \pm i\widehat{L}_y$ und benutzen die Vertauscher (13.4), $[\widehat{L}_z, L_\pm] = \pm L_\pm$:

$$[\widehat{L}_z, \widehat{\boldsymbol{L}}\boldsymbol{\sigma}] = -\sigma_+ L_- + \sigma_- L_+. \tag{23.15}$$

Andererseits gilt

$$\tfrac{1}{2}[\sigma_z, \sigma_\pm] = \pm\sigma_\pm. \tag{23.16}$$

Das folgt aus (21.16), man kann es aber auch direkt aus (21.14), (21.15) herleiten. Es ist also

$$\tfrac{1}{2}[\sigma_z, \widehat{\boldsymbol{L}}\boldsymbol{\sigma}] = \sigma_+ L_- - \sigma_- L_+. \tag{23.17}$$

Die Summe aus (23.15) und (23.17) verschwindet

$$[J_z, \widehat{\boldsymbol{L}}\boldsymbol{\sigma}] = 0, \quad J_z = \widehat{L}_z + \tfrac{1}{2}\sigma_z. \tag{23.18}$$

Der mit H kommutierende Operator ist also nicht mehr der *Bahndrehimpuls* $\boldsymbol{L}$, sondern der *Gesamtdrehimpuls*

$$\boldsymbol{J} = \widehat{\boldsymbol{L}} + \tfrac{1}{2}\boldsymbol{\sigma}. \tag{23.19}$$

Im Spinorraum ist $\boldsymbol{L}$ natürlich spinunabhängig, $\boldsymbol{L} = \boldsymbol{L}\sigma_0$, σ_0 = Einheitsmatrix. Also kommutiert jede Komponente von $\boldsymbol{L}$ mit jeder von $\boldsymbol{\sigma}$. Damit gilt für $\boldsymbol{J}$ wieder die Drehimpulsalgebra

$$[J_x, J_y] = iJ_z, \quad \text{zyklisch}, \quad [\boldsymbol{J}, \boldsymbol{J}^2] = 0. \tag{23.20}$$

Es gibt also wieder Zustände $|j, m\rangle$ mit

$$J_z|j, m\rangle = m|j, m\rangle, \quad \boldsymbol{J}^2|j, m\rangle = j(j+1)|j, m\rangle \tag{23.21}$$

und weil $\frac{1}{2}\sigma_z$ jetzt halbzahlige Eigenwerte hat, $\frac{1}{2}\sigma_z\chi(m_s) = m_s\chi(m_s)$, $m_s = \pm\frac{1}{2}$, sind m und damit auch j in der Tat halbzahlig. Diese Möglichkeit hatten wir in §13 ja schon gefunden. Für die Produkte $|\ell, m_\ell\rangle\chi(m_s)$ gilt

$$J_z|\ell, m_\ell\rangle\chi(m_s) = \left(\widehat{L}_z + \tfrac{1}{2}\sigma_z\right)|\ell, m_\ell\rangle\chi(m_s) = (m_\ell + m_s)|\ell, m_\ell\rangle\chi(m_s), \tag{23.22}$$

also $m = m_\ell + m_s$. Explizit ist

$$|\ell, m_\ell\rangle\chi(\tfrac{1}{2}) = Y_\ell^{m_\ell}\begin{pmatrix}1\\0\end{pmatrix} = \begin{pmatrix}Y_\ell^{m_\ell}\\0\end{pmatrix}, \quad |\ell, m_\ell\rangle\chi(-\tfrac{1}{2}) = \begin{pmatrix}0\\Y_\ell^{m_\ell}\end{pmatrix}. \tag{23.23}$$

Solch einfache Spinoren können aber nur ausnahmsweise die Schrgl mit H_s lösen. Der in V_{LS} (22.10) auftretende Operator $\boldsymbol{L\sigma}$ koppelt laut (21.15) die oberen und unteren Spinorkomponenten mittels $L_{\pm}$. Die nichtdiagonalen Operatoren verschwinden aber bei günstiger Basiswahl, nämlich für gleichzeitige Eigenzustände $|j\ell m\rangle$ von $\boldsymbol{J}^2$, $\widehat{\boldsymbol{L}}^2$ und J_z. Aus

$$\boldsymbol{J}^2 = (\widehat{\boldsymbol{L}} + \boldsymbol{\sigma}/2)^2 = \widehat{\boldsymbol{L}}^2 + \widehat{\boldsymbol{L}}\boldsymbol{\sigma} + \tfrac{3}{4} \tag{23.24}$$

folgt einerseits $[\widehat{\boldsymbol{L}}^2, \boldsymbol{J}^2] = 0$ und andererseits, mit $\widehat{\boldsymbol{L}}^2|j\ell m\rangle = \ell(\ell+1)|j\ell m\rangle$,

$$\widehat{\boldsymbol{L}}\boldsymbol{\sigma} = j(j+1) - \ell(\ell+1) - \tfrac{3}{4}. \tag{23.25}$$

Die Konstruktion der Spinoren $|j, m\rangle$ kommt in §24.

Transformation von Operatoren — Sei A ein Operator im ursprünglichen Basissystem im Hilbertraum. Den transformierten Operator A' definieren wir so, dass $A'\psi'$ der transformierte Zustand von $A\psi$ ist

$$A'\psi' = UA\psi. \tag{23.26}$$

Mit $\psi' = U\psi$ muss also gelten, mit $U^{-1} = U^\dagger$,

$$A'U = UA, \quad A' = UAU^{-1} = UAU^\dagger. \tag{23.27}$$

Für das Matrixprodukt AB gilt dann

$$(AB)' = UABU^\dagger = A'B'. \tag{23.28}$$

Heisenbergbild — Hier nutzt man die Form (23.12) der Zeitverschiebung, um die gesamte Zeitabhängigkeit aus der Wellenfunktion $\psi(\boldsymbol{r}, t)$ in die Operatoren zu verlagern, die jetzt einen Index $_H$ erhalten. Das $\psi_H(\boldsymbol{r})$ ist unabhängig von t und lässt sich mit dem $\psi(\boldsymbol{r}, 0)$ identifizieren, also

$$\psi_H(\boldsymbol{r}) = \mathrm{e}^{itH/\hbar}\psi(\boldsymbol{r}, 0). \tag{23.29}$$

Die A_H im Heisenbergbild folgen dann aus (23.26) und (23.27) mit $U = \exp(itH/\hbar)$:

$$A' = A_H = UAU^\dagger = \mathrm{e}^{itH/\hbar}A\mathrm{e}^{-itH/\hbar}. \tag{23.30}$$

Sie sind also zeitabhängig und erfüllen die Bewegungsgleichungen

$$i\hbar\partial_t A_H = \mathrm{e}^{itH/\hbar}(-HA + AH)\mathrm{e}^{-itH/\hbar} = [A_H, H]. \tag{23.31}$$

Diese sind besonders beim HO nützlich; mit $H = \frac{1}{2}\hbar\omega(a^\dagger a + aa^\dagger)$ findet man

$$\dot{a}_H = -i\omega a_H, \quad \dot{a}_H^\dagger = i\omega a_H^\dagger, \tag{23.32}$$

mit der Lösung

$$a_H(t) = a_H(0)\mathrm{e}^{-i\omega t} = a\mathrm{e}^{-i\omega t}. \tag{23.33}$$

Hieraus folgt mit (23.12) und (23.30), dass die kohärenten Zustände ψ_α aus (11.25) auch für $t \neq 0$ Eigenzustände von a bleiben. Mit $|\alpha(t)\rangle \equiv \psi_\alpha(t)$, $a|\alpha\rangle = \alpha|\alpha\rangle$, ergibt sich

$$a|\alpha(t)\rangle = \mathrm{e}^{-itH/\hbar}a_H\mathrm{e}^{itH/\hbar}|\alpha(t)\rangle = \mathrm{e}^{-itH/\hbar}a\mathrm{e}^{-i\omega t}|\alpha(0)\rangle = \alpha\mathrm{e}^{-i\omega t}|\alpha(t)\rangle. \tag{23.34}$$

☞ *Aufgaben:* (i) Zeige die Invarianz der Kommutatoren (10.22) und (20.18) gegen Basiswechsel. (ii) Zeige, dass der Übergang von den kartesischen Komponenten x, y, z zu den normierten cartanschen r^m

$$r^0 = z, \quad r^{\pm 1} = x_\pm/\sqrt{2} = (-iy \mp x)/\sqrt{2} \tag{23.35}$$

unitär ist. Warum ist $\psi_1^m(\vartheta,\varphi) = \sqrt{3/4\pi}r^m/r$? (iii) Zeige $U^\dagger U = 1$ aus $UU^\dagger = 1$. (iv)Berechne $\left[\widehat{L}_z, \boldsymbol{\sigma}\nabla\right]$, $[\sigma_z, \boldsymbol{\sigma}\nabla]$ und $[J_z, \boldsymbol{\sigma}\nabla]$.

§24. Clebsch-Gordan-Koeffizienten

Wo wir Drehimpulsgymnastik treiben.

Gegeben zwei kommutierende Drehimpulsoperatoren, die wir jetzt $\boldsymbol{J}_1$ und $\boldsymbol{J}_2$ taufen, $[\boldsymbol{J}_1, \boldsymbol{J}_2] = 0$. Sei $\boldsymbol{J} = \boldsymbol{J}_1 + \boldsymbol{J}_2$. Wie drückt man die Eigenzustände $|jj_1j_2m\rangle$ von $\boldsymbol{J}^2$, $\boldsymbol{J}_1^2$, $\boldsymbol{J}_2^2$ und J_z durch die Produktzustände $|j_1m_1\rangle|j_2m_2\rangle$ von $\boldsymbol{J}_1^2$ und J_{1z}, $\boldsymbol{J}_2^2$ und J_{2z} aus? Dieses Problem taucht öfters auf. In unserem Beispiel ist $j_1 = \ell$, $m_1 = m_\ell$, $j_2 = \frac{1}{2}$, $m_2 = m_s$. Wir kürzen $|jj_1j_2m\rangle$ mit $|jm\rangle$ ab.

Wir wissen bereits $m = m_1 + m_2$. Die oberste Sprosse der längsten j-Leiter hat $m_{\max} = m_{1\max} + m_{2\max} = j_1 + j_2$. Das ist gleichzeitig der größtmögliche j-Wert, $j_{\max} = j_1 + j_2$. Hier liegen m_1 und m_2 fest, also gilt

$$|j_{\max}m_{\max}\rangle = |j_1j_1\rangle|j_2j_2\rangle. \tag{24.1}$$

Entsprechendes gilt auch für $|j_{\max} m_{\min}\rangle$. Jetzt steigen wir mit dem Senker $J_- = J_{1-} + J_{2-}$ eine Stufe tiefer. Links benutzen wir (13.5), mit C aus (13.17)

$$J_-|jm\rangle = \sqrt{j+m}\sqrt{j-m+1}|j, m-1\rangle \tag{24.2}$$

und rechts die entsprechenden Formeln für J_{1-} und J_{2-}. Mit $m = m_{\max} = j_{\max} = j_1 + j_2$ ist der Vorfaktor in (24.2) $\sqrt{2j_{\max}}$, die entsprechenden Vorfaktoren bei J_{i-} sind $\sqrt{2j_i}$:

$$|j_{\max}, j_{\max}-1\rangle = \sqrt{\frac{j_1}{j_{\max}}}|j_1, j_1-1\rangle|j_2, j_2\rangle + \sqrt{\frac{j_2}{j_{\max}}}|j_1, j_1\rangle|j_2, j_2-1\rangle. \tag{24.3}$$

Der zu (24.2) orthogonale Zustand mit dem gleichen m-Wert $j_{\max} - 1$ muss ja dann wohl $j = j_{\max} - 1$ haben:

$$|j_{\max}-1, j_{\max}-1\rangle = -\sqrt{\frac{j_2}{j_{\max}}}|j_1, j_1-1\rangle|j_2 j_2\rangle + \sqrt{\frac{j_1}{j_{\max}}}|j_1 j_1\rangle|j_2, j_2-1\rangle. \tag{24.4}$$

Damit ist wirklich $\langle j_{\max}-1, j_{\max}-1|j_{\max}, j_{\max}-1\rangle = 0$, oder? Die Phase von $|jj\rangle$ ist durch ein Ukaz von C&G festgelegt: *Der Koeffizient von* $|j_1 j_1\rangle$ *in* $|jj\rangle$ *sei positiv!*

Dadurch wird leider das Vorzeichen der CG-Koeffizienten von der Durchnummerierung der Operatoren abhängig. Bei $\boldsymbol{J}_1 = \boldsymbol{\sigma}/2$, $\boldsymbol{J}_2 = \widehat{\boldsymbol{L}}$ kommen einige Vorzeichen anders als bei $\boldsymbol{J}_1 = \widehat{\boldsymbol{L}}$, $\boldsymbol{J}_2 = \boldsymbol{\sigma}/2$! Deshalb verfügen wir $j_1 \geq j_2$.

Beim nächsten J_--Schritt treten allgemein die 3 Zustände $|j_1, j_1-2\rangle|j_2 j_2\rangle$, $|j_1, j_1-1\rangle|j_2, j_2-1\rangle$ und $|j_1 j_1\rangle|j_2, j_2-2\rangle$ auf. Ist allerdings $j_2 = \frac{1}{2}$, dann scheidet $m_s = m_2 = \frac{1}{2} - 2 = -\frac{3}{2}$ automatisch aus, weil der entsprechende Koeffizient laut (24.2) verschwindet. Die Zahl der Zustände mit festem $m = m_1 + m_2$ ist höchstens $2j_2 + 1$, denn das ist der Wertevorrat von m_2. Entsprechend kann j folgende Werte annehmen (Bild 24-1):

$$j = j_1 + j_2, j_1 + j_2 - 1, \ldots, j_1 - j_2. \tag{24.5}$$

Für $j_2 = \frac{1}{2}$ gibt es also nur die beiden Werte $j = \ell + \frac{1}{2}$ und $j = \ell - \frac{1}{2}$.

☞ *Aufgabe:* Zeige, dass damit aus (23.25) folgendes folgt:

$$\widehat{\boldsymbol{L}}\boldsymbol{\sigma} = (j-\ell)(2j+1) - 1 = \begin{cases} \ell & \text{für } j = \ell + \frac{1}{2} \\ -\ell - 1 & \text{für } j = \ell - \frac{1}{2} \end{cases}. \tag{24.6}$$

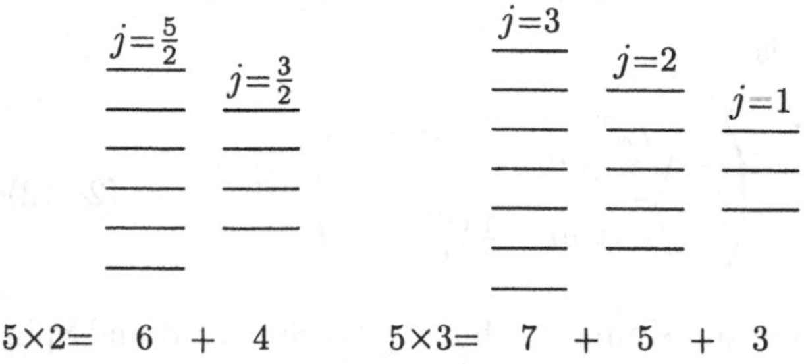

Bild 24-1: Zerlegung von $|2, m_1\rangle|\frac{1}{2}, m_2\rangle$ und $|2, m_1\rangle|1, m_2\rangle$ nach $|j, m\rangle$

Die allgemeine Entwicklung schreibt man als

$$|jm\rangle = \sum\nolimits_{m_1} (m_1 m_2|jm)|j_1 m_1\rangle|j_2 m_2\rangle, \tag{24.7}$$

mit $(m_1 m_2|jm) \equiv \langle j_1 m_1|\langle j_2 m_2|j_1 j_2 jm\rangle \equiv \langle j_1 j_2 m_1 m_2|j_1 j_2 jm\rangle$ als CG-Koeffizienten. Die Anwendung von $J_- = J_{1-} + J_{2-}$ gibt mit (24.2)

$$\begin{aligned}\sqrt{(j+m)(j-m+1)}|j, m-1\rangle = \sum\nolimits_{m_1'} (m_1' m_2'|jm)\times \\ \Big[\sqrt{(j_1+m_1')(j_1-m_1'+1)}|j_1, m_1'-1\rangle|j_2, m_2'\rangle \\ +\sqrt{(j_2+m_2')(j_2-m_2'+1)}|j_1, m_1'\rangle|j_2, m_2'-1\rangle\Big].\end{aligned} \tag{24.8}$$

Rechts haben wir den Summationsindex m_1 auf m_1' umgetauft. Es gilt $m_1' - 1 + m_2' = m - 1$. Wir multiplizieren (24.8) mit $\langle j_1 m_1|\langle j_2 m_2|$. Aus der ersten Summe pickt das den Summand mit $m_1' - 1 = m_1$, also $m_1' = m_1 + 1$ (und $m_2' = m_2$), aus der zweiten $m_1' = m_1$, $m_2' = m_2 + 1$:

$$\begin{aligned}\sqrt{(j+m)(j-m+1)}(m_1 m_2|j, m-1) = \\ \sqrt{(j_1+m_1+1)(j_1-m_1)}(m_1+1, m_2|jm) \\ +\sqrt{(j_2+m_2+1)(j_2-m_2)}(m_1, m_2+1|jm).\end{aligned} \tag{24.9}$$

Dies ist eine nützliche Rekursionsformel der CG's. Anwendung von J_+ gibt eine entsprechende. Für $m_1 = j_1$, $m = j$ finden wir, mit $m_2 = m-1-m_1 = j - j_1 - 1$

$$\sqrt{2j}(j_1, j-j_1-1|j, j-1) = \sqrt{(j-j_1+j_2)(j_2+j_1-j+1)}(j_1, j-j_1|jj). \tag{24.10}$$

Für $j_2 = \frac{1}{2}$, $j_1 = \ell$ findet man allgemein

$$\begin{aligned}(m-\tfrac{1}{2}, +\tfrac{1}{2}|\ell \pm \tfrac{1}{2}, m) &= \pm\sqrt{(\ell \pm m + \tfrac{1}{2})/(2\ell+1)}, \\ (m+\tfrac{1}{2}, -\tfrac{1}{2}|\ell \pm \tfrac{1}{2}, m) &= \sqrt{(\ell \mp m + \tfrac{1}{2})/(2\ell+1)}.\end{aligned} \tag{24.11}$$

Die gemeinsamen Eigenfunktionen aus $\boldsymbol{J}^2$, J_z und $\widehat{\boldsymbol{L}}^2$ für $j_2 = s = \frac{1}{2}$ wollen wir χ_ℓ^{jm} taufen. Mit (24.11) ist

$$\chi_\ell^{\ell\pm\frac{1}{2},m} = \frac{1}{\sqrt{2\ell+1}} \begin{pmatrix} \pm\sqrt{\ell \pm m + \frac{1}{2}}\, Y_\ell^{m-\frac{1}{2}} \\ \sqrt{\ell \mp m + \frac{1}{2}}\, Y_\ell^{m+\frac{1}{2}} \end{pmatrix}. \tag{24.12}$$

Hier haben die in (21.4) definierten Komponenten $\psi_\pm$ für Spin rauf und Spin runter also schon verschiedene ϑ- und φ-Abhängigkeit, so dass der Spin mehr als bloßes Anhängsel ist.
Die meisten Operatoren A der Quantenphysik ($\boldsymbol{p}^2, \boldsymbol{r}, \nabla, \boldsymbol{L}, \boldsymbol{J}$) transformieren sich ziemlich einfach unter Drehungen der Basisfunktionen: $A' = UAU^\dagger$. Man kann sie nach *irreduziblen Tensoroperatoren* (iTos) T_k^q zerlegen, die sich wie die $Y_k^q(\vartheta, \varphi)$ transformieren. $\boldsymbol{p}^2$ transformiert sich wie T_0^0 (skalar), die restlichen obigen Operatoren sind *Vektoroperatoren*, ihre Cartankomponenten T_1^q sind wie in (23.30) definiert. Ein Tensor T_{ij} zweiter Stufe schließlich, z.B. das direkte Produkt $A_i B_j$ zweier Vektoroperatoren $\boldsymbol{A}$ und $\boldsymbol{B}$, lässt sich in ein Skalar (Spur T, Beispiel: $\boldsymbol{AB}$), einen antisymmetrischen Vektor

$$T_{(1)ij} = \tfrac{1}{2}(T_{ij} - T_{ji}), \quad \text{Beispiel: } \tfrac{1}{2}(\boldsymbol{A} \times \boldsymbol{B} - \boldsymbol{B} \times \boldsymbol{A}) \tag{24.13}$$

und einen symmetrischen spurlosen Tensor $T_{(2)ij}$ zerlegen:

$$T_{(2)ij} = \tfrac{1}{2}T_{ij} + \tfrac{1}{2}T_{ji} - \tfrac{1}{3}\delta_{ij}\,\mathrm{Spur}\,T, \tag{24.14}$$

$$T_{ij} = \tfrac{1}{3}\delta_{ij}\,\mathrm{Spur}\,T + T_{(1)ij} + T_{(2)ij}. \tag{24.15}$$

$T_{(2)ij}$ hat 5 unabhängige Komponenten und lässt sich nach den 5 Operatoren T_2^q zerlegen ($q = 0, \pm 1, \pm 2$), die sich wie $Y_2^q(\vartheta, \varphi)$ transformieren. Damit lautet die Zerlegung der 9 Komponenten von T_{ij} nach denen der iTos symbolisch $3 \times 3 = 1 + 3 + 5$.

Wigner-Eckart-Theorem — Das Produkt $T_k^q|j_1 m_1\rangle$ transformiert sich dann unter Drehungen wie das Produkt von Eigenzuständen $|j_1 m_1\rangle|kq\rangle$ von $\boldsymbol{J}_1^2$ und J_{1z}, $\boldsymbol{J}_2^2$ und J_{2z}, selbst wenn es keinen Operator $\boldsymbol{J}_2$ gibt, der mit allen Komponenten von $\boldsymbol{J}_1$ kommutiert (insbesondere wäre ja, für $\boldsymbol{J}_2 = \boldsymbol{J}_1$, $[J_{2x}, J_{1y}] \neq 0$). Für die Matrixelemente gilt, mit beliebigen weiteren Quantenzahlen α,

$$\langle \alpha' jm|T_k^q|\alpha j_1 m_1\rangle = (m_1 q|jm)\langle \alpha' j\|T_k\|\alpha j_1\rangle, \tag{24.16}$$

mit $j_2 = k$. Den letzten Faktor $\langle \alpha' j\|T_k\|\alpha j_1\rangle$ nennt man *reduziertes Matrixelement*. Man muss es einmal per Hand berechnen, z.B. für $q = 0$

und $m_1 = j_1$ in (24.16). Die Abhängigkeit von m_1 und q steht dann im CG-Koeffizient. Hauptsächlich deshalb haben wir in Bild 24-2 die CG-Koeffizienten für $j_2 = k = 1$ gesammelt. Wir lassen das Wigner-Eckart-Theorem unbewiesen, weil wir uns sonst erst mit den Drehmatrizen $U = e^{-i\alpha J}$ beschäftigen müssten (siehe §39).

☞ *Aufgaben:* (i) Zeige, dass $|j_{\max}, j_{\max} - 1\rangle$ auf 1 normiert ist. (ii) Zeige, dass die Koeffizienten (24.11) bei festem m unitäre 2×2-Matrizen bilden (mit Ausnahme von $m_{\min}$ und $m_{\max}$). Zeige, dass die Gesamtzahl der Zustände in beiden Basissätzen gleich ist: $\sum_j (2j + 1) = 2(2\ell + 1)$.

j	$m_2 = 1$	$m_2 = 0$	$m_2 = -1$
$j_1 + 1$	$\sqrt{\frac{(j_1+m)(j_1+m+1)}{(2j_1+1)(2j_1+2)}}$	$\sqrt{\frac{(j_1-m+1)(j_1+m+1)}{(2j_1+1)(j_1+1)}}$	$\sqrt{\frac{(j_1-m)(j_1-m+1)}{(2j_1+1)(2j_1+2)}}$
j_1	$-\sqrt{\frac{(j_1+m)(j_1-m+1)}{2j_1(j_1+1)}}$	$\frac{m}{\sqrt{j_1(j_1+1)}}$	$\sqrt{\frac{(j_1-m)(j_1+m+1)}{2j_1(j_1+1)}}$
$j_1 - 1$	$\sqrt{\frac{(j_1-m)(j_1-m+1)}{2j_1(2j_1+1)}}$	$-\sqrt{\frac{(j_1-m)(j_1+m)}{j_1(2j_1+1)}}$	$\sqrt{\frac{(j_1+m+1)(j_1+m)}{2j_1(2j_1+1)}}$

Bild 24-2: Die Clebsch-Gordan-Koeffizienten $(m_1 m_2|jm)$ für $j_2 = 1$.

§25. Stationäre Störungstheorie gebundener Zustände. Spinfeinstruktur und anomaler Zeemaneffekt

Wo wir jeden Effekt, den wir nicht exakt behandeln können, als Störung empfinden.

Sei $H = H_0 + H_{\text{st}}$, wobei die *ungestörte* Gleichung $H_0\psi_n^0 = E_n^0\psi_n^0$ bereits exakt gelöst sei. Man nennt H_{st} eine *Störung*, wenn in der vollen Gleichung $H\psi_n = E_n\psi_n$ sowohl ψ_n als auch E_n sich nach Potenzen der ungestörten Matrixelemente von H_{st} entwickeln lassen:

$$\psi_n = \psi_n^0 + \psi_n^1 + \psi_n^{(2)} + \dots \tag{25.1}$$

$$E_n = E_n^0 + E_n^1 + E_n^{(2)} + \dots \tag{25.2}$$

(Der obere Index $^{(2)}$ ist geklammert, damit er nicht mit Quadrieren verwechselt wird. Häufig setzt man $H_{\text{st}} = g\widehat{H}_{\text{st}}$, so dass $\psi_n^{(k)}$ und $E_n^{(k)}$ proportional zu g^k sind.) Einsetzen der Entwicklungen in die Schrgl gibt

$$(H_0+H_{\text{st}})(\psi_n^0+\psi_n^1+\psi_n^{(2)}+\dots) = (E_n^0+E_n^1+E_n^{(2)}+\dots)(\psi_n^0+\psi_n^1+\psi_n^{(2)}+\dots) \tag{25.3}$$

Die nullte Ordnung in $\langle H_{\text{st}} \rangle$ gibt die ungestörte Gleichung, die erste gibt

$$H_0 \psi_n^1 + H_{\text{st}} \psi_n^0 = E_n^0 \psi_n^1 + E_n^1 \psi_n^0. \tag{25.4}$$

Glieder der Art $H_0 \psi_n^{(2)}$ sind schon von 2. Ordnung in H_{st} ($\sim g^2$) und kommen erst in (25.17). Wir multiplizieren (25.4) mit $\psi_n^{0\dagger}$ (ohne Spin einfach ψ_n^{0*}) und integrieren:

$$\langle n^0 | H_0 | n^1 \rangle + \langle n^0 | H_{\text{st}} | n^0 \rangle = E_n^0 \langle n^0 | n^1 \rangle + E_n^1 \tag{25.5}$$

wegen $\langle n^0 | n^0 \rangle = 1$. Weil H_0 hermitisch ist, $\langle n^0 | H_0 = \langle H_0 n^0 | = E_n^0 \langle n^0 |$, kürzt sich $E_n^0 \langle n^0 | n^1 \rangle$ auf beiden Seiten von (25.5) raus:

$$E_n^1 = \langle n^0 | H_{\text{st}} | n^0 \rangle =: \langle H_{\text{st}} \rangle_n. \tag{25.6}$$

Die erste Korrektur zu E_n^0 ist also der Erwartungswert von H_{st} im ungestörten Zustand.

Zur Bestimmung der Störung ψ_n^1 der Wellenfunktion entwickeln wir ψ_n^1 nach den ungestörten Zuständen ψ^0:

$$\psi_n^1 = \sum\nolimits_k c_{kn} \psi_k^0, \quad |n^1\rangle = \sum\nolimits_k c_{kn} |k^0\rangle. \tag{25.7}$$

Das setzen wir in (25.4) ein und benutzen $H_0 |k^0\rangle = E_k^0 |k^0\rangle$:

$$\sum\nolimits_k c_{kn} E_k^0 |k^0\rangle + H_{\text{st}} |n^0\rangle = E_n^0 \sum\nolimits_k c_{kn} |k^0\rangle + E_n^1 |n^0\rangle. \tag{25.8}$$

Der Summand mit $k = n$ entfällt dabei:

$$\sum\nolimits_{k' \neq n} c_{k'n} (E_{k'}^0 - E_n^0) |k'^0\rangle + H_{\text{st}} |n^0\rangle = E_n^1 |n^0\rangle. \tag{25.9}$$

Den Summationsindex haben wir hier k' getauft.

Aus der Summe können wir jedes c_{kn} einzeln herausholen, indem wir das Skalarprodukt mit $|k^0\rangle$ bilden und $\langle k^0 | k'^0 \rangle = \delta_{kk'}$ benutzen:

$$c_{kn} = (E_n^0 - E_k^0)^{-1} \langle k^0 | H_{\text{st}} | n^0 \rangle, \quad k \neq n. \tag{25.10}$$

Für $H_{\text{st}} \to 0$ geht $c_{kn} \to 0$ und damit $\psi_n \to \psi_n^0$, wie erwartet. Ist allerdings ψ_k^0 mit ψ_n^0 entartet, $E_n^0 - E_k^0 = 0$, dann gilt das nur noch für $\langle k^0 | H_{\text{st}} | n^0 \rangle = 0$. Man muss hier unter den entarteten Funktionen diejenige Basis finden, in der H_{st} nur Diagonalelemente hat. Die gestörte Funktion ψ_n geht also bei Abschalten von H_{st} nicht in ein beliebig vorgegebenes ψ_n^0 über, sondern in die *Eigenmischung* von $H_{\rm st}$. Bei g_n entarteten Zuständen läuft das auf die Diagonalisierung der $g_n \times g_n$-Matrix $\langle k|H_{\rm st}|n\rangle$ hinaus. Für $H_{\rm st} = V_{LS} = (\hbar/2mc)^2(V'/r)\widehat{\boldsymbol{L}}\boldsymbol{\sigma}$ (22.10) ist $g_n = 2$ (Entartung von $j = \ell \pm \frac{1}{2}$ in H_0). Für $\widehat{\boldsymbol{L}}\boldsymbol{\sigma}$ bedeutet das, dass wir die Produktfunktionen $Y_\ell^{m_\ell}\chi(m_s)$ durch die Kombinationen χ_ℓ^{jm} (24.12) ersetzen müssen. Dann ist $\widehat{\boldsymbol{L}}\boldsymbol{\sigma}$ diagonal, mit Diagonalelementen (24.6). Die Energieverschiebung durch V_{LS} wird also, mit $V = -Ze^2/r$,

$$E^1_{nj\ell} = (\hbar/2mc)^2\langle(V'/r)\widehat{\boldsymbol{L}}\boldsymbol{\sigma}\rangle = (\hbar/2mc)^2[(j-\ell)(2j+1)-1]Ze^2\langle r^{-3}\rangle_{n\ell}. \tag{25.11}$$

Einsetzen von (17.25) gibt

$$E^1_{nj\ell} = \frac{\hbar^2 Z^4 e^2 a_B^{-3}}{4m^2c^2n^3(\ell+\frac{1}{2})} \times \begin{cases} (\ell+1)^{-1} & \text{für } j = \ell + \frac{1}{2} \\ -\ell^{-1} & \text{für } j = \ell - \frac{1}{2} \end{cases} \tag{25.12}$$

möglicherweise mit Ausnahme von $\ell = 0$ (da ist $j = \ell + \frac{1}{2}$, weil $j \geq 0$ sein muss). Gleichung (25.12) gibt den spinabhängigen Teil der relativistischen *Feinstruktur* beim H-Atom. Ist noch ein Magnetfeld vorhanden, dann ist die Zeemanaufspaltung meist kleiner als die Feinstruktur. In der Störungstheorie mit dem Zeemanoperator aus (22.2) (vergl. (22.4))

$$H_{\rm Zee} = \mu_B B(\widehat{L}_z + \sigma_z) \tag{25.13}$$

muss man deshalb die Zustände $R(r)\chi_\ell^{jm}$ verwenden, die nur noch in der magnetischen Quantenzahl m entartet sind. Weil aber $[J_z, H_{\rm Zee}] = 0$ ist, ist $H_{\rm Zee}$ bereits diagonal in m. Wir schreiben $\widehat{L}_z + \sigma_z = \widehat{L}_z + 2S_z = J_z + S_z$ und erhalten

$$E^1 = \langle H_{\rm Zee}\rangle = \mu_B B(m + \langle S_z\rangle). \tag{25.14}$$

☞ *Aufgabe:* Zeige mit (24.12)

$$\langle S_z\rangle = 2(j-\ell)m/(2\ell+1). \tag{25.15}$$

Später werden wir sehen, dass auch bei Mehr-Elektronen-Atomen $\langle S_z\rangle \sim J_z = m$ ist. Landé definierte deshalb den atomaren g-Faktor allgemein als

$$E^1 = \mu_B Bmg, \quad g = 1 + \langle S_z\rangle/m. \tag{25.16}$$

Dieser Zeemaneffekt heißt *anomal*, hauptsächlich weil er lange unverstanden blieb.

Die 2. Ordnung Störungstheorie folgt aus (25.3) als

$$H_0\psi_n^{(2)} + H_{\rm st}\psi_n^1 = E_n^0\psi_n^{(2)} + E_n^1\psi_n^1 + E_n^{(2)}\psi_n^0. \tag{25.17}$$

Zur Berechnung von $E_n^{(2)}$ bilden wir das Skalarprodukt mit ψ_n^0 und beachten sofort $\langle n^0|H_0|n^{(2)}\rangle = E_n^0\langle n^0|n^{(2)}\rangle$:

$$\langle n^0|H_{\rm st}|n^1\rangle = E_n^1\langle n^0|n^1\rangle + E_n^{(2)}. \tag{25.18}$$

Das erste Glied rechts ist auch = 0; und zwar ist laut (25.7) und (25.10)

$$|n^1\rangle = \sum_{k\neq n} |k^0\rangle \frac{\langle k^0|H_{\rm st}|n^0\rangle}{E_n^0 - E_k^0}, \tag{25.19}$$

d.h. der ursprüngliche Zustand $|n^0\rangle$ fehlt in der Summe. Das muss auch so sein, damit das gestörte $\psi_n \approx \psi_n^0 + \psi_n^1$ normiert ist, abgesehen von quadratischen Gliedern in $H_{\rm st}$. Würde nämlich ein Summand $|n^0\rangle\langle H_{\rm st}\rangle_n$ auftauchen, dann würde der zur Norm einen Summanden $(1 + \langle H_{\rm st}\rangle)^2 \approx 1+2\langle H_{\rm st}\rangle$ beitragen. (Dieses Argument kennen wir aus der Geometrie: wenn ein Vektor $\boldsymbol{v}$ bei einer kleinen Änderung $\delta\boldsymbol{v}$ seine Länge nicht ändern darf, gilt $\boldsymbol{v}\delta\boldsymbol{v} = 0$.) Wir haben also

$$E_n^{(2)} = \langle n^0|H_{\rm st}|n^1\rangle = \sum_{k\neq n} \frac{\langle n^0|H_{\rm st}|k^0\rangle\langle k^0|H_{\rm st}|n^0\rangle}{E_n^0 - E_k^0}. \tag{25.20}$$

In der Atomphysik erscheinen allerdings in den Zuständen $|k^0\rangle$ auch die Kontinuumszustände des Elektrons; der entsprechende Teil der *Summe* ist in Wirklichkeit ein *Integral.* Nützlich ist (25.20) erst, wenn man die *k-Summation* umgehen kann (z.B. Methode von Dalgarno & Lewis, Coulombgreensfunktionen). Ein besonders simpler Trick kommt in §57.

☞ *Aufgabe:* Behandle den HO (6.9) mit einem Störpotenzial $H_{\rm st} = ax + bx^2$ (i) in 1. Ordnung Störungstheorie, (ii) exakt durch Verschieben der Parameter des HO.

Kapitel III

Atome und Moleküle

§26. Die Zweiteilchengleichung. Das H-Atom als Zweikörperproblem.

Wo wir die Impulserhaltung für ein freies Atom wiederentdecken.

Das einfachste Zweiteilchenproblem erhält man, wenn man bei H-ähnlichen Atomen den Kern als zweites bewegliches Teilchen behandelt. Weitaus schwieriger ist das Zweielektronproblem mit äußerem Potenzial, z.B. beim Heliumatom mit festgenageltem Kern.
In beiden Fällen lautet die Schrgl wie bisher $i\hbar\partial_t\psi = H\psi$, nur dass ψ jetzt von zwei Teilchenörtern abhängt, $\psi = \psi(\boldsymbol{r}_1, \boldsymbol{r}_2, t)$. $|\psi|^2 = \rho(\boldsymbol{r}_1, \boldsymbol{r}_2, t)$ ist die kombinierte Aufenthaltswahrscheinlichkeit, mit der Normierung (ohne Spin)

$$\int d^3r_1\, d^3r_2\, |\psi(\boldsymbol{r}_1, \boldsymbol{r}_2, t)|^2 = 1. \tag{26.1}$$

Bei unterschiedlichen Teilchen, wie beim H-Atom, ist

$$\rho_1(\boldsymbol{r}_1) = \int d^3r_2\, |\psi|^2 \tag{26.2}$$

die Aufenthaltswahrscheinlichkeit von Teilchen 1. Den (spin-unabhängigen) Hamilton wählt man analog zur klassischen Mechanik als

$$H_{\text{su}} = H_1 + H_2 + V_{12}, \tag{26.3}$$

$$H_i = \boldsymbol{\pi}_i^2/2m_i + V_i(\boldsymbol{r}_i), \quad V_{12} = q_1 q_2/r_{12}. \tag{26.4}$$

H_1 und H_2 sind die Einteilchenhamiltone, und V_{12} ist das Coulombpotenzial zwischen den Teilchen, mit $r_{12} = |\boldsymbol{r}_1 - \boldsymbol{r}_2|$ = Teilchenabstand. (Wir werden (26.3) in (56.18) aus Feldkommutatoren herleiten.) Damit (26.1) möglich ist, muss natürlich aus $i\hbar\partial_t\psi = H\psi$ und $-i\hbar\partial_t\psi^* = H^*\psi^*$ $\int d^3r_1\, d^3r_2\, \partial_t(\psi^*\psi) = 0$ folgen. Stimmt das?
Die äußeren Potenziale V_i in (26.4) sind $q_i\phi(\boldsymbol{r}_i)$, die Impulse $\boldsymbol{\pi}_i = -i\hbar\nabla_i - (q_i/c)\boldsymbol{A}(\boldsymbol{r}_i)$. Wenn ϕ und $\boldsymbol{A}$ zeitunabhängig sind, existieren wie üblich stationäre Lösungen:

$$\psi(\boldsymbol{r}_1, \boldsymbol{r}_2, t) = \mathrm{e}^{-iEt/\hbar}\psi(\boldsymbol{r}_1, \boldsymbol{r}_2), \quad H\psi = E\psi. \tag{26.5}$$

Beim H-ähnlichen Atom als Zweikörperproblem sei 1 = Elektron, 2 = Kern, $q_1 = -e$, $q_2 = Ze$, $V_{12} = -Ze^2/r_{12}$. Wenn keine äußeren Potenziale auf das Atom wirken, $\boldsymbol{A} = \phi = 0$, ist also

$$H = \boldsymbol{p}_1^2/2m_1 + \boldsymbol{p}_2^2/2m_2 - Ze^2/r_{12}. \tag{26.6}$$

Weißt Du noch, dass $\boldsymbol{p}_1$ und $\boldsymbol{p}_2$ die Erzeugenden von Translationen in $\boldsymbol{r}_1$ und $\boldsymbol{r}_2$ sind? Der Operator $\boldsymbol{P} = \boldsymbol{p}_1 + \boldsymbol{p}_2$ verschiebt $\boldsymbol{r}_1$ und $\boldsymbol{r}_2$ gleichermaßen, wobei sich r_{12} nicht ändert. Da sonst $\boldsymbol{r}_1$ und $\boldsymbol{r}_2$ in (26.6) nicht auftreten, gilt $[H, \boldsymbol{P}] = 0$. Während also der Impuls des Elektrons im freien H-Atom nicht erhalten ist, ist der Gesamtimpuls des Atoms doch erhalten. Weil H von r_{12} abhängt, wählen wir $\boldsymbol{r} = \boldsymbol{r}_1 - \boldsymbol{r}_2$ als neuen Ortsvektor. Den zweiten Ortsvektor $\boldsymbol{r}_s$ wählen wir so, dass der kinetische Operator $\boldsymbol{p}_1^2/2m_1 + \boldsymbol{p}_2^2/2m_2$ auch in der neuen Variablen separiert:

$$\boldsymbol{r} = \boldsymbol{r}_1 - \boldsymbol{r}_2, \quad \boldsymbol{r}_s = (m_1\boldsymbol{r}_1 + m_2\boldsymbol{r}_2)/M, \quad M = m_1 + m_2. \tag{26.7}$$

Laut Kettenregel ist dann z.B.

$$\begin{aligned} \partial_{x_1} &= [\partial_{x_1}, x]\partial_x + [\partial_{x_1}, x_s]\partial_{x_s} = \partial_x + \partial_{x_s} m_1/M, \\ \partial_{x_2} &= [\partial_{x_2}, x]\partial_x + [\partial_{x_2}, x_s]\partial_{x_s} = -\partial_x + \partial_{x_s} m_2/M, \end{aligned} \tag{26.8}$$

$$\partial_{x_i}^2/2m_i = \partial_x^2/2m_i \pm \partial_x\partial_{x_s}/M + m_i\partial_{x_s}^2/2M^2, \tag{26.9}$$

$$\partial_{x_1}^2/2m_1 + \partial_{x_2}^2/2m_2 = \partial_x^2/2\mu + \partial_{x_s}^2/2M, \tag{26.10}$$

$$\mu^{-1} = m_1^{-1} + m_2^{-1}, \quad \mu = m_1 m_2/M. \tag{26.11}$$

μ heißt *reduzierte Masse.* Mit den analogen Transformationen von $\partial^2_{y_i}$ und $\partial^2_{z_i}$ folgt

$$H = H_r + H_{\text{sp}}, \quad H_r = \boldsymbol{p}^2/2\mu + V(r), \quad H_{\text{sp}} = \boldsymbol{P}^2/2M. \tag{26.12}$$

Wir können jetzt für ψ wieder einen Separationsansatz machen,

$$\psi(\boldsymbol{r}_1, \boldsymbol{r}_2) = \mathrm{e}^{i\boldsymbol{K}\boldsymbol{r}_s}\psi(\boldsymbol{r}), \tag{26.13}$$

$$H_{\text{sp}}\psi = (\hbar^2\boldsymbol{K}^2/2M)\psi = E_s\psi. \tag{26.14}$$

E_s ist die Energie der Schwerpunktsbewegung. Wie nennen $E - E_s = E_r$ = Energie der Relativbewegung und erhalten

$$H_r\psi(\boldsymbol{r}) = E_r\psi(\boldsymbol{r}). \tag{26.15}$$

Damit sind wir wieder bei einer effektiven Einteilchengleichung, nur ist die Teilchenmasse m durch μ ersetzt worden. Entsprechend ist die korrekte Rydbergkonstante des H-Atoms, mit R_∞ aus (17.10),

$$R_H = R_\infty m_{\text{p}}/(m_{\text{p}} + m_{\text{e}}) = 0.999\,46\, R_\infty. \tag{26.16}$$

☞ *Aufgabe:* Setze im H-Atom $\boldsymbol{p}^2/2\mu = \boldsymbol{p}^2/2m_1 + \boldsymbol{p}^2/2m_2$ und berechne $\langle \boldsymbol{p}^2/2m_2\rangle$ über den Virialsatz (vergl. (8.27))

$$2\langle \boldsymbol{p}^2/2m_2\rangle = \langle -V\rangle. \tag{26.17}$$

Vergleiche die Energieverschiebung mit dem exakten Resultat (17.10).

§27. Identische Teilchen im äuszeren Potenzial. Pauliprinzip

Wo Pauli, Bose und Einstein die mögliche Vielfalt der Natur durch Verbote einschränken.

In §0 wurde schon erwähnt, dass Elektronen durch einen Spinorfeldoperator $\Psi(\boldsymbol{r}, t)$ erzeugt werden. Dadurch entstehen alle gleich; die perfekte Klongesellschaft. Ebenso werden Fotonen durch einen Vektorfeldoperator

$\boldsymbol{A}(\boldsymbol{r},t)$ erzeugt. Alle Fotonen in einer festen Mode $|i\rangle$ sind absolut identisch (§35). Bei anderen Teilchensorten (Protonen, Neutronen, α-Teilchen, π-Mesonen) sind entsprechende erzeugende Operatoren nur sinnvoll bei Abständen $\boldsymbol{r}$, die deutlich größer sind als die Teilchenradien. Aber auch diese Teilchen sind ununterscheidbar. So haben z.B. alle α-Teilchen, alle ^{14}N-Kerne usw. genau die gleiche Masse.
Bei zwei Elektronen bewirken die identischen Massen und Ladungen

$$H_2(\boldsymbol{r}_2,\boldsymbol{\sigma}_2,\nabla_2) = H_1(\boldsymbol{r}_2,\boldsymbol{\sigma}_2,\nabla_2) = (\boldsymbol{\pi}_2\boldsymbol{\sigma}_2)^2/2m_e + V(\boldsymbol{r}_2), \tag{27.1}$$

mit $\boldsymbol{\pi}_2 = -i\hbar\nabla_2 + (e/c)\boldsymbol{A}(\boldsymbol{r}_2,t)$. H_2 entsteht also aus H_1 durch die Ersetzung $\boldsymbol{r}_1 \leftrightarrow \boldsymbol{r}_2$, $\nabla_1 \leftrightarrow \nabla_2, \boldsymbol{\sigma}_1 \leftrightarrow \boldsymbol{\sigma}_2$. Der vollständige Hamilton eines Heliumatoms ist ähnlich wie in (26.3)

$$H = H_1 + H_2 + H_{12}, \quad H_{12} \approx V_{12}, \quad V_{12} = e^2/r_{12}. \tag{27.2}$$

(eine genauere Form von H_{12} kommt in (28.1)). Bei spinlosen Teilchen (α, π^- usw.) ist natürlich $(\boldsymbol{\pi\sigma})^2$ durch $\boldsymbol{\pi}^2$ zu ersetzen. Unabhängig von den Details von H_1 und H_{12} ist H stets symmetrisch unter der Vertauschung $1 \leftrightarrow 2$. Sei P_{12} der Vertauschungsoperator $1 \leftrightarrow 2$, dann gilt

$$P_{12}H\psi = HP_{12}\psi. \tag{27.3}$$

Ist nun $H\psi = E\psi$, dann folgt daraus $HP_{12}\psi = EP_{12}\psi$ für sonst beliebige Funktionen ψ. Also ist $P_{12}\psi = \psi$ bis auf einen Faktor F:

$$P_{12}\psi = F\psi. \tag{27.4}$$

Bei nochmaligem Vertauschen erhalten wir wieder den Urzustand $P_{12}^2\psi = \psi$; also ist $F^2 = 1$, $F = \pm 1$ und

$$\psi(\boldsymbol{r}_1,\boldsymbol{r}_2,t) = \pm\psi(\boldsymbol{r}_2,\boldsymbol{r}_1,t). \tag{27.5}$$

Das erinnert zunächst an die Diskussion der Parität $\mathcal{P}$, wo wir aus $\mathcal{P}H = H\mathcal{P}$ gefolgert hatten, dass wir die Eigenzustände von H stets als Paritätseigenzustände wählen können (ohne Entartung sind sie das schon von selbst). Es gibt aber einen fundamentalen Unterschied zur Parität: Bei Teilchen mit halbzahligem Spin ($s = \frac{1}{2}, \frac{3}{2} \ldots$, sog. *Fermionen*) hat Pauli Zustände mit $F = 1$ verboten, und bei Teilchen mit ganzzahligem Spin ($s = 0, 1, \ldots$, sog. *Bosonen*) haben Bose und Einstein alle Zustände mit $F = -1$ verboten. Das Foton zählt hier als Spin-1-Teilchen. Das Verbot ist besonders drastisch bei spinlosen Teilchen. So ist z.B. in den Rotationszuständen von N_2-Molekülen die Vertauschungssymmetrie der beiden Kerne identisch mit der Parität,

$F = (-1)^\ell$ (ℓ = Drehimpuls der Rotation der beiden Kerne umeinander). Wenn nun beide Stickstoffkerne zum häufigsten Isotop ^{14}N gehören, sind die Rotationslevel mit $\ell = 1, 3, 5 \ldots$ verboten. Ersetzt man dagegen einen ^{14}N-Kern durch das ^{15}N-Isotop ($s = \frac{1}{2}$), dann sind plötzlich alle Rotationslevel erlaubt, weil die Kerne ^{14}N und ^{15}N verschieden sind.
Heute können wir diese Verbote als Folgen der Quantenfeldtheorie verstehen (§36 nach (36.10) für Fotonen, §55 für Elektronen). Sie stehen außerhalb unseres bisherigen QM-Formalismus und gelten bereits für freie Teilchen über große Abstände.
Bei identischen Spinorteilchen gilt immer das Minuszeichen unter Vertauschung (Pauliprinzip), allerdings muss man auch die Spinkomponenten vertauschen. Der allgemeine Zweiteilchenspinor hat nicht nur zwei Örter $\boldsymbol{r}_1$ und $\boldsymbol{r}_2$, sondern außerdem zwei Spinorindizes m_{s_1} und m_{s_2}, in Erweiterung von (21.4):

$$\psi_s(\boldsymbol{r}_1, \boldsymbol{r}_2) = \sum_{m_{s_1}, m_{s_2}} \psi_{m_{s_1}, m_{s_2}} \chi(m_{s_1}, m_{s_2}). \tag{27.6}$$

Entsprechend gibt es jetzt 2 Spinhamiltone, $\boldsymbol{h}_1\boldsymbol{\sigma}_1$ und $\boldsymbol{h}_2\boldsymbol{\sigma}_2$, analog zu (21.17). Insbesondere ist der Operator der kinetischen Energie

$$\left[(\boldsymbol{\pi}_1\boldsymbol{\sigma}_1)^2 + (\boldsymbol{\pi}_2\boldsymbol{\sigma}_2)^2\right]/2m = (\boldsymbol{\pi}_1^2 + \boldsymbol{\pi}_2^2)/2m + \mu_B\left[\boldsymbol{\sigma}_1\boldsymbol{B}(\boldsymbol{r}_1) + \boldsymbol{\sigma}_2\boldsymbol{B}(\boldsymbol{r}_2)\right], \tag{27.7}$$

wobei $\boldsymbol{\sigma}_1$ nur auf den ersten Index in χ wirkt und $\boldsymbol{\sigma}_2$ nur auf den zweiten. Es gilt z.B. (21.14) in der Form

$$\sigma_{1-}\chi(\tfrac{1}{2}, m_{s_2}) = \chi(-\tfrac{1}{2}, m_{s_2}), \quad \sigma_{1-}\chi(-\tfrac{1}{2}, m_{s_2}) = 0. \tag{27.8}$$

Eine mögliche Anordnung der 4 Komponenten $\psi_{\pm\pm} := \psi_{\pm\frac{1}{2},\pm\frac{1}{2}}$ von ψ_s ist

$$\psi_s = \begin{pmatrix} \psi_{++} \\ \psi_{+-} \\ \psi_{-+} \\ \psi_{--} \end{pmatrix}, \quad \chi(\tfrac{1}{2}, \tfrac{1}{2}) = \begin{pmatrix} 1 \\ 0 \\ 0 \\ 0 \end{pmatrix}, \quad \chi(\tfrac{1}{2}, -\tfrac{1}{2}) = \begin{pmatrix} 0 \\ 1 \\ 0 \\ 0 \end{pmatrix}, \ldots \tag{27.9}$$

$$\boldsymbol{\sigma}_2 = \begin{pmatrix} \boldsymbol{\sigma} & 0 \\ 0 & \boldsymbol{\sigma} \end{pmatrix},$$

aber wie sieht dann $\boldsymbol{\sigma}_1$ als 4×4-Matrix aus? Bequemer schreibt man

$$\chi(m_{s_1}, m_{s_2}) = \chi_1(m_{s_1})\chi_2(m_{s_2}) \tag{27.10}$$

mit der Maßgabe, dass $\boldsymbol{\sigma}_1$ nur auf χ_1 wirkt und $\boldsymbol{\sigma}_2$ nur auf χ_2. Es ist also $\boldsymbol{\sigma}_1 = \boldsymbol{\sigma}_1\sigma_{20}$ und $\boldsymbol{\sigma}_2 = \sigma_{10}\boldsymbol{\sigma}_2$, mit σ_{i0} = Einheitsmatrix bezüglich χ_i. Das Pauliprinzip lautet

$$\begin{gathered} \psi_{++}(\boldsymbol{r}_1, \boldsymbol{r}_2) = -\psi_{++}(\boldsymbol{r}_2, \boldsymbol{r}_1), \quad \psi_{--}(\boldsymbol{r}_1, \boldsymbol{r}_2) = -\psi_{--}(\boldsymbol{r}_2, \boldsymbol{r}_1), \\ \psi_{+-}(\boldsymbol{r}_1, \boldsymbol{r}_2) = -\psi_{-+}(\boldsymbol{r}_2, \boldsymbol{r}_1). \end{gathered} \tag{27.11}$$

Nun ist bei leichten Atomen der spinunabhängige Hamilton $H_{su} = H_{su}\sigma_{10}\sigma_{20}$ (26.3) eine gute Näherung. Damit sind alle 4 Funktionen $\psi_{++}, \ldots, \psi_{--}$ identisch bis auf Konstanten $a_{++}, \ldots, a_{--}$, in Erweiterung von (21.8). Insbesondere sei

$$\psi_{+-}(\boldsymbol{r}_1, \boldsymbol{r}_2) = a_{+-}\psi(\boldsymbol{r}_1, \boldsymbol{r}_2), \quad \psi_{-+}(\boldsymbol{r}_1, \boldsymbol{r}_2) = a_{-+}\psi(\boldsymbol{r}_1, \boldsymbol{r}_2). \tag{27.12}$$

Da H_{su} mit dem spinunabhängigen P_{12} kommutiert, muss $\psi(\boldsymbol{r}_1, \boldsymbol{r}_2)$ entweder symmetrisch unter Vertauschung $\boldsymbol{r}_1 \leftrightarrow \boldsymbol{r}_2$ sein (ψ_{sy}) oder antisymmetrisch (ψ_{as}). Um nun (27.11) zu garantieren, muss ψ_{sy} mit $a_{+-} = -a_{-+}$ gehen (*para*), und ψ_{as} mit $a_{+-} = a_{-+}$ (*ortho*). Mit der Normierung $|a_{+-}|^2 + |a_{-+}|^2 = 1$ und der Konvention $a_{+-} > 0$ ist also

$$\psi_{para} = \psi_{sy}\chi_0^0, \quad \chi_0^0 := [\chi_1(\tfrac{1}{2})\chi_2(-\tfrac{1}{2}) - \chi_1(-\tfrac{1}{2})\chi_2(\tfrac{1}{2})]/\sqrt{2}, \tag{27.13}$$

$$\psi_{ortho} = \psi_{as}\chi_1^0, \quad \chi_1^0 := [\chi_1(\tfrac{1}{2})\chi_2(-\tfrac{1}{2}) + \chi_1(-\tfrac{1}{2})\chi_2(\tfrac{1}{2})]/\sqrt{2}. \tag{27.14}$$

Jetzt zum Gesamtspin $\boldsymbol{S} = \frac{1}{2}(\boldsymbol{\sigma}_1 + \boldsymbol{\sigma}_2)$. Die Produkte $\chi_1(m_{s_1})\chi_2(m_{s_2})$ lassen sich zu Eigenzuständen $\chi_s^{m_s}$ von $\boldsymbol{S}^2$ und S_z kombinieren:

$$\boldsymbol{S}^2\chi_s^{m_s} = s(s+1)\chi_s^{m_s}, \quad S_z\chi_s^{m_s} = m_s\chi_s^{m_s} \tag{27.15}$$

mit den Werten $s = 0$ (Singlett) und $s = 1$ (Triplett, $m_s = 0, \pm 1$). Für $m_{s_1} = m_{s_2}$ ist $m_s = m_{s_1} + m_{s_2} = 2m_{s_1} = \pm 1$. Die Produkte $\chi_1(m_{s_1})\chi_2(m_{s_1})$ sind deshalb bereits $\boldsymbol{S}^2$-Eigenzustände, mit $s = 1$:

$$\chi_1^1 = \chi_1(\tfrac{1}{2})\chi_2(\tfrac{1}{2}), \quad \chi_1^{-1} = \chi_1(-\tfrac{1}{2})\chi_2(-\tfrac{1}{2}). \tag{27.16}$$

Sie gehören zu den Komponenten ψ_{++} und ψ_{--} und sind gemäß (27.11) nur bei den antisymmetrischen Wellenfunktionen $\psi_{as}(\boldsymbol{r}_1, \boldsymbol{r}_2)$ möglich. Der noch fehlende dritte Triplettzustand folgt durch Anwendung von $S_- = \frac{1}{2}\sigma_{1-} + \frac{1}{2}\sigma_{2-}$ auf χ_1^1. Dabei senkt der erste Operator nur m_{s_1}, der zweite nur m_{s_2}. Das normierte Resultat ist gerade χ_1^0 (27.14). Die dazu orthogonale Kombination χ_0^0 (27.13) muss dann wohl $s = 0$ haben, oder?

Dass ψ_{para} und ψ_{ortho} Eigenzustände von $\boldsymbol{S}^2$ und S_z sind, liegt also nur an den Symmetrieeigenschaften dieser Zustände, und nicht an ihren Dreheigenschaften.

Bei 3 Elektronen besteht ψ_s aus 8 Funktionen $\psi_{+++}(\boldsymbol{r}_1, \boldsymbol{r}_2, \boldsymbol{r}_3, t), \ldots, \psi_{---}(\boldsymbol{r}_1, \boldsymbol{r}_2, \boldsymbol{r}_3, t)$. Das Pauliprinzip erfordert jetzt Antisymmetrie in jedem einzelnen Elektronenpaar,

$$P_{12}\psi_{+++} = P_{13}\psi_{+++} = P_{23}\psi_{+++} = -\psi_{+++}. \tag{27.17}$$

Solch eine Funktion nennt man *total antisymmetrisch*, ψ_{ta}. Für $H = H_{\text{su}}$ kann man den *Spinfreiheitsgrad* wieder abtrennen,

$$\psi_{+++} = \psi_{\text{ta}}(\boldsymbol{r}_1, \boldsymbol{r}_2, \boldsymbol{r}_3, t)\chi_1(\tfrac{1}{2})\chi_2(\tfrac{1}{2})\chi_3(\tfrac{1}{2}) = \psi_{\text{ta}}\chi_{\frac{3}{2}}^{\frac{3}{2}} \tag{27.18}$$

und analog für ψ_{---}. Zwei andere mögliche Kombinationen mit ψ_{ta} sind

$$\psi(s = \tfrac{3}{2}, m_s = \pm\tfrac{1}{2}) = \psi_{\text{ta}}\chi_{\frac{3}{2}}^{\pm\frac{1}{2}}, \tag{27.19}$$

$$\begin{aligned}\chi_{\frac{3}{2}}^{\frac{1}{2}} = \big[&\chi_1(\tfrac{1}{2})\chi_2(\tfrac{1}{2})\chi_3(-\tfrac{1}{2}) + \chi_1(\tfrac{1}{2})\chi_2(-\tfrac{1}{2})\chi_3(\tfrac{1}{2}) \\ &+\chi_1(-\tfrac{1}{2})\chi_2(\tfrac{1}{2})\chi_3(\tfrac{1}{2})\big]/\sqrt{3}.\end{aligned} \tag{27.20}$$

Hier ist einfach die magnetische Quantenzahl $m_i = -\frac{1}{2}$ permutiert, und weil das 3 Glieder ergibt, muss zur Normierung ein Faktor $1/\sqrt{3}$ dazu. Die Funktion $\chi_{\frac{3}{2}}^{-\frac{1}{2}}$ hat die 3 m_i-Werte entgegengesetzt zu (27.20). Definieren wir den Gesamtspin als

$$\boldsymbol{S} = \sum\nolimits_i \tfrac{1}{2}\boldsymbol{\sigma}_i, \tag{27.21}$$

dann hat $\chi_{\frac{3}{2}}^{\frac{3}{2}}$ $m_s = \frac{3}{2}$ und damit auch $s = \frac{3}{2}$. Der Senker S_- macht aus $\chi_{\frac{3}{2}}^{\frac{3}{2}}$ die anderen total symmetrischen Spinkombinationen mit $m_s = \pm\frac{1}{2}, -\frac{3}{2}$. Diese sind aber bereits durch die Symmetrisierung allein festgelegt; man braucht also nicht nachzuprüfen, dass (27.20) wirklich $s = \frac{3}{2}$ hat.
Nachdem wir von den $2^3 = 8$ Spinkombinationen die 4 total symmetrischen abgespalten haben, bleiben noch 4 weitere. Zwei davon haben $m_s = \frac{1}{2}$, und zwei $m_s = -\frac{1}{2}$. Aus $m_{\max} = s$ folgt, dass hier zwei verschiedene Dubletts ($s = \frac{1}{2}$) vorliegen. Man kann sich davon auch durch wiederholte CG-Kopplung überzeugen. Für 2 Spinorteilchen ist $2 \times 2 = 3 + 1$. Hinzufügen des 3. Teilchens gibt

$$3 \times 2 + 1 \times 2 = 4 + 2 + 2. \tag{27.22}$$

Hier steht n für $2s+1$, also 1 für $s = 0$ usw. Die Dublettfunktionen faktorisieren nicht mehr in Orts- und Spinteil, sondern sind Summen von Produkten! So zwängt sich der Spin über das Pauliprinzip in die Wellenfunktion.
☞ *Aufgaben:* (i) Wie kann man eigentlich bei zwei Elektronen ψ eichtransformieren? (Betrachte zuerst die Transformation (20.5) von $A_i = A(\boldsymbol{r}_i, t)$!) (ii) Die freie Pauligleichung für ein Elektron hat ebene Wellen $e^{i\boldsymbol{k}_1\boldsymbol{r}_1}\chi_1(m_{s1})$ als Lösungen. Konstruiere die entsprechenden Lösungen für 2 Elektronen!

§28. Einteilchenorbitale. Helium störungstheoretisch

Wo wir die gegenseitigen Abstoßung der Elektronen als Störung empfinden.

Den vollständigen Hamilton eines n-Elektronatoms ohne äußeres Magnetfeld kann man folgendermaßen aufteilen:

$$H = \sum_i H_i + \sum_{i<j} \frac{e^2}{r_{ij}} + \sum_i H_{si} + \sum_{i<j} B_{ij}, \tag{28.1}$$

$$H_i = \boldsymbol{p}_i^2/2m + V(\boldsymbol{r}_i), \quad H_{si} \approx \boldsymbol{L}_i\boldsymbol{\sigma}_i V'(r_i)/4m^2c^2r_i. \tag{28.2}$$

Hierbei sind die *Breitoperatoren* B_{ij} relativistische Korrekturen zur Elektronabstoßung e^2/r_{ij}; sie werden als Störungen behandelt. Die H_{si} enthalten die Einelektron-Spinoperatoren und andere relativistische Einteilchenkorrekturen. Sie lassen sich zumindest bei leichten Atomen auch als Störungen behandeln. Der restliche Hamilton kommutiert mit dem gesamten Bahndrehimpuls,

$$\boldsymbol{L} = \sum\nolimits_i \boldsymbol{L}_i, \quad \left[\boldsymbol{L}, \sum\nolimits_i H_i + \sum\nolimits_{i<j} e^2/r_{ij}\right] = 0. \tag{28.3}$$

Für H_i gilt außerdem $[\boldsymbol{L}_i, H_i] = 0$. Andererseits ist $[\boldsymbol{L}_i, r_{ij}] \neq 0$ und $[\boldsymbol{L}_j, r_{ij}] \neq 0$. Aus §23 wissen wir, dass $\boldsymbol{L}_i$ $\boldsymbol{r}_i$ dreht. $\boldsymbol{L}_i + \boldsymbol{L}_j$ dreht $\boldsymbol{r}_i$ und $\boldsymbol{r}_j$ gleichermaßen, wobei der Abstand r_{ij} sich nicht ändert. Also muss $[\boldsymbol{L}_i + \boldsymbol{L}_j, r_{ij}] = 0$ sein, was sich natürlich auch nachrechnen lässt, insbesondere für $L_{iz} + L_{jz}$. Das ist der Grund für (28.3).
Auch bei Berücksichtigung von e^2/r_{ij} geht man häufig von einer Basis aus, die $e^2/r_{ij} = 0$ setzt (zumindest bei den *offenen Schalen*, siehe §29). Dann ist $H = \sum_i H_i$ eine Summe von Einteilchenoperatoren, und ψ faktorisiert entsprechend, $\psi = \psi_{sa}(\boldsymbol{r}_1)\psi_{sb}(\boldsymbol{r}_2)\ldots$ Die Einteilchenfunktionen $\psi_{sa}, \psi_{sb}, \ldots$ sind die berühmten *Orbitale*; der Index a umfasst einen vollständigen Satz von Einteilchenquantenzahlen, z.B. $a = (n_a, \ell_a, m_{\ell_a}, m_{s_a})$ oder (n_a, ℓ_a, j_a, m_a). Mit dem ersten Satz ist

$$\psi_{sa}(\boldsymbol{r}_1) = \psi_a(\boldsymbol{r}_1)\chi_1(m_{s_a}). \tag{28.4}$$

Allerdings muss man noch antisymmetrisieren; das antisymmetrisierte ψ ist die (normierte) Determinante aus Einteilchenorbitalen, also bei zwei Teilchen

$$\psi_s(\boldsymbol{r}_1, \boldsymbol{r}_2) = \frac{1}{\sqrt{2}} \begin{vmatrix} \psi_{sa}(\boldsymbol{r}_1) & \psi_{sb}(\boldsymbol{r}_1) \\ \psi_{sa}(\boldsymbol{r}_2) & \psi_{sb}(\boldsymbol{r}_2) \end{vmatrix}. \tag{28.5}$$

Insbesondere ist der Grundzustand das antisymmetrische Produkt der Grundzustandsorbitale beider Teilchen, $\psi_a = \psi_b = \psi_o$. Hier ist also

$$\psi_{so} = \psi_o(\boldsymbol{r}_1)\psi_o(\boldsymbol{r}_2)\left[\chi_1(m_{s_a})\chi_2(m_{s_b}) - \chi_1(m_{s_b})\chi_2(m_{s_a})\right]/\sqrt{2}. \tag{28.6}$$

Im Folgenden bezeichnen wir die magnetische Quantenzahl m_{s_a} kürzer als m_a. Hier gibt es nur zwei Fälle: entweder ist $m_a = m_b$, dann ist die eckige Klammer $= 0$, oder es ist $m_a = -m_b$, dann ist $\psi_{so} = 2m_a\psi_{\text{para}}$ (der Faktor $2m_a$ legt nur das Vorzeichen fest). Fazit: Der Grundzustand eines Zweielektronenatoms ist stets ein Spinsinglett. Das gilt selbst beim H^--Ion, wo die Orbitalnäherung (28.5) wirklich schlecht ist, weil die Elektronen sich stark abstoßen.
Bei 3 Elektronen ist entsprechend

$$\psi_s(\boldsymbol{r}_1, \boldsymbol{r}_2, \boldsymbol{r}_3) = \frac{1}{\sqrt{6}}\begin{vmatrix} \psi_{sa}(\boldsymbol{r}_1) & \psi_{sb}(\boldsymbol{r}_1) & \psi_{sc}(\boldsymbol{r}_1) \\ \psi_{sa}(\boldsymbol{r}_2) & \psi_{sb}(\boldsymbol{r}_2) & \psi_{sc}(\boldsymbol{r}_2) \\ \psi_{sa}(\boldsymbol{r}_3) & \psi_{sb}(\boldsymbol{r}_3) & \psi_{sc}(\boldsymbol{r}_3) \end{vmatrix}. \tag{28.7}$$

Der entsprechende *naive Grundzustand* wäre

$$\begin{aligned} \psi_{so} =& \psi_o(\boldsymbol{r}_1)\psi_o(\boldsymbol{r}_2)\psi_o(\boldsymbol{r}_3)\times \\ & \left[\chi_1(m_a)\chi_2(m_b)\chi_3(m_c) + \chi_1(m_b)\chi_2(m_c)\chi_3(m_a)\right. \\ & +\chi_1(m_c)\chi_2(m_a)\chi_3(m_b) - \chi_1(m_b)\chi_2(m_a)\chi_3(m_c) \\ & \left.-\chi_1(m_a)\chi_2(m_c)\chi_3(m_b) - \chi_1(m_c)\chi_2(m_b)\chi_3(m_a)\right]/\sqrt{6}. \end{aligned} \tag{28.8}$$

Die eckige Klammer verschwindet aber für jede beliebige Kombination von m_a, m_b, m_c. Da jedes m_i nur 2 verschiedene Werte annehmen kann, müssen 2 der 3 m_i-Werte gleich sein, z.B. $m_a = m_b$. Damit wäre der 1. Summand gleich dem 4., der 2. gleich dem 5., der 3. gleich dem 6. Wir erhalten so das Pauliprinzip des Chemikers: in ein Orbital passen maximal zwei Elektronen. Die Determinanten (28.5), (28.7) heißen *Slaterdeterminanten*; das wirkliche ψ ist eine Linearkombination von Slaterdeterminanten. Mit

$$\psi_a = R_{n_a}(r)Y_{\ell_a}^{m_{\ell a}}(\vartheta, \varphi) \tag{28.9}$$

muss man zumindest die Kugelfunktionen zu Eigenfunktionen von $\boldsymbol{L}$ und L_z kombinieren, bevor man die r_{ij} als Störoperatoren berücksichtigen kann. Man hat dann die sogenannte LS-Kopplung oder Russell-Saunders-Kopplung.
Bei schweren Atomen werden die relativistischen Operatoren H_{si} wichtiger als die e^2/r_{ij}. Damit ist $H \approx \sum_i(H_i + H_{si})$ eine brauchbare Näherung.

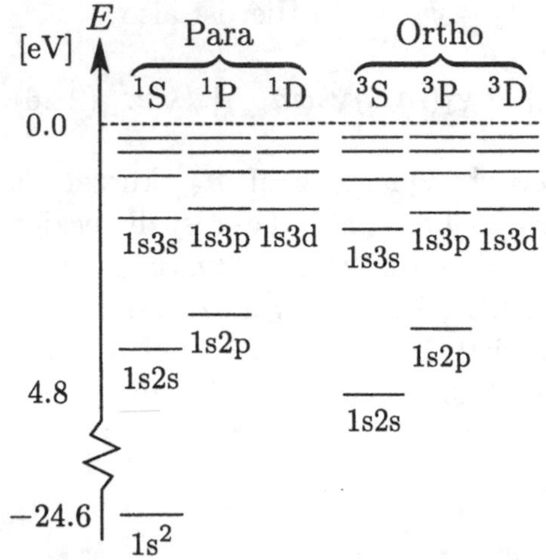

Bild 28-1: Heliumtermschema — Level, bei denen ein Elektron im Grundzustand 1s bleibt. Der Nullpunkt von E ist entsprechend gewählt.

Im Orbital $\psi_{sa}(\boldsymbol{r}_i)$ ist jetzt $\widehat{\boldsymbol{L}}_i + \boldsymbol{S}_i = \boldsymbol{J}_i$ fest gekoppelt, und m_a bedeutet entsprechend den Eigenwert von J_{iz}:

$$\psi_{as}(\boldsymbol{r}_i) = R_{n_a} \chi_{\ell_a}^{j_a m_a} \tag{28.10}$$

mit den χ_ℓ^{jm} aus (24.12). Und zwar liegt wegen (25.12) die Orbitalenergie zu $j = \ell - \frac{1}{2}$ tiefer als die zu $j = \ell + \frac{1}{2}$. Der j-Wert wird als Index zum Bahndrehimpuls geführt. Die niedrigsten Orbitale sind also $\mathrm{s}_{\frac{1}{2}}, \mathrm{p}_{\frac{1}{2}}, \mathrm{p}_{\frac{3}{2}}$.

Das Termschema von Helium ist in Bild 28-1 angedeutet. Die Klassifikation 1s^2, 1s 2s, 1s 2p usw. bezieht sich auf die Orbitalnäherung, selbst wenn die Zustände anders berechnet werden. Die Großbuchstaben S, P, D klassifizieren den Gesamtdrehimpuls ℓ, der obere Index (^{1} oder ^{3}) gibt die Spinmultiplizität $2s+1$ (häufig schreibt man L, S statt ℓ, s). Da bei allen angegebenen Termen ein Elektron (willkürlich das erste) im 1s Grundzustand ist, ist hier $\ell = \ell_2$, jedenfalls in der Einorbital-Näherung. Bei Anregung beider Elektronen liegt die Gesamtenergie über der Ionisationsgrenze für ein Elektron. Diese Zustände zerfallen meist durch Selbstionisation, d.h. ein Elektron hüpft runter und schickt das andere fort. (Eine Ausnahme bilden die Zustände (2p)^2 ^{3}P und 2p3p ^{1}P, bei denen Selbstionisation in der LS-Kopplung verboten ist, wegen Drehimpuls- und Paritätserhaltung.)

In der einfachsten Orbitalnäherung ist die Gesamtenergie laut (17.10), mit $Z^2 = 4$ und der Rückstoßkorrektur analog zu (26.16),

$$E_n = -4R_{\mathrm{He}}(1 + 1/n^2), \quad R_{\mathrm{He}} = R_\infty m_\alpha/(m_\alpha + m_\mathrm{e}). \tag{28.11}$$

Allerdings sieht man schon an Bild 28-1, dass der 1s2s-Orthozustand tiefer liegt als der entsprechende Parazustand. Das kommt von der Coulombabstoßung zwischen den Elektronen. Da der Orthozustand die antisymmetrische Funktion $\psi_{\text{as}}(\boldsymbol{r}_1, \boldsymbol{r}_2)$ hat, können die beiden Elektronen nicht an der gleichen Stelle sein, $\psi_{\text{as}}(\boldsymbol{r}_1, \boldsymbol{r}_1) = 0$. Die Abstoßung ist hier kleiner als bei Parahelium. In 1. Ordnung Störungstheorie liefert (25.6)

$$
\begin{aligned}
E^1 &= \left\langle \frac{e^2}{r_{12}} \right\rangle = \int d^3r_1\, d^3r_2\, \frac{e^2}{r_{12}} \frac{|\psi_a(\boldsymbol{r}_1)\psi_b(\boldsymbol{r}_2) \pm \psi_a(\boldsymbol{r}_2)\psi_b(\boldsymbol{r}_1)|^2}{2} \\
&= J \pm K,
\end{aligned}
\tag{28.12}
$$

wobei das obere Vorzeichen für Parahelium gilt, mit

$$
J = \int d^3r_1\, d^3r_2\, |\psi_a(\boldsymbol{r}_1)|^2 |\psi_b(\boldsymbol{r}_2)|^2 e^2/r_{12}, \tag{28.13}
$$

$$
K = \int d^3r_1\, d^3r_2\, \psi_a^*(\boldsymbol{r}_1)\psi_b(\boldsymbol{r}_1)\psi_a(\boldsymbol{r}_2)\psi_b^*(\boldsymbol{r}_2) e^2/r_{12}. \tag{28.14}
$$

J ist formell der Erwartungswert der Coulombabstoßung zwischen zwei verschiedenen Teilchen. K heißt *Austauschintegral* oder Austauschenergie. Zur Berechnung von J und K benutzen wir die Multipolentwicklung (14.33), mit $u = \cos\vartheta_{12}$, ϑ_{12} = Winkel zwischen $\boldsymbol{r}_1$ und $\boldsymbol{r}_2$ (siehe Bild 28-2),

$$
r_{12}^{-1} = [(\boldsymbol{r}_1 - \boldsymbol{r}_2)^2]^{-\frac{1}{2}}
$$

$$
= [r_1^2 + r_2^2 - 2r_1r_2u]^{-\frac{1}{2}} = r_1^{-1}[1 + (r_2/r_1)^2 - 2ur_2/r_1]^{-\frac{1}{2}} \tag{28.15}
$$

$$
= \frac{1}{r_1}\sum_{\ell=0}^{\infty}(r_2/r_1)^\ell P_\ell(u)\theta(r_1 - r_2) + \frac{1}{r_2}\sum_{\ell=0}^{\infty}(r_1/r_2)^\ell P_\ell(u)\theta(r_2 - r_1). \tag{28.16}
$$

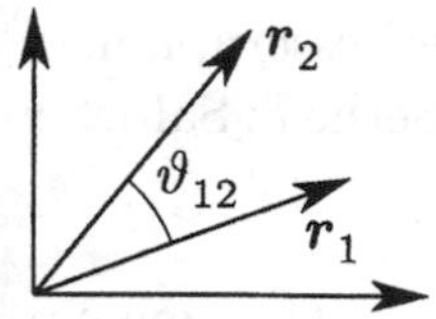

Bild 28-2: Die Lage von ϑ_{12}.

Hier ist $\theta(r_1 - r_2)$ wieder die Stufenfunktion: $\theta(r_1 > r_2) = 1$, $\theta(r_1 < r_2) = 0$, $\theta(r_1 - r_2) + \theta(r_2 - r_1) = 1$. Die Fallunterscheidung ist notwendig, weil (14.33) nur für $s < 1$ gleichmäßig konvergiert. Wir müssen also einmal $s = r_2/r_1$ setzen wie in (28.15) und das andere Mal $s = r_1/r_2$. Dann benutzen wir die in (39.9) zu beweisende Zerlegung von $P_\ell(u)$ nach Kugelfunktionen:

$$
P_\ell(\cos\vartheta_{12}) = \frac{4\pi}{2\ell + 1}\sum\nolimits_m Y_\ell^{m*}(\Omega_1)Y_\ell^m(\Omega_2). \tag{28.17}
$$

Eins der beiden Elektronen sei im Grundzustand, $\psi_a = \psi_o = R_0(r)/\sqrt{4\pi}$. Dann bleibt für J aus der ℓ-Summe in (28.16) und der m-Summe in (28.17) nach Integration über Ω_1, $\int d\Omega_1 = \int d\varphi_1 \, d\cos\vartheta_1$, nur noch $\ell = m = 0$ übrig, wegen der Orthonormalität (14.27):

$$J = e^2 \int r_1^2 dr_1 \, r_2^2 dr_2 \, R_0^2(r_1) R_{n\ell}^2(r_2) \left[\frac{1}{r_1}\theta(r_1 - r_2) + \frac{1}{r_2}\theta(r_2 - r_1) \right]. \tag{28.18}$$

Bei K dagegen bringt $\psi_b(\boldsymbol{r}_1)$ ein $Y_{\ell_b}^{m_b}$ ein, so dass die Orthonormalität $\ell = \ell_b$, $m = m_b$ herausgreift:

$$K = \frac{e^2}{2\ell + 1} \int r_1^2 dr_1 \, r_2^2 dr_2 \, R_0(r_1) R_{n\ell}(r_1) R_0(r_2) R_{n\ell}(r_2) \times \left[r_1^{-1} (r_2/r_1)^\ell \theta(r_1 - r_2) + r_2^{-1} (r_1/r_2)^\ell \theta(r_2 - r_1) \right]. \tag{28.19}$$

Hier muss man die $R_{n\ell}$ aus (17.23) einsetzen. Die Integrale sind alle elementar, man benutzt z.B. die Rekursionsformel

$$\int_{r_1}^\infty r_2^m e^{-ar_2} dr_2 = -\frac{r_2^m e^{-ar_2}}{a} \Big|_{r_1}^\infty + \frac{m}{a} \int_{r_1}^\infty r_2^{m-1} e^{-ar_2} dr_2. \tag{28.20}$$

Es zeigt sich nun, dass J und K beide positiv sind. Da der Energieunterschied zwischen den entsprechenden Zuständen von Para- und Orthohelium in unserer Näherung gerade $2K$ ist, liegen also die jeweiligen Orthozustände tiefer. Für den Grundzustand $1s^2 \, {}^1S$ findet man

$$J = K = 8e^2 (Z/a_B)^3 \int r_1^2 dr_1 \, e^{-2r_1 Z/a_B} \int r_2^2 dr_2 \, e^{-2r_2 Z/a_B} \times \left[r_1^{-1}\theta(r_1 - r_2) + r_2^{-1}\theta(r_2 - r_1) \right] = \tfrac{5}{4} Z R_\infty. \tag{28.21}$$

Für $\ell > 0$ kann man die Störungstheorie laut Heisenberg verbessern, indem man das symmetrische H unsymmetrisch aufspaltet (siehe Bethe & Salpeter 1957):

$$H = -(\hbar^2/2m)(\nabla_1^2 + \nabla_2^2) - Ze^2 \left(r_1^{-1} + r_2^{-1}\right) + e^2/r_{12} = H_0 + H_{\text{st}}, \tag{28.22}$$

$$H_0 = -(\hbar^2/2m)\nabla_1^2 - Ze^2/r_1 - (\hbar^2 2m)\nabla_2^2 - (Z - 1)e^2/r_2, \tag{28.23}$$

$$H_{\text{st}} = e^2 \left(r_{12}^{-1} - r_2^{-1}\right) \approx \left(e^2/r_2\right) \sum_{\ell=1}^\infty (r_1/r_2)^\ell P_\ell(\cos\vartheta_{12}). \tag{28.24}$$

Mit $\psi_b \sim r^\ell$ sind nämlich kleine r-Werte beim zweiten Elektron unterdrückt. Es sieht dann annähernd einen durchs erste Elektron abgeschirmten Kern, also einen Kern der Ladung $(Z-1)e$. Das entsprechende Potenzial benutzt man in H_0, hat dann allerdings in ψ_{sa} und ψ_{sb} verschiedene Bohrradien. Für große ℓ geht das neue Austauschintegral K rasch gegen 0, dort sind dann Para- und Orthohelium fast entartet. Die Elektronen sind dann unterscheidbar geworden, man hat ein inneres Elektron und ein äußeres, die räumlich getrennt sind (*Rydberg-Atome*). Die zugehörigen Energielevel sind, für beliebiges Z,

$$E_n = -R_{\rm He}[Z^2 + (Z-1)^2/n^2]. \tag{28.25}$$

☞ *Aufgabe:* Berechne für den Hamilton (27.2) $[\boldsymbol{L}_1, H]$ und $[\boldsymbol{L}_2, H]$ (i) in kartesischen Koordinaten, (ii) für L_{1z} und L_{2z} in Kugelkoordinaten und (iii) zeige $[\boldsymbol{L}_1 + \boldsymbol{L}_2, H] = 0$.

§29. Variationsmethode und Parahelium. Schalenmodell

Wo wir die gegenseitige Abstoßung der Elektronen ernst nehmen.

Hier wählt man eine dem Problem angepasste Funktion ψ_v, die von einigen freien Parametern abhängt, die so bestimmt werden, dass $\langle H\rangle_v$ möglichst nahe an die wahre Energie E herankommt. Besonders einfach ist dabei die Berechnung der Grundzustandenergie E_0. Wir entwickeln in Gedanken das normierte ψ_v nach den unbekannten exakten Lösugen ψ_n der Gleichung $H\psi_n = E_n\psi_n$,

$$\psi_v = \sum\nolimits_n c_{vn}\psi_n, \tag{29.1}$$

$$\langle H\rangle_v = \sum\nolimits_n |c_{vn}|^2 E_n \geq E_0 \sum\nolimits_n |c_{vn}|^2 = E_0 \tag{29.2}$$

wegen $E_n \geq E_0$ und $\sum_n |c_{vn}|^2 = 1$. E_0 ist also sicher kleiner als $\langle H\rangle_v$. Deshalb nähert man E_0 durch das Minimum von $\langle H\rangle_v$ bezüglich der freien Parameter in ψ_v. Den Grundzustand von Parahelium kann man z.B. als

$$\psi_v(\boldsymbol{r}_1, \boldsymbol{r}_2) = R_v(r_1)R_v(r_2)/4\pi \tag{29.3}$$

ansetzen, mit $R_v = R_{10}$ aus (17.23), aber mit Ze ersetzt durch eine kleinere *effektive Kernladung* $\widetilde{Z}e$, die die Coulombabstoßung der beiden Elektronen imitieren soll:

$$R_v(r) = 2(\widetilde{Z}/a_B)^{\frac{3}{2}} \mathrm{e}^{-r\widetilde{Z}/a_B}. \tag{29.4}$$

Dann gilt beim Minimum von $\langle H\rangle_v$

$$\partial\langle H\rangle_v/\partial\widetilde{Z} = 0. \tag{29.5}$$

Unser H ist $H_1+H_2+e^2/r_{12}$, und mit dem Ansatz (29.3) ist $\langle H_1\rangle_v = \langle H_2\rangle_v$ ein *Einorbitalerwartungswert*:

$$\langle H\rangle_v = 2\langle H_1\rangle_v + \langle e^2/r_{12}\rangle_v. \tag{29.6}$$

Nur $\langle e^2/r_{12}\rangle$ ist ein Zweiorbitalerwartungswert; laut (28.21) ist

$$\langle e^2/r_{12}\rangle_v = J_v = \tfrac{5}{4}\widetilde{Z}R_\infty. \tag{29.7}$$

Zur Berechnung von $\langle H_1\rangle_v$ schreiben wir

$$H_1 = \boldsymbol{p}_1^2/2m + \widetilde{V}Z/\widetilde{Z}, \quad \widetilde{V} = -\widetilde{Z}e^2/r_1. \tag{29.8}$$

Die Funktion R_v (29.4) ist nämlich eine Lösung der Gleichung $(\boldsymbol{p}^2/2m+\widetilde{V}-\widetilde{E})R_v = 0$ $(\ell = 0)$. Sie hat den Eigenwert $\widetilde{E} = \langle\boldsymbol{p}^2/2m\rangle_v+\langle\widetilde{V}\rangle_v = -\widetilde{Z}^2R_\infty$ laut (17.10). Außerdem gilt der Virialsatz (26.17) in der Form $2\langle\boldsymbol{p}^2/2m\rangle_v = -\langle\widetilde{V}\rangle_v$. Daraus folgt

$$\langle\boldsymbol{p}^2/2m\rangle_v = \widetilde{Z}^2R_\infty, \quad \langle\widetilde{V}\rangle_v = -2\widetilde{Z}^2R_\infty, \tag{29.9}$$

$$\langle H_1\rangle_v = R_\infty(\widetilde{Z}^2 - 2\widetilde{Z}Z) \tag{29.10}$$

sowie laut (29.6)

$$\langle H\rangle_v = 2R_\infty(\widetilde{Z}^2 - 2\widetilde{Z}Z + \tfrac{5}{8}\widetilde{Z}). \tag{29.11}$$

Diese Funktion von $\widetilde{Z}$ hat ihr Minimum bei

$$\widetilde{Z} = Z - \tfrac{5}{16}. \tag{29.12}$$

Sie liefert $\langle H_1\rangle_v = -2R_\infty\widetilde{Z}^2$. Für $Z = 2$ ist $\widetilde{Z}^2 = 2.85$; experimentell ist $E = -2R_\infty \cdot 2.904$.
Ein besserer Ansatz für $\psi_v(\boldsymbol{r}_1, \boldsymbol{r}_2)$ für den Grundzustand von Helium benutzt auch den Elektronenabstand r_{12} als explizite Variable (siehe Bethe & Salpeter 1957)

$$\psi_v = \mathrm{e}^{-Z(r_1+r_2)/a_B}\sum\nolimits_{\mu\nu\sigma=0}^{\infty} c_{\mu\nu\sigma}(r_1+r_2)^\mu(r_1-r_2)^{2\nu}r_{12}^\sigma. \tag{29.13}$$

Orbitale	maximale Elektronenzahl	Edelgas
1s	2	He ($Z = 2$)
2s,2p	8	Ne ($Z = 10$)
3s,3p	8	Ar ($Z = 18$)
4s,3d,4p	18	Kr ($Z = 36$)
5s,4d,5p	18	Xe ($Z = 54$)
6s,4f,5d,6p	32	Rn ($Z = 86$)

Bild 29-1: Die Reihenfolge der Orbitale im Schalenmodell.

Die Energie des 1. angeregten Zustandes wird als Minimum des Erwartungswertes von H für all die Funktionen gerechnet, die orthogonal zum Grundzustand sind, usw.
Das Schalenmodell liefert ein erstes Verständnis der chemischen Eigenschaften der Elemente. Insbesonders sind die Edelgase Atome mit abgeschlossenen Schalen. Die Bezeichnung ist wasserstoffähnlich, d.h. man redet (bei beliebigem Z) von $1s, 2s, 2p, 3s, 3p, 3d\ldots$-Schalen. Eine Schale mit festem ℓ umfasst $2(2\ell + 1)$ Orbitale (der Faktor 2 kommt vom Elektronenspin). Die 1s-Schale (=K-Schale) fasst 2 Elektronen; sie ist beim Helium ($Z = 2$) abgeschlossen. Trotz der wasserstoffähnlichen Bezeichnung wird die Coulombabstoßung zwischen den Elektronen stets irgendwie berücksichtigt. In der $n = 2$ Schale wird insbesondere im 2p-Orbital des Lithiums (Z=3) die effektive Ladung Z_{eff} des Leuchtelektrons durch die beiden K-Elektronen auf $Z_{eff} \sim 1$ reduziert. Abweichungen von 1 lassen sich hier mit einem Ansatz analog zu (28.24) perturbativ berechnen. Im Grenzfall $\langle H_{st} \rangle \sim 0$ erscheint dann in der entsprechenden Verallgemeinerung von (28.25) als letztes Glied ein $(Z - 2)^2/n^2$, also $1/n^2$ wie beim H-Atom, bei $Z = 3$. Beim 2s-Zustand ist diese Abschirmumg etwas schwächer, weil in Kernnähe $|\psi_{2s}(r_3)|^2 > |\psi_{2p}(r_3)|^2$ ist, was in $Z_{eff} = 1.25$ resultiert. So liegen die beiden 2s-Zustände etwas tiefer als die 6 2p-Zustände. Deswegen haben die Atome mit $Z = 3$ (Li) und $Z = 4$ (Be) ihre äußeren Elektronen in der 2s-Schale. Der 2p-Teil der $n = 2$ Schale wird ab $Z = 5$ (Bor) aufgefüllt und ist bei $Z = 10$ (Neon, das nächste Edelgas), voll. Bei mehr als einem Elektron in der offenen Schale ist die Orbitalnäherung allerdings wegen der elektronischen Abstoßung schlecht. (Ist nur noch ein einziges Orbital in dieser Schale frei ($Z = 9$, Fluor), dann kann man sich mit einem Lochorbital behelfen.)
Bei $n = 3$ ist die ℓ-Abhängigkeit der Abschirmung so stark, dass das nächste Edelgas schon beim Abschluss der 3p-Schale erscheint ($Z = 18$, Argon). Die 3d-Schale liegt wegen des stark abgeschirmten Kernes energetisch so hoch, dass sie erst nach der 4s-Schale (K, Ca) aufgefüllt wird.
Mit wachsendem Z ändert sich auch die Struktur der inneren Schalen, hauptsächlich durch relativistische Effekte. So wächst die Spin-Bahn-Energie

$E^1_{n\ell j}$ laut (25.12) wie Z^4. Die Struktur der inneren Schalen bei großem Z zeigt sich u.a. in der Verteilung der *Absorptionskanten* in Röntgenabsorptionsspektren (Bild 29-2). Die Schalen mit $n = 1, 2, 3$ heißen hier K, L, M. Elektronen der K-Schale erfordern die höchste Frequenz zu ihrer Ionisation, danach kommen die Schalen L_I (2s-Elektronen), L_{II} ($2p_{\frac{1}{2}}$) und L_{III} ($2p_{\frac{3}{2}}$, liegt laut (25.12) über $2p_{\frac{1}{2}}$).

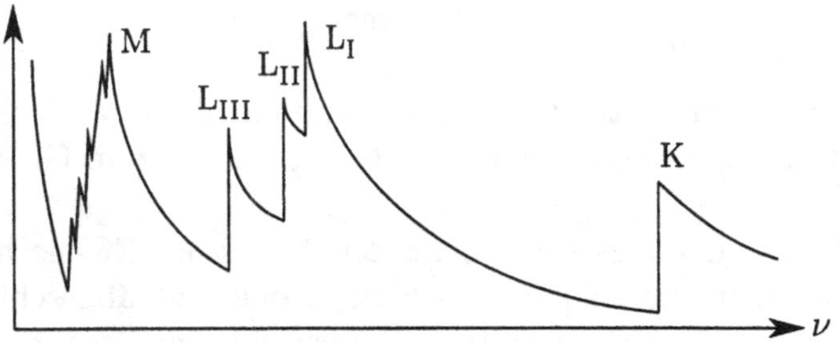

Bild 29-2: Der Röntgenabsorptionskoeffizient mit K, L, M-Kanten.

§30. H_2^+-Ion. LCAO. H_2-Molekül

Wo wir sehen, wie Elektronen Moleküle zusammenhalten.

Gegeben 2 ruhende Protonen im Abstand R und ein Elektron mit der Koordinate $\boldsymbol{r}_e$. Löse die Schrgl des Elektrons $H_e\psi(\boldsymbol{r}_e) = E_e\psi(\boldsymbol{r}_e)$,

$$H_e = -\hbar^2\nabla_e^2/2m - e^2/r_a - e^2/r_b, \tag{30.1}$$

wobei r_a und r_b die Abstände von den beiden Protonen sind (Bild 30-1). $\boldsymbol{R}$ dient als z-Achse (damit gilt $[L_z, H_e] = 0$) und $\boldsymbol{r}_e$ wird vom Mittelpunkt aus gerechnet,

$$\boldsymbol{r}_a = \boldsymbol{r}_e - \boldsymbol{R}/2, \quad \boldsymbol{r}_b = \boldsymbol{r}_e + \boldsymbol{R}/2. \tag{30.2}$$

H separiert in elliptischen Koordinaten, doch lässt sich das nicht auf andere Moleküle verallgemeinern. Nützlicher ist eine Variationsrechnung mit Linearkombinationen atomarer Orbitale (LCAO). Hier benutzt man wasserstoffartige Orbitale, die auf die einzelnen Kerne zentriert sind, im einfachsten Fall

$$\psi(\boldsymbol{r}_e) = c_a\psi_a(\boldsymbol{r}_a) + c_b\psi_b(\boldsymbol{r}_b). \tag{30.3}$$

Dabei ist für den H_2^+-Grundzustand $\psi_a(\boldsymbol{r}) = \psi_b(\boldsymbol{r}) = R_{10}(r)/\sqrt{4\pi} = \psi_0$ mit R_{10} aus (17.23). Bei gleichen Vorzeichen von c_a und c_b ist $\psi(\boldsymbol{r}_e)$ im

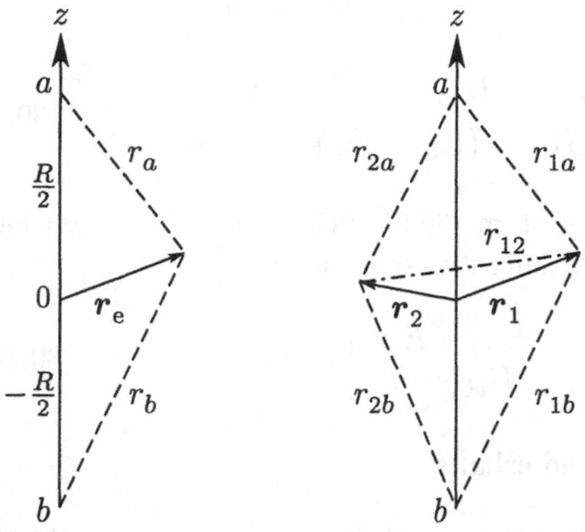

Bild 30-1: Ortsvektoren $\boldsymbol{r}_i$ und Abstände zu den an der z-Achse befestigten Protonen für H_2^+ und H_2. Strichpunktiert der Abstand r_{12} der beiden Elektronen.

Gebiet zwischen den beiden Kernen besonders groß. Den entsprechenden Grundzustand wollen wir berechnen.
Zwar sind ψ_a und ψ_b einzeln auf 1 normiert, aber trotzdem gilt nicht $|c_a|^2 + |c_b|^2 = 1$, denn es gibt ein Überlappintegral

$$S = \int d^3r_e\, \psi_0(r_a)\psi_0(r_b). \tag{30.4}$$

Man rechnet deshalb mit unnormiertem ψ; es hat die Norm

$$N = \int d^3r\, |\psi|^2 = c_a^2 + c_b^2 + 2c_a c_b S. \tag{30.5}$$

Damit lautet der Erwartungswert

$$\langle H\rangle = Z/N, \quad Z = \langle\psi|H|\psi\rangle = c_a^2 H_{aa} + c_b^2 H_{bb} + 2c_a c_b H_{ab}. \tag{30.6}$$

In unserem Fall ist außerdem $H_{aa} = H_{bb}$. Am Minimum von $\langle H\rangle$ bezüglich c_a und c_b gilt

$$\partial_{c_a}\langle H\rangle = \partial_{c_b}\langle H\rangle = 0. \tag{30.7}$$

Mit den Formeln $\partial_{c_a}(Z/N) = (Z' - ZN'/N)/N$

$$\partial_{c_a} Z = 2c_a H_{aa} + 2c_b H_{ab}, \quad \partial_{c_a} N = 2c_a + 2c_b S \tag{30.8}$$

(entsprechend für ∂_{c_b}) und $Z/N = \langle H \rangle = E_e$ erhält man

$$\begin{aligned} c_a(H_{aa} - E_e) + c_b(H_{ab} - E_e S) &= 0, \\ c_a(H_{ab} - E_e S) + c_b(H_{bb} - E_e) &= 0. \end{aligned} \tag{30.9}$$

Damit das homogene Gleichungssystem (30.9) nichttriviale Lösungen hat, muss die Determinante der Koeffizienten verschwinden:

$$\begin{vmatrix} H_{aa} - E_e & H_{ab} - E_e S \\ H_{ab} - E_e S & H_{bb} - E_e \end{vmatrix} = 0. \tag{30.10}$$

Jetzt benutzen wir $H_{aa} = H_{bb}$ und erhalten

$$(H_{aa} - E_e)^2 - (H_{ab} - E_e S)^2 = 0 \tag{30.11}$$

und somit $H_{aa} - E_e = \pm(H_{ab} - E_e S)$. Es gibt also 2 Lösungen

$$E_1 = E_g = \frac{H_{aa} + H_{ab}}{1 + S}, \quad E_2 = E_u = \frac{H_{aa} - H_{ab}}{1 - S}. \tag{30.12}$$

Zur ersten Lösung gehört $c_a = c_b = (2 + 2S)^{-\frac{1}{2}} =: c_g$, zur zweiten $c_a = -c_b = (2-2S)^{-\frac{1}{2}} =: c_u$. Die Indizes $_g$ und $_u$ stehen für *gerade* und *ungerade.* Bei gleichen Kernladungen ist nämlich der Hamilton invariant gegen $z \leftrightarrow -z$, $[\mathcal{P}_z, H] = 0$. Die Zustände $\psi(\boldsymbol{r}_e)$ sind also ganz allgemein Eigenzustände der z-Parität $\mathcal{P}_z$, mit Eigenwerten ± 1. In den Zylinderkoordinaten (z, ρ, φ) von §8 gilt somit

$$\begin{aligned} \psi_g &= c_g[\psi(z, \rho, \varphi) + \psi(-z, \rho, \varphi)], \\ \psi_u &= c_u[\psi(z, \rho, \varphi) - \psi(-z, \rho, \varphi)]. \end{aligned} \tag{30.13}$$

Mit $r_a = \sqrt{(z - R/2)^2 + \rho^2}$, $r_b = \sqrt{(z + R/2)^2 + \rho^2}$ ist klar, dass $\mathcal{P}_z\ r_a$ mit r_b vertauscht. Diese Symmetrie gilt auch für angeregte Zustände von H_2^+ und auch entsprechend für mehrelektronige Moleküle, z.B. H_2, N_2, O_2. Mit dieser Überlegung hätten wir uns die ganze Variation von c_a und c_b sparen können.

Die Energien $E_g = E_g(R)$ und $E_u = E_u(R)$ (30.12) haben den in Bild 30-2 skizzierten Verlauf. Sie entscheiden, ob das Molekül überhaupt zustandekommt (siehe §32). Man nennt den Verlauf $E_u(R)$ *antibindend.* Hier ist, wegen der destruktiven Interferenz der *atomaren Orbitale* ψ_a und ψ_b, $|\psi|^2$ zwischen den Kernen besonders klein, was energetisch ungünstig ist. (Das für H gefundene zugehörige Extremum ist also ein Maximum.) Für $R \to 0$

hat man $E_g(R=0) = E_{\text{at}}(Z_1+Z_2)$ = Energie eines Atoms der Ladung Z_1+Z_2. Für $R\to\infty$ dagegen ist

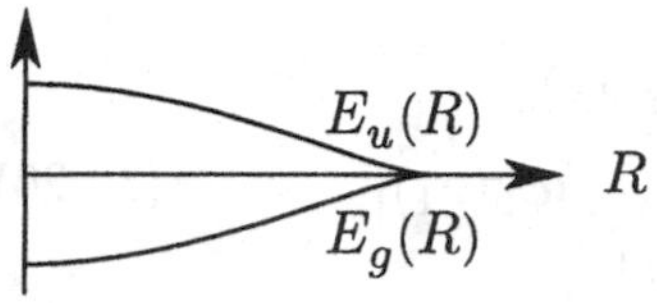

Bild 30-2: Energie des Elektrons in H_2^+ als Funktion des Kernabstandes

$$E_g(R=\infty) = E_u(R=\infty) = E_{\text{at}}(Z_1) + E_{\text{at}}(Z_2) \tag{30.14}$$

die Summe der Energien der getrennten Atome.

Bei zweiatomigen Molekülen mit mehreren Elektronen gilt immer noch $[H, L_z] = 0$, wenn man unter $L_z = \sum_{i=1}^n L_{iz}$ die Komponente von $\boldsymbol{L}$ längs der Molekülaxe versteht. Sei also $L_z\psi = M_L\psi$. Die Bindungsenergien hängen wie in (8.26) nur von M_L^2 ab. Man tauft $|M_L| = \Lambda$; die Zustände mit $\Lambda = 0, 1, 2$ nennt man Σ, Π, Δ analog zu S, P, D bei Atomen.

Für ein Molekül mit n Elektronen wollen wir im Hamilton (28.1) die relativistischen Korrekturen jetzt weglassen:

$$H_e = \sum_{i=1}^n H_i + \sum_{i<j} e^2/r_{ij}, \quad H_i = p_i^2/2m + V(\boldsymbol{r}_i). \tag{30.15}$$

Bei zwei (festgenagelten) Kernen a und b der Ladungen $Z_a e$ und $Z_b e$ ist

$$V(\boldsymbol{r}_i) = -Z_a e^2/r_{ia} - Z_b e^2/r_{ib}. \tag{30.16}$$

Für $n=2$ sind die entsprechenden Abstände in Bild 30-1 skizziert.

Wie beim Helium kann man auch beim H_2 den Grundzustand ganz grob aus atomaren Grundzustandsorbitalen aufbauen, $\psi_a(\boldsymbol{r}) = \psi_b(\boldsymbol{r}) = \psi_0(\boldsymbol{r})$. Der Ortsanteil der vollständigen elektronischen Wellenfunktion des H_2 ist damit symmetrisch in den Elektronen 1 und 2. Das Pauliprinzip verlangt dazu einen antisymmetrischen Spinanteil χ_0^0 wie in (27.13), also $S=0$. Ein symmetrischer Ortsanteil heißt bei den Molekülen *gerade*, man schreibt also statt (27.13)

$$\psi_{\text{para}} = \psi_g(\boldsymbol{r}_1, \boldsymbol{r}_2)\chi_0^0. \tag{30.17}$$

Für $e^2/r_{12} = 0$ wäre $H_e = H_1 + H_2$, dann müsste ψ_g faktorisieren:

$$\psi_g(\boldsymbol{r}_1, \boldsymbol{r}_2, e^2/r_{12} = 0) = \psi_g(\boldsymbol{r}_1)\psi_g(\boldsymbol{r}_2), \tag{30.18}$$

mit ψ_g (30.13) als molekularem Einteilchenorbital (MO). Mit $e^2/r_{12} \neq 0$ könnte man $\psi_g(\boldsymbol{r}_1, \boldsymbol{r}_2)$ aus schiefen Orbitalen (30.3) mit $c_a \neq c_b$ aufbauen. Sei jetzt $\psi_0(\boldsymbol{r}_{ia}) = \phi_a(\boldsymbol{r}_i)$, $\psi_0(\boldsymbol{r}_{ib}) = \phi_b(\boldsymbol{r}_i)$; die unnormierten schiefen Orbitale seien

$$\psi_A(\boldsymbol{r}) = \phi_a(\boldsymbol{r}) + d\phi_b(\boldsymbol{r}), \quad \Psi_B(\boldsymbol{r}) = \phi_b(\boldsymbol{r}) + d\phi_a(\boldsymbol{r}), \tag{30.19}$$

mit $d \neq 1$. $\psi_g(\boldsymbol{r}_1, \boldsymbol{r}_2)$ ergibt sich dann als das symmetrische Produkt

$$\begin{aligned}\psi_g(\boldsymbol{r}_1, \boldsymbol{r}_2) =& \psi_A(\boldsymbol{r}_1)\psi_B(\boldsymbol{r}_2) + \psi_A(\boldsymbol{r}_2)\psi_B(\boldsymbol{r}_1) \\ =&(1+d^2)[\phi_a(\boldsymbol{r}_1)\phi_b(\boldsymbol{r}_2) + \phi_a(\boldsymbol{r}_2)\phi_b(\boldsymbol{r}_1)] \\ &+ 2d[\phi_a(\boldsymbol{r}_1)\phi_a(\boldsymbol{r}_2) + a \to b]\end{aligned} \tag{30.20}$$

Die hintere Klammer heißt *ionischer Anteil*, weil hier beide Elektronen auf einen gemeinsamen Kern zentriert sind. Die erste Klammer heißt *kovalenter Anteil*. Da die Symmetrie diesmal einfach hineingesteckt wurde, ist d der einzige Variationsparameter. Für $d = 1$ ist $\psi_A = \psi_B = \psi_g$, so dass (30.20) wieder äquivalent zu (30.18) wird. Heitler und London (1927) verzichteten auf eine echte Variation von d, sondern wählten $d = 0$, weil dann (30.20) besonders einfach wird:

$$\psi_{HL} = \phi_a(\boldsymbol{r}_1)\phi_b(\boldsymbol{r}_2) + \phi_a(\boldsymbol{r}_2)\phi_b(\boldsymbol{r}_1), \quad \phi_a(\boldsymbol{r}_1) = \psi_0(r_{1a}). \tag{30.21}$$

Das ist nicht nur einfacher als für $d = 1$, sondern auch besser. Man braucht jetzt nur noch $\langle H \rangle$ zu berechnen:

$$\langle H \rangle = \langle H \rangle_{HL}/N, \quad \langle H \rangle_{HL} = \langle \psi_{HL} | H_1 + H_2 + e^2/r_{12} | \psi_{HL} \rangle. \tag{30.22}$$

N ist das Normierungsintegral; da ϕ auf 1 normiert ist, gibt's

$$N = \int d^3r_1 d^3r_2 |\psi_{HL}|^2 = 1 + 1 + 2S; \quad S = \int d^3r \phi_a(\boldsymbol{r})\phi_b(\boldsymbol{r}). \tag{30.23}$$

In $\langle H \rangle_{HL}$ benutzen wir $H_{aa} = H_{bb}$, $H_{ab} = H_{ba}$ wie bisher:

$$\langle H_1 \rangle_{HL} = \int d^3r_1 d^3r_2 \psi^*_{HL} H_1 \psi_{HL} = 2H_{aa} + 2SH_{ab}, \tag{30.24}$$

sowie $\langle H_2 \rangle = \langle H_1 \rangle$. Der Zweiteilchenoperator e^2/r_{12} liefert $2J + 2K$, mit J und K analog zu (29.3) und (29.4). Im Endeffekt verläuft die Kurve $\langle H \rangle_{HL} = E_{HL}(R)$ so ähnlich wie $E_g(R)$ in Bild 30-2.
☞ *Aufgabe:* Beweise $H_{aa} = H_{bb} = -13.6\text{eV}$.

§31. Komplexe Moleküle. s-p-Hybridisierung

Wo wir erkennen, dass die Form mancher Moleküle mehr durchs Pauliprinzip als durch Coulombkräfte geprägt ist.

Atomarer Sauerstoff hat 8 Elektronen, wovon laut Schalenmodell je 2 in den 1s- und 2s-Schalen stecken. Die 2p-Schale kann $2 \times 3 = 6$ Elektronen aufnehmen und hat also noch zwei Plätze frei für chemische Bindungen. Beim OH-Molekül bringt das Proton ein weiteres Elektron in die Ehe. Grob betrachtet man das als ein Molekül mit nur zwei Elektronen (Valenzelektronen), wobei die vernachlässigten 7 Elektronen durch eine reduzierte Kernladung $\widetilde{Z}_b$ pauschaliert werden. Das System unterscheidet sich vom H_2 dann nur noch dadurch, dass beim Kern b (dem ^{16}O) ein p-Orbital, $Y_1^0 = Y_{1z} = \sqrt{3/4\pi}z/r$ genommen werden muss.
Beim H_2O-Molekül bringt nun ein weiteres Proton noch ein Elektron ein, und auch dieses zweite Proton wird festgenagelt, z.B. in der xz-Ebene (Bild 31-1), so dass die Schrgl $H_e\psi = E_e\psi$ jetzt $E_e = E_e(R_1, R_2, \alpha)$ liefert. H_e ist nicht mehr drehinvariant um die z-Achse, aber noch spiegelsymmetrisch zur y-Achse. Da aber $Y_{1y}Y_{00}$ negative y-Parität hat ($y \to -y$), bringt das Orbital Y_{1y} (14.37) keine Bindung. Auch das Orbital Y_{1z} scheidet aus, weil es schon bei der OH-Bindung aufgefüllt wurde. Zur Bindung von H_2O aus HO und H trägt also nur noch das Orbital Y_{1x} bei. Betrachten wir jetzt $E_e(R_1, R_2, \alpha)$ als Funktion von α, dann ist $-E_e(\alpha = 90°)$ besonders groß, weil dann das Überlappintegral S im Nenner von (30.12) maximal ist. Also sollte beim echten H_2O $\alpha = 90°$ sein. Beim Vergleich mit dem Experiment ist zu beachten, dass α die Variable der Normalschwingung (b) (Bild 32-5) ist. Der Erwartungswert ist $\langle\alpha\rangle = 104.5°$, also gar nicht so schlecht.
Um $\langle\alpha\rangle > 90°$ zu verstehen, braucht man schon etwas Erfahrung. Zwei H-Atome ziehen sich ja an, man könnte also auf $< 90°$ tippen. Im H_2O hat aber jedes Proton bereits zwei Elektronen in seiner K-Schale (das zweite von der chemischen Bindung); die Besetzungszahl ist also wie beim He-Atom. Wenn die Orbitale zweier Heliumatome sich berühren, zwingt das Pauliprinzip Elektronen in höhere Orbitale, was eine starke Abstoßung bewirkt. Die Bindung an das O-Atom ist nun bereits so eng, dass die Protonen sich etwas voneinander distanzieren müssen.

An Lehrbüchern zur chemischen Bindung erwähnen wir Kutzelnigg (1978), Levine (1991), für Anfänger auch Engelke (1992). Hier können wir nur einige Begriffe erwähnen. Die Molekularorbitale (MOs) von §30 erstrecken sich stets übers ganze Molekül und sind seiner Symmetrie angepasst. Die schiefen Orbitale (30.19) heißen heute gvb (generalized valence bond) und werden für Teile größerer Molekülen gebraucht.

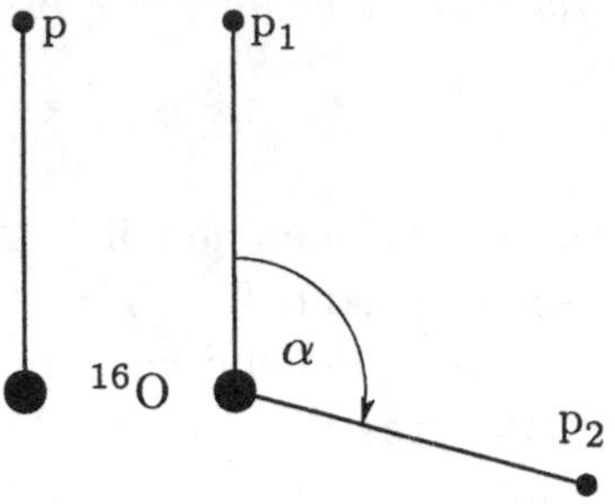

Bild 31-1: Die Lage des Sauerstoffkerns ^{16}O und der Protonen beim OH und beim H_2O.

s-p-Hybridisierung — Atomarer Stickstoff N hat nur 7 Elektronen, also noch 3 Bindungen frei in der 2p-Schale. NH_2 hat $\alpha = 103.4°$, also näher an 90° als H_2O. In unserem Modell müsste bei Ammoniak (NH_3) das dritte Proton auf der y-Achse liegen. Aber die Pauliabstoßung ist bei NH_3 stärker als bei NH_2 und bewirkt eine Pyramidenform mit $\alpha = 107°$ an der Spitze. Noch stärker ist dieser Effekt bei Kohlenstoff (C) mit 4 freien Plätzen in der p-Schale. Nach unserem Modell dürfte Methan (CH_4) gar nicht binden. Die Orbitalbasis muss deshalb erweitert werden. Dazu empfiehlt sich eins der zwei 2s-Orbitale, die ja schon im freien Atom nicht viel tiefer liegen als 2p. Die 4 normierten Orbitale 2s, 2p sind im Folgenden mit $\psi_s, \psi_{px}, \psi_{py}, \psi_{pz}$ bezeichnet. Aus ihnen bildet man passende orthonormierte Kombinationen, was man Hybridisierung nennt. Besonders einfach ist die tetragonale Basis des Methans,

$$\psi_0' = \tfrac{1}{2}(\psi_s + \psi_{px} + \psi_{py} + \psi_{pz}), \quad \psi_y' = \tfrac{1}{2}(\psi_s + \psi_{py} - \psi_{px} - \psi_{pz}),$$
$$\psi_x' = \tfrac{1}{2}(\psi_s + \psi_{px} - \psi_{py} - \psi_{pz}), \quad \psi_z' = \tfrac{1}{2}(\psi_s + \psi_{pz} - \psi_{px} - \psi_{py}). \tag{31.1}$$

Die durch die gestrichenen Orbitale ausgezeichneten Richtungen bilden einen Tetraeder, die zugehörigen $|\psi'|^2$ sind die „chemischen Keulen" des gymnasialen Chemieunterrichts.

Die Pyramiden von NH_3 und CH_3 erfordern eine schwächere Gewichtung von ψ_{pz}. Beim isolierten CH_3-Molekül hat E_e ein schwaches Minimum bei der flachen Konfiguration. Diese wird jetzt in die xy-Ebene gelegt, womit ψ_{pz} entfällt:

$$\psi_1 = \sqrt{\tfrac{1}{3}}\psi_s + \sqrt{\tfrac{2}{3}}\psi_{px}, \quad \psi_2 = \sqrt{\tfrac{1}{3}}\psi_s + \sqrt{\tfrac{1}{2}}\psi_{py} - \sqrt{\tfrac{1}{6}}\psi_{px},$$
$$\psi_3 = \sqrt{\tfrac{1}{3}}\psi_s - \sqrt{\tfrac{1}{2}}\psi_{py} - \sqrt{\tfrac{1}{6}}\psi_{px}. \tag{31.2}$$

Jedes dieser neuen Orbitale kann statt eines H-Atoms auch ein weiteres C-Atom binden, z.B. im Benzolring.

☞ *Aufgabe:* Kontrolliere die Orthogonalität der ψ_i in (31.2).

§32. Adiabatische Näherung. Rotation und Vibration von Molekülen

Wo wir die Moleküle anschuckeln.

Zur Berechnung dieser molekularen Anregungen dürfen wir die Atomkerne nicht mehr festnageln. Wir transformieren zunächst die Kernkoordinaten auf Relativ- und Schwerpunktskoordinaten. Bei zwei Kernen gibt das wie in (26.7)

$$\boldsymbol{R} = \boldsymbol{R}_1 - \boldsymbol{R}_2, \quad \boldsymbol{R}_S = (M_1\boldsymbol{R}_1 + M_2\boldsymbol{R}_2)/M, \quad M = M_1 + M_2. \tag{32.1}$$

Damit erreichen wir für die kinetischen Energien der Kerne

$$\nabla_1^2/2M_1 + \nabla_2^2/2M_2 = \nabla_S^2/2M + \nabla_R^2/2\mu_M, \quad \mu_M = M_1M_2/M \tag{32.2}$$

mit μ_M = reduzierter Kernmasse. Den Elektronenbeitrag zur Schwerpunktsbewegung vernachlässigen wir, d.h. $H_s = \boldsymbol{P}_S^2/2M$ wie in (26.12), und in Abwandlung von (26.13)

$$\psi(\boldsymbol{R}_1, \boldsymbol{R}_2, \boldsymbol{r}_i) = \mathrm{e}^{-i\boldsymbol{K}\boldsymbol{R}_S}\psi(\boldsymbol{R}, \boldsymbol{r}_i). \tag{32.3}$$

Hier sind $\boldsymbol{r}_i$ $(i = 1, \ldots, n)$ die Elektronkoordinaten, die wir wie in §30 vom $\boldsymbol{R}$-Mittelpunkt aus wählen (Bild 32-1). Für $\psi(\boldsymbol{R}, \boldsymbol{r}_i)$ gilt

$$(H_K + H_e)\psi(\boldsymbol{R}, \boldsymbol{r}_i) = E\psi(\boldsymbol{R}, \boldsymbol{r}_i), \tag{32.4}$$

$$H_K = -\hbar^2\nabla_R^2/2\mu_M + Z_1Z_2e^2/R, \tag{32.5}$$

mit H_e aus (30.15), (30.16).

E ist die Gesamtenergie des Moleküls (Elektronen + Kerne), abzüglich der molekularen Schwerpunktsenergie $\hbar^2K^2/2M$ (Eigenwert von $\boldsymbol{P}_S^2/2M$).

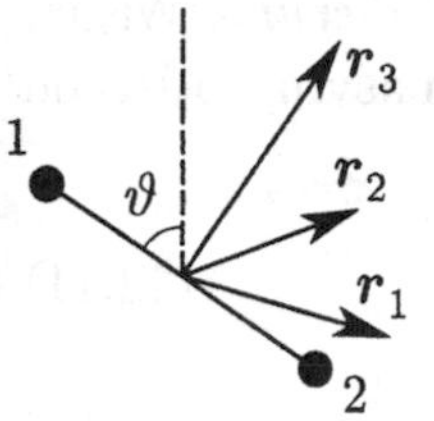

Bild 32-1: Bewegliche Kerne

Gleichung (32.4) ist kaum exakt lösbar. Wegen $\mu_M \gg m$ ist aber bei festem E_{tot} die Kernbewegung träge und für die flinken Elektronen häufig vernachlässigbar. Man setzt deshalb an

$$\psi(\boldsymbol{R}, \boldsymbol{r}_i) = \psi_e(\boldsymbol{R}, \boldsymbol{r}_i)\psi_K(\boldsymbol{R}) \tag{32.6}$$

und wählt $\psi_e(\boldsymbol{R}, \boldsymbol{r}_i)$ als Eigenfunktion von H_e, also für festen Ortsvektor $\boldsymbol{R}$ von Kern 1 und Kern 2:

$$H_e\psi_e(\boldsymbol{R}, \boldsymbol{r}_i) = E_e(\boldsymbol{R})\psi_e(\boldsymbol{R}, \boldsymbol{r}_i). \tag{32.7}$$

Dabei kann man die Richtung $\boldsymbol{R}$ beliebig wählen: E_e ist davon unabhängig, $E_e(\boldsymbol{R}) = E_e(R)$.
Damit wird aus (32.4)

$$(H_K + E_e(\boldsymbol{R}))\, \psi_e \psi_K = E \psi_e \psi_K. \tag{32.8}$$

Man kann nun ψ_e weitgehend eliminieren, indem man mit $\psi_e^\dagger$ multipliziert und über alle Elektronenkoordinaten $\boldsymbol{r}_i$ integriert, $\int \psi_e^\dagger \psi_e = 1$:

$$\left(E_e(\boldsymbol{R}) + \int \psi_e^\dagger H_K \psi_e - E \right) \psi_K(\boldsymbol{R}) = 0. \tag{32.9}$$

Mit H_K aus (32.5) ist $\int \psi_e^\dagger H_K \psi_e = Z_1 Z_2 e^2/R - \hbar^2 \int \psi_e^\dagger \nabla_R^2 \psi_e / 2\mu_M$, damit erscheint ψ_e nur noch in der Kombination $\int \psi_e^\dagger(\boldsymbol{R}, \boldsymbol{r}_i) \nabla_R^2 \psi_e \psi_K$. Nun ist $\nabla_R^2 \psi_e \psi_K = \psi_K \nabla_R^2 \psi_e + \psi_e \nabla_R^2 \psi_K + 2(\nabla_R \psi_e)(\nabla_R \psi_K)$, aber meist ist $\int \psi_e^\dagger \nabla_R \psi_e = 0$, weswegen in (32.9) nur $\psi_K \int \psi_e^\dagger \nabla_R^2 \psi_e / 2\mu_M$ und $\nabla_R^2 \psi_K / 2\mu_M$ bleiben. Die Elektronen sind über das ganze Molekülvolumen verteilt, so dass $\nabla_R^2 \psi_e$ die Größenordnung von $\nabla_e^2 \psi_e$ hat. Damit ist $\nabla_R^2 \psi_e / 2\mu_M$ einen Faktor m_e/μ_M kleiner als $\nabla_e^2 \psi_e / 2m_e$. Anders ist es mit $\nabla_R^2 \psi_K / 2\mu_M$. Die Wellenfunktion $\psi_K(\boldsymbol{R})$ ist auf einen kleinen Bereich um den Gleichgewichtsabstand R_0 konzentriert. Da sie auch auf 1 normiert ist, ist sie umso steiler, so dass $\nabla_R^2 \psi_K$ relativ groß ist. Die Born-Oppenheimer-Näherung setzt nun einfach $\nabla_R^2 \psi_e \psi_K = \psi_e \nabla_R^2 \psi_K$, wodurch ψ_e völlig aus (32.9) verschwindet:

$$\left(-\hbar^2 \nabla_R^2 / 2\mu_M + Z_1 Z_2 e^2/R + E_e(R) \right) \psi_K(\boldsymbol{R}) = E \psi_K(\boldsymbol{R}). \tag{32.10}$$

Die elektronische Gesamtenergie $E_e(R)$ spielt jetzt plötzlich zusammen mit der Kernabstoßung $Z_1 Z_2 e^2/R$ die Rolle eines Potenzials für die Kernbewegung. Man kann sogar einen Teil von $\psi_e^\dagger \nabla_R^2 \psi_e$ noch in die Potenzialkurve $E_e(R)$ einbacken und spricht dann von der *adiabatischen Näherung*. Wegen der enormen Größe atomarer Energien subtrahiert man den asymptotischen Wert (30.14) von $E_e(R)$, definiert also

$$E - E_{\text{at}}(Z_1) - E_{\text{at}}(Z_2) = E_M \tag{32.11}$$

als die molekulare Energie, sowie

$$V(R) = Z_1 Z_2 e^2/R + E_e(R) - E_{\text{at}}(Z_1) - E_{\text{at}}(Z_2) \tag{32.12}$$

als das molekulare Potenzial.

Mit $V(R \to \infty) = 0$ hat V den in Bild 32-2 skizzierten Verlauf. Die molekulare Bewegungsgleichung heißt somit

$$\left(-\hbar^2\nabla_R^2/2\mu_M + V(R)\right)\psi_M(\boldsymbol{R}) = E_M\psi_M(\boldsymbol{R}). \tag{32.13}$$

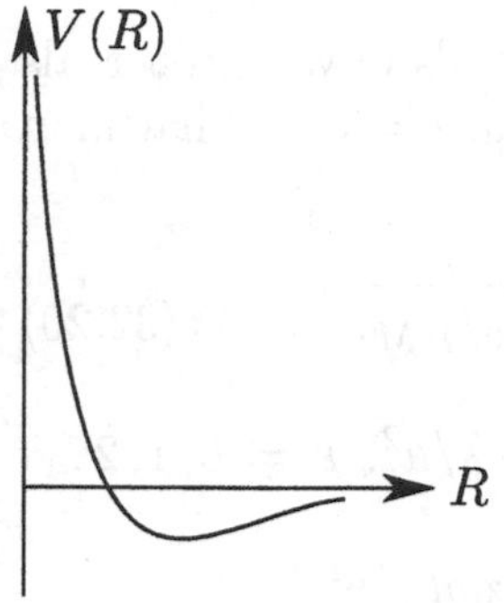

Bild 32-2: Potenzial der Kernbewegung, inklusive $E_e(R)$

Ihr Potenzial $V(R)$ ist drehsymmetrisch; es kommutiert mit $\boldsymbol{L}_M = \boldsymbol{R} \times (-i\hbar\nabla_R)$, dem molekularen Drehimpuls. Die Eigenfunktionen von $\boldsymbol{L}_M^2$ und L_{Mz} nennen wir $Y_K^{M_K}(\vartheta, \varphi)$, d.h. ϑ und φ sind die Winkel unseres beweglichen $\boldsymbol{R}$ (vergl. Bild 32-1). Wir setzen also

$$\psi_K(\boldsymbol{R}) = Y_K^{M_K}(\vartheta, \varphi)\psi_R(R),$$

$$\widehat{\boldsymbol{L}}_M^2 Y_K^{M_K} = K(K+1)Y_K^{M_K}, \tag{32.14}$$

und mit $\nabla_R^2 = (1/R)\partial_R^2 R - \widehat{\boldsymbol{L}}_M^2/R^2$ und $\psi_R(R) = u(R)/R$ wird aus (32.13) die Radialgleichung

$$\left(-\hbar^2\partial_R^2/2\mu_M + V(R) + \hbar^2K(K+1)/2\mu_M R^2\right)u = E_M u. \tag{32.15}$$

Nachdem man $V(R)$ *ab initio* berechnet hat, kann man es durch das *Morsepotenzial* nähern

$$V(R) \approx V_0\left[\mathrm{e}^{-2(R-R_0)/a} - 2\mathrm{e}^{-(R-R_0)/a}\right], \tag{32.16}$$

das nur noch von den beiden Parametern V_0 und a abhängt. Es hat sein Minimum bei $R = R_0$, seine Tiefe ist dort offenbar $V(R_0) \equiv -V_0$. Das Zentrifugalpotenzial in (32.15) darf für kleine K als Störung behandelt werden. Wir setzen einfach $\langle R^{-2}\rangle = R_0^{-2}$, so als ob $u^2 \sim \delta(R - R_0)$ wäre. Damit erhalten wir die *Rotationsenergie* eines Moleküls,

$$E_{\mathrm{rot}} \approx \hbar^2K(K+1)/2\mu_M R_0^2 = \hbar^2K(K+1)/2I, \tag{32.17}$$

wobei $I = \mu_M R_0^2$ das *Trägheitsmoment des starren Rotators* ist. Die restliche Energie nennt man *Vibrationsenergie*

$$E_M = E_{\mathrm{rot}} + E_{\mathrm{vib}}. \tag{32.18}$$

Diese Aufteilung ist bei kleinen E_M nützlich. Früher hat man das effektive Potenzial

$$V_{\text{eff}}(R) = V + \hbar^2 K(K+1)/2\mu_M R^2 \tag{32.19}$$

in eine Potenzreihe um sein Minimum entwickelt, mit $x = R/R_{\min} - 1$:

$$V_{\text{eff}}(R) = V_{\min} + (K_0/2)x^2 + bx^3 + cx^4, \quad K_0 = R_{\min}^2 V''(R_{\min}),$$

wobei $R_{\min}$ wegen des abstoßenden Zentrifugalpotenzials etwas größer als R_0 ist (die Rotation streckt das Molekül ein wenig). Für $b = c = 0$ hat man die HO-Näherung:

$$E_M = V_{\min} + \hbar\omega\left(v + \tfrac{1}{2}\right), \quad \omega = \sqrt{K_0/\mu_M}. \tag{32.20}$$

Für kleines K ist $V_{\min} \approx -V_0 + E_{\text{rot}}$ und $K_0 \approx 2V_0/a^2$. $v = 0, 1, 2\ldots$ heißt *Vibrationsquantenzahl.*
Eine elegantere Parametrisierung ist das *Kratzerpotenzial*

$$V(R) = V_0 + B_0 x^2, \quad x = 1 - R_0/R, \tag{32.21}$$

weil man die dabei entstehenden R^{-2}-Glieder mit dem Zentrifugalpotenzial zu einer Funktion λ'/R^2 zusammenfassen kann. Diese Gleichung ist formal identisch mit (16.3) beim H-Atom, für $\lambda' = \lambda + 2mB_0R_0^2/\hbar^2$, $\lambda = K(K+1)$. Die expliziten Lösungen kommen in §51; sie enthalten wieder konfluente hypergeometrische Funktionen. Für $R \to \infty$ geht $-2B_0R_0/R$ zwar etwas langsam gegen Null (vergl. das D-Wellenpotenzial von Bild 17-1), ist aber allemal besser als ein HO (der zudem auch negative R braucht). Dieses Modell wird von Parr & Yang (1989) diskutiert.
Die experimentellen Werte von E_M für $K = 0$ sind in Bild 32-3 fürs H_2-Molekül gezeichnet. Höhere K-Werte (*Rotationsbanden*) bei fester Quantenzahl v zeigt Bild 32-4 (nach Herzberg 1950).
Meist sind die Moleküle im elektronischen Grundzustand, d.h. $E_e(R)$ in (32.6) ist der tiefste Eigenwert. Allerdings ist ja für $\Lambda > 0$ der Grundzustand entartet, $E_e(M_L = \Lambda) = E_e(M_L = -\Lambda)$. Korrekturen zur adiabatischen Näherung bewirken eine kleine Aufspaltung der Level, die sogenannte *Λ-Verdopplung.* Und zwar ist der gesamte Bahndrehimpuls $\boldsymbol{N}$ des Systems Elektronen+Kerne bis auf relativistische Effekte erhalten, $\boldsymbol{N} = \boldsymbol{L}_e + \boldsymbol{L}_M$, $\boldsymbol{N}^2\psi(\boldsymbol{R}, \boldsymbol{r}_i) = n(n+1)\psi(\boldsymbol{R}, \boldsymbol{r}_i)$, während $\boldsymbol{L}_M$ und $\boldsymbol{L}_e$ nur in der adiabatischen Näherung erhalten sind. Man kann also $\boldsymbol{L}_M^2$ umschreiben auf $(\boldsymbol{N} - \boldsymbol{L}_e)^2 = \boldsymbol{N}^2 + \boldsymbol{L}_e^2 - 2\boldsymbol{N}\boldsymbol{L}_e$. Der letzte Operator bricht die adiabatische Näherung, $-2\hbar^2\widehat{\boldsymbol{N}}\widehat{\boldsymbol{L}}_e/2\mu_M R^2$ bewirkt in (32.9) den Operator $-2\hbar^2\widehat{\boldsymbol{N}}\int \psi_e^\dagger \widehat{\boldsymbol{L}}_e\psi_e/2\mu_M R^2$.

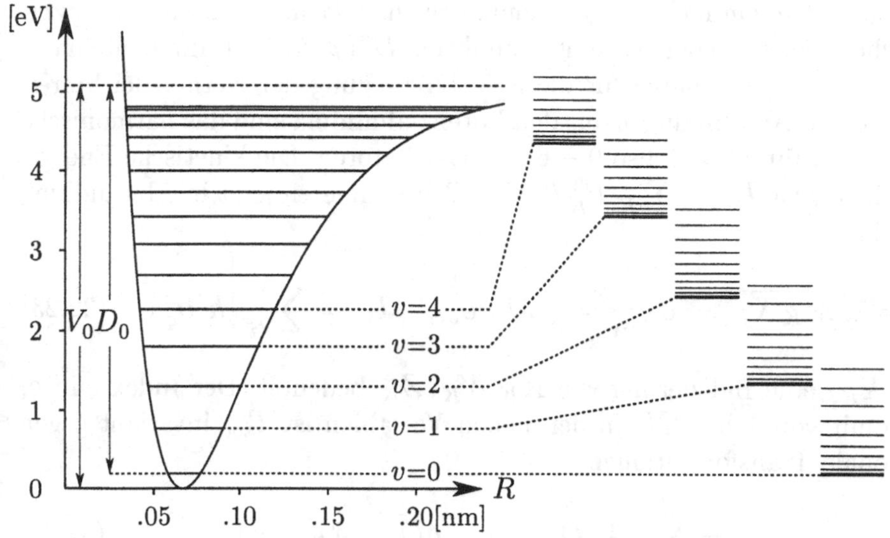

Bild 32-3: Das um V_0 hochgeschobene Morsepotenzial (32.16); darin die Vibrationslevel (D_0 = Dissoziationsenergie).

Bild 32-4: Die Rotationslevel bis $K = 10$ für die 5 niedrigsten Vibrationslevel.

Die Rotationen polyatomarer Moleküle sind kompliziert und häufig mit den Vibrationen verkoppelt. Aber auch bei eingefrorener Molekülform lässt sich E_{rot} nur geschlossen angeben, wenn zwei der Momente I_x, I_y, I_z des auf Hauptaxen transformierten Trägheitstensors I_{ij} gleich sind (symmetrischer Kreisel). Für $I_x = I_y$ ist die Projektion $\hbar k$ des Drehimpulses auf die körperfeste z-Axe eine Konstante der Bewegung. Beim zweiatomigen Molekül tragen hierzu nur die Elektronen bei, und zwar gerade mit $\hbar M_L$. Bei mehratomigen Molekülen tragen nur die Kerne bei, die nicht auf der z-Axe sitzen. Dann gilt statt (32.17)

$$E_{\text{rot}} = \tfrac{1}{2}\hbar^2[K(K+1)/I_z + k^2/I_x - k^2/I_z] \tag{32.22}$$

Beachte, dass auch dies nur von $|k|$ abhängt, analog zur Λ-Entartung. Die Winkelfunktionen des symmetrischen Kreisels $D^*_{M\,J,k}(\varphi, \vartheta, \gamma)$ folgen aus den D-Funktionen $D(\alpha, \beta, \gamma)$ (39.5). Hier sind $\alpha = \varphi$, $\beta = \vartheta$ (vergl. 39.8) und γ die drei Eulerwinkel (siehe auch Landau & Lifschitz 1979).
Es gibt einige Moleküle wie das CH_4, deren Trägheitsellipsoid eine Kugel ist. Solche Moleküle haben kein Rotationsspektrum.
Den Ortsvektoren $\boldsymbol{R}_K(K = 1, \ldots, N)$ eines Systems aus N Kernen entsprechen $3N$ Freiheitsgrade. Drei davon beschreiben die Schwerpunkts-

bewegung $\exp(-i\boldsymbol{K}\boldsymbol{R}_S)$ wie in (32.3), mit $\boldsymbol{R}_S = \sum_K M_K \boldsymbol{R}_K / \sum_K M_K$. Bei einem linearen Molekül beschreiben zwei weitere (φ und ϑ in 32.14) die Rotation, bei einem nichtlinearen kommt noch γ dazu, und zwar beim symmetrischen Kreisel in der erwähnten Funktion $D^*(\varphi, \vartheta, \gamma)$. Dann bleiben nur noch $3N - 6$ Koordinaten für die Relativbewegung der Kerne. Bei hinreichend kleinen Auslenkungen aus den Potenzialminima sind das harmonische Oszillatoren, für $N = 3$ also $9 - 6 = 3$ Oszillatoren. Die kinetische Energie des Moleküls ist $T_{\text{tot}} = \sum_K P_K^2 / 2M_K$. Wir definieren jetzt in Abwandlung von (6.11)

$$q_i = \sqrt{M_K X_{K_i}}, \quad \partial_{X_{K_i}} = \sqrt{M_K}\, \partial_{q_i}, \quad T_{\text{tot}} = \sum\nolimits_i \tfrac{1}{2}\hbar^2 \partial_{q_i}^2, \tag{32.23}$$

wobei X_{K_i} eine Indizierung von X_K, Y_K, Z_K bedeutet. Der Index $_i$ in q_i läuft somit von 1 bis $3N$. In den neuen Variablen ist T_{tot} invariant gegen orthogonale Transformationen:

$$q_i = \sum\nolimits_j A_{ij} Q_j, \quad q = AQ, \quad AA_{\text{tr}} = 1. \tag{32.24}$$

Einige Transformationen werden für die Kollektivbewegungen gebraucht, $T_{\text{tot}} = \frac{1}{2}\hbar^2 \boldsymbol{K}^2 + T_{\text{rot}} + T$. Danach hat $T = T_{\text{vib}}$ immer noch die Form (32.23), aber der Index $_i$ bezieht sich nur noch auf die Vibrationen:

$$T = \tfrac{1}{2} \sum\nolimits_i \hbar^2 \partial_{Q_i}^2 \equiv \tfrac{1}{2} \sum\nolimits_i P_i^2. \tag{32.25}$$

Ähnlich gehts bei der potenziellen Energie V. Diese ist bilinear in q,

$$V = \tfrac{1}{2} \sum\nolimits_{ij} q_i q_j \frac{\partial^2 V}{\partial q_i \partial q_j} \equiv \tfrac{1}{2} \sum\nolimits_{ij} V_{ij} q_i q_j; \tag{32.26}$$

sie beschreibt gekoppelte Oszillatoren. Man kann jedoch die Matrix V mit einer Matrix A diagonalisieren:

$$A_{\text{tr}} V A = \Omega, \quad q_{\text{tr}} V q = Q_{\text{tr}} \Omega Q = \sum\nolimits_i \omega_i^2 Q_i^2. \tag{32.27}$$

Die Eigenwerte ω_i^2 sind dann die der entkoppelten Normalschwingungen:

$$H = \sum\nolimits_i H_i, \quad H_i = \tfrac{1}{2}(P_i^2 + \omega_i^2 Q_i^2). \tag{32.28}$$

Im dreiatomigen Molekül bilden die Kerne eine Ebene. Die Rotationsfreiheitsgrade sind hier beseitigt, wenn man $\boldsymbol{R}_1$, $\boldsymbol{R}_2$ und $\boldsymbol{R}_3$ mit nur je zwei

Komponenten ansetzt und bei den Koordinaten der Auslenkungen darauf achtet, dass keine Drehung in der Ebene dabei ist. Beim H_2O geht das leicht, weil dort die beiden Schenkel gleich lang sind (Bild 32-5).

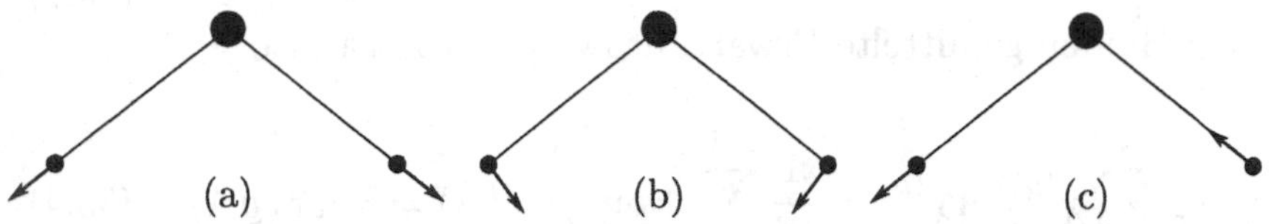

Bild 32-5: Die Normalschwingungen bei H_2O. (a) Streckung; (b) Scherung; (c) Streck-Stauchung. Der Rückstoß des O-Kerns ist vernachlässigt.

§33. Dichtematrix

Wo wir einen Haufen unabhängiger Atome betrachten, sowie die vielen Elektronenpaare in einem einzigen schweren Atom.

Bisher haben wir immer ein einzelnes quantenmechanisches System betrachtet: ein Elektron, ein Atom, ein Molekül. Das ist möglich, z.B. in einer Falle, in der man genau ein Teilchen bzw. *System* halten kann. Meist arbeitet man jedoch mit einem Haufen (*Ensemble*) separater Teilchen oder Atome. Das 1. Atom hat eine Wellenfunktion $\psi^{(1)}$ und Schrgl $i\hbar\partial_t\psi^{(1)} = H\psi^{(1)}$, das zweite Atom hat eine andere Wellenfunktion $\psi^{(2)}$, das dritte $\psi^{(3)}$ usw. Kann man noch etwas über die zeitliche Entwicklung des Haufens sagen, wenn seine Komponenten sich nicht stören?
Das kann man nur unter günstigen Bedingungen, z.B. thermisches Gleichgewicht der Atome, oder wenn alle $\psi^{(i)}$ nur einen endlichen Zustandsraum bevölkern. Wir betrachten zunächst den zweiten Fall. Angenommen $N = 10^5$ Elektronen, die sich gegenseitig nicht stören, auch nicht durchs Pauliprinzip. Sei $H = H_{su}(\boldsymbol{r}, \nabla, t) + H_s(t)$, mit ortsunabhängigem H_s. Dann faktorisieren die einzelnen Spinoren, $\psi_s^{(\nu)} = \psi^{(\nu)}(\boldsymbol{r}_i, t)\chi^{(\nu)}(t)$ $(\nu = 1 \ldots N)$. Aus $i\hbar\partial_t\psi\chi = (H_{su} + H_s)\psi\chi$ folgt eine Art Schrgl für χ

$$i\hbar\partial_t\chi^{(\nu)}(t) = H_s\chi^{(\nu)}(t). \tag{33.1}$$

In einer festen Spinorbasis hat jedes $\chi^{(\nu)}$ die Form

$$\chi^{(\nu)}(t) = \begin{pmatrix} c_1^\nu(t) \\ c_2^\nu(t) \end{pmatrix}, \quad |c_1^\nu|^2 + |c_2^\nu|^2 = 1. \tag{33.2}$$

Für das ν-te Elektron hat ein Spinoperator A den Erwartungswert

$$\langle A\rangle^{(\nu)} = \chi^{(\nu)\dagger}A\chi^{(\nu)} = \sum\nolimits_{ij} c_j^{\nu *} A_{ji} c_i^{\nu} = \mathrm{Spur}\,(\varrho^{(\nu)}A), \quad \varrho_{ij}^{(\nu)} = c_i^{\nu} c_j^{\nu *}. \tag{33.3}$$

Der über den Haufen gemittelte Erwartungswert von A ist also

$$\langle A\rangle_H = \frac{1}{N}\sum_{\nu=1}^{N} \chi^{(\nu)\dagger}A\chi^{(\nu)} = \frac{1}{N}\sum_{\nu=1}^{N} \mathrm{Spur}\,(\varrho^{(\nu)}A) = \mathrm{Spur}\,(\varrho A), \tag{33.4}$$

$$\varrho = \frac{1}{N}\sum_{\nu=1}^{N} \varrho^{(\nu)}, \quad \varrho^{(\nu)} = \chi^{(\nu)}\chi^{(\nu)\dagger}; \quad \varrho_{ij} = \frac{1}{N}\sum_{\nu=1}^{N} c_i^{\nu} c_j^{\nu *}. \tag{33.5}$$

Wegen der Normierung in (33.2) gilt auch

$$\mathrm{Spur}\,\varrho = \sum_i \varrho_{ii} = \frac{1}{N}\sum_{\nu=1}^{N}\sum\nolimits_i |c_i^{\nu}|^2 = \frac{1}{N}\sum_{\nu=1}^{N} 1 = 1. \tag{33.6}$$

Schließlich folgt aus (33.5) $\varrho_{ij} = \varrho_{ji}^*$, d.h. ϱ ist eine hermitische Matrix der Spur 1. Wenn χ in (33.2) n Komponenten hat, ist ϱ eine $n\times n$-Matrix, *Dichtematrix* oder *Zustandsoperator* genannt. Für $n = 2$ hat ϱ die Form

$$\varrho = \tfrac{1}{2}(1 + \boldsymbol{\sigma P}) = \frac{1}{2}\begin{pmatrix} 1 + P_z & P_x - iP_y \\ P_x + iP_y & 1 - P_z \end{pmatrix}. \tag{33.7}$$

Die 3 reellen Parameter P_x, P_y, P_z bilden den *Polarisationsvektor* $\boldsymbol{P}$ des Haufens, den man z.B. bei einem Strahl von Elektronen meist einfach messen muss. Der unpolarisierte Strahl hat $\boldsymbol{P} = 0$. Der Erwartungswert von σ_x für die Form (33.7) ist

$$\langle\sigma_x\rangle = \mathrm{Spur}\,(\varrho\sigma_x) = \tfrac{1}{2}\,\mathrm{Spur}\,(P_x\sigma_x^2) = P_x \tag{33.8}$$

wegen $\mathrm{Spur}\,\sigma_x = 0$, $\mathrm{Spur}\,(\sigma_x\sigma_y) = 0$, $\mathrm{Spur}\,(\sigma_x\sigma_z) = 0$, $\mathrm{Spur}\,\sigma_x^2 = 2$. Der unpolarisierte Elektronenstrahl hat also $\langle\boldsymbol{\sigma}\rangle = 0$. Für ein einzelnes Elektron ist das unmöglich, denn jedes beliebige $\chi^{(\nu)}$ ist Eigenzustand eines gedrehten Spinoperators $\sigma_z^{(\nu)}$, d.h. $\sigma_z^{(\nu)}\chi^{(\nu)} = \pm\chi^{(\nu)}$. Die dazu senkrechten Operatoren $\sigma_x^{(\nu)}$ und $\sigma_y^{(\nu)}$ haben den Erwartungswert 0, was aus $\langle\sigma_x^{(\nu)}\rangle = \langle i[\sigma_z^{(\nu)}, \sigma_y^{(\nu)}]/2\rangle = 0$ folgt, und entsprechend für $\langle\sigma_y^{(\nu)}\rangle$. Für ein einzelnes Elektron zeigt also $\boldsymbol{P}$ in Richtung $z^{(\nu)}$ und hat die Länge 1.

Die folgenden 3 Gleichungen gelten auch für $n \geq 2$ Zustände des Haufens, deswegen schreiben wir jetzt $H_s = H$. Die Matrix $\varrho = \sum_\nu \chi^{(\nu)}\chi^{(\nu)\dagger}/N$ ist dann $n \times n$. Aus (33.1) und der hermitisch konjugierten Gleichung $-i\hbar\partial_t\chi^{(\nu)\dagger} = \chi^{(\nu)\dagger}H$ folgt

$$i\hbar\partial_t\varrho = \frac{1}{N}\sum\nolimits_\nu \left(H\chi^{(\nu)}\chi^{(\nu)\dagger} - \chi^{(\nu)}\chi^{(\nu)\dagger}H\right) = H\varrho - \varrho H. \tag{33.9}$$

Damit wird die zeitliche Änderung des Haufenerwartungswertes $\langle A\rangle_H$ von A

$$i\hbar\partial_t\langle A\rangle_H = i\hbar\partial_t \operatorname{Spur}(\varrho A) = \operatorname{Spur}\left(i\hbar\varrho\dot{A} + H\varrho A - \varrho HA\right). \tag{33.10}$$

Unter der Spur darf man Matrizen zyklisch vertauschen, also im zweiten Glied $H\varrho A$ durch ϱAH ersetzen:

$$i\hbar\partial_t\langle A\rangle_H = \operatorname{Spur}\left[\varrho(i\hbar\dot{A} + [A,H])\right]. \tag{33.11}$$

Als Beispiel betrachten wir Elektronen im konstanten Magnetfeld; aus (22.1) übernehmen wir $H_s = (g_e/4)(e\hbar/mc)\boldsymbol{B\sigma} = \frac{1}{2}\hbar\omega_0\sigma_z$, $\omega_0 = g_e eB/2mc = g_e\omega_L$ (ω_L = Larmorfrequenz). Da die Paulimatrizen zeitunabhängig sind, vereinfacht sich (33.11) zu $\partial_t\langle\boldsymbol{\sigma}\rangle = (1/i\hbar)\operatorname{Spur}(\varrho[\boldsymbol{\sigma}, H])$:

$$\begin{aligned} \partial_t\langle\sigma_x\rangle &= (\omega_0/i)\operatorname{Spur}(\varrho[\sigma_x, \sigma_z/2]) \\ &= -\omega_0 \operatorname{Spur}(\varrho\sigma_y) = -\omega_0\langle\sigma_y\rangle, \\ \partial_t\langle\sigma_y\rangle &= \omega_0\langle\sigma_x\rangle \end{aligned} \tag{33.12}$$

und natürlich $\partial_t\langle\sigma_z\rangle = 0$. Diese Gleichungen haben Lösungen der Art

$$\langle\sigma_x\rangle(t) = \langle\sigma_x\rangle(0)\cos\omega_0 t, \quad \langle\sigma_y\rangle(t) = \langle\sigma_x\rangle(0)\sin\omega_0 t. \tag{33.13}$$

Der Erwartungswert des Elektronenspins rotiert also mit der Frequenz ω_0 um die z-Axe wie in einer klassischen Bewegung (auch hier gilt der Satz von Ehrenfest).

Als hermitische Matrix lässt sich ϱ durch einen (unitären) Basiswechsel der Zustände $|i\rangle$ diagonalisieren

$$\begin{aligned} |\alpha\rangle = \sum\nolimits_i |i\rangle\langle i|\alpha\rangle, \quad \langle\beta| = \sum\nolimits_j \langle\beta|j\rangle\langle j|, \\ \varrho_{\alpha\beta} = \varrho_\alpha\delta_{\alpha\beta}. \end{aligned} \tag{33.14}$$

In der neuen Basis vereinfacht sich (33.4) zu

$$\langle A\rangle_H = \sum_{\alpha=1}^{n}\varrho_\alpha\langle A\rangle_\alpha = \sum\nolimits_{\alpha,i,j}\langle i|\alpha\rangle\varrho_\alpha\langle\alpha|j\rangle\langle j|A|i\rangle. \tag{33.15}$$

Die ϱ_α sind jetzt die Wahrscheinlichkeiten, die Zustände $|\alpha\rangle$ im Haufen zu finden ($0 \leq \varrho_\alpha \leq 1$, $\sum_\alpha \varrho_\alpha = 1$).
Im Spinbeispiel (33.7) bedeutet der Basiswechsel (33.14) eine Drehung der z-Axe in die $\boldsymbol{P}$-Richtung. Die beiden Eigenwerte ϱ_α sind $\frac{1}{2}(1+P)$ und $\frac{1}{2}(1-P)$.
Im thermischen Gleichgewicht sind die $|\alpha\rangle$ Eigenzustände von H mit Eigenwerten E_α, und die ϱ_α sind die normierten Boltzmannfaktoren

$$\varrho_\alpha = \mathcal{Z}^{-1} \mathrm{e}^{-E_\alpha/\tau}, \quad \mathcal{Z} = \sum_\alpha \mathrm{e}^{-E_\alpha/\tau}. \tag{33.16}$$

Hier ist $\tau = k_B T$, T die absolute Temperatur und k_B die Boltzmannkonstante. Der Operator ϱ lautet dann

$$\varrho = \mathrm{e}^{-H/\tau} \left(\mathrm{Spur}\, \mathrm{e}^{-H/\tau} \right)^{-1}. \tag{33.17}$$

Der Begriff Dichtematrix wird auch bei der Berechnung von Erwartungswerten von 1- oder 2-Teilchenoperatoren für ein einzelnes Atom verwendet, falls man dabei weitere Koordinaten rausintegriert und über den entsprechenden Spinindex summiert. Genauer spricht man hier von einer *reduzierten Dichtematrix.* Nimm z.B. die kinetische Energie eines Atoms mit N Elektronen, $T = \sum_{i=1}^N p_i^2/2m$. Wegen der Antisymmetrie von ψ gibt $\langle T \rangle$ N-mal das gleiche Integral,

$$\langle T \rangle = N \int d^3 r_1 ... d^3 r_N \psi^\dagger(\boldsymbol{r}_1 ... \boldsymbol{r}_N) \frac{-\hbar^2 \nabla_1^2}{2m} \psi(\boldsymbol{r}_1 ... \boldsymbol{r}_N). \tag{33.18}$$

Hier braucht man die reduzierte Dichtematrix γ:

$$\gamma(\boldsymbol{r}', \boldsymbol{r}) = N \int d^3 r_2 ... d^3 r_N \psi^\dagger(\boldsymbol{r}', \boldsymbol{r}_2 ... \boldsymbol{r}_N) \psi(\boldsymbol{r}, \boldsymbol{r}_2 ... \boldsymbol{r}_N), \tag{33.19}$$

$$\langle T \rangle = \int d^3 r' d^3 r (-\hbar^2 \nabla^2/2m) \gamma(\boldsymbol{r}', \boldsymbol{r}) \delta(\boldsymbol{r}' - \boldsymbol{r}). \tag{33.20}$$

Der Erwartungswert des Zentralpotenzials $V = Ze^2/r$ ist noch einfacher, denn hier kann man gleich $\boldsymbol{r}' = \boldsymbol{r}$ setzen:

$$\langle V \rangle = \int d^3 r (-Ze^2/r) \rho(\boldsymbol{r}), \quad \rho(\boldsymbol{r}) = \gamma(\boldsymbol{r}, \boldsymbol{r}). \tag{33.21}$$

Bei einem Zweiteilchenoperator erhält man $N(N-1)/2$-mal das gleiche Integral. Hat das Atom $N > 2$, dann braucht man hier allgemein

$$\gamma_2(\boldsymbol{r}_1', \boldsymbol{r}_2', \boldsymbol{r}_1, \boldsymbol{r}_2) = \tfrac{1}{2}N(N-1)\int d^3r_3...\psi^\dagger(\boldsymbol{r}_1', \boldsymbol{r}_2', \boldsymbol{r}_3...)\psi(\boldsymbol{r}_1, \boldsymbol{r}_2, \boldsymbol{r}_3...). \tag{33.22}$$

Bei der Elektronenabstoßung e^2/r_{ij} braucht man nur $\rho_2(\boldsymbol{r}_1, \boldsymbol{r}_2) = \gamma_2(\boldsymbol{r}_1, \boldsymbol{r}_2, \boldsymbol{r}_1, \boldsymbol{r}_2)$:

$$\langle\sum_{i<j} e^2/r_{ij}\rangle = \int d^3r_1 d^3r_2 \rho_2(\boldsymbol{r}_1, \boldsymbol{r}_2)e^2/r_{12}. \tag{33.23}$$

So hat z.B. Gold $N = 79$ und $N(N-1)/2 = 3081$ in ρ_2. Der Vergleich von γ_2 (33.22) mit γ (33.19) zeigt

$$\int d^3r_2\gamma_2(\boldsymbol{r}_1', \boldsymbol{r}_2, \boldsymbol{r}_1, \boldsymbol{r}_2) = \tfrac{1}{2}(N-1)\gamma(\boldsymbol{r}_1', \boldsymbol{r}_1). \tag{33.24}$$

In der klassischen Elektrodynamik hätte man bei einer Ladungsdichte $-e\rho(\boldsymbol{r})$

$$\langle e^2/r_{12}\rangle_{kl} = \tfrac{1}{2}\int d^3r_1 d^3r_2 \rho(\boldsymbol{r}_1)\rho(\boldsymbol{r}_2)e^2/r_{12}. \tag{33.25}$$

Man setzt deshalb gelegentlich in (33.23)

$$\rho_2(\boldsymbol{r}_1, \boldsymbol{r}_2) = \tfrac{1}{2}\rho(\boldsymbol{r}_1)\rho(\boldsymbol{r}_2)(1 + h(\boldsymbol{r}_1, \boldsymbol{r}_2)), \tag{33.26}$$

und nennt h die Paarkorrelationsfunktion.
Schließlich gibt es auch Systeme, bei denen der vollständige Hilbertraum das direkte Produkt zweier Hilberträume ist, z.B. Systeme aus Materie und Strahlung. Erwartungswerte von Operatoren, die nur in einem der beiden Räume wirken, werden ebenfalls mit reduzierten Dichtematrizen gebildet (§43).
☞ *Aufgaben:* (i) Zeige für (33.7) $\varrho^2 = \varrho$, wenn $\boldsymbol{P}^2 = 1$ ist; (ii) Zeige, dass für die Slaterdeterminante (28.5) $\gamma(\boldsymbol{r}', \boldsymbol{r}) = \psi_{sa}^\dagger(\boldsymbol{r}')\psi_{sa}(\boldsymbol{r}) + \psi_{sb}^\dagger(\boldsymbol{r}')\psi_{sb}(\boldsymbol{r})$ gilt.

§34. Thomas-Fermi-Modell und Dichtefunktionale

Wo wir lernen, eine Elektronensuppe mit Pauliprinzip zu kochen.

Das Thomas-Fermi-Modell beschreibt ein Atom mit N wechselwirkenden Elektronen durch ein Elektronengas mit ortsabhängiger Dichte

$\rho(r)$. Man wählt hier eine Elektronenwellenfunktion als eine *lokal ebene* Welle $e^{ik(r)r}$, mit zugehöriger kinetischer Energie $T(r) = \hbar^2 k^2(r)/2m$. Im atomaren Grundzustand ist jedes lokale *Orbital* $e^{ik(r)r}$ mit 2 Elektronen besetzt (Pauliprinzip mit Spin, aber keine Schalenstruktur!), und zwar bis zu einem Wert $k_{\max}(r)$. Die Elektronendichte ρ ist $\rho(r) = 2\int dZ$, wobei Z die Zustandsdichte (5.24) der besetzten Zustände ist:

$$\rho(r) = 2\int_0^{k_{\max}} k^2\, dk/2\pi^2 = k_{\max}^3/3\pi^2. \tag{34.1}$$

Die Normierung ist ausnahmsweise $\int \rho d^3r = N$. Die kinetische Energiedichte ist

$$\frac{dT}{d^3r} = 2\int dZ\hbar^2\frac{k^2}{2m} = \int \hbar^2 k^4 dk/2\pi^2 m = \hbar^2 k_{max}^5/10\pi^2 m = \rho^{5/3} c_F, \tag{34.2}$$

$$c_F = (3/10)\hbar^2(3\pi^2)^{2/3} = 2.87\hbar^2. \tag{34.3}$$

In dieser „lokalen Dichte-Näherung“ ist also

$$\langle T\rangle = c_F \int d^3r\rho(r)^{5/3}. \tag{34.4}$$

Der richtige Ausdruck wäre (33.20). Dagegen braucht $\langle V\rangle = -Ze^2 \times \int d^3r\rho(r)/r$ nicht genähert zu werden. Bei der Elektronenabstoßung vernachlässigt das TF-Modell die Paarkorrelation h (33.26):

$$\langle H\rangle_{TF} = \int d^3r\rho(r)\big(c_F\rho^{2/3} - Ze^2/r + \tfrac{1}{2}\int d^3r_2\rho(r_2)/|\boldsymbol{r}-\boldsymbol{r}_2|\big). \tag{34.5}$$

Im Grundzustand stellt sich $\rho(r)$ so ein, dass $\langle H\rangle$ minimal wird, unter der Nebenbedingung $\int d^3r\rho = N$. Diese wird durch einen Lagrange-Multiplikator μ im Variationsprinzip berücksichtigt:

$$\delta[\langle H\rangle_{TF} - \mu(\textstyle\int d^3r\rho - N)] = 0; \tag{34.6}$$

$$\mu = \delta\langle H\rangle/\delta\rho = \frac{5}{3}c_F\rho^{2/3} + e\phi, \quad \phi = \frac{Ze}{r} - e\int d^3r_2\rho(r_2)/|\boldsymbol{r}-\boldsymbol{r}_2|. \tag{34.7}$$

Diese Methode lässt sich zu einer Dichtefunktionaltheorie ausbauen (Parr & Yang, 1989).

Bei einem neutralen Atom ist $\phi(r\to\infty) = 0$ und auch $\rho(r\to\infty) = 0$, also $\mu = 0$, $\phi = -(5/3e)c_F\rho^{2/3}$ bzw. $\rho = [-(3e/5c_F)\phi]^{3/2}$. Damit wird (34.7) zu einer Integralgleichung für ϕ. Man macht daraus eine Diffgl, indem man $\nabla^2\phi = r^{-1}\partial_r^2 r\phi$ bildet:

$$\frac{1}{r}\partial_r^2 r\phi = \frac{4e}{3\pi}\left(\frac{2me\phi}{\hbar^2}\right)^{\frac{3}{2}} = \frac{4}{3\pi\sqrt{e}}\left(\frac{2\phi}{a_B}\right)^{\frac{3}{2}}, \quad a_B = \frac{\hbar^2}{e^2 m}. \qquad (34.8)$$

Die Kernladung Z geht hier nur über die Randbedingung $\phi(r \to 0) = Ze/r$ ein. Man setzt

$$\phi(r) = (Ze/r)\chi(r), \quad \partial_r^2\chi = (4/3\pi)\sqrt{Z/r}(\chi/a_B)^{\frac{3}{2}}. \qquad (34.9)$$

Durch eine Substitution $r = ax$ lässt sich das noch vereinfachen:

$$\partial_x^2\chi = \frac{4}{3\pi}\sqrt{\frac{Z}{x}}\left(\frac{a\chi}{a_B}\right)^{\frac{3}{2}}. \qquad (34.10)$$

Man beseitigt alle konstanten Faktoren durch die Wahl

$$a = (3\pi/4)^{\frac{2}{3}} a_B/Z^{\frac{1}{3}} = 0.885\, a_B/Z^{\frac{1}{3}}. \qquad (34.11)$$

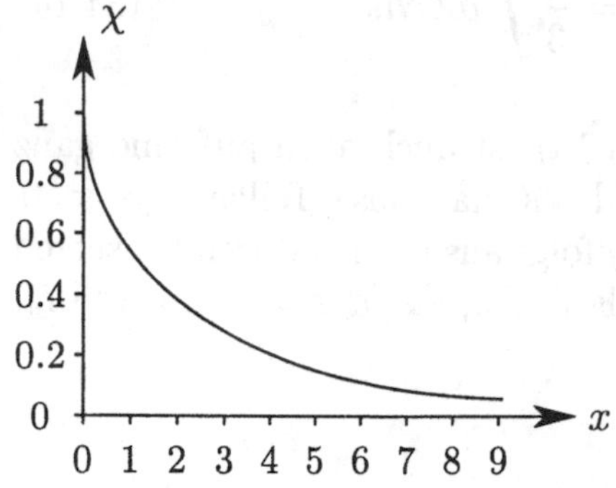

Bild 34-1: Die universelle Funktion χ als Funktion des dimensionslosen Abstandes x.

Bild 34-1 zeigt die numerische Lösung der daraus resultierenden Gleichung $\sqrt{x}\partial_x^2\chi = \chi^{\frac{3}{2}}$. Für $r \to \infty$ ist sie falsch, dort kann man $\rho(r)$ nicht durch (34.1) nähern.

Bei gaskinetischen Betrachtungen verwendet man den Elektronendruck P_e, also die von den Elektronen pro Flächeneinheit df ausgeübte Kraft dp_x/dt ($\hat{x}$ = Flächennormale):

$$P_e = dp_x/dtdf = \rho p_x v_x = \rho p_x^2/m = \frac{2}{3}\frac{dT}{d^3r}, \qquad (34.12)$$

mit $v_x = p_x/m$ und $p_x^2 = p^2/3 = \frac{2}{3}mdT/d^3r$ bei Gleichverteilung von p_x^2, p_y^2, p_z^2. Für ein ideales Gas wäre der Erwartungswert der Energie pro Freiheitsgrad $\frac{1}{2}k_BT \equiv \frac{1}{2}\tau$ (k_B = Boltzmannkonstante, T hier = absolute Temperatur), und damit wäre in (34.12) $\frac{2}{3}dT/d^3r = \frac{2}{3}\frac{3}{2}\rho\tau$, also $P_e = \rho\tau$ (ideales Gasgesetz). Bei großen Dichten ρ dagegen bewirkt das Pauliprinzip eine Druckvergrößerung. Beim „vollständig entarteten" Elektronengas führt (34.2) zu

$$P_e = \frac{2}{3}c_F\rho^{5/3}, \qquad (34.13)$$

und zwar unabhängig von der Temperatur. Man nennt das den elektronischen Quantendruck. In einigen superkompakten Sternen (weiße Zwerge) zwingt das Pauliprinzip die Elektronen sogar in Zustände mit relativistischen kinetischen Energien. Dann gilt statt $p^2 = 2mE$ der relativistische Zusammenhang (2.1), $p^2 = E_{rel}^2/c^2 - m^2c^2$. Instruktiv ist hier der extremrelativistische Grenzfall $m^2c^2 \ll E_{rel}^2/c^2$, $p^2 \approx E_{rel}^2/c^2$. Da fliegt das Elektron nämlich mit der Lichtgeschwindigkeit, die wir hier als einen Vektor $\vec{c}$ behandeln müssen. In (34.12) ist dann $v_x = c_x = c \sin\theta \cos\phi$, und $p_x = pc_x/c$. Bei isotroper Impulsverteilung ist $p_x v_x = pc_x^2/c = pc/3$, der extremrelativistische Quantendruck ist also

$$P_e^{er} = \frac{1}{3}\rho c p = \frac{1}{3}\frac{dT^{er}}{d^3r} = \frac{2}{3}\int dZ c\hbar k, \qquad (34.14)$$

was zu $P_e^{er} \sim \rho^{4/3}$ führt. Die Formel (34.14) ist auch auch auf eine ganz andere Situation anwendbar: Fotonen sind als masselose Teilchen ja stets extremrelativistisch. Ihr „Lichtdruck“ P_{rad} folgt aus (34.14) durch Einsetzen des entsprechenden Zustandsintegrals für Fotonen, $dT/d^3r = e$ laut (40.7).

Kapitel IV

Strahlung, Quantenoptik

§35. Quantisierung des elektromagnetischen Feldes

Endlich ein Quantenfeld: Fotonen! Wozu man die HO-Algebra wirklich braucht.

Wie in §0 erwähnt, braucht die QED Potenzialfeldoperatoren $\boldsymbol{A}(\boldsymbol{r}, t)$, die Fotonen bei $\boldsymbol{r}$ erzeugen oder vernichten. In diesem Kapitel halten wir noch an der bisherigen Beschreibung der Elektronen durch eine Wellenfunktion $\psi(\boldsymbol{r}_1, \ldots, \boldsymbol{r}_n, t)$ für ein System von n Elektronen fest; zwar wird in §36 eine Umformulierung auf Erzeuger und Vernichter von Elektronen erläutert, doch ist das nur eine Bequemlichkeit für Vielelektronsysteme (der in §0 erwähnte Elektronenfeldoperator $\Psi(\boldsymbol{r}, t)$ erscheint erst in §56).
Das Wort *Feldquantisierung* beinhaltet, dass die Maxwellgleichungen von §0 und §1 in Wahrheit für hermitische Feldoperatoren gelten, wobei z.B. in der ebenen Welle (1.8) der Operatorteil in den bisherigen Funktionen $a_1(\boldsymbol{k})$ und $a_2(\boldsymbol{k})$ steckt. Der Hamilton freier Fotonen ist einfach $H_F = \sum_i \hbar\omega_i N_i$, mit N_i =Zähloperator (35.4). Bis auf Kommutatoren (35.24) ist H_F identisch mit dem klassischen Hamilton für elektromagnetische Wellen. In der Coulombeichung und im Vakuum lautet er

$$H_F^{vac} = \frac{1}{8\pi} \int d^3r \, (\boldsymbol{E}^2 + \boldsymbol{B}^2), \quad \boldsymbol{E} = -\dot{\boldsymbol{A}}/c, \quad \boldsymbol{B} = \mathrm{rot}\boldsymbol{A}. \tag{35.1}$$

Im Dielektrikum (§36) ist H_F^{die} komplizierter, aber H_F ändert sich nicht. Nur die „Dispersion" $\omega = ck$ für ein Foton des Impulses $\hbar k$ wird ersetzt durch $\omega = ck/n$, n = Brechungsindex. Mit $\boldsymbol{A}$ sind also auch $\boldsymbol{E}$ und $\boldsymbol{B}$ hermitische Operatoren, z.B. ist $[\boldsymbol{E}, \boldsymbol{B}] \neq 0$. Es gibt aber auch in dieser Theorie der Strahlung noch *klassische Felder* (z.B. statische Magnetfelder oder auch Laserstrahlen), bei denen Quanteneffekte vernachlässigbar sind. Wir setzen deshalb $\boldsymbol{A}_{\text{tot}} = \boldsymbol{A}_{\text{kl}} + \boldsymbol{A}(\boldsymbol{r}, t)$, entsprechend für $\boldsymbol{E}_{\text{tot}}$ und $\boldsymbol{B}_{\text{tot}}$. Die klassischen Felder werden in H_F nicht mitgerechnet, sie sind *äußere Felder*, also nicht Teile des Systems. Die Operatoren $\boldsymbol{A}$ dagegen enthalten keinen freien Parameter, genauso wenig wie $\boldsymbol{r}, i\nabla$ oder $\boldsymbol{\sigma}$ bei den Elektronen. Da die Maxwellgleichungen lorentzinvariant sind, ist die Quantenfeldtheorie es auch. Fotonen sind als masselose Teilchen stets relativistisch. Allerdings gibt es keine Bewegungsgleichung für ein einzelnes Foton. Wenn es wechselwirkt, wird es absorbiert, d.h. vernichtet. Oder ein Foton wird erzeugt. Letzteres sieht man besonders deutlich bei Atomen, die durch einen Teilchenstoß angeregt werden: bei der nachfolgenden Abregung hüpft ein Elektron in den Grundzustand und emittiert ein Foton. Die dafür verantwortliche Wechselwirkung steht bereits als Teil des Impulsoperators $\boldsymbol{\pi}$ im atomaren Hamilton, z.B. für 1 Elektron

$$H_{at} = \frac{\boldsymbol{\pi}^2}{2m} + V, \quad \boldsymbol{\pi} = -i\hbar\nabla + \frac{e}{c}\left[\boldsymbol{A}_{\text{kl}} + \boldsymbol{A}(\boldsymbol{r}, t)\right] = \boldsymbol{\pi}_{\text{kl}} + \frac{e}{c}\boldsymbol{A}. \tag{35.2}$$

Der vollständige Hamilton des Systems Atom+Fotonen ist also einfach

$$H = H_{at} + H_F, \quad H_F = \sum_i \hbar\omega_i N_i. \tag{35.3}$$

$\boldsymbol{A}$ wirkt in einem Fotonenzählraum (Fockraum). Betrachten wir etwa die verschiedenen Radiofrequenzmoden $\varphi_i(\boldsymbol{r}, t)$ einer Kavität, die wir mit $i = 1, 2, \ldots \infty$ durchnumerieren. Der Fockzustand ψ_F, auf den $\boldsymbol{A}$ wirkt, gibt einfach die Besetzungszahlen n_i (Zahl der Elementaranregungen) der einzelnen Moden an

$$\psi_F = |n_1, n_2, n_3, \ldots\rangle, \quad N_i\psi_F = n_i\psi_F. \tag{35.4}$$

N_i ist der Zähloperator der Mode φ_i, n_i ist sein Eigenwert. Die Fotonenzahlen sind zu einem Zeitpunkt (z.B. $t = 0$) frei wählbar. Insbesondere ist das Fockvakuum

$$\psi_F^0 = |0, 0, 0, \ldots\rangle. \tag{35.5}$$

Die zeitliche Entwicklung ist dann aber durch die Schrgl $i\hbar\partial_t\psi = H\psi$ festgelegt.

Vom HO wissen wir schon, dass mit

$$N_i = a_i^\dagger a_i, \quad [a_i, a_i^\dagger] = 1, \tag{35.6}$$

N_i die gewünschten Zahleigenwerte $0, 1, 2, \ldots$ hat. In §36 werden wir sehen, dass umgekehrt auch die Vorgabe des Eigenwertspektrums $0, 1, 2, \ldots$ zu (35.6) führt. Da außerdem die Anregungen verschiedener Moden sich nicht stören, muss

$$[N_i, N_j] = 0 \tag{35.7}$$

gelten. Das erreicht man mit $[a_i, a_j] = 0$ und $[a_i, a_j^\dagger] = 0$ für $i \neq j$:

$$[a_i, a_j^\dagger] = \delta_{ij}, \quad [a_i, a_j] = 0. \tag{35.8}$$

Damit (35.1) mit $H_F = \sum_i \hbar\omega_i a_i^\dagger a_i$ vereinbar ist, müssen $\boldsymbol{E}$ und $\boldsymbol{B}$ und damit auch $\boldsymbol{A}$ linear in a und $a^\dagger$ sein. Ähnlich wie in (1.14) entwickeln wir $\boldsymbol{A}$ nach einem vollständigen Satz von stationären Lösungen (den Moden $\boldsymbol{\varphi}_i$) der Wellengleichung, mit erst nachträglich begründeten Vorfaktoren:

$$\boldsymbol{A} = c\sum_i \sqrt{2\pi\hbar/\omega_i}\left[a_i\boldsymbol{\varphi}_i(\boldsymbol{r})\mathrm{e}^{-i\omega_i t} + a_i^\dagger\boldsymbol{\varphi}_i^*(\boldsymbol{r})\mathrm{e}^{i\omega_i t}\right] =: \boldsymbol{A}^{(-)} + \boldsymbol{A}^{(+)}. \tag{35.9}$$

$\boldsymbol{A}^{(-)}$ ist der Vernichterteil von $\boldsymbol{A}$, $\boldsymbol{A}^{(+)} = \boldsymbol{A}^{(-)\dagger}$ der Erzeugerteil. Die Moden $\boldsymbol{\varphi}_i$ erfüllen außer der Coulombeichung $\nabla\boldsymbol{\varphi} = 0$ auch die Wellengleichung (1.7):

$$(\omega_i^2/c^2 + \nabla^2)\boldsymbol{\varphi}_i(\boldsymbol{r}) = 0. \tag{35.10}$$

Diese Form der Wellengleichung heißt Helmholtzgleichung. Der Vorfaktor in (35.9) ist erst festgelegt, wenn wir auch die Normierung der $\boldsymbol{\varphi}_i$ angeben:

$$\langle i|j\rangle = \int d^3r\, \boldsymbol{\varphi}_i^*\boldsymbol{\varphi}_j = \delta_{ij}. \tag{35.11}$$

Sie ist allerdings nicht lorentzinvariant; dieser Mangel wird durch das $1/\sqrt{\omega_i}$ im Vorfaktor kompensiert, wie wir in §50 sehen werden.

Am einfachsten nimmt man für die normierten $\boldsymbol{\varphi}_i$ ebene Wellen in einem Periodizitätsvolumen $V = L^3$:

$$\boldsymbol{\varphi}_i = \boldsymbol{\varepsilon}^{(i)}(\boldsymbol{k})\mathrm{e}^{i\boldsymbol{kr}}/\sqrt{V}, \quad \boldsymbol{k} = \boldsymbol{n}2\pi/L, \quad \boldsymbol{\varepsilon}^{(i)} \cdot \boldsymbol{k} = 0, \tag{35.12}$$

wobei $\boldsymbol{n} = (n_x, n_y, n_z)$ ein Vektor aus ganzen Zahlen ist, vergl. (7.4). Die Konstruktion der Polarisationsvektoren wird dadurch erschwert, dass über alle $\boldsymbol{k} = \boldsymbol{k}_i$ jetzt summiert wird, so dass man in der Regel nicht die z-Axe längs $\boldsymbol{k}$ legen kann. In Kugelkoordinaten hat $\boldsymbol{k}$ die Komponenten $\boldsymbol{k} = (k_x, k_y, k_z) = k(\sin\vartheta_k\cos\varphi_k, \sin\vartheta_k\sin\varphi_k, \cos\vartheta_k)$. Man kann jetzt

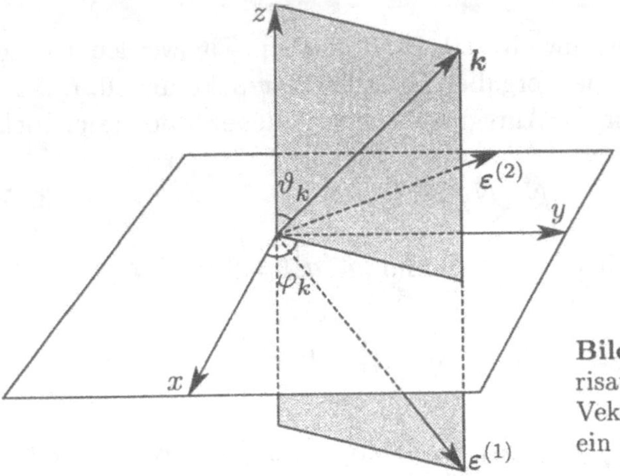

Bild 35-1: Die linearen Polarisationsvektoren von $\boldsymbol{A}$. Die Vektoren $\boldsymbol{k}, \boldsymbol{\varepsilon}^{(1)}, \boldsymbol{\varepsilon}^{(2)}$ bilden ein rechtwinkliges Dreibein.

$\boldsymbol{\varepsilon}^{(1)}$ in der $(z, \boldsymbol{k})$-Ebene wählen und $\boldsymbol{\varepsilon}^{(2)}$ senkrecht dazu (d.h. $\varepsilon_z^{(2)} = 0$, siehe Bild 35-1):

$$\begin{aligned}\boldsymbol{\varepsilon}^{(1)} &= (\cos\vartheta_k \cos\varphi_k, \cos\vartheta_k \sin\varphi_k, -\sin\vartheta_k),\\ \boldsymbol{\varepsilon}^{(2)} &= (-\sin\varphi_k, \cos\varphi_k, 0) = \widehat{z} \times \widehat{k}/sin\theta.\end{aligned} \tag{35.13}$$

Bei Atomen ist häufig die Helizitätsbasis nützlicher, die ebene Wellen der Zirkularpolarisation $\lambda = \pm 1$ beschreibt ($\lambda = -1$ ist linkszirkular):

$$\begin{aligned}\boldsymbol{\varepsilon}_\lambda(\boldsymbol{k}) =&(-\lambda\boldsymbol{\varepsilon}^{(1)} - i\boldsymbol{\varepsilon}^{(2)})/\sqrt{2}\\ =&(-\lambda\cos\vartheta_k\cos\varphi_k + i\sin\varphi_k,\\ &-\lambda\cos\vartheta_k\sin\varphi_k - i\cos\varphi_k,\ \lambda\sin\vartheta_k)/\sqrt{2},\end{aligned} \tag{35.14}$$

wobei die $\sqrt{2}$ aus der Normierung folgt, $\boldsymbol{\varepsilon}_\lambda\boldsymbol{\varepsilon}^*_{\lambda'} = \delta_{\lambda\lambda'}$, oder? Jetzt kommt die Berechnung von H_F^{vac} gemäß (35.1). Wir setzen $a_i\exp(-i\omega_i t) = a_i(t)$ und finden für das quantenelektrische Feld, mit $\dot{a}_i := -i\omega a_i$,

$$\boldsymbol{E} = -\sum\nolimits_i \sqrt{2\pi\hbar/\omega_i}\,(\dot{a}_i\boldsymbol{\varphi}_i + \dot{a}_i^\dagger\boldsymbol{\varphi}_i^*) \ = i\sum\nolimits_i \sqrt{h\omega_i}(a_i(t)\boldsymbol{\varphi}_i - h.c.). \tag{35.15}$$

Der elektrische Anteil an H_F^{vac} ist damit

$$H_E = \int\frac{d^3r}{8\pi}\boldsymbol{E}^2 = \int d^3r\,\frac{\hbar}{4}\sum\nolimits_i(\dot{a}_i\boldsymbol{\varphi}_i + \dot{a}_i^\dagger\boldsymbol{\varphi}_i^*)\sum\nolimits_j(\dot{a}_j\boldsymbol{\varphi}_j + \dot{a}_j^\dagger\boldsymbol{\varphi}_j^*)(\omega_i\omega_j)^{-\frac{1}{2}}. \tag{35.16}$$

Er enthält zwei Integraltypen; der erste hat $\int d^3r\, \varphi_i \varphi_j^*$ und $\int d^3r\, \varphi_i^* \varphi_j$ und führt mit (35.11) auf eine Einfachsumme. Er enthält nach der Integration nur noch die Kombinationen $\dot{a}_i \dot{a}_i^\dagger$ und $\dot{a}_i^\dagger \dot{a}_i$ und ist damit diagonal im Fockraum; wir nennen ihn H_{Ed}:

$$H_{Ed} = \tfrac{1}{4} \sum\nolimits_i (\hbar/\omega_i)(\dot{a}_i^\dagger \dot{a}_i + \dot{a}_i \dot{a}_i^\dagger) = \tfrac{1}{4} \sum\nolimits_i \hbar\omega_i (a_i a_i^\dagger + a_i^\dagger a_i). \qquad (35.17)$$

Und da sich die Zeitabhängigkeiten von a_i und $a_i^\dagger$ kompensieren, ist H_{Ed} auch zeitunabhängig. Der andere Integraltyp enthält $\int d^3r\, \varphi_i \varphi_j$ und $\int d^3r\, \varphi_i^* \varphi_j^*$. Da die Helmholtzgleichung (35.10) reell ist, ist $\varphi_i^* + \varphi_i$ auch eine Lösung zum gleichen Wert ω_i. Bei den echten Moden ist φ in der Tat reell, siehe weiter unten. Bei den ebenen Wellen (35.12) ist $\varphi^*(\boldsymbol{k}) = \varphi(-\boldsymbol{k})$. Ähnliches passiert bei den Kugelfunktionen $Y_\ell^m(\vartheta, \varphi)$ (12.13); dort ist $Y_\ell^{m*} = Y_\ell^{-m}$. Symbolisch kann man schreiben:

$$\varphi_i^*(\boldsymbol{r}) = \varphi_{-i}(\boldsymbol{r}), \qquad (35.18)$$

wobei in φ_{-i} die sogenannten *additiven Quantenzahlen* (z.B. $\boldsymbol{k}$ oder m, aber nicht ℓ) umgedreht sind. Damit reduziert sich auch der nichtdiagonale Teil H_{En} von H_E auf eine Einfachsumme:

$$H_{En} = \tfrac{1}{4} \sum\nolimits_i (\hbar/\omega_i)(\dot{a}_i \dot{a}_{-i} + \dot{a}_i^\dagger \dot{a}_{-i}^\dagger) = \tfrac{1}{4} \sum\nolimits_i (\hbar/\omega_i)(\ddot{a}_i a_{-i} + \ddot{a}_i^\dagger a_{-i}^\dagger). \qquad (35.19)$$

Im letzten Ausdruck haben wir beide Punkte auf je einen Operator vereint, was wegen der Entartung $\omega_{-i} = \omega_i$ erlaubt ist. Damit können wir zeigen, dass H_{En} von dem entsprechenden Teil in H_M,

$$H_M = \int d^3r\, \boldsymbol{B}^2/8\pi = H_{Md} + H_{Mn}, \qquad (35.20)$$

kompensiert wird, d.h. $H_{Mn} = -H_{En}$. Und zwar folgt aus der Formel

$$\nabla(\boldsymbol{A} \times \boldsymbol{B}) = \boldsymbol{B}(\nabla \times \boldsymbol{A}) - \boldsymbol{A}(\nabla \times \boldsymbol{B}) \qquad (35.21)$$

fürs erste rechte Glied, mit $\boldsymbol{B} = \nabla \times \boldsymbol{A}$,

$$(\nabla \times \boldsymbol{A})^2 = \nabla(\boldsymbol{A} \times (\nabla \times \boldsymbol{A})) + \boldsymbol{A}(\nabla \times (\nabla \times \boldsymbol{A})). \qquad (35.22)$$

Rechts ist das erste Glied eine Divergenz, die nach $\int d^3r$ ein verschwindendes Oberflächenintegral gibt. Den Teil $\nabla \times (\nabla \times \boldsymbol{A})$ haben wir schon nach (1.6) auf $-\nabla^2 \boldsymbol{A}$ umgeschrieben. Das zweite Glied in (35.22) liefert also $-\boldsymbol{A}\nabla^2 \boldsymbol{A}$, und das ist laut Wellengleichung auch $-\boldsymbol{A}\partial_t^2\boldsymbol{A}/c^2$. Integriert man dies über d^3r, dann reduziert sich die Doppelsumme wieder auf eine Einfachsumme, die in den Anteilen $-a_{-i}\ddot{a}_i/c^2$ und $-a^\dagger_{-i}\ddot{a}^\dagger_i/c^2$ gerade (35.19) kompensiert. Die diagonalen Anteile $-a_i\ddot{a}^\dagger_i/c^2$ und $-a^\dagger_i\ddot{a}_i/c^2$ dagegen geben nochmal (35.17), weil $-a_i\ddot{a}^\dagger_i = +\dot{a}_i\dot{a}^\dagger_i$ ist. H_F^{vac} ist also das Doppelte von H_{Ed}:

$$H_F^{vac} = \tfrac{1}{2}\sum\nolimits_i (a_i a_i^\dagger + a_i^\dagger a_i)\hbar\omega_i = \sum\nolimits_i (N_i + \tfrac{1}{2})\hbar\omega_i. \tag{35.23}$$

Im letzten Schritt haben wir $a_i a_i^\dagger = a_i^\dagger a_i + 1$ benutzt. Damit ist der Faktor vor $a_i\boldsymbol{\varphi}_i$ in (35.9) gerechtfertigt. Trotz der Zeitabhängigkeit von $\boldsymbol{A}$ erweist sich H_F^{vac} als zeitunabhängig (siehe auch Ende §35).
Die Nullpunktsenergie $\frac{1}{2}\hbar\omega_i$ in (35.23) ist nicht ernst zu nehmen. Wir haben H_F^{vac} aus der klassischen Elektrodynamik übernommen, die von der Reihenfolge von Operatoren im Fockraum nichts weiß. Mit $\boldsymbol{A}$ (35.9) werden auch $\boldsymbol{E}$ und $\boldsymbol{B}$ nach Erzeugern und Vernichtern aufgeteilt. Man kann nun ebenfalls H_F^{vac} so definieren, dass alle Erzeuger links von den Vernichtern stehen. Man nennt sowas eine *Normalordnung* und setzt die zu ordnenden Produkte in Doppelpunkte, z.B.

$$:\boldsymbol{E}^2: = \boldsymbol{E}^{(-)2} + \boldsymbol{E}^{(+)2} + 2\boldsymbol{E}^{(+)}\boldsymbol{E}^{(-)} = \boldsymbol{E}^2 - [\boldsymbol{E}^{(-)}, \boldsymbol{E}^{(+)}] \tag{35.24}$$

Damit ist : $H_F^{vac} := H_F = \sum_i a_i^\dagger a_i \hbar\omega_i$. Die $a_i a_j$- und $a_i^\dagger a_j^\dagger$-Anteile von $:\boldsymbol{E}^2:$ und $:\boldsymbol{B}^2:$ kompensieren sich weiterhin. Im Folgenden unterscheiden wir nicht mehr zwischen H_F^{vac} und H_F.
Der Ausdruck (35.23) ist symmetrisch in a_i und $a_i^\dagger$. Wir hätten den Operator bei $\boldsymbol{\varphi}_i \exp(-i\omega t)$ in (35.9) auch $a_i^\dagger$ taufen können, dann wäre im hermitisch konjugierten Teil von (35.9) $(a_i^\dagger)^\dagger = a_i$ erschienen. Erst die Wechselwirkung mit Elektronen wird zeigen, dass $\exp(i\omega t)$ den Elektronen die Energie $\hbar\omega$ entzieht. Die Erhaltung der Energie des vollständigen Systems Elektronen+Fotonen folgt also nur, wenn wir bei $\exp(i\omega t)$ den Fotonenerzeuger verwenden.
Im Kontinuum betrachtet man statt H_F die Energiedichte e (= Energie pro Volumen V), die man durch die Substitution $\sum_i \to \sum_\lambda \int d^3n/V = \sum_\lambda \int d^3k/8\pi^3$ erhält. Die Physiker benutzen $\omega = 2\pi\nu$, $\hbar\omega = h\nu$ und $k = \omega/c = 2\pi\nu/c$. In Kugelkoordinaten ist $\int d\Omega_k = 4\pi$,

$$e = \frac{H_F}{V} = \sum\nolimits_\lambda \int \frac{d^3k}{8\pi^3} N_\lambda(\boldsymbol{k}) h\nu = \int \sum\nolimits_\lambda \left(\frac{\nu}{c}\right)^2 \frac{d\nu}{c} 4\pi N_\lambda(\boldsymbol{k}) h\nu,$$

$$N_\lambda = a_\lambda^\dagger(\boldsymbol{k}) a_\lambda(\boldsymbol{k}), \quad [a_\lambda(\boldsymbol{k}), a_{\lambda'}^\dagger(\boldsymbol{k}')] = 8\pi^3 \delta_{\lambda,\lambda'}\delta_3(\boldsymbol{k} - \boldsymbol{k}'). \tag{35.25}$$

Hier ist $N_\lambda(\boldsymbol{k})$ der Teilchendichteoperator im 6-dimensionalen *Phasenraum*; die Fotonendichte im Ortsraum ist $\int d^3k\, N_\lambda(\boldsymbol{k})$.
Eine Lampe der Leistung L (in Watt), die ein Fläche F beleuchtet, hat $e = L/Fc$. Bei unpolarisiertem Licht bringt die Summation über λ einen Faktor 2. Fällt die Leistung in einem Bereich $\Delta\nu$ an, dann gilt für die Eigenwerte n_λ von N_λ:

$$n_{+1} = n_{-1} = ec^3/8\pi\nu^3 h\Delta\nu = Lc^2/F8\pi\nu^3 h\Delta\nu = L\lambda_\nu^3/F8\pi ch\Delta\nu, \tag{35.26}$$

mit $\lambda_\nu = c/\nu$. Bei fester Leistung pro Frequenzintervall $\Delta\nu$ sinkt also die Fotonendichte im Phasenraum mit ν^{-3}. Lampen emittieren weniger Fotonen als Radiosender gleicher Leistung.
In (7.22) haben wir die Varianz $\Delta A = \sqrt{\langle A^2\rangle - \langle A\rangle^2}$ als Maß für die *Unschärfe* einer Observablen A in einem bestimmten Zustand $|\,\rangle$ definiert. Die gleiche Definition kann man für das elektrische Feld in einem Zustand ψ_F des Fockraums benutzen. Dazu betrachten wir die hermitischen *Quadraturoperatoren* einer festen Mode $|i\rangle$, mit $a_i = a$:

$$X_1 = \tfrac{1}{2}(a^\dagger + a), \quad X_2 = \tfrac{1}{2}i(a^\dagger - a), \quad [X_1, X_2] = i/2. \tag{35.27}$$

Das elektrische Feld $\boldsymbol{E} = i\sqrt{h\omega}(a\boldsymbol{\varphi} - a^\dagger\boldsymbol{\varphi}^*)$ (35.15) lässt sich auf X_1 und X_2 umschreiben. Mit $\boldsymbol{\varphi}$ aus (35.12) und mit reellem $\boldsymbol{\varepsilon}$

$$\boldsymbol{E}(\boldsymbol{r}, t) = 2\sqrt{h\omega/V}\,\boldsymbol{\varepsilon}\,(X_1 \sin(\omega t - \boldsymbol{kr}) - X_2 \cos(\omega t - \boldsymbol{kr}))\,. \tag{35.28}$$

Beim HO (11.4) wäre $X_1 = \xi/\sqrt{2}$, $X_2 = \widehat{p}/\sqrt{2}$. Weder a und $a^\dagger$ noch X_1 und X_2 haben Diagonalelemente im Fockraum, folglich ist für jeden Eigenzustand $|n\rangle$ von $a^\dagger a$ $\langle \boldsymbol{E}\rangle_n = 0$, für jeden Wert von $\boldsymbol{r}$. Andererseits ist

$$\langle X_1^2\rangle_n = \langle X_2^2\rangle_n = \tfrac{1}{4}\langle a^\dagger a + aa^\dagger\rangle_n = \tfrac{1}{4}(2n+1). \tag{35.29}$$

Der Fockraum ist wieder ein linearer Vektorraum, in dem das Superpositionsprinzip gilt. Licht ist meist eine Linearkombination von Fockzuständen mit verschiedenen n-Werten und hat durchaus $\langle \boldsymbol{E}\rangle_F \neq 0$. Insbesondere werden wir kohärentes Licht in §45 betrachten.
Bisher haben wir ja fast stets im Schrödingerbild gerechnet, in dem die Operatoren zeitunabhängig sind. Die Zeitabhängigkeit von $\boldsymbol{\pi}$ via $\boldsymbol{A}$ ist ungewollt entstanden, weil aus der alten Wellenfunktion $\boldsymbol{A}(\boldsymbol{r}, t)$ des Lichts plötzlich ein Operator wurde.
Der zugehörige zeitunabhängige *Schrödingeroperator* ist

$$\boldsymbol{A}_{\text{Sch}}(\boldsymbol{r}) = \boldsymbol{A}(\boldsymbol{r}, 0) = c\sum\nolimits_i \sqrt{2\pi\hbar/\omega_i}(a_i\boldsymbol{\varphi}_i + a_i^\dagger\boldsymbol{\varphi}_i^*); \tag{35.30}$$

der Hamilton des Systems Atom+Strahlung ist zeitunabhängig:

$$H_{\text{Sch}} = H_{at}(t=0) + H_F. \tag{35.31}$$

Unser $\psi(\boldsymbol{r},t)$ ist also im Heisenbergbild der Fotonen und im Schrödingerbild der Elektronen. Diese Mischung heißt Wechselwirkungsbild und wird im Folgenden für die zeitabhängige Störungstheorie benutzt (schwache Ankopplung der Fotonen). Außerhalb der Störungstheorie ist sie eher nachteilig. Um ins Schrödingerbild auch für die Fotonen zu kommen, nennen wir unser ψ vorübergehend ψ_W. Dann ist analog zu (23.29) und (23.33)

$$\psi(\boldsymbol{r},t) = \psi_W(\boldsymbol{r},t) = \mathrm{e}^{itH_F/\hbar}\psi_{Sch}, \quad a_W(t) = a_W(0)\mathrm{e}^{-i\omega t}, \tag{35.32}$$

was in der Tat von (35.30) nach (35.9) führt.
Bei Moden in einer echten Kavität muss die Tangentialkomponente von $\boldsymbol{E}$ an den Wänden verschwinden. Legen wir eine Wand z.B. in die xy-Ebene bei $z=0$, dann kann eine in z-Richtung fortlaufende ebene Welle $\mathrm{e}^{ikz}\mathrm{e}^{-i\omega t}$ diese Randbedingung nicht erfüllen. Stattdessen braucht man $\sin(kz)(a\mathrm{e}^{-i\omega t} + a^\dagger \mathrm{e}^{i\omega t})$ im Vektorpotenzial $\boldsymbol{A}$. In §38 werden wir einen vollständigen Satz von Moden im bei $z=0$ verspiegelten Halbraum $z>0$ brauchen, also $A_x(x,y,0,t) = A_y(x,y,0,t) = 0$. Wir notieren diese zunächst in Zylinderkoordinaten ($\boldsymbol{\rho} = (x,y)$ wie in Bild 8-1). In $\boldsymbol{\varphi}_2$ brauchen wir nur $\mathrm{e}^{ik_z z}$ durch $\sin(k_z z)\sqrt{2}$ zu ersetzen,

$$\boldsymbol{\varphi}_2(\boldsymbol{\rho},z) = \boldsymbol{\varepsilon}^{(2)}\mathrm{e}^{i\boldsymbol{k\rho}}\sin(k_z z)\sqrt{2/V}, \tag{35.33}$$

weil $\boldsymbol{\varepsilon}^{(2)}$ laut (35.13) unabhängig von k_z ist. Bei $\boldsymbol{\varphi}_1$ müssen wir dann aber $\varphi_{1z} \neq 0$ zulassen. Die Coulombeichung $\boldsymbol{k}_\rho\boldsymbol{\varphi}_1 - i\partial_z\varphi_{1z} = 0$ lässt sich mit $\sin(k_z z)$ allein nicht mehr erreichen, wegen $\partial_z \sin(k_z z) = k_z\cos(k_z z)$. Es klappt aber offenbar mit

$$\boldsymbol{\varphi}_1 = \mathrm{e}^{i\boldsymbol{k\rho}}(k_\rho\widehat{z}\cos(k_z z) - ik_z\widehat{\boldsymbol{\rho}}\sin(k_z z))\sqrt{2/Vk^2}. \tag{35.34}$$

Bei $z=0$ bleibt eine Komponente in $\widehat{z}$-Richtung, die ja auch erlaubt ist. Außerdem gilt weiterhin $\langle\boldsymbol{\varphi}_1|\boldsymbol{\varphi}_2\rangle = 0$, und normiert sind die Moden auch. Man kann sie auch aus einfallender und reflektierter ebener Welle konstruieren, wobei die reflektierte Welle z durch $-z$ ersetzt hat (Milonni 1994).
☞ *Aufgaben:* (i) Berechne $\boldsymbol{\varepsilon}^{(i)}(\boldsymbol{k})\cdot\boldsymbol{\varepsilon}^{(j)}(\boldsymbol{k})$ für $i,j = 1,2$. Zeige $\boldsymbol{\varepsilon}_\lambda(\boldsymbol{k})\cdot\boldsymbol{\varepsilon}^*_{\lambda'}(\boldsymbol{k}) = \delta_{\lambda\lambda'}$. (ii) Berechne den Lichtimpulsoperator $\boldsymbol{P} = \int d^3r\,\boldsymbol{E}\times\boldsymbol{B}/4\pi c$.

§36. Erzeuger und Vernichter von Bosonen und Fermionen

Elektronen können nur bis 1 zählen.

Wir betrachten zunächst eine feste Mode $|i\rangle$ des Feldes und unterdrücken den Index i. Wenn ein Feld linear im Teilchenvernichter a ist, muss dann wirklich $\left[a, a^\dagger\right] = 1$ sein und der Teilchenzähler $N = a^\dagger a$?
Aus $N|n\rangle = n|n\rangle$ und der Definition des Teilchenvernichters folgt $Na|n\rangle = (n-1)a|n\rangle = a(N-1)|n\rangle$, also

$$[N, a] = -a, \quad \left[N, a^\dagger\right] = a^\dagger \tag{36.1}$$

(vergl. auch (11.8)). N muss gleich viele Potenzen von a und $a^\dagger$ enthalten, also z.B. $N = \sum_\nu c_\nu (a^\dagger a)^\nu$ mit $\nu = 0, 1, 2, \ldots$ Die Wahl $c_0 = 0$ legt lediglich den Nullpunkt fest, $n_{\min} = 0$. Beschränken wir uns auf Bilinearformen, bleibt nur noch $\nu = 1$, $N = c_1 a^\dagger a$. Dann lautet (36.1)/c_1

$$\left[a^\dagger a, a^\dagger\right] = a^\dagger a a^\dagger - a^\dagger a^\dagger a = a^\dagger\left(a a^\dagger - a^\dagger a\right) = a^\dagger\left[a, a^\dagger\right] = a^\dagger / c_1. \tag{36.2}$$

Also braucht man $\left[a, a^\dagger\right] = 1/c_1$. Man kann $\sqrt{c_1}\, a = \widetilde{a}$ setzen, dann gilt offenbar $N = \widetilde{a}^\dagger \widetilde{a}$ und $\left[\widetilde{a}, \widetilde{a}^\dagger\right] = 1$. Genau das haben wir getan, als wir in (35.9) einen passenden Faktor abdividierten. Man kann $\widetilde{a}$ auch als Kombination von a und $a^\dagger$ ansetzen, solange nur $\left[\widetilde{a}, \widetilde{a}^\dagger\right] = 1$ bleibt, siehe (45.25). Wieder andere Moden braucht man für Licht in Materie mit vielen Atomen pro Wellenlänge. Dann addiert sich nämlich das Streulicht dieser Atome kohärent zum Primärlicht. Das Resultat ist wieder eine Welle, aber mit der Geschwindigkeit c/n, wobei $n = n(\boldsymbol{r})$ ein lokal gemittelter Brechungsindex ist. Du kennst das schon von der Elektrodynamik in Materie: Die Polarisationen $\boldsymbol{p}$ der Einzelatome addieren sich zu einer Gesamtpolarisation $\boldsymbol{P} = N_a(\boldsymbol{r})\boldsymbol{p}$, mit N_a = Atomdichte. Statt (0.4), $\nabla \boldsymbol{E} = 4\pi\rho_{\text{el}}$ braucht man die elektrische Induktion (dielektrische Verschiebung)

$$\boldsymbol{D} = \boldsymbol{E} + 4\pi\boldsymbol{P}, \quad \nabla\boldsymbol{D} = 4\pi\widetilde{\rho}_{\text{el}}, \tag{36.3}$$

wobei zu $\widetilde{\rho}_{\text{el}}$ nur noch frei bewegliche Ladungen beitragen, also $\widetilde{\rho}_{\text{el}} = 0$ im Dielektrikum. Das Magnetfeld ändert sich kaum dadurch, in der 2. inhomogenen Maxwellgl wird also nur $\boldsymbol{E}$ durch $\boldsymbol{D}$ ersetzt:

$$\nabla \times \boldsymbol{B} - \partial_t \boldsymbol{D}/c = 4\pi \boldsymbol{j}_{\text{el}}/c. \tag{36.4}$$

Bei mäßigem $\boldsymbol{E}$ ist $\boldsymbol{P}$ proportional zu $\boldsymbol{E}$, und zumindest in Gasen hat es auch die gleiche Richtung, $\boldsymbol{P} = \chi\boldsymbol{E}/4\pi$. Damit gilt

$$\boldsymbol{D} = \epsilon\boldsymbol{E}, \quad \epsilon = 1 + \chi \equiv n^2. \tag{36.5}$$

Der Hamilton (35.1) und die Coulombeichung $\nabla \boldsymbol{A} = 0$ werden in dieser Näherung ersetzt durch

$$H_F^{die} = \int d^3r(\boldsymbol{E}\boldsymbol{D} + \boldsymbol{B}^2), \quad \nabla(\epsilon(\boldsymbol{r})\boldsymbol{A}(\boldsymbol{r})) = 0, \quad \boldsymbol{D} = -\epsilon\dot{\boldsymbol{A}}/c. \tag{36.6}$$

Für $\boldsymbol{A}$ kann man dann aber doch wieder (35.9) ansetzen, nur in der Helmholtzgl (35.10) wird c durch c/n ersetzt (für ortsunabhängiges n). Trotz dieser Unterschiede findet man am Ende wieder $H_F = \sum_i \hbar\omega_i \widetilde{a}_i^\dagger \widetilde{a}_i$. Man hat damit den „gefährlichen Teil" der Kopplung zwischen Licht und Materie durch geschickt gewählte Freiheitsgrade eliminiert, die restliche Kopplung wird perturbativ behandelt. Die so entkoppelten Oszillatoren nennt man Teilchen oder auch Quasiteilchen. Speziell bei Licht nennt man sie Polaritonen. Bei Festkörpern gibt es außerdem noch Beimischungen von Fononen. Bei Vernachlässigung der Restkopplung redet man von „freienTeilchen, in einer Mode $|i\rangle$ ist der entsprechende Hamilton $\hbar\omega_i N_i$.
Aus (11.15) folgt

$$a^\dagger|0\rangle = |1\rangle, \quad a^\dagger|n\rangle = \sqrt{n+1}|n+1\rangle. \tag{36.7}$$

Sollte jedoch $a^{\dagger 2} = 0$ sein, dann dürfte man bei den jeweils hinteren Gliedern in (36.2) das Vorzeichen auch umdrehen, also $-a^\dagger a^\dagger a$ durch $+a^\dagger a^\dagger a$ ersetzen. Diese Möglichkeit tritt bei *Fermionen* auf, die entsprechenden Operatoren nennen wir $b^\dagger$, also $b^{\dagger 2} = 0$. Gleichung (36.1) muss nachwievor gelten, $[N, b^\dagger] = b^\dagger$. In (36.2) setzen wir sogleich $c_1 = 1$,

$$[b^\dagger b, b^\dagger] = b^\dagger b b^\dagger - 0 = b^\dagger \left(bb^\dagger + b^\dagger b\right) := b^\dagger \left\{b, b^\dagger\right\} = b^\dagger. \tag{36.8}$$

Bei Fermionen gilt nun tatsächlich

$$bb^\dagger + b^\dagger b = \left\{b, b^\dagger\right\} = 1 \tag{36.9}$$

statt $[b, b^\dagger] = 1$. Die Kombination $\{b, a\} = ab + ba$ heißt *Antikommutator.* Statt (36.7) haben wir

$$b^\dagger|0\rangle = |1\rangle, \quad b^\dagger|1\rangle = 0. \tag{36.10}$$

Hier ist $n_{\max} = 1$ die maximale Besetzungszahl der Mode (Pauliprinzip). Für Fotonen sind Antikommutatoren ausgeschlossen, denn sonst hätten wir in (35.23) $H_F(i) = \frac{1}{2}\hbar\omega_i$, also eine Zahl anstelle eines Operators. Wenn der Kommutator (35.6) gilt, redet man von *Bosonen.* Die Forderung $[N_i, N_j] =$

0 führt dann auf (35.8). Für einen Zustand $|n_1, n_2, n_3, \ldots\rangle$ mit einem Foton in der ersten Mode ($n_1 = 1$) und einem in der dritten ($n_3 = 1$) gilt

$$\begin{aligned} |1, n_2, 1, \ldots\rangle &= a_1^\dagger a_3^\dagger |0, n_2, 0, \ldots\rangle \\ &= a_3^\dagger a_1^\dagger |0, n_2, 0, \ldots\rangle . \end{aligned} \tag{36.11}$$

Ein Fotonen-Fockzustand ist also symmetrisch unter Vertauschung von Fotonen (Bose-Einstein-Prinzip). Bei Atomen oder Kristallen mit vielen Elektronen packt man zunächst auch die Elektronen in unabhängige *Orbitale* und berücksichtigt die Coulombabstoßung usw. hinterher als *Störung*. Dabei ist es nützlich, auch die nichtrelativistische Quantenmechanik auf Erzeuger und Vernichter $b_i^\dagger, b_i$ umzuschreiben, weil die Antikommutatoren

$$\{b_i^\dagger, b_j^\dagger\} = b_i^\dagger b_j^\dagger + b_j^\dagger b_i^\dagger = 0 \tag{36.12}$$

automatisch antisymmetrische Orbitalkombinationen liefern. Neue physikalische Effekte entstehen dadurch nicht. Im Übrigen ist die Orbitalnäherung bei Elektronen wegen der gegenseitigen Coulombabstoßung prinzipiell schlecht. Hier lohnt sich die *kanonische Feldquantisierung*, die in §56 beschrieben wird. Auch für Licht existiert eine kanonische Feldquantisierung, doch erscheint das Quasiteilchenpostulat hier sinnvoller. Damit verbunden ist auch unsere Wahl der Coulombeichung. In der Lorentzeichung $\nabla \boldsymbol{A} + c^{-1}\partial_t \phi = 0$ (58.24) braucht man einen dritten Polarisationsvektor $\boldsymbol{\varepsilon}^{(3)}(\boldsymbol{k})$ in $\boldsymbol{k}$-Richtung, sowie einen Polarisationsskalar $\epsilon^{(0)}$ für die bei der Quantisierung von $\phi(\boldsymbol{r}, t)$ entstehenden skalaren Fotonen. Die zusätzlichen Fockräume werden dann so eingeschränkt, dass die Effekte longitudinaler und skalarer Fotonen sich stets kompensieren.

Mit den aus (36.7) folgenden Matrixelementen

$$\langle n'|a^\dagger|n\rangle = \delta_{n',n+1}\sqrt{n'}, \quad \langle n'|a|n\rangle = \delta_{n',n-1}\sqrt{n}, \tag{36.13}$$

sehen wir, dass der Feldoperator $\boldsymbol{A}(\boldsymbol{r}, t)$ (35.9) die Besetzungszahl jeweils nur in einer Mode um ± 1 ändern kann (Dirac 1927):

$$\begin{aligned} &\langle n_1' n_2' |\boldsymbol{A}/c| n_1 n_2\rangle = \\ &\sqrt{h/\omega_1}\left(\delta_{n_1',n_1-1}\sqrt{n_1}\boldsymbol{\varphi}_1 \mathrm{e}^{-i\omega_1 t} + \delta_{n_1',n_1+1}\sqrt{n_1'}\boldsymbol{\varphi}_1^* \mathrm{e}^{i\omega_1 t}\right)\delta_{n_2',n_2} \\ &+ \delta_{n_1',n_1}\sqrt{h/\omega_2}\left(\delta_{n_2',n_2-1}\sqrt{n_2}\boldsymbol{\varphi}_2 \mathrm{e}^{-i\omega_2 t} + \delta_{n_2',n_2+1}\sqrt{n_2'}\boldsymbol{\varphi}_2^* \mathrm{e}^{i\omega_2 t}\right). \end{aligned} \tag{36.14}$$

Es verschwinden also nicht nur alle Diagonalelemente von $\boldsymbol{A}$ im Fockraum, sondern für $n_1' \neq n_1$ müssen die Besetzungszahlen aller anderen Moden gleich sein, $n_2' = n_2$ usw.
Ohne Hamilton würde die Beschränkung von N auf Bilinearformen zunächst entfallen; N könnte also Komponenten $c_2\left(a^{\dagger\,2}\,a^2\right)$ enthalten. Bei einem Wechsel der Basisfunktionen $\varphi, \varphi_i = \sum_q c_{iq}\,\widetilde{\varphi}_q$ (z.B. beim Übergang zu Kugelwellen) erscheinen die alten $a_i^\dagger$ als Linearkombinationen der neuen Erzeuger $\tilde{a}_q^\dagger$:

$$a_i^\dagger = \sum_q c_{iq}^*\,\tilde{a}_q^\dagger, \qquad \sum_i c_{iq}^*\,c_{ip} = \delta_{p,q}; \tag{36.15}$$

letzteres gilt für unitäre Transformationen. Bei der Bilinearform ist die Summe der Teilchenzahlen basisunabhängig,

$$\sum_i a_i^\dagger\,a_i = \sum_{i,p,q} c_{ip}\,c_{iq}^*\,\tilde{a}_q^\dagger\,\tilde{a}_p = \sum_{p,q} \delta_{p,q}\,\tilde{a}_q^\dagger\,\tilde{a}_p = \sum_q \tilde{a}_q^\dagger\,\tilde{a}_q, \tag{36.16}$$

sonst nicht. Andererseits hat man vielleicht auch mal Interesse am Zählen von Teilchenpaaren?

§37. Zeitabhängige Störungstheorie und atomare Strahlung

Wo wir merken, dass nur der atomare Grundzustand stabil ist.

Weil der Strahlungsoperator $\boldsymbol{A} = \boldsymbol{A}(\boldsymbol{r}, t)$ zeitabhängig ist (vergl. (35.9)), müssen wir die zeitabhängige Schrgl des Atoms lösen. Wir schreiben

$$i\hbar\partial_t\psi = H\psi = [H_0 + H_{\rm st}(\boldsymbol{r}, t)]\,\psi(\boldsymbol{r}, t) \tag{37.1}$$

und behandeln später den zeitabhängigen Teil $H_{\rm st}$ als Störung. Das Problem für ψ^0 sei bereits vollständig gelöst, $\psi_n^0 = u_n(\boldsymbol{r})\mathrm{e}^{-i\omega_n t}$, mit $\omega_n = E_n^0/\hbar$, $H_0\psi_n^0 = \hbar\omega_n\psi_n^0$. Wir bringen $H_0\psi$ auf die linke Seite von (37.1) und entwickeln $\psi(\boldsymbol{r}, t)$ nach den ψ_n^0, mit zeitabhängigen Koeffizienten $c_n(t)$:

$$\psi(\boldsymbol{r}, t) = \sum\nolimits_n c_n(t)u_n(\boldsymbol{r})\mathrm{e}^{-i\omega_n t}. \tag{37.2}$$

Einsetzen von (37.2) in (37.1) gibt, mit $\partial_t c_m = \dot{c}_m$,

$$\sum\nolimits_m i\hbar\dot{c}_m u_m \mathrm{e}^{-i\omega_m t} = \sum\nolimits_n c_n H_{\rm st} u_n \mathrm{e}^{-i\omega_n t}, \tag{37.3}$$

denn die Differenziation des Exponenten gibt gerade $\hbar\omega_m$, was durch den Eigenwert von H_0 herausgekürzt wird. Mit der Orthonormalität $\langle u_f|u_m\rangle = \delta_{fm}$ kann man links ein bestimmtes c_f herausgreifen ($_f$ für final):

$$i\hbar\dot{c}_f = \sum\nolimits_n c_n(t)\langle f|H_{\text{st}}|n\rangle \mathrm{e}^{i\omega_{fn}t}, \quad \omega_{fn} = \omega_f - \omega_n. \tag{37.4}$$

In der zeitabhängigen Störungstheorie entwickelt man c_n nach Potenzen N von H_{st},

$$c_n(t) = \sum\nolimits_N c_n^{(N)}(t), \quad c_n^0(t) = \delta_{ni}\Theta(t - t_0), \tag{37.5}$$

d.h. ohne H_{st} wäre das Atom ab $t = t_0$ im Anfangszustand $|i\rangle$. Man hat dann links in (37.4) $\dot{c}_f^{(N)}$, und rechts $c_n^{(N-1)}$. Einfaches Aufintegrieren gibt

$$c_f^{(N)}(t) = -\frac{i}{\hbar}\int^t \sum\nolimits_n c_n^{(N-1)}(t')\langle f|H_{\text{st}}(t')|n\rangle \mathrm{e}^{i\omega_{fn}t'}dt'. \tag{37.6}$$

Für $H_{\text{st}}(\boldsymbol{r}, t)$ setzen wir eine periodische Zeitabhängigkeit ein:

$$H_{\text{st}}(\boldsymbol{r}, t) = H^{(+)}(\boldsymbol{r})\mathrm{e}^{i\omega t} + H^{(-)}(\boldsymbol{r})\mathrm{e}^{-i\omega t}, \quad c_f^{(N)} = c_f^{(N+)} + c_f^{(N-)}. \tag{37.7}$$

In 1. Ordnung Störungstheorie ist rechts $c_n^0(t > t_0) = \delta_{ni}$. Damit können wir die Zeitintegration in (37.6) ausführen:

$$\begin{aligned} c_f^{(1\pm)}(t) &= -\frac{1}{\hbar}\sum_n \frac{\langle f|H^{(\pm)}|n\rangle}{\omega_{fn} \pm \omega}\left(\mathrm{e}^{i(\omega_{fn}\pm\omega)t} - \mathrm{e}^{i(\omega_{fn}\pm\omega)t_0}\right)\delta_{ni} \\ &= \frac{\langle f|H^{(\pm)}|i\rangle}{\hbar\omega_{fi} \pm \hbar\omega}(\mathrm{e}^{i(\omega_{fi}\pm\omega)t} - \mathrm{e}^{i(\omega_{fi}\pm\omega)t_0}) \end{aligned}. \tag{37.8}$$

Links schreiben wir dann einfach $c_f^{(\pm)}$. Wir unterscheiden jetzt auch zwischen $E_i^0 > E_f^0$ und $E_i^0 < E_f^0$. Im ersten Fall ist das Atom anfangs in einem höheren Zustand, ω_{fi} ist negativ. Dafür definieren wir die Variable

$$\Delta\omega = \omega + \omega_{fi} = \omega - \omega_{if} = \omega - (E_i - E_f)/\hbar. \tag{37.9}$$

Weil $\Delta\omega$ im Nenner von $c^{(+)}$ sehr klein werden kann, vernachlässigen wir zunächst $c_f^{(-)}$ und berechnen, mit $\Delta t = t - t_0$,

$$\begin{aligned} c_f^{(+)} &= -\langle f|H^{(+)}|i\rangle e^{i\Delta\omega t_0}(e^{i\Delta\omega\Delta t} - 1)/\hbar\Delta\omega \\ &= -\langle f|H^{(+)}|i\rangle e^{i\Delta\omega t_0}e^{i\Delta\omega\Delta t/2} \times 2i\sin(\Delta\omega\Delta t/2)/\hbar\Delta\omega. \end{aligned} \tag{37.10}$$

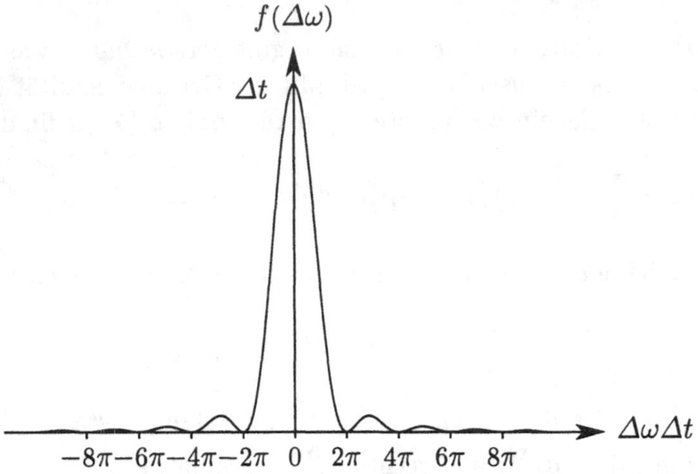

Bild 37-1: Die Funktion $f(\Delta\omega) = 4\sin^2(\Delta\omega\Delta t/2)/(\Delta\omega)^2\Delta t$

Da $c_f(t)$ die Wahrscheinlichkeitsamplitude dafür ist, dass sich einem anfänglichen Zustand $|i\rangle$ nach Δt ein Zustand $|f\rangle$ beimischt, ist $\Gamma_{if} = |c_f|^2/\Delta t$ die Übergangswahrscheinlichkeit pro Zeiteinheit, also die Übergangsrate (für $E_i^0 > E_f^0$ ist es die atomare *Abregungsrate*):

$$\Gamma_{if} = |c_f^{(+)}|^2/\Delta t = |\langle f|H^{(+)}(\boldsymbol{r})|i\rangle|^2 4\sin^2(\Delta\omega\Delta t/2)/(\hbar\Delta\omega)^2\Delta t. \tag{37.11}$$

Die Funktion $f(\Delta\omega) = 4\sin^2(\Delta\omega\Delta t/2)/(\Delta\omega)^2\Delta t$ ist in Bild 37-1 skizziert. Sie hat ein Maximum der Höhe Δt bei $\Delta\omega = 0$ und ihre ersten Nullstellen bei $\Delta\omega = \pm 2\pi/\Delta t$. Für sehr große Δt wird daraus eine Deltafunktion:

$$\lim_{\Delta t\to\infty} 4\sin^2(\Delta\omega\Delta t/2)/(\Delta\omega)^2\Delta t = \pi\delta(\Delta\omega/2) = 2\pi\delta(\Delta\omega). \tag{37.12}$$

Dann ist die Zerfallsrate unabhängig von t. Allerdings ist dieser Limes meist unvereinbar mit der störungstheoretischen Annahme, dass $c_f(t)$ klein ist. Auf jeden Fall gilt folgendes: wenn $\langle f|H^{(+)}|i\rangle$ sehr klein ist, wird Γ_{if} nur nennenswert für kleines $\Delta\omega$, also $\omega \sim \omega_{if}$. Dann oszilliert $c^{(-)}$ aus (37.8) wie $\exp(-2i\omega_{if}t)$ und spielt in der Berechnung von $|c_f|^2/\Delta t$ keine Rolle. Im umgekehrten Fall ($E_i^0 < E_f^0$, atomare Anregung) kann man $c^{(+)}(t) = 0$ setzen und bekommt wesentliche Beiträge nur für $\omega \sim (E_f - E_i)/\hbar$.
Im Folgenden wählen wir $\boldsymbol{A}_{\text{kl}}$ zeitunabhängig, so dass alle Zeitabhängigkeit $H_{\text{st}}(\boldsymbol{r},t)$ vom Feldoperator $\boldsymbol{A}(\boldsymbol{r},t)$ stammt. Für ein einzelnes Elektron benutzen wir den Pauli-Hamilton (22.2), $H_P = \boldsymbol{\pi}^2/2m + V + \mu_B\boldsymbol{B\sigma}$ und setzen $\boldsymbol{\pi}$ aus (35.2) ein. In erster Ordnung Störungstheorie sollten wir konsistenterweise $\boldsymbol{A}^2$ weglassen:

$$H_{\text{st}} = (e/mc)\boldsymbol{A\pi}_{\text{kl}} + \mu_B\boldsymbol{\sigma}\text{rot}\boldsymbol{A}. \tag{37.13}$$

Das $\psi(\boldsymbol{r},t)$ in (37.1) bezieht sich jetzt aufs ganze System, Atom+Strahlung. Die ungestörten Zustände u_n faktorisieren in eine ungestörte atomare Wellenfunktion $\psi_n(\boldsymbol{r})$ zur Energie E_n^0 und einen Zustand ψ_F im Fockraum der Fotonen. Beim H-Atom ist also

$$u_n(\boldsymbol{r}) = \psi_n(\boldsymbol{r})\psi_F(n_1, n_2, \ldots). \tag{37.14}$$

Die Fotonenzahlen des Anfangszustandes $|i\rangle$ (37.8) werden bei $t = t_0$ vorgegeben, z.B. das Vakuum, $\psi_F = \psi_F^0$. Das in H_{st} enthaltene $\boldsymbol{A}$ ändert die Fotonenzahl um genau eine Einheit. Das können wir bei der Wahl der Fotonenzahlen des herausgesuchten Endzustandes $|f\rangle$ laut (36.14) gleich berücksichtigen. Bei $H^{(+)}$ muss in einer Mode $n_f = n_i + 1$ sein (Emission eines Fotons). Für den zu $\exp(i\omega t)$ gehörenden Operator $H^{(+)}$ in (37.7) gilt also

$$\langle f|H^{(+)}|i\rangle = c\sqrt{h/\omega}\sqrt{n_f}\langle f|\widehat{H}^{(+)}|i\rangle, \tag{37.15}$$

wobei $\widehat{H}$ und die Zustände $|i\rangle$, $|f\rangle$ jetzt ohne Fockräume sind:

$$\langle f|\widehat{H}^{(+)}|i\rangle = \int d^3r\, \psi_f^\dagger(\boldsymbol{r}) \left((e/mc)\boldsymbol{\varphi}_f^*\boldsymbol{\pi}_{\text{kl}} + \mu_B \text{rot}\boldsymbol{\varphi}_f^*\boldsymbol{\sigma}\right) \psi_i(\boldsymbol{r}). \tag{37.16}$$

Das Γ_{if} gibt jetzt die partielle Zerfallsrate in den Zustand $|f\rangle$. Die gesamte Zerfallsrate des Anfangszustands ist

$$\Gamma_i = \sum\nolimits_f \Gamma_{if}. \tag{37.17}$$

Das ω in (37.15) braucht eigentlich einen Index $_f$, den wir aber unserer Bezeichnung (37.7) zuliebe unterdrücken. Haben wir wirklich ein angeregtes Atom in einer winzigen Kavität, dann kann es passieren, dass keines der angebotenen ω_f zu $\Delta\omega = 0$ führt. In diesem Fall ist die Näherung (37.12) falsch, die atomare Lebensdauer wird dadurch größer als bei einem Atom ohne Kavität, wo die möglichen ω-Werte dicht liegen.
Auch ohne Kavität hängt die Wahl der Moden $\boldsymbol{\varphi}_f(\boldsymbol{r})$ noch vom konkreten Problem ab. Sucht man z.B. die Wahrscheinlichkeit, dass das Foton in eine bestimmte Richtung $\widehat{\boldsymbol{k}}$ emittiert wird, dann benutzt man ebene Wellen (35.12). Der Übergang zum Kontinuumslimes macht aus der $\sum_f$ ein $d^3k/8\pi^3$:

$$d\Gamma_{if} = (d^3k/\hbar^2 8\pi^3)|\langle \boldsymbol{k}, \lambda, f|H^{(+)}|i\rangle|^2 2\pi\delta(\omega - \omega_{if}). \tag{37.18}$$

Wir führen jetzt Kugelkoordinaten für $\boldsymbol{k}$ ein, $d^3k = k^2 dk\, d\Omega_k$, benutzen $dk = d\omega/c$ und *kürzen* $d\omega$ *gegen die* δ*-Funktion* in (37.17):

$$d\Gamma_{if} = (k^2/\hbar^2 4\pi^2 c) d\Omega_k |\langle \boldsymbol{k}, \lambda, f|H^{(+)}|i\rangle|^2, \quad k = \omega_{if}/c. \tag{37.19}$$

Nach der Kürzung hat ω den von der δ-Funktion geforderten Wert ω_{if}. Formel (37.19) bezieht sich auf feste Polarisation $\boldsymbol{\varepsilon}_\lambda$ der Fotonen. Mit (37.15) wird

$$\boxed{d\Gamma_{if}(\boldsymbol{k}, \lambda) = (k d\Omega_k/h) n_f(\boldsymbol{k}) |\langle f|\widehat{H}^{(+)}|i\rangle|^2, \quad h = 2\pi\hbar.} \tag{37.20}$$

Dies ist *Fermis Goldene Regel.*

Vom atomaren Standpunkt aus ist die Energie nicht erhalten. Bei der *Abregung* verliert das Atom Energie. Andererseits zeigt die Funktion $\delta(\omega - \omega_{if})$ in (37.18), dass die Energiedifferenz $\hbar\omega_{if}$ an das Strahlungsfeld abgegeben wird. Das rechtfertigt nachträglich die Bezeichnung *Teilchenerzeuger* für $a_i^\dagger$ als Koeffizient von $\exp(i\omega_i t)$ in $\boldsymbol{A}(\boldsymbol{r}, t)$ (35.9). Für das *abgeschlossene* System Atom+Strahlung ist die Energie also erhalten. Allerdings mussten wir dazu in (37.12) $\Delta t = t - t_0 = \infty$ wählen, was nicht ganz konsistent ist. Bei endlichem Δt ergibt sich ein mittleres $\langle \Delta\omega \rangle$ der Größenordnung $2\pi/\Delta t$ (siehe Bild 37-1). Man spricht auch von einer Unschärferelation

$$\Delta E \Delta t \geq \hbar \tag{37.21}$$

analog zu Heisenbergs Unschärferelationen. Wir werden das bei der *Resonanzstreuung* noch untersuchen.

§38. Dipolstrahlung

Wo wir die Auswahlregeln von Strahlung kennenlernen, sowie neue Eigenschaften von Spiegeln.

Wir berechnen jetzt $\widehat{H}^{(+)}$ (37.16). Für $\boldsymbol{\varphi}_f^*$ benutzen wir (35.12):

$$\boldsymbol{\varphi}_f^*(\boldsymbol{r}) = \mathrm{e}^{-i\boldsymbol{k}\boldsymbol{r}} \boldsymbol{\varepsilon}_\lambda^*(\boldsymbol{k}). \tag{38.1}$$

(Das Normierungsvolumen V wurde bei der Einführung der Kontinuumszustandsdichte herausgekürzt.) Den Exponenten kann man entwickeln:

$$\mathrm{e}^{-i\boldsymbol{k}\boldsymbol{r}} = 1 - i\boldsymbol{k}\boldsymbol{r} - \tfrac{1}{2}(\boldsymbol{k}\boldsymbol{r})^2 + \ldots \tag{38.2}$$

Die entsprechenden Beiträge zu $\widehat{H}^{(+)}$ heißen Dipolstrahlung, Quadrupolstrahlung, Oktupolstrahlung usw. Meist kann man $\exp(-i\boldsymbol{k}\boldsymbol{r}) = 1$ setzen (Dipolnäherung). Und zwar ist $\hbar\omega = \hbar kc$ schlimmstenfalls $= -E_f$ (wenn nämlich $E_i = 0$ ist). Beim H-Atom z.B. ist $-E_1 = \hbar^2/2a_B^2 m$; mit $a_B = \hbar^2/e^2 m$ ist $k < -E_1/c\hbar = e^2/c\hbar 2a_B = \alpha/2a_B$. Da nun r nicht viel größer als a_B wird, ist also $kr \approx \alpha/2 \approx 1/270$, $\exp(-i\boldsymbol{k}\boldsymbol{r}) \approx 1$. In dieser Näherung vermitteln $H^{(\pm)}$ noch zwei verschiedene Übergänge, die E1 und M1 genannt werden, d.h. elektrische und magnetische Dipolstrahlung. Beim magnetischen Teil sollte man allerdings erst $\mathrm{rot}\boldsymbol{\varphi}_f^* = -i\boldsymbol{k} \times \boldsymbol{\varphi}_f^*$ setzen und anschließend $\exp(i\boldsymbol{k}\boldsymbol{r}) = 1$. Man erhält dann aus (37.16), für n verschiedene Elektronen,

$$\begin{aligned}\langle f|\widehat{H}^{(+)}_{\mathrm{E1+M1}}|i\rangle = \int d^3r_1 \ldots d^3r_n \times \\ \psi_f^\dagger \sum\nolimits_{j=1}^{n} \left[\boldsymbol{\varepsilon}_\lambda^* e\boldsymbol{\pi}_{\mathrm{kl}}(j)/mc - i\mu_B(\boldsymbol{k} \times \boldsymbol{\varepsilon}_\lambda^*)\boldsymbol{\sigma}_j\right]\psi_i.\end{aligned} \tag{38.3}$$

Im magnetischen Teil erscheint jetzt der Operator $\sum_j \boldsymbol{\sigma}_j = 2\boldsymbol{S}$. Nun kommutiert aber $\boldsymbol{S}$ mit H in der nichtrelativistischen Näherung, d.h. $\widehat{H}_{M1}$ vermittelt nur Übergänge zwischen entarteten Zuständen, und die entsprechende Zerfallsrate $d\Gamma_{if}$ (37.19) verschwindet wegen $\omega_{if} = 0$ bei Entartung, also $k = 0$. Bei Berücksichtigung der LS-Kopplung kommutieren H und $\boldsymbol{S}$ immer noch mit $\boldsymbol{L}^2$ und $\boldsymbol{S}^2$, $\boldsymbol{S}$ gibt also nur Übergänge mit $\Delta\ell = 0$, $\Delta s = 0$, d.h. innerhalb der Feinstruktur.

Der elektrische Dipoloperator $\sum_j \boldsymbol{\pi}_{\mathrm{kl}}(j) = \sum_j[-i\hbar\nabla_j + (e/c)\boldsymbol{A}_{\mathrm{kl}}(\boldsymbol{r}_j)]$ lässt sich noch folgendermaßen umformen:

$$\langle f|\sum\nolimits_j \boldsymbol{\pi}_{\mathrm{kl}}(j)/m|i\rangle = -i\langle f|\sum\nolimits_j \boldsymbol{r}_j|i\rangle \cdot \omega. \tag{38.4}$$

Zum Beweis betrachten wir den Kommutator

$$\left[\sum\nolimits_j \boldsymbol{r}_j, H_0\right] = \left[\sum\nolimits_j \boldsymbol{r}_j, \boldsymbol{\pi}_{\mathrm{kl}}^2(j)/2m\right] = 2i\hbar\sum\nolimits_j \boldsymbol{\pi}_{\mathrm{kl}}(j)/2m. \tag{38.5}$$

Denn es gilt ja z.B. $\boldsymbol{\pi}^2 z = \boldsymbol{\pi} z\boldsymbol{\pi} - i\hbar\pi_z = z\boldsymbol{\pi}^2 - 2i\hbar\pi_z$. Andererseits ist

$$\langle f|\left[\sum \boldsymbol{r}_j, H_0\right]|i\rangle = \langle f|\sum \boldsymbol{r}_j(E_i^0 - E_f^0)|i\rangle = \hbar\omega_{if}\langle f|\sum \boldsymbol{r}_j|i\rangle. \tag{38.6}$$

Der Vergleich beider Ausdrücke liefert gerade (38.4), mit $\omega = \omega_{if}$. Experimentalphysiker lieben die neue Form des Dipoloperators so sehr, dass sie schlicht $\boldsymbol{r} = \sum_j \boldsymbol{r}_j$ den *atomaren Dipoloperator* nennen. Damit wird also (37.19)

$$\begin{aligned} d\Gamma_{if}(\text{E1}) &= (kn(\boldsymbol{k})/h)d\Omega_k\omega^2(e/c)^2\sum\nolimits_\lambda |\langle f|\boldsymbol{r}\boldsymbol{\varepsilon}^*_\lambda(\boldsymbol{k})|i\rangle|^2 \\ &= (\omega^3 n(\boldsymbol{k})/2\pi c^2)\alpha d\Omega_k \sum\nolimits_\lambda |\langle f|\boldsymbol{r}\boldsymbol{\varepsilon}^*_\lambda(\boldsymbol{k})|i\rangle|^2 \\ &= (\omega^3 n(\boldsymbol{k})/2\pi c^2)\alpha d\Omega_k \langle f|\sum_{i=1}^3 r_i|i\rangle\langle f|\sum_{j=1}^3 r_j|i\rangle \sum\nolimits_\lambda \varepsilon^*_{\lambda_i}\varepsilon_{\lambda_j}, \end{aligned} \tag{38.7}$$

mit $\alpha = e^2/\hbar c \approx 1/137$. Im Folgenden betrachten wir den spontanen Zerfall $n_i = 0$ und $n(\boldsymbol{k}) = n_f = 1$ (vergl. (36.10)). Dann muss (38.7) über die beiden Polarisationrichtungen λ des Fotons summiert und über seine Richtung Ω_k integriert werden. Man kann die Rechnung explizit mit (35.14) durchführen, es geht aber auch eleganter — und zwar muss $\sum_\lambda \varepsilon^*_{\lambda_i}\varepsilon_{\lambda_j}$ ein Tensor T_{ij} sein, für dessen Konstruktion nur δ_{ij} und $\widehat{k}_i\widehat{k}_j$ in Frage kommen. Aus $\boldsymbol{\varepsilon}\widehat{\boldsymbol{k}} = \boldsymbol{\varepsilon}^*\widehat{\boldsymbol{k}} = 0$ folgt

$$\sum\nolimits_\lambda \varepsilon^*_{\lambda_i}\varepsilon_{\lambda_j} = T_{ij} = \delta_{ij} - \widehat{k}_i\widehat{k}_j. \tag{38.8}$$

Nun ist $\int d\Omega_k = 4\pi$, $\int d\Omega_k\widehat{k}_i\widehat{k}_j = \delta_{ij}\int d\Omega_k\widehat{k}_i^2 = \delta_{ij}4\pi/3$, also $\int d\Omega_k T_{ij} = \delta_{ij}8\pi/3$. Einsetzen in (38.7) gibt

$$\Gamma_{if}(\text{E1}) = (4\omega^3/3c^2)\alpha|\langle f|\boldsymbol{r}|i\rangle|^2, \quad \boldsymbol{r} = \sum\nolimits_{j=1}^n \boldsymbol{r}_j. \tag{38.9}$$

Dies ist des Experimentalphysikers Version von Fermis Goldener Regel. Sie wird ergänzt durch einige Auswahlregeln: weil der Operator $\boldsymbol{r}$ negative Parität hat, gibt es E1-Übergänge nur zwischen Zuständen entgegengesetzter Parität. Bei genau 1 Elektron muss sich also ℓ um eine ungerade Zahl ändern, und da $\boldsymbol{r}$ als Tensor 1. Stufe ℓ um höchstens 1 ändern kann, gilt in der Tat $\ell_f - \ell_i = \Delta\ell = \pm 1$ (*Laportesche Regel*) sowie $\Delta m = m_f - m_i = 0$ oder ± 1. Praktischer als die x, y, z-Komponenten von $\boldsymbol{r}$ sind in (38.9) die Cartankomponenten r^q (23.35)

$$r^0 = r\cos\vartheta, \quad r^{\pm 1} = \mp(1/\sqrt{2})r\sin\vartheta\mathrm{e}^{\pm i\varphi}. \tag{38.10}$$

Und zwar gilt

$$\begin{aligned} \boldsymbol{r}\boldsymbol{\varepsilon}^* &= r^0\varepsilon^*_z - r^{(1)}\varepsilon^{*(-1)} - r^{(-1)}\varepsilon^{*(1)} \\ &= \sum\nolimits_q (-1)^q r^{(q)}\varepsilon^{*(-q)}, \quad \varepsilon^{*(\pm 1)} = 2^{-\frac{1}{2}}(-i\varepsilon^*_y \mp \varepsilon^*_x). \end{aligned} \tag{38.11}$$

(Beachte $\varepsilon^{*(\pm 1)} \neq \varepsilon^{(\pm 1)*}$!) Du siehst, dass $\Delta m = 0$ von r^0 stammt (*π-Komponente*), und $\Delta m = \pm 1$ von $r^{\pm 1}$ (*$\sigma_\pm$-Komponenten*). Die relativen Intensitäten der Übergänge folgen aus dem Wigner-Eckart-Theorem (24.16). Für ein Elektron und $\ell_f = \ell_i - 1$ z.B. wären die CG-Koeffizienten $(m_1 m_2|jm)$ $(m_2 = q)$ der ersten Zeile von Bild 24-2 zu entnehmen, sofern man $\ell_i = j$, $m_i = m$ setzt. Allerdings braucht man dazu die zu (24.16) komplexkonjugierten Matrixelemente

$$\begin{aligned}\langle \alpha' \ell_f m_f | T_k^q | \alpha \ell_i, m\rangle^* &= (-1)^q \langle \alpha \ell_i m | T_k^{-q} | \alpha' \ell_f m_f\rangle \\ &= (-1)^q (m_f, -q | \ell_i m) \langle \alpha \ell_i \| T_k \| \alpha' \ell_f\rangle.\end{aligned} \tag{38.12}$$

(Wenn du das Wigner-Eckart-Theorem nicht magst, kannst du auch gleich das Additionstheorem für Kugelfunktionen benutzen, das zu (39.12) führt.) Sofern man keine Zeeman-Aufspaltung beobachtet, wird in (38.9) die Zerfallsrate noch über die magnetischen Quantenzahlen m_f der möglichen Endzustände summiert. Da aber die CG-Koeffizienten eine unitäre Matrix bilden, ist die Summe ihrer Quadrate = 1 (stimmt das für die erste Zeile von Bild 24-2?). Es gilt also

$$\sum\nolimits_{m_f} \Gamma_{if}(\mathrm{E1}) = (4\omega^3/3c^2)\alpha |\langle \alpha \ell_i \| r_1 \| \alpha' \ell_f\rangle|^2, \tag{38.13}$$

wobei man das reduzierte Matrixelement $\langle \alpha \ell_i \| r_1 \| \alpha' \ell_f\rangle$ für eine beliebige Wertekombination von q und m_f ausrechnen kann, z.B. $q = 0$, $m_f = m_i = 0$. In (38.12) muss man dann also die linke Seite explizit ausrechnen, die CG-Koeffizienten aus der zweiten Spalte von Bild 24-2 holen,

$$(0,0|\ell_i,0) = \begin{cases} -\sqrt{\ell_f/(2\ell_f+1)} & \text{für } \ell_i = \ell_f - 1 \\ \sqrt{(\ell_f+1)/(2\ell_f+1)} & \text{für } \ell_i = \ell_f + 1 \end{cases} \tag{38.14}$$

und dann das so erhaltene reduzierte Matrixelement in (38.13) benutzen. Aus (38.13) folgt, dass die Zerfallsraten Γ_{if} nach Summation über m_f nicht mehr von m_i abhängen. Da die Anfangszustände $|\ell m_i\rangle$ mit verschiedenen m_i bei Drehungen mischen, ist dies eine Folge der Drehinvarianz.

Manchmal sind auch nach Summation über m_f noch verschiedene Endlevel $|f\rangle$ möglich. Beim H-Atom kann z.B. der 4d-Level sowohl nach 3p als auch nach 2p zerfallen. Die Summe der Einzelraten gibt dann die totale Zerfallsrate Γ_i, die man im exponentiellen Zerfallsgesetz einer großen Zahl $N_i(t)$ identischer Atome im Zustand $|i\rangle$ misst

$$dN_i(t)/dt = -N_i(t)\Gamma_i, \quad \Gamma_i = \sum\nolimits_f \Gamma_{if}, \quad N_i(t) = N_i(t_0)\mathrm{e}^{-\Gamma_i(t-t_0)}. \tag{38.15}$$

Wir werden das exponentielle Zerfallsgesetz in §41 herleiten.
Für E1-Strahlung kann man die Dipolnäherung auch schon im Feldoperator einführen, $\boldsymbol{A}(\boldsymbol{r},t) \approx \boldsymbol{A}(t)$. Dann empfiehlt sich eine Eichtransformation (20.3):

$$\psi = \mathrm{e}^{-ie\boldsymbol{A}(t)\boldsymbol{r}/\hbar c}\psi_d, \quad i\hbar\partial_t\psi = \mathrm{e}^{-ie\boldsymbol{A}(t)\boldsymbol{r}/\hbar c}(i\hbar\partial_t + e\dot{\boldsymbol{A}}\boldsymbol{r}/c)\psi_d, \tag{38.16}$$

$$\boldsymbol{\pi}\psi = (-i\hbar\nabla + e\boldsymbol{A}/c)\psi = \mathrm{e}^{-ie\boldsymbol{A}(t)\boldsymbol{r}/\hbar c}(-i\hbar\nabla)\psi_d. \tag{38.17}$$

Mit $\boldsymbol{E} = -\dot{\boldsymbol{A}}$ erhält man dann die Schrgl für ψ_d:

$$i\hbar\partial_t\psi_d = (\boldsymbol{p}^2/2m + e\boldsymbol{E}(t)\boldsymbol{r} + V)\psi_d. \tag{38.18}$$

Als nächstes betrachten wir ein leuchtwilliges Atom im Abstand z vor einem Spiegel. Für die Moden $\boldsymbol{\varphi}_i$ (35.33, 35.34) muss man die $\widehat{z}$- und $\boldsymbol{\rho}$-Beiträge einzeln berechnen. Am einfachsten ist noch $\varphi_{1z} = \mathrm{e}^{i\boldsymbol{k}\boldsymbol{\rho}}\cos(k_z z)(k_\rho/k)\sqrt{2/V}$. Nun setzt ja Fermis goldne Regel (37.20) voraus, dass $\delta(\omega - \omega_{if})$ gegen $cdk = d\omega$ gekürzt wurde, was wegen $k = \sqrt{k_\rho^2 + k_z^2}$ Kugelkoordinaten bei der $\boldsymbol{k}$-Integration erfordert. Mit $k_z/k = \cos\theta = u$, $k_\rho^2/k^2 = 1 - u^2$ und $v = 2kz$ ist

$$\begin{aligned}\int d\cos\theta\cos^2(k_z z)(k/k_\rho)^2 &= \int du\cos^2(kuz)(1-u^2)\\ &= \int_{-kz}^{kz}\frac{dx}{kz}\cos^2 x\left(1-(\frac{x}{kz})^2\right) = 2\left(\frac{1}{3} - \frac{1}{v^2}\cos v + \frac{1}{v^3}\sin v\right).\end{aligned} \tag{38.19}$$

Die übrigen Faktoren bleiben bei unpolarisierten Atomen unverändert, was zu $\Gamma_z = \Gamma(1/3 - v^{-2}\cos v + v^{-3}\sin v)$ führt. Für $z \to \infty$ ist erwartungsgemäß $\Gamma_z = \Gamma/3$. Die analogen Integrale für Γ_ρ ergeben $\Gamma[2/3 - v^{-1}(1 - v^{-2})\sin v - v^{-2}\cos v]$. Die über alle Moden summierte Zerfallsrate $\Gamma_z + \Gamma_\rho$ reduziert sich auf unser altes Γ also nur für $v \to \infty$. Der Spiegel schafft Moden mit z-abhängigen Amplituden, in deren Intensitätsminima das Atom besonders schwach an das Strahlungsfeld koppelt. Er beschränkt sich also nicht darauf, einmal emittierte Strahlung zu reflektieren.
Schließlich seien noch die dimensionslosen *Oszillatorenstärken* definiert,

$$f_{rs} = 2m(E_r - E_s)|\langle r|X|s\rangle|^2/\hbar^2, \quad X = \sum\nolimits_{j=1}^{n} x_j, \tag{38.20}$$

die die Summenregel von Thomas, Reiche & Kuhn für n Elektronen erfüllen:

$$\sum\nolimits_r f_{rs} = n. \tag{38.21}$$

Diese Regel ergibt sich aus dem Erwartungswert des Doppelkommutators $[[X, H_0], X]$. In der Summe (38.20) ist das Ionisationskontinuum enthalten. Für angeregte Zustände $|s\rangle$ tragen auch negative f_{rs} bei.
☞ *Aufgaben:* (i) Berechne die Zerfallsrate 2p → 1s im H-Atom (in Hz). (ii) Berechne $\langle s|[[X, H_0], X]|s\rangle$ mit $H_0 = \sum_{j=1}^{n} \hbar^2 \nabla_j^2/2m + V$. Benutze dabei die Vollständigkeit, z.B. $\langle s|X^2|s\rangle = \sum_r \langle s|X|r\rangle\langle r|X|s\rangle$.

§39. Drehungen und Kugelfunktionen. Zeemanaufspaltung von Spektrallinien, g-Faktoren

Wo wir die Winkelverteilung atomarer Strahlung studieren.

Zur Berechnung der einzelnen Matrixelemente des Dipoloperators $\boldsymbol{r}$ empfiehlt es sich, das Produkt $r^q Y_\ell^m(\vartheta, \varphi)$ wieder nach Kugelfunktionen zu zerlegen. Die Zerlegung von $Y_{\ell_1}^{m_1}(\vartheta, \varphi) Y_{\ell_2}^{m_2}(\vartheta, \varphi)$ lautet

$$Y_{\ell_1}^{m_1} Y_{\ell_2}^{m_2} = \sum_\ell Y_\ell^m \sqrt{(2\ell_1+1)(2\ell_2+1)/4\pi(2\ell+1)}(m_1 m_2|\ell m)(00|\ell 0). \tag{39.1}$$

Zu ihrer Herleitung beachten wir, wie sich Y_ℓ^m bei Drehungen R transformiert:

$$Y_\ell^m(\widehat{r}') = \sum_{m'} Y_\ell^{m'} D_{m'm}^{(\ell)}(R), \quad \widehat{r}' = R\widehat{r}. \tag{39.2}$$

Die allgemeine Drehung R wird jetzt durch die 3 Eulerwinkel α, β, γ parametrisiert. Man dreht zuerst einen Winkel α um die z-Axe

$$D_{m'm}^{(j)}(\alpha) = \left(\mathrm{e}^{-i\alpha J_z}\right)_{m'm} = \mathrm{e}^{-i\alpha m}\delta_{m'm}, \tag{39.3}$$

dann einen Winkel β um die neue y-Axe (*Linie des aufsteigenden Knotens* y') $\exp(-i\beta J_{y'})$ und schließlich einen Winkel γ um die neue z-Axe. Man kann aber $J_{y'}$ aus J_y erzeugen, und zwar durch eine Drehung α um die z-Axe

$$J_{y'} = \mathrm{e}^{-i\alpha J_z} J_y \mathrm{e}^{i\alpha J_z}. \tag{39.4}$$

Entsprechend kann man $J_{z'}$ durch J_z und die Drehungen $\exp(-i\alpha J_z)$ $\exp(-i\beta J_y)$ ausdrücken. Das Endresultat ist eine Drehung um die Axen z, y, z in umgekehrter Reihenfolge,

$$D_{m',m}(\alpha, \beta, \gamma) = \left(\mathrm{e}^{-i\alpha J_z}\mathrm{e}^{-i\beta J_y}\mathrm{e}^{-i\gamma J_z}\right)_{m'm} = \mathrm{e}^{-i\alpha m'} d_{m'm}(\beta)\mathrm{e}^{-i\gamma m}. \tag{39.5}$$

Der einzige nichtdiagonale Operator ist hierbei $\exp(-i\beta J_y)$, dessen Matrixelemente mit $d_{m'm}(\beta)$ bezeichnet werden.
Jeder der 3 Operatoren in (39.5) ist unitär (oder?), also ist D auch unitär. Die Rücktransformation zu (39.2) lautet damit

$$Y_\ell^m(\widehat{\boldsymbol{r}}) = \sum\nolimits_{m'} D^{(\ell)*}_{mm'}(R) Y_\ell^{m'}(\widehat{\boldsymbol{r}}'). \tag{39.6}$$

Dreht man jetzt so, dass $\widehat{\boldsymbol{r}}'$ in Richtung der z-Axe liegt, dann ist ja

$$Y_\ell^{m'}(0,\varphi') = \delta_{m'0}\sqrt{(2\ell+1)/4\pi}, \tag{39.7}$$

$$Y_\ell^m(\vartheta,\varphi) = \sqrt{(2\ell+1)/4\pi}\, D^{(\ell)*}_{m0}(\varphi,\vartheta,0). \tag{39.8}$$

Das ist ein nützlicher Aspekt: die Kugelfunktionen sind spezielle Drehungen. Man kann z.B. (39.8) komplexkonjugiert in (39.2) verwenden, indem man dort $m=0$ setzt:

$$Y_\ell^0(\vartheta') = \sum\nolimits_{m'} Y_\ell^{m'}(\vartheta,\varphi) Y_\ell^{m'*}(\beta,\alpha)\sqrt{4\pi/(2\ell+1)} \tag{39.9}$$

wobei ϑ' der Winkel zwischen $\widehat{\boldsymbol{r}}$ und der z'-Axe ist. Berücksichtigt man noch

$$Y_\ell^0(\vartheta') = \sqrt{(2\ell+1)/4\pi}\, P_\ell(\cos\vartheta'), \tag{39.10}$$

ist die Zerlegung (28.17) hergeleitet. Jetzt zurück zur Herleitung von (39.1). Das direkte Produkt zweier Drehmatrizen $D^{(\ell_1)} \otimes D^{(\ell_2)}$ lässt sich wieder nach Drehmatrizen $D^{(\ell)}$ zerlegen. Während $D^{(\ell_1)} \otimes D^{(\ell_2)}$ die Produktzustände $|\ell_1 m_1\rangle|\ell_2 m_2\rangle$ dreht, dreht $D^{(\ell)}$ die Zustände $|\ell m\rangle$, die durch Vektoraddition $\boldsymbol{L}_1 + \boldsymbol{L}_2 = \boldsymbol{L}$ entstehen, mit CG-Koeffizienten $(m_1 m_2|\ell m)$. Die gewünschte Zerlegung lautet deshalb

$$D^{(\ell_1)}_{m_1' m_1} D^{(\ell_2)}_{m_2' m_2} = \sum\nolimits_\ell (m_1 m_2|\ell m)(m_1' m_2'|\ell m') D^{(\ell)}_{m'm}. \tag{39.11}$$

Dies ist die berühmte *Clebsch-Gordan-Reihe*. Setzt man darin $m_1 = m_2 = 0$ dann ist auch $m = 0$, und Einsetzen von (39.8) liefert das Resultat (39.1). Aus der Orthonormalität der Y_ℓ^m folgt

$$\int Y_\ell^{m*} Y_{\ell_1}^{m_1} Y_{\ell_2}^{m_2} d\Omega = \sqrt{\frac{(2\ell_1+1)(2\ell_2+1)}{4\pi(2\ell+1)}}(00|\ell 0)(m_1 m_2|\ell m), \tag{39.12}$$

womit die Winkelintegration sämtlicher Multipolstrahlungen erschlagen wäre.

Im Magnetfeld $\boldsymbol{B}$ spalten die Linien in verschiedene Zeemankomponenten auf. Laut (25.16) ist

$$\hbar\omega = \hbar\omega^{(0)} + \mu_B B(g_i m_i - g_f m_f), \tag{39.13}$$

wobei g_i und g_f die g-Faktoren des Anfangs- und Endzustands sind. Die Größe der Aufspaltung misst B, die relative Intensität der Linien misst die Richtung $\widehat{\boldsymbol{B}}$ (Beispiel: Messung des Magnetfelds auf der Sonne). Für die π-Komponenten $(m_i = m_f)$ gilt

$$\hbar\omega_\pi = \hbar\omega^{(0)} + \mu_B B(g_i - g_f)m_i \tag{39.14}$$

und für die $\sigma_\pm$-Komponenten $(m_f = m_i \pm 1)$

$$\hbar\omega_{\sigma\pm} = \hbar\omega^{(0)} + \mu_B B\left[(g_i - g_f)m_i \mp g_f\right]. \tag{39.15}$$

Beim sogenannten normalen Zeemaneffekt ist $g_i = g_f$. Dann ist ω_π unverschoben und liegt genau mitten zwischen den σ-Komponenten. Bei Berechnung von $\boldsymbol{r}\boldsymbol{\varepsilon}^*(\lambda)$ nach (38.11) ist zu beachten, dass die z-Richtung durch $\boldsymbol{B}$ festgelegt ist. Man braucht deshalb die allgemeinen Ausdrücke (35.14) für $\boldsymbol{\varepsilon}$.

Der atomare g-Faktor lässt sich auch für beliebige Atome in LS-Kopplung angeben. Für n Elektronen bedeutet $S_z = \sum_{i=1}^n S_{iz}$ die z-Komponente des Gesamtspins, und entsprechend m in (25.14) den Eigenwert von $J_z = \sum_i J_{iz}$. Laut Wigner & Eckart transformiert sich jeder Vektoroperator $\boldsymbol{A}$ unter Drehungen gleich, man kann also stets ansetzen

$$\langle\alpha jm'|\boldsymbol{A}|\alpha jm\rangle = c_{\alpha j}\langle\alpha jm'|\boldsymbol{J}|\alpha jm\rangle, \tag{39.16}$$

mit zunächst unbekannten $c_{\alpha j}$. Andererseits gilt

$$\langle\alpha jm'|\boldsymbol{AJ}|\alpha jm\rangle = \sum\nolimits_{m''}\langle\alpha jm'|\boldsymbol{A}|\alpha jm''\rangle\langle\alpha jm''|\boldsymbol{J}|\alpha jm\rangle, \tag{39.17}$$

weil $\boldsymbol{J}$ weder an α noch an j rüttelt. Einsetzen von (39.16) liefert

$$\begin{aligned}\langle\alpha jm'|\boldsymbol{AJ}|\alpha jm\rangle &= c_{\alpha j}\sum_{m''}\langle\alpha jm'|\boldsymbol{J}|\alpha jm''\rangle\langle\alpha jm''|\boldsymbol{J}|\alpha jm\rangle \\ &= c_{\alpha j}\langle\alpha jm'|\boldsymbol{J}^2|\alpha jm\rangle = c_{\alpha j}j(j+1)\delta_{mm'}.\end{aligned} \tag{39.18}$$

Den so bestimmten Wert von $c_{\alpha j}$ setzt man in (39.16) ein und beachtet, dass $\langle\alpha jm'|\boldsymbol{J}|\alpha jm\rangle$ unabhängig von α ist:

$$\langle\alpha jm'|\boldsymbol{A}|\alpha jm\rangle = \langle jm'|\boldsymbol{J}|jm\rangle\langle\alpha jm'|\boldsymbol{AJ}|\alpha jm\rangle/j(j+1). \tag{39.19}$$

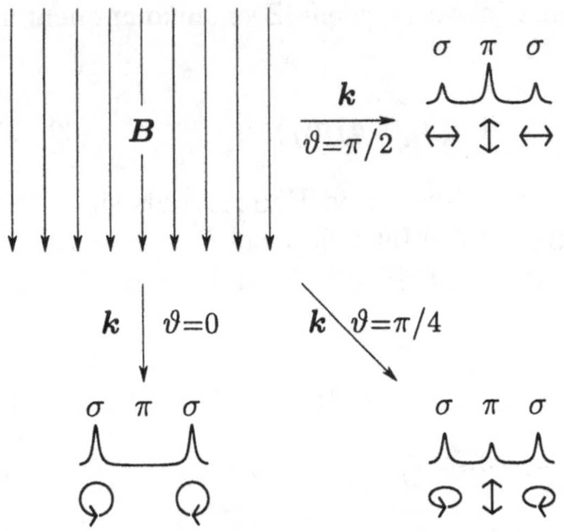

Bild 39-1: Aufspaltung einer Spektrallinie im Magnetfeld $\boldsymbol{B}$ in normale (s=0) Zeemankomponenten, in 3 speziellen Blickrichtungen, mit angedeuteten Intensitäten und Polarisationen. Bei $\vartheta=\pi/2$ schwingen die σ-Komponenten senkrecht zu $\boldsymbol{B}$ (und natürlich auch zu $\boldsymbol{k}$, was in der Figur nicht rauskommt).

Diese Formel wurde ursprünglich von Landé erraten. Sie besagt, dass bei den Matrixelementen von $\boldsymbol{A}$ bei festem j nur die *Komponente von* $\boldsymbol{A}$ *in Richtung von* $\boldsymbol{J}$ beiträgt. Beim Zeemaneffekt ist $\boldsymbol{A} = \boldsymbol{S}$ und, wegen $\widehat{\boldsymbol{L}}^2 = (\boldsymbol{J} - \boldsymbol{S})^2 = \boldsymbol{J}^2 + \boldsymbol{S}^2 - 2\boldsymbol{J}\boldsymbol{S}$,

$$2\boldsymbol{J}\boldsymbol{S}|\alpha jm\rangle = (\boldsymbol{J}^2 + \boldsymbol{S}^2 - \widehat{\boldsymbol{L}}^2)|\alpha jm\rangle = [j(j+1) + s(s+1) - \ell(\ell+1)]|\alpha jm\rangle. \tag{39.20}$$

Damit ergibt sich insgesamt gemäß (25.16)

$$g = 1 + [j(j+1) + s(s+1) - \ell(\ell+1)]/2j(j+1). \tag{39.21}$$

Für $\boldsymbol{A} = \boldsymbol{S}$ kann man Landés Formel auch direkt beweisen, mittels

$$\boldsymbol{S}(\boldsymbol{L}\cdot\boldsymbol{S}) - (\boldsymbol{L}\cdot\boldsymbol{S})\boldsymbol{S} = -i\boldsymbol{S} \times \boldsymbol{L}. \tag{39.22}$$

Man nimmt davon das Kreuzprodukt mit $\boldsymbol{J}$:

$$-i(\boldsymbol{S} \times \widehat{\boldsymbol{L}}) \times \boldsymbol{J} = -i\widehat{\boldsymbol{L}}(\boldsymbol{S}\boldsymbol{J}) + i\boldsymbol{S}(\widehat{\boldsymbol{L}}\boldsymbol{J}) = -i\boldsymbol{J}(\boldsymbol{S}\boldsymbol{J}) + i\boldsymbol{S}\boldsymbol{J}^2. \tag{39.23}$$

Nun ist aber der Erwartungswert des Kreuzproduktes laut linker Seite von (39.22) = 0, weil $\boldsymbol{L}\boldsymbol{S}$ diagonal ist. Man findet so $\langle \boldsymbol{S}\boldsymbol{J}^2\rangle = \langle \boldsymbol{J}(\boldsymbol{S}\boldsymbol{J})\rangle$.
☞ *Aufgabe:* Berechne (38.11) explizit für ein Foton, das unter den Winkeln ϑ_k, φ_k abgestrahlt wird, und zeige, dass man beim Zeemaneffekt die in Bild 39-1 angedeuteten Polarisationen erhält.

§40. Plancks Strahlungsgesetz. Induzierte Emission und Absorption. Einsteinkoeffizienten

Wo wir Plancks Formel auf Boltzmannfaktoren zurückführen.

Wenn ein freies Elmagfeld sich in einer materiellen Umgebung der (absoluten) Temperatur T befindet (etwa in einem Ofen), dann passt seine Intensität sich rasch an die Temperatur an: man redet dann von Hohlraumstrahlung oder Wärmestrahlung bei der Temperatur T. Die zugehörige klassische spektrale Energiedichte $de_T(\omega)$ wurde von Rayleigh und Jeans berechnet, analog zu einem idealen Gas aus Atomen oder Molekülen. Dort ist die mittlere Energie pro Translations- oder Rotationsfreiheitsgrad einheitlich $\frac{1}{2}k_BT$, (k_B = Boltzmannkonstante), und pro harmonischem Oszillator $1k_BT$. Dieser *Gleichverteilungssatz* resultiert daraus, dass die Energie eines Atoms eine quadratische Funktion seiner Geschwindigkeitskomponenten ist, und bei einem HO-Potenzial zwischen zwei Atomen außerdem noch eine quadratische Funktion des Abstandes. Rayleigh und Jeans fassten nun $\boldsymbol{E}$ und $\boldsymbol{B}$ bei festem ω und fester Polarisationsrichtung $\widehat{\varepsilon}$ zu einem Oszillator zusammen, wegen $e = (\boldsymbol{E}^2 + \boldsymbol{B}^2)/8\pi$, also mittlere Energie $\langle E \rangle = k_BT = \tau$ pro Oszillator.

Wir beginnen mit der Energiedichte (35.25) unpolarisierter Strahlung

$$de = 2(\nu/c)^2(d\nu/c)4\pi\langle E(\nu)\rangle. \tag{40.1}$$

In (35.25) war $E(\nu) = n(\nu)h\nu$ mit $n(\nu)$ vorgegeben, jetzt müssen wir den Erwartungswert $\langle E(\nu)\rangle$ im thermischen Gleichgewicht berechnen:

$$\langle E\rangle = \sum\nolimits_n E_n\varrho_n(\nu), \quad E_n = nh\nu. \tag{40.2}$$

Die ϱ_n sind die normierten Boltzmannfaktoren (33.16) $\exp(-E_n/\tau)/\mathcal{Z}$, die dortige Summe über α ist jetzt die Summe über die diskreten Besetzungszahlen $n = 0, 1, 2, \ldots$ einer Mode. Die Zustandssumme lässt sich mit der geometrischen Reihe aufsummieren:

$$\mathcal{Z} = \sum\nolimits_{n=0}^{\infty} \mathrm{e}^{-nh\nu/\tau} = \sum\nolimits_n \left(\mathrm{e}^{-h\nu/\tau}\right)^n = \left(1 - \mathrm{e}^{-h\nu/\tau}\right)^{-1}. \tag{40.3}$$

Aus $\mathcal{Z}$ folgt stets $\langle E\rangle$:

$$\langle E\rangle = \mathcal{Z}^{-1}\sum\nolimits_n E_n\mathrm{e}^{-E_n/\tau} = \mathcal{Z}^{-1}d\mathcal{Z}/d\left(-\tau^{-1}\right). \tag{40.4}$$

In unserem Fall folgt aus (40.3)

$$\langle E\rangle = \left(1-\mathrm{e}^{-h\nu/\tau}\right)(-1)\left(1-\mathrm{e}^{-h\nu/\tau}\right)^{-2}\left(-\mathrm{e}^{-h\nu/\tau}\right)h\nu$$
$$= h\nu\left(\mathrm{e}^{h\nu/\tau}-1\right)^{-1}. \tag{40.5}$$

Damit haben wir Plancks Energiedichte pro Frequenzintervall $d\nu$

$$\frac{de}{d\nu} = \frac{8\pi(\nu/c)^3 h}{\mathrm{e}^{h\nu/\tau}-1}, \quad \tau = k_B T. \tag{40.6}$$

Für $h\nu \ll \tau$ ergibt sich mit $\exp(h\nu/\tau) \approx 1 + h\nu/\tau$ das klassische Gesetz von Rayleigh und Jeans,

$$de/d\nu \overset{\nu\ll\tau/h}{=} 8\pi\nu^2\tau/c^3,$$

in dem $h = 2\pi\hbar$ nicht mehr vorkommt. Das Integral von (40.6) über ν liefert die gesamte Energiedichte e (Stefan-Boltzmann-Gesetz):

$$e = \int \frac{de}{d\nu}d\nu = 4\pi\sigma\tau^4/c, \quad \sigma = \frac{2}{15}\frac{\pi^5}{c^2\hbar^3}. \tag{40.7}$$

Einstein leitete Plancks Gesetz her, indem er die Emission und Absorption von Fotonen an der Ofenwand gleichsetzte. Aus (36.10) wissen wir, dass bei Emission $n_f(\boldsymbol{k}) = n_i(\boldsymbol{k})+1$ ist. Die gesamte Emissionsrate $i \to f$ pro Atom im Zustand i ist

$$d\Gamma_{if}^{\mathrm{ges}} = d\Gamma_{if}^{\mathrm{ind}} + d\Gamma_{if}, \quad d\Gamma_{if}^{\mathrm{ind}} = n_i(\boldsymbol{k})d\Gamma_{if}. \tag{40.8}$$

Die spontane Emission $d\Gamma_{if}$ ist stets vorhanden, die induzierte $d\Gamma_{if}^{\mathrm{ind}}$ trägt nur zum Wellenzahlvektor $\boldsymbol{k}$ der einfallenden Strahlung bei. Deshalb mussten wir sie bei der Winkelintegration $\int d\Omega_k$ nach (38.7) weglassen. Im thermischen Gleichgewicht kommt die Strahlung aber von allen Seiten gleich stark, $n(\boldsymbol{k}) = n(k)$, so dass n bei der Winkelintegration nicht stört.
Bei der Fotonabsorption brauchen wir den Teil $H^{(-)}\exp(-i\omega t)$ von H_{st} (37.7), mit

$$\langle f|H^{(-)}|i\rangle = c\sqrt{2\pi\hbar/\omega}\sqrt{n_i}\langle f|\widehat{H}^{(-)}|i\rangle, \tag{40.9}$$

wobei die Matrixelemente von $\widehat{H}^{(-)}$ anstelle des $\boldsymbol{\varphi}_f^*$ fürs emittierte Foton (37.16) jetzt das $\boldsymbol{\varphi}_i$ fürs absorbierte Foton haben. Dahinter steckt natürlich die Hermitizität von H_{st},

$$\langle i|H_{st}|f\rangle = \langle f|H_{st}|i\rangle^*. \tag{40.10}$$

Im bisherigen Formalismus bringt das die Substitution $n_f \to n_i$, $\varphi_f^* \to \varphi_i$ und $\omega \to -\omega$, folglich ist die Rücktransformationsrate pro Atom im Zustand f

$$d\Gamma_{fi}^{\mathrm{ind}} = n_i(\boldsymbol{k})d\Gamma_{if}. \tag{40.11}$$

Sind jetzt N_i und N_f die entsprechenden atomaren Dichten, dann gilt

$$dN_{i\to f}/dt = -N_i(1+n)\Gamma_{if}, \quad dN_{f\to i}/dt = -N_f n\Gamma_{fi}, \tag{40.12}$$

mit $\Gamma_{fi} = \Gamma_{if}$. Im thermischen Gleichgewicht ist $dN_{if} = dN_{fi}$ und außerdem ist N_i/N_f durch das Verhältnis der Boltzmannfaktoren gegeben:

$$N_i/N_f = \mathrm{e}^{-(E_i-E_f)/\tau} = \mathrm{e}^{-\hbar\omega/\tau}. \tag{40.13}$$

Aus (40.12) folgt dann

$$\mathrm{e}^{-\hbar\omega/\tau}(1+\langle n\rangle)\Gamma_{if} = \langle n\rangle\Gamma_{if}, \quad \langle n\rangle = \left(e^{\hbar\omega/\tau}-1\right)^{-1} \tag{40.14}$$

in Übereinstimmung mit (40.5). Einsteins berühmte Koeffizienten $\mathcal{A}$ und $\mathcal{B}$ sind

$$\Gamma_{if} = \mathcal{A}, \quad n\Gamma_{if} = \mathcal{B}_{if}, \quad n\Gamma_{fi} = \mathcal{B}_{fi} = \mathcal{B}_{if}. \tag{40.15}$$

Einstein konnte sie nicht berechnen; im Endresultat (40.14) treten sie nicht auf. Die thermische Strahlungsenergie ist von der Art der Ofenwände unabhängig. Bei Fotonfrequenzen ω nahe an einer Differenz $(E_i - E_f)/\hbar$ der Zustände der Wandatome stellt sich das Gleichgewicht schnell ein; bei anderen Frequenzen dauert es länger. Trifft umgekehrt eine thermische Strahlung auf ein Gas, dann heizen verschiedene Frequenzen verschieden schnell. Schließlich definieren wir noch den differenziellen Fotonabsorptionsquerschnitt $d\sigma_{fi}$ als die Rücktransformationsrate (40.11) pro Fotonenflussdichte $cn_i(\boldsymbol{k})$,

$$d\sigma_{fi} = d\Gamma_{fi}^{\mathrm{ind}}/cn_i = d\Gamma_{fi}/c. \tag{40.16}$$

☞ *Aufgabe:* Die Wahrscheinlichkeit, in einer Mode genau n Fotonen zu finden, ist im thermischen Gleichgewicht offenbar $|c_n|^2 = \mathrm{e}^{-nh\nu/\tau}/\mathcal{Z}$. Zeige, dass sich dies folgendermaßen durch den Erwartungswert $\langle n\rangle$ ausdrücken lässt:

$$|c_n|^2 = \langle n\rangle^n(\langle n\rangle+1)^{-n-1}. \tag{40.17}$$

§41. Natürliche Linienbreite. Dopplerverschiebung und Dopplerbreite

Wo wir dicke Linien betrachten.

In 0. Ordnung Störungstheorie haben wir $c_n^0(t) = \delta_{ni}$ gesetzt. Das ist aber für $\Delta t = t - t_0 \to \infty$ schlecht und führte zur singulären Funktion $2\pi\delta(\omega - (E_i - E_f)/\hbar)$ in (37.12). Besser stopft man das exponentielle Zerfallsgesetz eines angeregten Zustandes (38.15) n, $N_n(t) = N_n(t_0)\exp(-\Gamma_n(t-t_0))$ gleich in c_n^0 hinein:

$$c_n^0(t) = \mathrm{e}^{-\Gamma_n t/2} c_n(t_0), \tag{41.1}$$

$$d|c_n^0|^2/dt = -\Gamma_n |c_n^0|^2. \tag{41.2}$$

In 1. Ordnung Störungstheorie ist das nur für $n = i$ wichtig. Die zeitliche Abnahme von $|c_i|^2$ ist dann gleich der Zunahme von $\sum_f |c_f|^2$; die Norm von $\psi^0 + \psi^1$ ist also zeitlich konstant. Man kann das $-\Gamma_n t/2$ mit dem ursprünglichen Zeitexponenten $-i\omega_n t$ in (37.2) kombinieren, indem man komplexe atomare Energien definiert:

$$\tilde{\omega}_n = \omega_n - i\Gamma_n/2 = E_n/\hbar - i\Gamma_n/2. \tag{41.3}$$

Allgemein muss man Zuständen, die durch eine Störung instabil werden, komplexe Energien mit negativen Imaginärteilen zuordnen.
Eigentlich müsste in (41.3) rechts E_n^0 statt E_n stehen, aber in 2. Ordnung Störungstheorie können die Energielevel etwas verschoben sein („dynamischer Starkeffekt"), und das kann man auch in E_n berücksichtigen.
Das $c_f^{(+)}(t)$ ergibt sich nun aus (37.10), wobei der Endzustand $|f\rangle$ stabil sei:

$$c_f^{(+)}(t) = -\frac{1}{\hbar}\langle f|H^{(+)}|i\rangle \frac{1}{\Delta\omega + i\Gamma_i/2}\left(\mathrm{e}^{i\Delta\omega t}\mathrm{e}^{-\Gamma_i t/2} - \mathrm{e}^{i\Delta\omega t_0}\mathrm{e}^{-\Gamma_i t_0/2}\right). \tag{41.4}$$

Wir betrachten den Grenzfall $t \to \infty$ und setzen jetzt außerdem $t_0 = 0$:

$$c_f^{(+)}(t\to\infty) = \langle f|H^{(+)}|i\rangle/\hbar(\Delta\omega + i\Gamma_i/2), \tag{41.5}$$

$$|c_f^{(+)}(t\to\infty)|^2 = |\langle f|H^{(+)}|i\rangle|^2 \hbar^{-2}\left((\Delta\omega)^2 + \Gamma^2/4\right)^{-1}. \tag{41.6}$$

Die Zerfallswahrscheinlichkeit ist $dW_{if} = |c_f|^2$ $(= d\Gamma_{if}\Delta t)$. Die Funktion $2\pi\delta(\omega - \omega_{if})$ wird jetzt durch den letzten Faktor in (41.6) ersetzt, so dass mit $d^3k = k^2 d\omega\, d\Omega_k/c$ in (37.18) wirklich ein $d\omega$ bleibt:

$$\frac{dW_{if}}{d\omega} = \frac{k^2 d\Omega_k}{8\pi^3 c\hbar^2}\frac{|\langle f|H^{(+)}|i\rangle|^2}{(\Delta\omega)^2 + \Gamma_i^2/4} = \frac{k d\Omega_k n_f(\boldsymbol{k})}{4\pi^2\hbar\left((\Delta\omega)^2 + \Gamma_i^2/4\right)}|\langle f|\widehat{H}^{(+)}|i\rangle|^2. \tag{41.7}$$

Wir betrachten jetzt wieder den spontanen Zerfall, $n_f(\boldsymbol{k}) = 1$, und integrieren über Ω_k, so dass $dW_{if}/d\omega$ nur noch eine Funktion von ω ist. Für kleines Γ_i hat der Nenner ein starkes Maximum bei $\Delta\omega = 0$, $\omega = \omega_{if}$. Lorentz setzte deshalb überall im Zähler von (41.7) $\omega = \omega_{if}$ und erhielt so

$$\frac{dW_{if}}{d\omega} = \frac{\Gamma_{if}}{2\pi}\left((\omega_{if} - \omega)^2 + \Gamma_i^2/4\right)^{-1} = v_{if} L(\Delta\omega), \qquad (41.8)$$

$$v_{if} = \Gamma_{if}/\Gamma_i, \quad L(\Delta\omega) = (\Gamma_i/2\pi)\left(\Delta\omega^2 + \Gamma_i^2/4\right)^{-1}. \qquad (41.9)$$

v_{if} ist das *Verzweigungsverhältnis des Zerfalls* ($\sum_f v_{if} = 1$), und $L(\Delta\omega)$ heißt *Lorentzkurve* (Bild 41-1). Die Fläche unter der Kurve ist fast genau $= 1$. Mit $\Gamma_i/2 = \varepsilon$ ist nämlich

$$\int_0^\infty L d\omega = \frac{1}{\pi}\int_{-\omega_{if}}^\infty \frac{\varepsilon dy}{y^2 + \varepsilon^2} = \frac{1}{\pi}\arctan\left(\frac{y}{\varepsilon}\right)\Bigg|_{y=-\omega_{if}}^{y=\infty} \approx 1. \qquad (41.10)$$

Damit ist also $W_{if} = v_{if}$, $\sum_f W_{if} = 1$, wie erwartet. Im Grenzfall $\Gamma_i \to 0$ ($\varepsilon \to 0$) ist $L(\Delta\omega) = \delta(\Delta\omega)$, denn es gilt

$$\int_{\omega_1}^{\omega_2} L d\omega = 1 \quad \text{für} \quad \omega_1 < \omega_{if} < \omega_2, \quad \text{andernfalls} \quad \int_{\omega_1}^{\omega_2} L d\omega = 0. \qquad (41.11)$$

Aus der Breite Γ_i von $L(\omega)$ folgt eine Energieunschärfe $\Delta E = \hbar\Gamma_i$ des Levels. Da das Level laut Zerfallsgesetz (41.1) nur die Zeit $\Delta t \sim 1/\Gamma_i$ lebt, gilt hier eine Heisenbergsche Unschärferelation, $\Delta E \Delta t \sim \hbar$, obwohl es keinen formalen Zeitoperator gibt.

Das Level kann nicht nur durch Strahlungsübergänge, sondern auch durch Stöße mit anderen Atomen im Gas entvölkert werden. Dann erscheint in (41.1) näherungsweise ein zusätzlicher Dämpfungsfaktor $\exp(-t/2t_c)$, wobei t_c die mittlere Stoßzeit ist. Sei nun $\Gamma_c = 1/t_c$, dann liefert unsere Rechnung für $dW_{if}/d\omega$ eine Lorentzkurve der Breite $\Gamma = \Gamma_i + \Gamma_c$. Deshalb heißt Γ_c Stoßverbreiterung (c=collision) oder Druckverbreiterung. Insbesondere bei verbotenen Strahlungsübergängen dominiert häufig die Stoßabregung, $\Gamma_c > \Gamma_i$. Bei elastischen Stößen kann ein kleineres Γ_c durch die Levelverschiebung während des Stoßes entstehen.

Auch die Atomkerne haben angeregte Zustände, die sich gelegentlich durch E1-Strahlung abregen. Es kann dabei passieren, dass Γ_i fast so groß wie ω_{if} wird. Breit und Wigner wiesen darauf hin, dass man dann Γ_{if} nicht mehr als ω-unabhängig behandeln darf. Und zwar geht für einen Dipolübergang

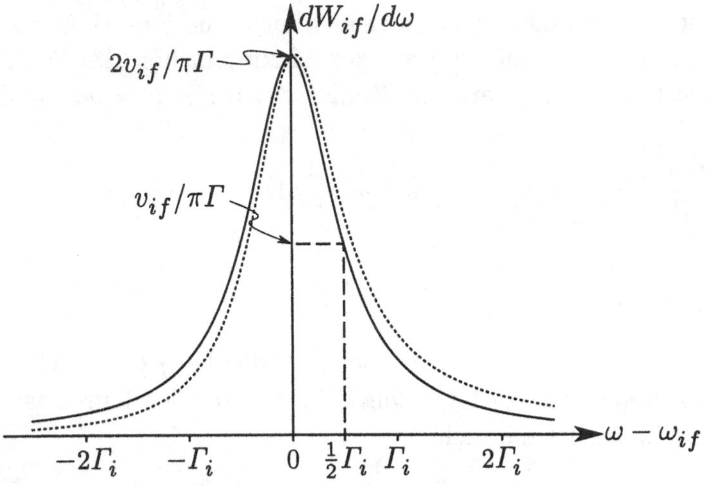

Bild 41-1: Die natürliche Linienbreite nach Lorentz (durchgezogen) und Breit-Wigner (gestrichelt). Die (volle) Breite der Kurve auf halber Höhe ist Γ_i.

$\Gamma_{if} \sim \omega^3$ laut (38.7); ein Faktor ω kommt von d^3k/ω, und ein Faktor ω^2 von $(\boldsymbol{Er})^2$ laut (38.18):

$$\Gamma_{if}(\omega) = \Gamma_{if}(\omega_{if})(\omega/\omega_{if})^3. \tag{41.12}$$

Die entsprechende *Breit-Wigner*-Kurve ist auch in Bild 41-1 gezeigt. Für Atome ist der Unterschied zwischen den Kurven vernachlässigbar.

Das experimentelle Linienprofil einer atomaren Emissions- oder Absorptionslinie zeigt zusätzlich zur natürlichen Breite eine *Dopplerbreite*, die aus der thermischen Bewegung der Atome stammt. Die Wahrscheinlichkeit, dass ein Atom die Geschwindigkeit $\boldsymbol{v}$ hat, ist durch den Boltzmannfaktor $\exp(-E_{\text{kin}}/\tau)$ gegeben, mit $E_{\text{kin}} = \frac{1}{2}m_A v^2$ (m_A = Atommasse) und $\tau = k_B T$:

$$W(\boldsymbol{v}) = N_x^3 \mathrm{e}^{-m_A v^2/2\tau}, \quad \int_{-\infty}^{\infty} W(\boldsymbol{v}) d^3v = 1, \tag{41.13}$$

wobei N_x^3 ein zu bestimmender Normierungsfaktor ist. Wegen $\boldsymbol{v}^2 = v_x^2 + v_y^2 + v_z^2$ ist $W(\boldsymbol{v})$ ein Produkt von drei identischen Wahrscheinlichkeitsfunktionen

$$W(\boldsymbol{v}) = W(v_x)W(v_y)W(v_z). \tag{41.14}$$

N_x ergibt sich aus der Normierung $N_x \int dv_x \exp(-m_A v_x^2/2\tau) = 1$ als $N_x = \sqrt{m_A/2\pi\tau}$, vergl. (3.9). Meist wird $W(|\boldsymbol{v}|)$ angegeben (Maxwellverteilung), aber für den Dopplereffekt sind kartesische Koordinaten besser.

Die Dopplerverschiebung der Frequenz ω bei vorgegebenem $\boldsymbol{v}$ folgt aus der Lorentztransformation aus dem Laborsystem $(t, \boldsymbol{r})$ in das mit $\boldsymbol{v}$ mitbewegte System $(t', \boldsymbol{r}')$:

$$\boldsymbol{r}'_{\rm tr} = \boldsymbol{r}_{\rm tr}, \quad r'_v = \gamma(r_v - vt), \quad t' = \gamma(t - r_v v/c^2), \quad \gamma = (1 - v^2/c^2)^{-\frac{1}{2}}, \tag{41.15}$$

wobei $\boldsymbol{r}_{\rm tr}$ die zu $\boldsymbol{v}$ senkrechten Komponenten von $\boldsymbol{r}$ bezeichnet, und r_v die parallele. Probe: dann ist $c^2t'^2 - \boldsymbol{r}'^2 = c^2t^2 - \boldsymbol{r}^2$.

Die Phase $\phi = i\boldsymbol{kr} - i\omega t$ des Vektorfeldes $\boldsymbol{A}$ soll lorentzinvariant sein,

$$\omega' t' - \boldsymbol{k}'\boldsymbol{r}' = \omega t - \boldsymbol{kr}. \tag{41.16}$$

Das ist offenbar gewährleistet, wenn ω/c und $\boldsymbol{k}$ sich wie ct und $\boldsymbol{r}$ transformieren:

$$\boldsymbol{k}'_{\rm tr} = \boldsymbol{k}_{\rm tr}, \quad k'_v = \gamma(k_v - \omega v/c^2), \quad \omega' = \gamma(\omega - vk_v), \tag{41.17}$$

$$\begin{aligned} &\omega' t' - \boldsymbol{k}'\boldsymbol{r}' \\ &= \gamma^2(\omega - vk_v)(t - r_v v/c^2) - \boldsymbol{k}_{\rm tr}\boldsymbol{r}_{\rm tr} - \gamma^2(k_v - \omega v/c^2)(r_v - vt) \\ &= \gamma^2\left(\omega t + (v/c)^2 k_v r_v - k_v r_v - (v/c)^2\omega t\right) - \boldsymbol{k}_{\rm tr}\boldsymbol{r}_{\rm tr} = \omega t - \boldsymbol{kr}. \end{aligned} \tag{41.18}$$

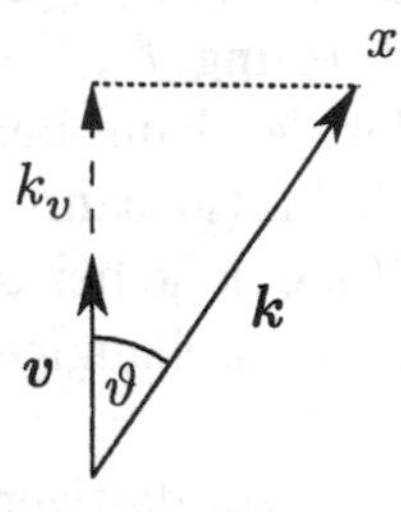

Bild 41-2: Der Zusammenhang zwischen $\boldsymbol{v}, \boldsymbol{k}$ und ϑ

Nun ist in (41.17) $vk_v = \boldsymbol{vk} = vk\cos\vartheta = (v\omega/c)\cos\vartheta$. Wenn $\boldsymbol{k}$ längs der x-Axe auf den Beobachter zeigt, ist

$$\omega' = \gamma\omega(1 - v_x/c). \tag{41.19}$$

Entfernte Galaxien fliehen radial von uns, sie haben also $v_x = -v$,

$$\omega'/\omega = \gamma(1 + v/c) = \sqrt{(1 + v/c)/(1 - v/c)}. \tag{41.20}$$

Die beobachtete Frequenz ω ist dann nur noch ein Bruchteil der ursprünglichen ω' (*Rotverschiebung* $z := \omega'/\omega - 1$). Bei thermischer Dopplerverbreiterung dagegen ist $v/c \ll 1$, $\omega' = \omega - v_x\omega/c$, und mit (41.9) ergibt sich:

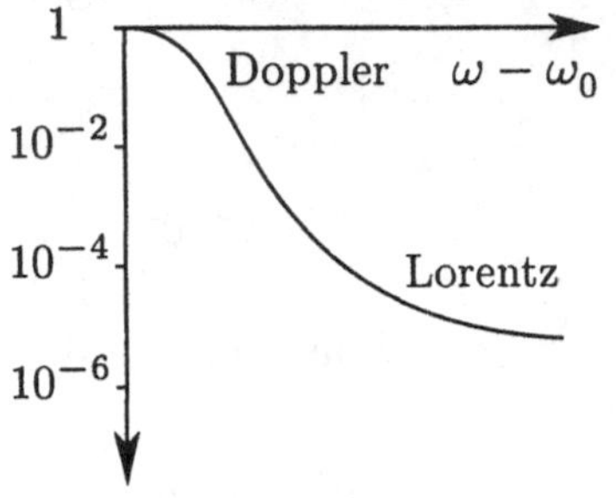

Bild 41-3: Voigtprofil

$$\langle L\rangle = \int dv_x W(v_x) L(\Delta\omega - v_x\omega/c)$$
$$= \left(\frac{m_A}{2\pi\tau}\right)^{\frac{1}{2}} \int_{-\infty}^{\infty} dv_x \, \mathrm{e}^{-v_x^2 m_A/2\tau} \times$$
$$\frac{\Gamma_i/2\pi}{(\omega - v_x\omega/c - \omega_{if})^2 + \Gamma_i^2/4}. \tag{41.21}$$

Diese Funktion heißt *Voigtprofil.* Sie besitzt einen Gaußschen *Dopplerkern* und Lorentzsche *Dämpfungsflügel.*

§42. Störungstheorie zweiter Ordnung. Lichtstreuung. Brechungsindex

Wo wir Feynmangrafen kennenlernen.

Bei Lichtstreuung wird ein Foton der Frequenz ω und der Richtung $\widehat{\boldsymbol{k}}$ absorbiert, sowie eins der Frequenz ω' und der Richtung $\widehat{\boldsymbol{k}}'$ emittiert. Bei $\omega' = \omega$ spricht man von elastischer Streuung, bei $\omega \neq \omega'$ von inelastischer. Wenn ω nahe bei einem atomaren ω_{in} liegt, spricht man von *Resonanzstreuung.* Dann liegt auch ω' bei einem atomaren ω_{nf}, und zwar ist entweder $\omega' = \omega$ (elastische Resonanzstreuung) oder $\omega' = \omega_{nf} < \omega$ (inelastische Resonanzstreuung. Hier kann sich noch die Abregung $f \to i$ anschließen, das heißt dann Resonanzfluoreszenz). Bei Molekülen kann bei einer elektronisch elastischen Streuung eine Rotations- oder Vibrationsanregung des Moleküls hinzukommen: dann nimmt ω' diskrete Werte nahe bei ω an (Ramanstreuung). Für alle diese Prozesse braucht man die zeitabhängige Störungstheorie 2. Ordnung, also $N = 2$ in (37.6).

Bei einlaufendem Licht müssen wir die Anfangszeit t_0 und $c_n(t_0)$ sorgfältiger als bisher definieren. Eine Welle, die für $t < t_0$ verschwindet und für $t > t_0$ voll da ist, kann ja wohl nicht monochromatisch sein, denn $|\mathrm{e}^{i\omega t}|^2 = 1$ für alle t. Eigentlich braucht man ein Wellenpaket. Man kann aber eine fast ebene Welle bei $t_0 = -\infty$ vorsichtig „adiabatisch" einschalten, indem man sie mit einem Faktor $\mathrm{e}^{+\epsilon t}$ versieht und am Ende $\epsilon = 0$ setzt. Entsprechend wird dann für $t \to +\infty$ die auslaufende Streuwelle wieder ausgeschaltet. Letzteres ist mit komplexem $\tilde{\omega}_n = \omega_n - i\Gamma_n/2$ für angeregte Zustände

bereits der Fall. Der ganze Beitrag zu $c_f^{(+)}$ (41.4) kommt ja von der unteren Integrationsgrenze, $t' = t_0$ in (37.6). Der gleiche Trick bewirkt auch das adiabatische Einschalten:
Der atomare Anfangszustand i bei fotoinduzierten Übergängen habe $\Gamma_i = 0$. Der Endzustand f nach Beendung der Wechselwirkung habe auch $\Gamma_f = 0$, selbst wenn er über dem Grundzustand liegt. Es sei also laut (37.6) $c_n^{(2)} = \sum_n c_{fn}$,

$$c_{fn} = -\frac{1}{\hbar^2}\int_{t_0}^{t} dt' \langle f|H_{\mathrm{st}}(t')|n\rangle \mathrm{e}^{i\tilde{\omega}_{fn}t'} \int_{-\infty}^{t'} dt'' \langle n|H_{\mathrm{st}}(t'')|i\rangle \mathrm{e}^{i\tilde{\omega}_{ni}t''}. \tag{42.1}$$

(Die $\sum_n$ umfasst nicht nur die angeregten Zustände, sondern auch ein Integral über das Kontinuum freier Elektronen, d.h. die Ionisationszustände des Atoms). Damit hat $\mathrm{e}^{i\tilde{\omega}_{ni}t''}$ seinen exponentiell anwachsenden Teil, und

$$\tilde{\omega}_{fn} = -\tilde{\omega}_{nf} = \omega_f - \omega_n + i\Gamma_n/2 \tag{42.2}$$

bewirkt einen mit t' abklingenden Teil. Bei $t' = t''$ tritt aber die reelle Kombination $\tilde{\omega}_{fn} + \tilde{\omega}_{ni} = \omega_{fi}$ auf. Bei der nachfolgenden t'-Integration darf man deshalb nicht sofort $t_0 = -\infty$ setzen. Man setzt stattdessen $t_0 = -t$ und lässt erst im Streuquerschnitt $t \to \infty$, was auf die Deltafunktion für Energieerhaltung führt.
Die Aufteilung $H_{\mathrm{st}}(\boldsymbol{r}, t) = H^{(+)} \exp(i\omega t) + H^{(-)} \exp(-i\omega t)$ führt jetzt zu $2\times 2 = 4$ verschiedenen Kombinationen von Emission und Absorption zweier Fotonen. Davon beschreibt $H^{(+)}H^{(+)}$ doppelte Emission, $H^{(-)}H^{(-)}$ doppelte Absorption; nur $H^{(+)}\mathrm{e}^{i\omega' t'} H^{(-)}\mathrm{e}^{-i\omega t''}$ und $H^{(-)}\mathrm{e}^{-i\omega t'} H^{(+)}\mathrm{e}^{+i\omega' t''}$ tragen zur Streuung bei. ω' ist die Frequenz des emittierten Fotons; elastische Streuung hat $\omega' = \omega$. Damit treten zwei verschiedene Zeitintegrale auf:

$$I_n(t) = \int_{-t}^{t} dt' \mathrm{e}^{i(\tilde{\omega}_{fn}+\omega')t'} \int_{-\infty}^{t'} dt'' \mathrm{e}^{i(\tilde{\omega}_{ni}-\omega)t''} \tag{42.3}$$

$$= \frac{-i}{\widetilde{\omega}_{ni} - \omega} \int_{-t}^{t} dt' \mathrm{e}^{i(\omega_{fi}+\omega'-\omega)t'} = \frac{\mathrm{e}^{-i(\omega_{fi}+\omega'-\omega)t} - \mathrm{e}^{i(\omega_{fi}+\omega'-\omega)t}}{(\widetilde{\omega}_{ni} - \omega)(\omega_{fi} + \omega' - \omega)}, \tag{42.4}$$

$$J_n = \frac{\mathrm{e}^{-i(\omega_{fi}+\omega'-\omega)t} - \mathrm{e}^{i(\omega_{fi}+\omega'-\omega)t}}{(\widetilde{\omega}_{ni} + \omega')(\omega_{fi} + \omega' - \omega)} = I_n(\omega \leftrightarrow -\omega'). \tag{42.5}$$

Mit $\Delta\omega = \omega - \omega' - \omega_{fi}$ ist die t-Abhängigkeit beidemale $\mathrm{e}^{i\Delta\omega t} - \mathrm{e}^{-i\Delta\omega t} =$

$2\sin(\Delta\omega t)$. Damit ist also

$$c_f^{(2)} = \frac{2i\sin(\Delta\omega t)}{\Delta\omega}\sum_n\Big(\frac{\langle f|H^{(+)}|n\rangle\langle n|H^{(-)}|i\rangle}{\tilde{\omega}_{ni}-\omega} + \frac{\langle f|H^{(-)}|n\rangle\langle n|H^{(+)}|i\rangle}{\tilde{\omega}_{ni}+\omega'}\Big) \tag{42.6}$$

Der differenzielle Streuquerschnitt ist laut (40.16) und im Kontinuumslimes der Fotonenmoden (vergl. (37.18))

$$d\sigma_{if} = d\Gamma_{if}/c = \lim_{t\to\infty}(1/ct)|c^{(2)}|^2. \tag{42.7}$$

Die Grenze $t \to \infty$ läuft analog zu (37.12) mit $\Delta t = 2t$ und liefert einen Faktor

$$2\pi\delta(\omega_{fi}+\omega'-\omega) = 2\pi\delta(E_f/\hbar - E_i/\hbar + \omega' - \omega) = 2\pi\delta((E'-E)/\hbar), \tag{42.8}$$

der die Erhaltung der Energie des Gesamtsystems Atom+Fotonen ausdrückt: $E = E_i + \hbar\omega = E_f + \hbar\omega' = E'$.

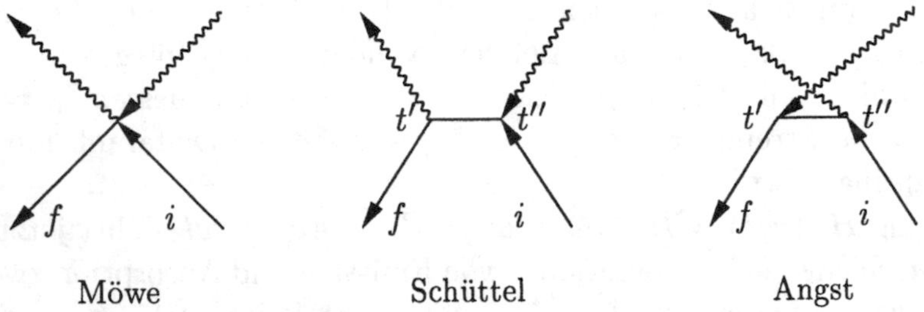

Bild 42-1: Feynmangrafen für Foton-Atomstreuung. Der Angstgraf heißt auch gekreuzter oder Austauschgraf, der Schüttelgraf auch direkter, die Möwe auch Kontakt.

Die Summanden in der Klammer von (42.8) werden gern durch *Feynmangrafen* (Bild 42-1) illustriert. Diese stammen aus der Teilchenphysik, der Zeitverlauf ist häufig von rechts nach links, weil in (42.2) der Initialzustand $|i\rangle$ ganz rechts steht. Den ersten Summanden kann man *Schüttel* nennen, den zweiten *Angst*. Die Namen erklären sich aus $t' > t''$: Beim Schüttelgrafen absorbiert das Atom im ursprünglichen Zustand das Foton $\boldsymbol{k}_i$, und wird dabei so geschüttelt, dass es das Foton $\boldsymbol{k}_f$ anschließend emittiert. Beim Angstgrafen emittiert das Atom schon vor der Absorption aus Angst ein Foton und absorbiert anschließend im angeregten Zustand.

Es gibt noch einen dritten Beitrag zur Lichtstreuung, und zwar vom Operator

$$H_{\text{st}}^{(2)} = \boldsymbol{A}^2 e^2/2mc^2, \tag{42.9}$$

der bisher vernachlässigt wurde und der ja auch in $\pi^2/2m$ steckt. Aus (35.9) folgt in der Dipolnäherung $\exp(i\boldsymbol{kr}) = 1$:

$$\begin{aligned} \boldsymbol{A}^2 = \int \frac{d^3k\, d^3k'}{64\pi^6} \frac{h}{\sqrt{\omega\omega'}} c^2 \times \\ \sum\nolimits_{\lambda\lambda'} \Big(\varepsilon_\lambda(\boldsymbol{k}) a_\lambda(\boldsymbol{k}) \mathrm{e}^{-i\omega t} \varepsilon^*_{\lambda'}(\boldsymbol{k}') a^\dagger_{\lambda'}(\boldsymbol{k}') \mathrm{e}^{i\omega' t} + \\ \varepsilon^*_\lambda(\boldsymbol{k}) a^\dagger_\lambda(\boldsymbol{k}) \mathrm{e}^{i\omega t} \varepsilon_{\lambda'}(\boldsymbol{k}') a_{\lambda'}(\boldsymbol{k}') \mathrm{e}^{-i\omega' t} + \ldots \Big), \end{aligned} \tag{42.10}$$

wobei die Punkte die bei der Streuung uninteressanten Produkte aa und $a^\dagger a^\dagger$ enthalten. Für $\boldsymbol{k}_f \neq \boldsymbol{k}_i$ kommutieren die relevanten a und $a^\dagger$, und ihre Matrixelemente im Fockraum sind wieder durch (36.10) gegeben. Die beiden Summanden in (42.10) liefern identische Beiträge, und zwar nur beim Argument $\boldsymbol{k}_i, \lambda_i$ von a und $\boldsymbol{k}_f, \lambda_f$ von $a^\dagger$. Wir setzen $n_{\lambda_i}(\boldsymbol{k}_i) = 1$ und $n_{\lambda_f}(\boldsymbol{k}_f) = 0$, d.h. der Fotonenendzustand ist anfangs leer, wie beim spontanen Zerfall. Für das Atom bleibt damit der effektive (*Kontakt-* oder *Möwen-*) Operator

$$H^{(2)}_{\text{st}}(t') = (\omega\omega')^{-\frac{1}{2}} hc^2 \varepsilon^*_{\lambda_f}(\boldsymbol{k}_f) \varepsilon_{\lambda_i}(\boldsymbol{k}_i) \mathrm{e}^{-i(\omega-\omega')t'} r_e, \quad r_e = e^2/mc^2, \tag{42.11}$$

und da er weder eine Ortsfunktion noch ∇ enthält, ist

$$\langle f | H^{(2)}_{\text{st}}(t') | i \rangle = H^{(2)}_{\text{st}}(t') \delta_{if}, \tag{42.12}$$

d.h. $c^{(1)}_{\text{Mö}} = (2\pi\hbar c^2/\omega) \varepsilon^*_{\lambda'}(\boldsymbol{k}') \varepsilon_\lambda(\boldsymbol{k}) r_e (-1/\hbar\Delta\omega) [\exp(i\Delta\omega t) - \exp(i\Delta\omega t_0)]$ trägt nur zur elastischen Streuung bei ($\omega' = \omega$).
Für die $H^{(\pm)}$ in c_{Sch} und c_{Ang} benutzen wir noch die elektrische Dipolnäherung aus (38.3):

$$\begin{aligned} d\sigma_{if} = & 2\pi\delta\left(\frac{E' - E}{\hbar}\right) \frac{d^3k'}{8\pi^3 c} \left(\frac{e^2}{m}\right)^2 \frac{4\pi^2}{\omega\omega'} \times \\ & \left| -\varepsilon^*_{\lambda'} \varepsilon_\lambda \delta_{if} - m^{-1} \sum\nolimits_n \sum\nolimits_{jk} M^{jk}_n \varepsilon^*_{\lambda',j} \varepsilon_{\lambda,k} \right|^2, \end{aligned} \tag{42.13}$$

$$M^{jk}_n = \frac{\langle f|p_j|n\rangle\langle n|p_k|i\rangle}{\hbar\omega + E_i - E_n + i\hbar\Gamma_n/2} + \frac{\langle f|p_k|n\rangle\langle n|p_j|i\rangle}{-\hbar\omega' + E_i - E_n + i\hbar\Gamma_n/2}. \tag{42.14}$$

Der Streuquerschnitt wird groß, wenn die Energie E_n eines *Zwischenzustandes* $|n\rangle$ nahe $E_i + \hbar\omega$ ist (*Resonanzstreuung*). Dann ist nämlich der 1. Nenner in M_n^{jk} fast null, und man kann alle anderen Summanden und auch $c_{\text{Mö}}$ weglassen. Wir setzen wieder $d^3k' = k^2 d\Omega\, d\omega/c$:

$$\begin{aligned} \frac{d\sigma_{if}^{\text{res}}}{d\Omega} &= \frac{k^2}{c^2}\left(\frac{e^2}{m}\right)^2 \frac{1}{\omega\omega'} \frac{|\langle f|\boldsymbol{p}\boldsymbol{\varepsilon}'^*|n\rangle\langle n|\boldsymbol{p}\boldsymbol{\varepsilon}|i\rangle|^2}{(\hbar\omega + E_i - E_n)^2 + \hbar^2\Gamma_n^2/4} \\ &= \frac{d\Gamma_{nf}}{d\Omega} \frac{\Gamma_{in} 3\pi/2k^2}{(\hbar\omega + E_i - E_n)^2 + \hbar^2\Gamma_n^2/4} \end{aligned} \tag{42.15}$$

laut (37.20) und (38.9). Der Zähler faktorisiert hier also in eine Produktionsrate Γ_{in} und eine Zerfallsrate Γ_{nf} des Zwischenzustandes. Die Energie des auslaufenden Fotons $\hbar\omega'$ folgt einfach als $E_n - E_f$.
Abseits der Resonanzen ist $d\sigma_{if}$ wesentlich kleiner; alle Summanden in (42.15) und (42.16) können dann zum Ergebnis beitragen. Für $\hbar\omega \gg -E_i$ kommt aber der Hauptbeitrag zur elastischen Streuung vom Möwengraf. Man spricht dann von *Thomsonstreuung*:

$$d\sigma^{\text{el}}/d\Omega = r_e^2 \left|\boldsymbol{\varepsilon}_{\lambda'}^* \boldsymbol{\varepsilon}_\lambda\right|^2, \quad r_e = e^2/mc^2 = 2.82\,\text{fm}. \tag{42.16}$$

r_e heißt *klassischer Elektronenradius*. Offenbar hat der Wirkungsquerschnitt die Dimension einer Fläche. Bei Thomsonstreuung muss noch $\hbar\omega \ll mc^2$ sein, sonst darf man nicht $\exp(i\boldsymbol{k}\boldsymbol{r}) = 1$ setzen. Bei noch größerem $\hbar\omega$ spricht man von *Comptonstreuung*. Historisch war dies der erste Prozess, bei dem der Impuls $\hbar\boldsymbol{k}$ des Fotons gemessen wurde, und zwar über die Impulserhaltung in der Streuung an einem praktisch freien Elektron, $\hbar\boldsymbol{k}_i + \boldsymbol{p}_i = \hbar\boldsymbol{k}_f + \boldsymbol{p}_f$. Elastische Streuung mit $\hbar\omega \ll E_n - E_i$ heißt *Rayleighstreuung*. Hier kürzen sich die Hauptbeiträge von (42.13) gegeneinander raus. Um das zu sehen, kann man $\boldsymbol{\varepsilon}'^*\boldsymbol{\varepsilon} = \sum_{jk} \varepsilon_j'^* \varepsilon_k \delta_{jk}$ setzen, $\delta_{jk} = [x_j, p_k]/i\hbar$ und $\langle n|x_j|i\rangle/i\hbar = \langle n|p_j|i\rangle/m(E_i - E_n)$. Die Möwe ist jetzt auf eine Form wie $c^{(2)}$ umgeschrieben, mit unendlicher Summe und Energienenner. Damit kann man die Energienenner folgendermaßen kombinieren:

$$(E_i - E_n)^{-1} - (E_i - E_n \pm \hbar\omega)^{-1} \approx \pm\hbar\omega(E_i - E_n)^{-2}. \tag{42.17}$$

Wesentlich einfacher erhält man das Resultat aber aus der Dipolnäherung im Feldoperator gemäß (38.16) – (38.18).

Brechungsindex — In Glas hat eine ebene Welle in z-Richtung die Form $\exp(ik_g z - i\omega t)$. Das ω hat den gleichen Wert wie im Vakuum (die Zahl der passierenden Wellenzüge ändert sich beim Eintritt in Glas nicht); aber für den Brechungsindex n gilt $k_g = nk$ und damit $\omega = ck_g/n$. Für reelles n ist $c/n = v$ die Phasengeschwindigkeit des Lichts, siehe §3.

Wir berechnen n aus der Lichtstreuung an einem einzelnen Glasatom, $\boldsymbol{A} = \boldsymbol{\varepsilon} \exp(ikz) + \boldsymbol{A}_{\text{st}}$. Die Streuwelle $\boldsymbol{A}_{\text{st}}$ hat in großem Abstand R vom Atom ($kR \gg 1$) die Form einer auslaufenden Kugelwelle $\exp(ikR)/R$ wie in (18.16), nur ist die Streuamplitude $\boldsymbol{f}_k(\cos\vartheta)$ jetzt ein Vektor, $d\sigma/d\Omega = |\boldsymbol{\varepsilon}\cdot\boldsymbol{f}_k(\cos\vartheta)|^2$. Die Streuung an einer Scheibe der Dicke d und der Atomdichte N ist die Summe der Kugelwellen der einzelnen Atome:

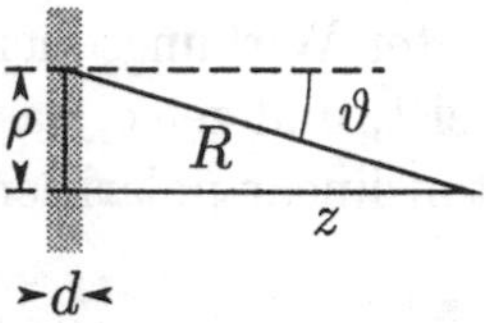

Bild 42-2: Zur Superposition von Streuwellen im Medium

$$\boldsymbol{A}_{\text{st}} = Nd \int dx\, dy \frac{e^{ikR}}{R} \boldsymbol{f}_k. \tag{42.18}$$

In Zylinderkoordinaten (Bild 42-2) gilt $R^2 = z^2 + \rho^2$, $RdR = \rho d\rho$, $dx\, dy = \rho d\rho\, d\varphi = 2\pi\rho d\rho = 2\pi R dR$. Eine partielle Integration gibt

$$\begin{aligned} \boldsymbol{A}_{\text{st}} &= 2\pi Nd \int_z^\infty dR\, e^{ikR} \boldsymbol{f}_k(z/R) \\ &= \frac{2\pi Nd}{ik} \left[e^{ik\infty} \boldsymbol{f}_k(0) - e^{ikz} \boldsymbol{f}_k(1) + \int_z^\infty dR\, e^{ikR} \frac{z}{R^2} \partial_u \boldsymbol{f}_k(u) \right]. \end{aligned} \tag{42.19}$$

Fluktuationen im Glas mitteln $\exp(ik\infty)$ zu 0, und das Restintegral ist vernachlässigbar wegen $z/kR^2 < 1/kR \ll 1$ (siehe oben). Also ist die Summe der auslaufenden Kugelwellen wieder eine ebene Welle:

$$\boldsymbol{A} = e^{ikz}(\boldsymbol{\varepsilon} + 2\pi i N d \boldsymbol{f}_k(1)/k), \tag{42.20}$$

$$\boldsymbol{A} \cdot \boldsymbol{\varepsilon}^* = e^{ikz}(1 + ikd(n-1)), \quad n - 1 = 2\pi N \boldsymbol{f}_k(1) \cdot \boldsymbol{\varepsilon}^*/k^2. \tag{42.21}$$

In der letzten Gleichung haben wir $\boldsymbol{\varepsilon}\cdot\boldsymbol{\varepsilon}^* = 1$ benutzt. Da wir $d \ll z$ vorausgesetzt haben, gilt $\boldsymbol{A}\boldsymbol{\varepsilon}^* = \exp(ik(z-d)) \exp(iknd)$, d.h. n ist der gesuchte Brechungsindex. Bei Licht in Glas ist n reell, $n > 1$. Die *Vorwärtsstreuamplitude* $\boldsymbol{\varepsilon}^* \boldsymbol{f}_k(\cos\vartheta = 1)$ kann aber auch komplex sein. Ihr Imaginärteil ist dann positiv

$$|e^{iknd}|^2 = e^{-2kd\Im n} = e^{-\kappa d}, \quad \kappa = N\sigma_{\text{tot}}, \tag{42.22}$$

wobei κ der Absorptionskoeffizient ist und σ_{tot} der totale Fotoabsorptionsquerschnitt bei der Frequenz ω. Wir können also σ_{tot} berechnen:

$$\sigma_{\text{tot}} = \kappa/N = 2k\Im n/N = 4\pi k^{-1} \Im(\boldsymbol{f}_k(1) \cdot \boldsymbol{\varepsilon}^*). \tag{42.23}$$

Dies ist das sogenannte *optische Theorem.* Es drückt nur Wahrscheinlichkeitserhaltung aus und gilt entsprechend bei Streuung anderer Teilchen (Elektronen, Neutronen). Nur bei Lasermaterial kann κ negativ sein (Verstärkung statt Schwächung).

☞ *Aufgaben:* (i) Zeige, dass die Rayleighstreuung $d\sigma/d\Omega \sim \omega^4$ hat. — Zur Thomsonstreuung: (ii) Berechne $d\sigma/d\Omega$ für die 4 möglichen Kombinationen der Linearpolarisationen $\boldsymbol{\varepsilon}_i^{(1,2)}$ und $\boldsymbol{\varepsilon}_f^{(1,2)}$ des ein- bzw. auslaufenden Fotons (nimm $\boldsymbol{k}_i$ längs der z-Axe). (iii) Berechne den unpolarisierten Wirkungsquerschnitt, indem Du über die Anfangspolarisationen mittelst, und zeige, dass beim Streuwinkel $\pi/2$ ($\boldsymbol{k}_i \cdot \boldsymbol{k}_f = 0$) das auslaufende Foton linear polarisiert ist (in welcher Richtung?).

§43. Rabioszillationen im Quantenfeld

Wo sich zwei atomare Zustände mit Fotonen vermengen.

Bei einem Atom im Laserstrahl oder in einer guten Kavität reicht die Störungstheorie nicht mehr für die Kopplung ans Strahlungsfeld, jedenfalls nicht für eine Mode ω, die sehr nahe an einem atomaren $\omega_{if} = \omega_i - \omega_f = (E_i^0 - E_f^0)/\hbar$ liegt:

$$\omega - \omega_{if} =: \Delta\omega \ll \omega_{if}. \tag{43.1}$$

Denn dann ist ja $|i\rangle = \psi_i(\boldsymbol{r})\psi_F(n_f - 1)$ fast mit $|f\rangle = \psi_f(\boldsymbol{r})\psi_F(n_f)$ entartet, für jede Fotonenzahl n_f. Die Kopplung vergrößert den Levelabstand, sie *bekleidet die nackten Atomzustände $\psi_i(\boldsymbol{r})$ und $\psi_f(\boldsymbol{r})$ mit Fotonen.* Andere atomare Zustände bzw. Feldmoden stören dabei wenig. Man braucht aus der Summe (37.2) nur die Zustände $|i\rangle$ und $|f\rangle$; also ein Zweizustandssystem, zunächst auch bei festem n_f (Jaynes-Cummings-Modell):

$$\psi(\boldsymbol{r}, t) = c_i(t)u_i(\boldsymbol{r})\mathrm{e}^{-iE_i^0 t} + c_f(t)u_f(\boldsymbol{r})\mathrm{e}^{-iE_f^0 t}. \tag{43.2}$$

Die Gleichungen (37.4) reduzieren sich auf

$$i\hbar\dot{c}_f = \langle f|H^{(+)}|i\rangle\mathrm{e}^{i\Delta\omega t}c_i, \quad i\hbar\dot{c}_i = \langle i|H^{(-)}|f\rangle\mathrm{e}^{-i\Delta\omega t}c_f, \tag{43.3}$$

aber die werden jetzt exakt gelöst (Rabi 1937). Von den Matrixelementen von $H^{(\pm)}$ interessiert uns nur noch die Abhängigkeit von n_f. Laut (37.14) und (40.9) gilt

$$\langle f|H^{(+)}|i\rangle = \langle i|H^{(-)}|f\rangle \equiv \tfrac{1}{2}\hbar h_{if}\sqrt{n_f}. \tag{43.4}$$

Durch Differenzieren kann man c_i in (43.3) eliminieren

$$\begin{aligned} i\ddot{c}_f &= i\Delta\omega(i\dot{c}_f) + \tfrac{1}{2}h_{if}\sqrt{n_f}\mathrm{e}^{i\Delta\omega t}\dot{c}_i = -\Delta\omega\dot{c}_f - \tfrac{1}{4}ih_{if}^2 n_f c_f, \\ \ddot{c}_f &- i\Delta\omega\dot{c}_f + \tfrac{1}{4}h_{if}^2 n_f c_f = 0. \end{aligned} \tag{43.5}$$

Mit dem Ansatz $c_f = A\mathrm{e}^{i\mu t}$ findet man $\mu^2 - \mu\Delta\omega - h_{if}^2 n_f/4 = 0$, also die beiden Lösungen

$$\mu_\pm = \tfrac{1}{2}\Delta\omega \pm \tfrac{1}{2}\omega_R, \quad \omega_R = \sqrt{(\Delta\omega)^2 + h_{if}^2 n_f}, \tag{43.6}$$

mit der *Rabifrequenz* ω_R. In der allgemeinen Lösung $c_f = A_+\mathrm{e}^{i\mu_+ t} + A_-\mathrm{e}^{i\mu_- t}$ erfordert die Anfangsbedingung $c_f(0) = 0$ dann $A_- = -A_+$. Vernachlässigt man h_{if}^2, dann ist $\omega_R = \Delta\omega$, und man hat wieder die Zeitabhängigkeit (37.10), mit $t_0 = 0, \Delta t = t$. Den zeitunabhängigen Vorfaktor können wir auch aus (37.10) übernehmen, müssen aber das $\Delta\omega$ im Nenner durch ω_R ersetzen, damit $|c_f|^2 + |c_i|^2 = 1$ gilt:

$$c_f = -ih_{if}\sqrt{n_f}\mathrm{e}^{i\Delta\omega t/2}\sin(\omega_R t/2)/\omega_R. \tag{43.7}$$

Das c_i folgt dann aus (43.3):

$$c_i = \mathrm{e}^{-i\Delta\omega t/2}\left[\cos(\omega_R t/2) + i(\Delta\omega/\omega_R)\sin(\omega_R t/2)\right]. \tag{43.8}$$

Offenbar oszilliert $|c_f|^2$ zwischen 0 und $h_{if}^2 n_f/\omega_R^2$ mit der Frequenz ω_R, d.h. bei $t = 2\pi/\omega_R$ ist $|c_f|^2$ wieder $= 0$.

Man kann die Zeitabhängigkeit eleganter behandeln, durch Übergang zu einem sogenannten *rotierenden* Bezugssystem. Der Name stammt aus der magnetischen Spinresonanz. Dort ist $H_s = \frac{1}{2}g_e\mu_B\boldsymbol{B\sigma}$ laut (22.1). In §33 hatten wir im konstanten Magnetfeld $H_s = \hbar\omega_0\sigma_z/2$ benutzt Wir nennen jetzt $|i\rangle = \chi(\frac{1}{2}), |f\rangle = \chi(-\frac{1}{2})$ und H_s den ungestörten Hamilton des Atoms, mit $\omega_0 = \omega_{if}$ (d.h. der Mittelwert $\frac{1}{2}(E_i^0 + E_f^0)$ steckt im spinunabhängigen H_{su}, das wir im Folgenden einfach vernachlässigen). Bei der magnetischen Spinresonanz gibt es zusätzlich zum konstanten $\boldsymbol{B}$-Feld in z-Richtung ein mit der Frequenz ω rotierendes $\boldsymbol{B}_1$-Feld in der xy-Ebene, $B_{1x} = B_1\cos\omega t$, $B_{1y} = B_1\sin\omega t$, also $h_\pm = \frac{1}{2}g_e\mu_B B_1\mathrm{e}^{\pm i\omega t}$. Die Nebendiagonalelemente $h_\pm$ haben die t-Abhängigkeit von H_{st} (37.7). Wenn wir noch in $h_\pm$ $g_e\mu_B B_1$ durch $\hbar\omega_1 = \hbar h_{if}\sqrt{n}_f$ ersetzen, haben wir H für die gekoppelten zwei Zustände:

$$i\hbar\partial_t\psi' = H_s'\psi', \quad H_s' = \tfrac{1}{2}\hbar\begin{pmatrix}\omega_0 & \omega_1\mathrm{e}^{-i\omega t} \\ \omega_1\mathrm{e}^{i\omega t} & -\omega_0\end{pmatrix}, \quad \omega_1 = h_{if}\sqrt{n_f}. \tag{43.9}$$

H_s' hat die Form (21.20) eines gedrehten Hamilton, mit Drehwinkel $\alpha = \omega t$. Man dreht nun mittels (21.21) auf $\alpha = 0$,

$$\psi' = D\psi, \quad D = \mathrm{e}^{-i\alpha\sigma_z/2} = \begin{pmatrix} \mathrm{e}^{-i\omega t/2} & 0 \\ 0 & \mathrm{e}^{i\omega t/2} \end{pmatrix}, \tag{43.10}$$

und hat dann rechts in (43.9) eine t-unabhängige Matrix. Links gibt es allerdings noch ein Zusatzglied $i\hbar\partial_t(\mathrm{e}^{-i\omega t\sigma_z/2}) = \frac{1}{2}\hbar\omega\sigma_z\mathrm{e}^{-i\omega t\sigma_z/2}$, das wir noch nach rechts bringen:

$$i\hbar\partial_t\psi = H\psi, \quad H = H_s'(t=0) - \tfrac{1}{2}\hbar\omega\sigma_z = \tfrac{1}{2}\hbar \begin{pmatrix} -\Delta\omega & \omega_1 \\ \omega_1 & \Delta\omega \end{pmatrix}, \tag{43.11}$$

mit $\Delta\omega = \omega - \omega_0 = \omega - \omega_{if}$. Das war nach unseren Betrachtungen am Ende von §35 zu erwarten, denn die Transformation (43.10) führt ins *volle* Schrödingerbild, in dem auch der Feldoperator $\boldsymbol{A}$ laut (35.30) zeitunabhängig wird. Die allgemeine Trafo lautet

$$\psi' = \mathrm{e}^{itH_F/\hbar}\psi = \mathrm{e}^{it\omega(N+\frac{1}{2})}\psi, \tag{43.12}$$

mit $N = a^\dagger a$. Unsere $\chi(\pm\frac{1}{2})$ sind Eigenzustände von N, mit den Eigenwerten $n_f - 1$ und n_f. Der Mittelwert $n_f - \frac{1}{2}$ gibt eine unwesentliche Phase $\exp\{in_f\omega t\}$, der Rest gibt (43.10), $\psi' = \exp\{-i\omega t\sigma_z/2\}\psi$. Wir sind damit im echten Schrödingerbild; die Eigenwerte von $H = H_{Sch}$ sind die Energien der *bekleideten Zustände*, $E = \pm\frac{1}{2}\hbar\omega_R$, mit ω_R aus (43.6) und $\omega_1 = h_{if}^2 n_f$. Die zugehörigen Eigenzustände sind wieder Summe und Differenz von $\chi(\frac{1}{2})$ und $\chi(-\frac{1}{2})$, analog zu (30.13). Die Summe gehört zum höheren Eigenwert $+\omega_R/2$. Die Eigenwerte sind noch eine Funktion der Fotonenzahl n_f. Die kleinstmögliche Zahl ist $n_i = 0$, $n_f = 1$, $\omega_R = \sqrt{(\Delta\omega)^2 + h_{if}^2}$. In der Gesamtenergie des Systems Atom + Fotonen muss man noch die Energie $n_f\omega$ der freien Fotonen berücksichtigen: damit ergibt sich das Spektrum von Bild 43-1.

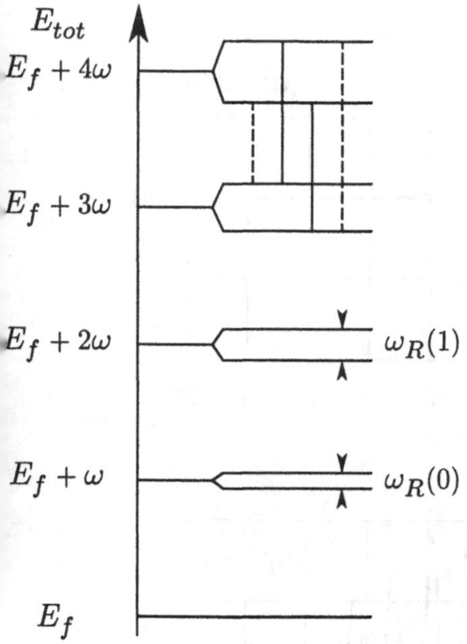

Bild 43-1: Dynamischer Starkeffekt. Nur der atomare Grundzustand ($E_f = E_0$) mit $n_f = 0$ spaltet nicht auf.

Der Effekt heißt auch *dynamischer Starkeffekt.* Bei festem n_i spaltet der atomare Übergang in 4 Linien auf, bei denen aber 2 (die durchgezogenen) für $n_i \gg 1$ die gleiche Frequenz ω haben. Die anderen haben $\omega \pm \omega_R$.

Im Prinzip kann auch das obere Level $|i\rangle$ ein Foton absorbieren (Operator $H^{(-)}$), doch ist dies nicht resonant und häufig genauso klein wie die Ankopplung weiterer atomarer Levels. Die Näherung (43.3) heißt *rotierende Wellenapproximation* (RWA), infolge der Analogie zum rotierenden Magnetfeld $\boldsymbol{B}_1$ bei der Spinresonanz. Am gescheitesten vermeidet man von vornherein das Wechselwirkungsbild.

Im Folgenden setzen wir $\Delta\omega = 0$, $n := n_i = n_f - 1$, $\omega_R = h_{if}\sqrt{n+1}$, $c_f = -i \sin\left(h_{if}\sqrt{n+1}\, t/2\right)$.

Die Wahrscheinlichkeit, das Atom im unteren Zustand $|f\rangle$ zu finden, ist $|c_f(n,t)|^2$, jedenfalls bei fester Besetzungszahl n der Mode. Sind verschiedene Besetzungszahlen mit Wahrscheinlichkeiten $|c_n|^2$ vorhanden, dann gilt

$$|c_f(t)|^2 = \sum\nolimits_n |c_n|^2 |c_f(n,t)|^2 = \sum\nolimits_n |c_n|^2 \sin^2\left(h_{if}\sqrt{n+1}\, t/2\right). \tag{43.13}$$

Für ein thermisches Strahlungsfeld z.B. braucht man $|c_n|^2$ aus (40.17)

$$|c_f(t)|^2 = \sum_{n=0}^{\infty} \langle n\rangle^n (\langle n\rangle + 1)^{-n-1} \sin^2\left(h_{if}\sqrt{n+1}\, t/2\right). \tag{43.14}$$

Durch die Summation über n verwaschen die Oszillationen (Bild 43-2a), obwohl keine Dämpfung existiert. Wesentlich schöner oszilliert's in einem *kohärenten Zustand*, wo $|c_n|^2$ durch (11.27) gegeben ist. Laut (11.22) ist $|\alpha|^2 = \langle n\rangle$ und somit

$$|c_n|^2 = \mathrm{e}^{-\langle n\rangle} \langle n\rangle^n / n! \tag{43.15}$$

(Bild 43-2b). Hier kann man für $\langle n\rangle \to \infty$ die Fluktuationen um den Mittelwert vernachlässigen und erhält dann die klassischen, ungedämpften Rabioszillationen.

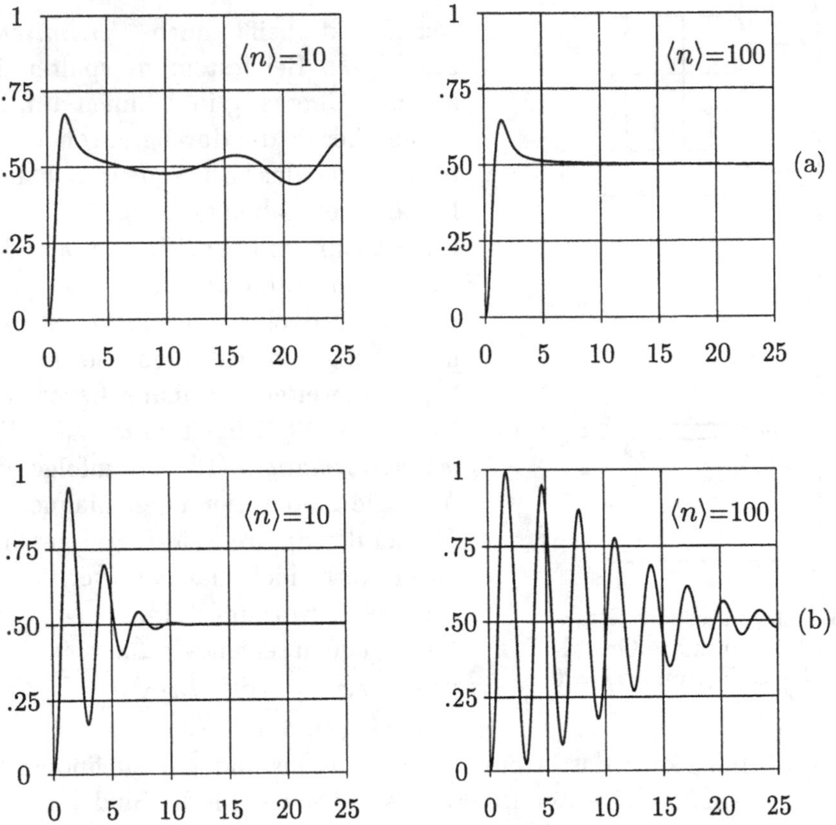

Bild 43-2: $|c_f(t)|^2$ als Funktion von $\widehat{t} = h_{if}\sqrt{\langle n\rangle}t/2$ für (a) Wärmestrahlung und (b) kohärentes Licht.

Quantisch geraten die verschiedenen n-Komponenten auch hier für größeres t außer Phase. Bei großem $\langle n\rangle$ werden die Oszillationen von einer Gaußkurve eingehüllt: $\overline{|c_f|^2} = \exp\{-h_{if}^2 t^2/[(\Delta\omega^2/2\langle n\rangle h_{if}^2 + \frac{1}{2}]\}$. Für ganz großes t können sie aber mal wieder in Phase kommen: man erlebt dann eine *Wiedergeburt* der Oszillationen, bedingt durch die diskreten Werte von n (Meystre & Sargent 1990).

In der Praxis muss man jedoch die Dämpfung durch den Zerfall in andere Zustände berücksichtigen. Wir addieren dazu in H eine diagonale Dämpfmatrix mit den Elementen $-\hbar\gamma_\pm/2$,

$$\begin{pmatrix} \partial_t\psi_+ \\ \partial_t\psi_- \end{pmatrix} = -\frac{i}{2}\begin{pmatrix} -\Delta\omega - i\gamma_+ & \omega_1 \\ \omega_1 & \Delta\omega - i\gamma_- \end{pmatrix}\begin{pmatrix} \psi_+ \\ \psi_- \end{pmatrix}. \qquad (43.16)$$

Diese Gleichung heißt *optische Blochgleichung*, in Anlehnung an die Spinresonanz. Allerdings ist H nun nicht mehr hermitisch. Für $\gamma_+ = \gamma_-$ lässt sich γ_+ durch einen Faktor $\exp\{-\gamma_+ t/2\}$ beseitigen. Der interessantere Fall ist aber $\gamma_- = 0$, er wird erst in §66 diskutiert.
Klassische Rabioszillationen vernachlässigen die Varianz von n und damit auch das Verwaschen. Für Laserlicht ist diese Näherung sehr gut. Dann ist $\omega_R = ((\Delta\omega)^2 + \Omega^2)^{1/2}$, $\Omega = h_{if}\langle n\rangle^{1/2}$ unabhängig von der n-Verteilung. In vielen Experimenten sendet man Laserpulse, bei denen Ω adiabatisch ein- und ausgeschaltet wird, $\Omega = \Omega(t)$. Im Verlauf eines solchen Pulses wächst dann ω_R an und klingt wieder ab. Gleiches passiert natürlich, wenn ein Atom einen Laserstrahl kreuzt. Bei richtiger Dosierung kann man so das Atom hundertprozentig anregen, also mit $c_f = 1$ anfangen und so aufhören, dass die (43.7) entsprechende Formel für c_i gerade 1 gibt, abgesehen von der Dämpfung durch spontane Abregung.

Reduzierte Dichtematrix — Der Hilbertraum der entkoppelten Zustände ist im JC-Modell das direkte Produkt aus den zwei atomaren Zuständen $|i\rangle$, $|f\rangle$ einerseits und dem Fotonenfockraum der ω-Mode andererseits (siehe auch §46). Bei kombinierten Haufen Atome + Licht braucht man für den Erwartungswert $\langle A\rangle_H$ eines Operators A allgemein eine kombinierte Dichtematrix $\rho^{(ar)}$, wobei a sich auf die atomaren Freiheitsgrade bezieht, und r auf die des Lichts. In der Fotonzahlbasis $|n\rangle$ hat $\rho^{(ar)}$ die Elemente $\rho_{ij} \equiv \rho_{a_i n_i, a_j n_j}$, und der Erwartungswert von A ist wie üblich

$$\langle A\rangle_H = \mathrm{Spur}(\rho A) = \sum_{i,j} \rho_{a_i n_i, a_j n_j} \langle a_j n_j|A|a_i n_i\rangle. \tag{43.17}$$

In unserm Fall ist $A = |f\rangle\langle f|$ der Projektor auf den unteren Atomlevel, $A = \frac{1}{2}(1 - \sigma_z)$ in Spinorschreibweise, unabhängig von der Fotonenzahl n. Also gilt

$$\langle a_j n_j|A|a_i n_i\rangle = \langle a_j|A|a_i\rangle \delta_{n_i, n_j}, \tag{43.18}$$

und (43.17) vereinfacht sich zu

$$\langle A\rangle_H = \sum_{i,j} \rho_{a_i, a_j} \langle a_j|A|a_i\rangle, \quad \rho_{a_i, a_j} = \sum_{n_i} \rho_{a_i n_i, a_j n_i}. \tag{43.19}$$

Man nennt $\rho^{(a)} = \{\rho_{a_i, a_j}\}$ die auf den atomaren Haufen reduzierte Dichtematrix. Allgemein schreibt man

$$\rho^{(a)} = \mathrm{Spur}_r \rho^{(ar)}, \tag{43.20}$$

wobei r für ein *Reservoir* an Freiheitsgraden steht, die im Operator A nicht vorkommen. Wir erwähnen das hier, weil bei kohärentem Licht $\rho^{(ar)}$ in der Fotonenzahl n nicht diagonal ist (anders als beim thermischen Licht). Das δ_{n_i,n_j} in (43.18) bewirkt also $n_i = n_j = n$, was wir in (43.15) bereits benutzt haben. Ein übliches Reservoir hat allerdings ein *breites Band* von Frequenzen ω, was durch die Dämpfungskonstanten $\gamma_\pm$ in (43.16) genähert wird. Mehr dazu in §65.

☞ *Aufgabe:* In einem Haufen von 100 Zweizustandsatomen seien
30 im Zustand $\psi_1 = \left(u_i\, e^{-i\omega_i t} + u_f\, e^{-i\omega_f t}\right)/\sqrt{2}$,
50 in $\psi_2 = \left(u_i\, e^{-i\omega_i t} - 3u_f\, e^{-i\omega_f t}\right)/\sqrt{10}$ und
der Rest in $\psi_3 = u_f\, e^{-i\omega_f t}$.
Berechne die Dichtematrix ρ in der Basis $|i\rangle = u_i$, $|f\rangle = u_f$. Mit welcher Wahrscheinlichkeit $W_1 = \langle\rho_1\rangle_H$ ist ψ_1 vertreten? $(\rho_1 = |\psi_1\rangle\langle\psi_1|)$

§44. Anregung von Molekülen

Wo wir Lokalisierungseigenschaften bei Molekülen entdecken und die Ramanstreuung diskutieren.

Bei Infrarotlicht bleibt das Molekül im elektronischen Grundzustand. Der Dipoloperator reduziert sich dann auf einen effektiven Dipoloperator $\boldsymbol{R}$ zwischen den Kernwellenfunktionen. Bei Atomen mit symmetrischer Ladungsverteilung sind dessen Matrixelemente allerdings $= 0$, es gibt dann höchstens Quadrupolstrahlung.

In der HO-Näherung $E_M = V_{\min} + \hbar\omega_0(v + \frac{1}{2})$ (die Vibrationsfrequenz ω (32.21) heißt jetzt ω_0) ist nur $v - v' = \pm 1$ erlaubt. Nur die Abweichungen (32.20) erlauben auch $\Delta v = \pm 2$ usw. Der Winkelanteil von $\boldsymbol{R}$ wirkt auf die Kernkugelfunktionen $Y_K^{M_K}$ (32.14) und fordert dort $\Delta K = K - K' = \pm 1$, entsprechend dem $\Delta L = \pm 1$ bei atomaren Dipolübergängen. Bei Zimmertemperatur sitzen die meisten Moleküle bei $v = 0$, aber bei vielen K-Werten. Infrarotlicht wird dann bei folgenden Frequenzen absorbiert (in der Rotatornäherung (32.17)):

$$\omega = \omega_0 + [K'(K'+1) - K(K+1)]\hbar/2I \tag{44.1}$$
$$= \omega_0 + \hbar(K+1)/I \qquad \text{für} \quad K' = K+1 \quad \text{(P-Zweig)} \tag{44.2}$$
$$= \omega_0 - \hbar K/I \qquad \text{für} \quad K' = K-1 \quad \text{(Q-Zweig)} \tag{44.3}$$

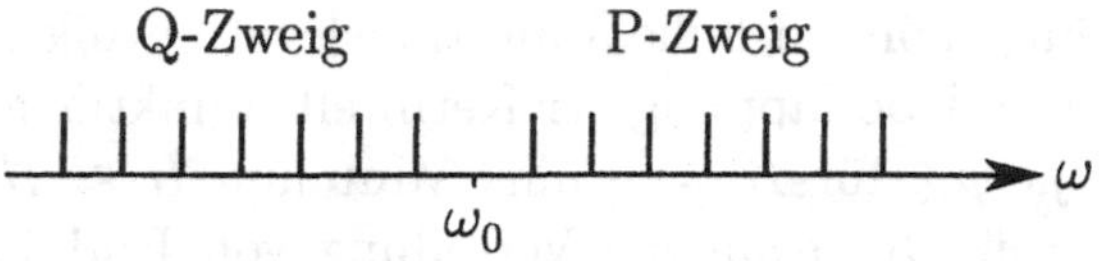

Bild 44-1: IR-Absorptionsspektrum

Die Absorptionslinien liegen also äquidistant im Abstand $\hbar/I$, wobei allerdings die Frequenz $\omega = \omega_0$ fehlt (Bild 44-1).

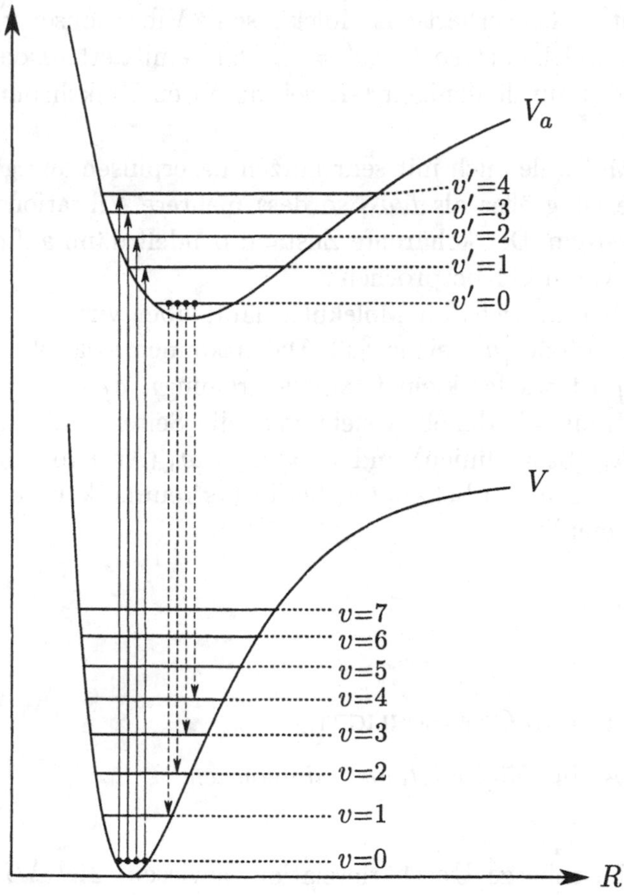

Bild 44-2: Dipolübergänge zwischen dem elektronischen Grundzustand $V(R)$ und einem elektronisch angeregten Zustand $V_a(R)$ mit Minimum bei deutlich größerem R_{a0}. Die Übergänge aus dem jeweiligen v=0-Zustand bevorzugen Vibrationsanregungen mit passenden klassischen Umkehrpunkten (Frank-Condon-Prinzip).

Mit sichtbarem oder UV-Licht werden Moleküle elektronisch angeregt, und zwar mit Dipolübergängen. Das Potenzial V_a des angeregten Moleküls liegt wesentlich höher als V und hat sein Minimum V_{a0} auch bei größerem Wert R_{a0} (Bild 44-2). Bei der Anregung können hohe Vibrationslevel bevölkert werden; man braucht aber eine gute Überlappung der Kernwellenfunktionen $\psi_K(\boldsymbol{R})$ und $\psi_{aK'}(\boldsymbol{R})$. Nun ist ja ψ_K für $K = 0$ ums Minimum $R \approx R_0$ lokalisiert, während $\psi_{aK'}$ für große K' etwa die Verteilung von Bild 6-3 hat, mit großen Maxima an den klassischen Umkehrpunkten des Pendels. Das Matrixelement des Dipoloperators ist deshalb für denjenigen v-Wert am größten, dessen Umkehrpunkt bei R_0 liegt (Frank-Condon-Prinzip). In einer Flüssigkeit oder im dichten Gas verliert das Molekül seine Vibrationsenergie sehr rasch durch Stöße und landet so bei $v' = 0$. Dort emittiert es dann Dipolstrahlung und landet auf denjenigen v-Level, die ihren Umkehrpunkt nahe R_{a0} haben.

Neuerdings kann man Moleküle auch mit sehr kurzen Laserpulsen anregen. Deren Energieunschärfe ist größer als $\hbar\omega_0$, so dass mehrere Vibrationslevel kohärent angeregt werden. Der kohärente Zustand pendelt dann auf der oberen Potenzialkurve, wie in §11 besprochen.

Die Streuung von sichtbarem Licht an Molekülen läuft über virtuelle angeregte elektronische Zustände $|n\rangle$, siehe §42. Dabei können zwar die v_n groß sein, aber $v_i - v_f$ ist wieder klein (Raman-Streuung). $v_f = v_i$ hat $\omega_f = \omega_i$ (elastische Streuung), daneben sieht man die Seitenbänder mit $\Delta v = \pm 1$, $\omega_f = \omega_i - \omega_0$ (Stokeslinien) und $\omega_f = \omega_i + \omega_0$ (Antistokeslinien. Herr Stokes hatte nämlich mal behauptet, bei Lichtstreuung könnte die Energie ($\hbar\omega$) nur abnehmen).

§45. Kohärentes Licht und Quetschlicht

Wo wir Heisenbergs Unschärferelationen hintergehen.

In §10 hatten wir Heisenbergs Unschärferelation bewiesen, $\Delta A \Delta B \geq \frac{1}{2}|\langle C\rangle|$, mit $C = [A, B]$. Anwendung auf die Quadraturkomponenten (35.27) des elektrischen Feldes ergibt

$$\Delta X_1 \Delta X_2 \geq \tfrac{1}{4}, \quad X_1 = \tfrac{1}{2}(a^\dagger + a), \quad X_2 = i\tfrac{1}{2}(a^\dagger - a). \tag{45.1}$$

Für einen Fockzustand ist $\langle X_1\rangle = \langle X_2\rangle = 0$, also laut (35.29) $\Delta X_1 = \Delta X_2 = \frac{1}{2}\sqrt{2n+1}$; das ist für $n > 0$ unnötig groß.

Kohärente Zustände $|\alpha\rangle = |\psi_K(\alpha)\rangle$ haben dagegen die minimale Unschärfe, siehe §11. Das kann man direkt verifizieren: aus $a|\alpha\rangle = \alpha|\alpha\rangle$ (11.23) folgt

$a^2|\alpha\rangle = \alpha^2|\alpha\rangle$, $\langle\alpha|a^\dagger = \langle\alpha|\alpha^*$, $\langle\alpha|a^{\dagger 2} = \langle\alpha|\alpha^{*2}$, und damit die Varianz

$$(\Delta X_1)^2 = \langle X_1^2\rangle - \langle X_1\rangle^2 = \tfrac{1}{4}(\langle a^{\dagger 2}\rangle + \langle a^2\rangle + \langle a^\dagger a\rangle + \langle aa^\dagger\rangle) \\ -\tfrac{1}{4}(\langle a^\dagger\rangle^2 + \langle a\rangle^2 + 2\langle a\rangle\langle a^\dagger\rangle) = \tfrac{1}{4}, \tag{45.2}$$

wegen $aa^\dagger = a^\dagger a + 1$. $(\Delta X_2)^2$ geht analog. Wir definieren außerdem eine *Kovarianz*,

$$\Delta^2(X_1, X_2) = \tfrac{1}{2}\langle X_1X_2 + X_2X_1\rangle - \langle X_1\rangle\langle X_2\rangle. \tag{45.3}$$

Aus $X_1X_2 + X_2X_1 = (a^{\dagger 2} - a^2)i/2$ folgt für kohärente Zustände $\Delta^2(X_1, X_2) = 0$. Kohärente Zustände haben also

$$\Delta X_1 = \Delta X_2 = \tfrac{1}{2}, \quad \Delta^2(X_1, X_2) = 0, \tag{45.4}$$

unabhängig von α. Das entsprechende *Fehlergebiet* ist eine kleine Kreisscheibe (Bild 45-1). Die Bedeutung dieser Zustände beruht auf ihrer Anwendbarkeit auf Laserlicht. Der ideale Einmodenlaser ist ein kohärenter Zustand. Für $|\alpha| \to \infty$ beschreibt er ein klassisches Feld. Man kann kohärentes Licht durch Anwendung eines Schiebers D (= Deplazierers) aufs Vakuum erzeugen,

$$|\alpha\rangle = D(\alpha)|0\rangle, \quad D(\alpha) = \mathrm{e}^{\alpha a^\dagger - \alpha^* a}. \tag{45.5}$$

$D(\alpha)$ ist die Verallgemeinerung von (11.32) auf komplexes α (in (11.29) war $\alpha = -\xi_0/\sqrt{2}$ reell). D ist unitär, oder? Die Varianz der Quadraturkomponenten in kohärenten Zuständen ist also verschiebungsinvariant, denn das Vakuum ist ja auch kohärent, mit $a|0\rangle = 0$.
Es gibt auch Zustände minimaler Unschärfe, deren Fehlergebiet oval ist. Solche Zustände erlauben größere Präzision bei Interferometrie. Man erhält sie, indem man eine der beiden Quadraturkomponenten mit einem Faktor $\mathrm{e}^{-\zeta}$ staucht und die andere mit einem Faktor e^{ζ} vergrößert ($\zeta > 0$). Meist staucht man eine Linearkombination aus X_1 und X_2:

$$Y_1 = \tfrac{1}{2}(a\mathrm{e}^{-i\phi} + a^\dagger\mathrm{e}^{i\phi}) = X_1\cos\phi + X_2\sin\phi,$$

$$Y_2 = (a\mathrm{e}^{-i\phi} - a^\dagger\mathrm{e}^{i\phi})/2i = -X_1\sin\phi + X_2\cos\phi. \tag{45.6}$$

Beispielsweise wäre laut (35.28)

$$\boldsymbol{E} = -2\boldsymbol{\varepsilon}\sqrt{V/\hbar\omega}\,Y_2, \quad \phi = \boldsymbol{kr} - \omega t. \tag{45.7}$$

Die „Quetschung“ lautet dann

$$Y_1' = Y_1\mathrm{e}^{-\zeta}, \quad Y_2' = Y_2\mathrm{e}^{\zeta}. \tag{45.8}$$

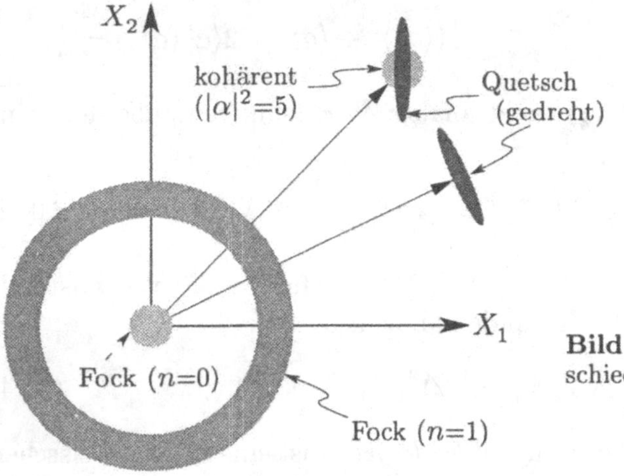

Bild 45-1: Fehlergebiete verschiedener Lichtzustände

Die Kommutatoren bleiben dabei erhalten:

$$[Y_1', Y_2'] = [Y_1, Y_2] = [X_1, X_2] = i/2. \tag{45.9}$$

Solche *kanonischen* Transformationen von Operatoren werden durch unitäre Operatoren in Fockraum erzeugt:

$$Y_i' = S^\dagger Y_i S, \quad S^\dagger S = 1. \tag{45.10}$$

Im vorliegenden Fall ist

$$S = \mathrm{e}^{i\zeta(Y_1Y_2+Y_2Y_1)} = \mathrm{e}^{(\xi^* a^2 - \xi a^{\dagger 2})}, \quad \xi = \tfrac{1}{2}\zeta \mathrm{e}^{2i\phi}. \tag{45.11}$$

Denn es gilt laut (45.8)

$$\partial_\zeta Y_1' = \partial_\zeta S^\dagger Y_1 S = iS^\dagger[Y_1, Y_1Y_2 + Y_2Y_1]S = -S^\dagger Y_1 S = -Y_1'. \tag{45.12}$$

wegen $[Y_1, Y_2] = i/2$. Integration von (45.12) liefert (45.8). Für das a selbst ergibt sich

$$\begin{aligned} a' &= S^\dagger a S = a\mathrm{e}^{-i\phi}\cosh\zeta - a^\dagger \mathrm{e}^{i\phi}\sinh\zeta, \\ a'^\dagger &= S^\dagger a^\dagger S = a^\dagger \mathrm{e}^{i\phi}\cosh\zeta - a\mathrm{e}^{-i\phi}\sinh\zeta \end{aligned} \tag{45.13}$$

denn damit ist $Y_1' = \frac{1}{2}(a^{\dagger\prime} + a') = \frac{1}{2}(a\mathrm{e}^{-i\phi} + a^\dagger \mathrm{e}^{i\phi})\mathrm{e}^{-\zeta}$ usw.

Die Quetschung bedeutet etwas mehr als die Verkleinerung von Y_1 gemäß (45.8). Tatsächlich ist beim HO das Gaußsche Wellenpaket in einigen Pendellagen gequetscht, in anderen dafür umso breiter. In Bild 45-2 ist die Wahrscheinlichkeitsamplitude $\psi(X_1)$ an den Umkehrpunkten gequetscht und nahe $X_1 = 0$ verbreitert. Beim gequetschten Vakuum $S^\dagger|0\rangle$ ist tatsächlich auch die Varianz von X_1 kleiner als beim normalen Vakuum.

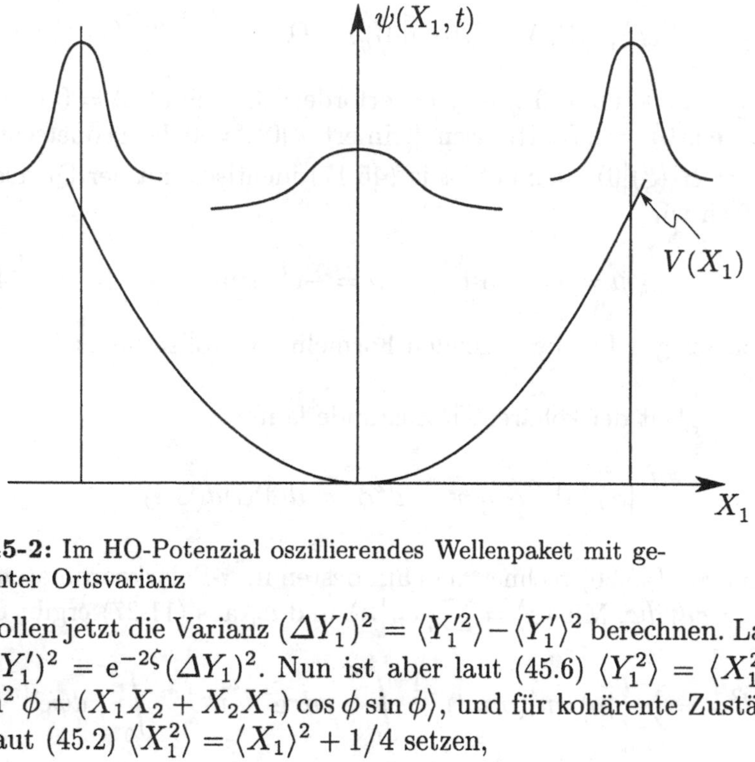

Bild 45-2: Im HO-Potenzial oszillierendes Wellenpaket mit gequetschter Ortsvarianz

Wir wollen jetzt die Varianz $(\Delta Y_1')^2 = \langle Y_1'^2\rangle - \langle Y_1'\rangle^2$ berechnen. Laut (45.8) ist $(\Delta Y_1')^2 = \mathrm{e}^{-2\zeta}(\Delta Y_1)^2$. Nun ist aber laut (45.6) $\langle Y_1^2\rangle = \langle X_1^2\cos^2\phi + X_2^2\sin^2\phi + (X_1X_2 + X_2X_1)\cos\phi\sin\phi\rangle$, und für kohärente Zustände kann man laut (45.2) $\langle X_1^2\rangle = \langle X_1\rangle^2 + 1/4$ setzen,

$$\langle Y_1^2\rangle - \langle Y_1\rangle^2 = 1/4 + 2\cos\phi\sin\phi\,\Delta^2(X_1, X_2) = 1/4. \tag{45.14}$$

Tatsächlich ist also $(\Delta Y_1')^2 = \mathrm{e}^{-2\zeta}/4$.

Beim Quetschen können auch verschiedene Moden $|i\rangle$ des Feldes durcheinandergeraten:

$$S = \exp\left\{\sum_{i,j}(\xi_{ij}^* a_i a_j - \xi_{ij} a_i^\dagger a_j^\dagger)\right\}. \tag{45.15}$$

Dieser Operator ist ja auch unitär, oder? Wichtigstes Beispiel ist die Aufspaltung im Zweizustandsmodell, $\omega_\pm = \omega \pm \omega_R/2$ (ω_R = Rabifrequenz). Hier sind die Diagonalelemente vernachlässigbar, es gilt

$$S = \exp\{\xi_{+-}^* a_+ a_- - \xi_{+-} a_+^\dagger a_-^\dagger\}. \tag{45.16}$$

Formal ist Quetschlicht analog zu kohärentem Licht, man muss nur den Fotonenfresser a ersetzen durch

$$a' = \mu a + \nu a^\dagger, \quad |\mu|^2 - |\nu|^2 = 1 : \quad [a', a'^\dagger] = 1. \tag{45.17}$$

Da unsere Resultate stets aus den Kommutatoren folgen, gelten sie auch nach der Substitution $a \to a'$. Zum Beispiel für neue kohärente Zustände

$$a'|\alpha'\rangle = \alpha'|\alpha'\rangle, \quad |\alpha'\rangle = D(\alpha')|0\rangle_g, \quad D = \mathrm{e}^{\alpha' a'^\dagger - \alpha'^* a'}. \tag{45.18}$$

Der Index $_g$ am Vakuum $|0\rangle_g$ ist jetzt erforderlich, weil $a'|0\rangle = 0$ nicht das gleiche ist wie $a|0\rangle = 0$. Stattdessen definiert $a'|0\rangle_g = 0$ das gequetschte Vakuum, $|0\rangle_g = S^\dagger(\xi)|0\rangle$. Denn es ist ja (45.17) identisch mit der Quetschung (45.13), sofern wir

$$\mu = \mathrm{e}^{-i\phi} \cosh\zeta, \quad \nu = -\mathrm{e}^{i\phi} \sinh\zeta \tag{45.19}$$

setzen. Gleiches gilt für die folgenden Formeln zur Vollständigkeit und Orthogonalität.

Die Vollständigkeit der kohärenten Zustände lautet

$$\int |\alpha\rangle\langle\alpha| d^2\alpha = \pi, \quad d^2\alpha := d(\Re\alpha) d(\Im\alpha). \tag{45.20}$$

Zum Beweis von (45.20) rechnet man am besten in α-Polarkoordinaten, $\alpha = re^{i\varphi}$, $d^2\alpha = rdrd\varphi$. Mit $|\alpha\rangle = \sum_n c_n|n\rangle$ und c_n aus (11.27) ergibt das:

$$\int |\alpha\rangle\langle\alpha| d^2\alpha = \sum_{m,n} |n\rangle\langle m|(n!m!)^{-\frac{1}{2}} \int_0^\infty r dr \mathrm{e}^{-r^2} r^{n+m} \int_0^{2\pi} d\varphi \mathrm{e}^{i(n-m)\varphi}. \tag{45.21}$$

Das φ-Integral gibt $2\pi\delta_{m,n}$, das r-Integral danach $\frac{1}{2}\int dx \mathrm{e}^{-x} x^n = n!/2$, und damit ist (45.21) auf $\sum |n\rangle\langle n|\pi = \pi$ zurückgeführt.

Andererseits sind die kohärenten Zustände nur näherungsweise orthogonal, $\langle\beta|\alpha\rangle \neq 0$. Es gibt ihrer zuviele, sie sind übervollständig. Und zwar gilt

$$\langle\beta|\alpha\rangle = \mathrm{e}^{-|\alpha-\beta|^2/2} \mathrm{e}^{i\Im(\alpha\beta^*)} = \mathrm{e}^{-|\alpha|^2/2 - |\beta|^2/2 + \alpha\beta^*}. \tag{45.22}$$

Zur Herleitung benutzt man (45.5), $|\alpha\rangle = D(\alpha)|0\rangle$ und $\langle\beta| = \langle 0|D^\dagger(\beta)$. Nun folgt aus (45.5) außer der Unitarität $D^\dagger = D^{-1}$ auch die Rückschiebung $D^{-1}(\alpha) = D(-\alpha)$: D hat die Form e^{-A}, woraus beim gemeinsamen Vorzeichenwechsel von α und α^* e^{+A} wird. Also gilt

$$\langle\beta|\alpha\rangle = \langle 0|D(-\beta)D(\alpha)|0\rangle. \tag{45.23}$$

$D(-\beta)D(\alpha)$ hat die Form $\mathrm{e}^B\mathrm{e}^A$ und lässt sich mit (11.37) umformen, indem man dort αa durch A und αb durch B ersetzt, und von rechts $\mathrm{e}^B\mathrm{e}^{-A}$ ranmultipliziert:

$$\mathrm{e}^{B-A} = \mathrm{e}^{[B,A]/2}\mathrm{e}^B\mathrm{e}^{-A}. \tag{45.24}$$

Dies ist die Baker-Campbell-Hausdorff-Formel. Mit (45.5) brauchen wir für $\langle\beta|\alpha\rangle$ laut (45.23) $A = \alpha^* a - \alpha a^\dagger$, $B = \beta^* a - \beta a^\dagger$, $[B,A]/2 = (\alpha^*\beta - \beta^*\alpha)/2 = i\Im(\alpha^*\beta)$:

$$D(\alpha-\beta) = D(-\beta)D(\alpha)\mathrm{e}^{i\Im(\alpha^*\beta)}, \tag{45.25}$$

$$\langle\beta|\alpha\rangle = \langle 0|D(\alpha-\beta)|0\rangle\mathrm{e}^{-i\Im(\alpha^*\beta)}, \quad \langle 0|D(\alpha-\beta)|0\rangle = \mathrm{e}^{-|\alpha-\beta|^2/2}. \tag{45.26}$$

Der letzte Ausdruck stammt aus (11.25). Nur im Limes $|\alpha-\beta| \gg 1$ gilt also $\langle\beta|\alpha\rangle = 0$.
Wegen der Vollständigkeit (45.20) kann man den Einheitsoperator nach kohärenten Zuständen zerlegen, $1 = \pi^{-1}\int d^2\alpha|\alpha\rangle\langle\alpha|$. Folglich lässt sich auch jeder Zustand $|\psi\rangle$ kohärent entwickeln:

$$|\psi\rangle = \pi^{-1}\int d^2\alpha|\alpha\rangle\langle\alpha|\psi\rangle. \tag{45.27}$$

Diese Entwicklung wird bei Dichtematrizen für Licht gebraucht. Dabei werden wir gelegentlich $|\alpha\rangle\langle\alpha|$ auf $|0\rangle\langle 0|$ zurückführen, mittels (45.5) und (11.25):

$$|\alpha\rangle = D(\alpha)|0\rangle = \mathrm{e}^{-\alpha\alpha^*/2}\mathrm{e}^{\alpha a^\dagger}|0\rangle, \quad |\alpha\rangle\langle\alpha| = \mathrm{e}^{-\alpha\alpha^*}\mathrm{e}^{\alpha a^\dagger}|0\rangle\langle 0|\mathrm{e}^{\alpha^* a}. \tag{45.28}$$

Schließlich sei noch erwähnt, dass man bei komplexem α statt $\Re\alpha$ und $\Im\alpha$ auch α und α^* als unabhängige Variable wählen kann:

$$\alpha = x + iy,\ \alpha^* = x - iy,\ \partial_x = \partial_\alpha + \partial_{\alpha^*},\ \partial_y = i(\partial_\alpha - \partial_{\alpha^*}). \tag{45.29}$$

So gilt z.B. mit (45.28) $\partial_\alpha|\alpha\rangle = (-\alpha^*/2 + a^\dagger)|\alpha\rangle$. Dieser Trick liefert praktische Formeln für $a^\dagger$:

$$a^\dagger|\alpha\rangle = (\partial_\alpha + \alpha^*/2)|\alpha\rangle, \quad a^\dagger|\alpha\rangle\langle\alpha| = (\partial_\alpha + \alpha^*)|\alpha\rangle\langle\alpha|. \tag{45.30}$$

Zusammen mit $a|\alpha\rangle = \alpha|\alpha\rangle$ kann man damit auch Ausdrücke für $a^\dagger a$ usw. basteln.

§46. Optische Kohärenz und Darstellung des Feldes

Wo wir das Doppelspaltexperiment genauer betrachten und die Dichtematrix einer einzelnen Oszillatormode parametrisieren.

Die Beschreibung der Interferenz hinter einem Doppelspalt von §1 gilt nur für eine monochromatische ebene Welle mit jeweils einem Foton. Realistischere Beispiele wären ein Laserstrahl oder das Licht einer Taschenlampe. Auch die zeitliche Verteilung der Fotonen soll jetzt untersucht werden.

Die Messung benutzt meist E1-Anregung von Atomen oder Molekülen, enthält also die Matrixelemente $\langle f|\boldsymbol{E}^-|i\rangle$ des Vernichteranteils $\boldsymbol{E}^- = \boldsymbol{E}^{(-)}(\boldsymbol{r},t)$ des Feldoperators $\boldsymbol{E}$. Deshalb möge $|i\rangle$ außer dem Anfangszustand des Strahlungsfeldes auch den atomaren Grundzustand enthalten; über die atomaren Endzustände in $|f\rangle$ wird summiert. Die messbare Intensität eines reinen Zustandes $|i\rangle$ ist damit

$$I(\boldsymbol{r},t)_i = \sum_f |\langle f|\boldsymbol{E}^-|i\rangle|^2 = \langle i|\boldsymbol{E}^+\boldsymbol{E}^-|i\rangle. \tag{46.1}$$

Denn die Summe lässt sich auf $\sum\langle i|\boldsymbol{E}^+|f\rangle\langle f|\boldsymbol{E}^-|i\rangle$ umschreiben, und die Vollständigkeit vereinfacht $\sum|f\rangle\langle f| = 1$. Das Vakuum hat $I = 0$, wegen $\boldsymbol{E}^-|0\rangle = 0$. Meist kommt das Licht aus einem Haufen verschiedener Moden und Besetzungszahlen, so dass wir eine Dichtematrix ρ wie in §33 brauchen, diesmal aber hauptsächlich fürs Licht:

$$I(\boldsymbol{r},t) = \mathrm{Tr}\{\rho\boldsymbol{E}^+(\boldsymbol{r},t)\boldsymbol{E}^-(\boldsymbol{r},t)\}. \tag{46.2}$$

(Jetzt wird die engl. Abkürzung Tr = trace = Spur benutzt). ρ summiert auch über die verschiedenen Fotonenzahlen in einer einzigen Mode, was bei den Elektronen wegen des Pauliprinzips entfiel. Da Fotonen sich nicht elektrisch abstoßen, reicht die Dichtematrix auch noch bei großen Fotonflüssen. Wir werden auch Dichtematrizen für einen Haufen verschiedener kohärenter Zustände in ein und derselben Mode betrachten.

Im Folgenden brauchen wir $\boldsymbol{E}^-$ und $\boldsymbol{E}^+$ nicht nur an verschiedenen Örtern $\boldsymbol{r}_1$ und $\boldsymbol{r}_2$, sondern auch zu verschiedenen Zeiten t_1 und t_2. Wir definieren deshalb

$$x_i = (ct_i, \boldsymbol{r}_i) = (x_i^0, \boldsymbol{r}_i), \tag{46.3}$$

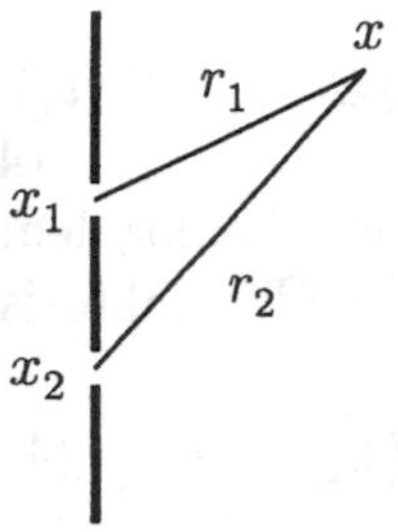

Bild 46-1: Die Raum-Zeit-Koordinaten $x = (ct, \boldsymbol{r})$ und $x_i = (ct_i, \boldsymbol{r}_i)$ beim Doppelloch

wobei $ct = x^0$ die Dimension einer Länge hat.
Beim Doppelspalt erhält $\boldsymbol{E}^-(x)$ Beiträge von den Feldern $\boldsymbol{E}^-(x_1)$ und $\boldsymbol{E}^-(x_2)$ an den Spaltpositionen x_1 und x_2. Selbst bei unendlich schmalen Spalten variieren die x_i noch mit der Längenposition im Spalt i. Deswegen bohren wir lieber zwei kleine Löcher bei $\boldsymbol{r}_1$ und $\boldsymbol{r}_2$, von denen Kugelwellen ausgehen (Bild 46-1). Das Feld im Aufpunkt x ist die Superposition der Kugelwellen,

$$\boldsymbol{E}(x) = \boldsymbol{E}_1(x) + \boldsymbol{E}_2(x), \quad \boldsymbol{E}_i(x) = \frac{r}{r_i}\boldsymbol{E}(x_i), \quad x_i^0 = x^0 - r_i. \tag{46.4}$$

r_1 und r_2 sind die Abstände der Bohrlöcher vom Aufpunkt (ein mittleres r erscheint aus Dimensionsgründen im Zähler), und x_i^0 $(t_i = t - r_i/c)$ die entsprechenden Retardierungen. r_1 und r_2 seien sehr viel größer als $r_{12} = |\boldsymbol{r}_1 - \boldsymbol{r}_2|$, dann gilt $r/r_i \approx 1$ in (46.4). Die Intensität im Aufpunkt ist dann laut (46.2)

$$I(\boldsymbol{r}, t) = \mathrm{Tr}\{\rho(\boldsymbol{E}^+(x_1) + \boldsymbol{E}^+(x_2))(\boldsymbol{E}^-(x_1) + \boldsymbol{E}^-(x_2))\}. \tag{46.5}$$

Ausdrücke dieser Art pflegt man mit Korrelationsfunktionen zu zerlegen:

$$G(x_1, x_2) = \mathrm{Tr}\{\rho \boldsymbol{E}^+(x_1)\boldsymbol{E}^-(x_2)\}, \tag{46.6}$$

$$I(x) = G(x_1, x_1) + G(x_2, x_2) + 2\Re G(x_1, x_2). \tag{46.7}$$

Interferenzen entstehen durch die Korrelationsfunktion $G(x_1, x_2)$. Licht ist maximal kohärent für $|G(x_1, x_2)| = [G(x_1, x_1)G(x_2, x_2)]^{1/2}$; inkohärentes Licht hat $G(x_1 \neq x_2) = 0$.
Die kombinierte Wahrscheinlichkeit, ein Foton bei x_1 zu absorbieren und ein zweites bei x_2, enthält das Matrixelement des Produktes der Feldoperatoren, $\langle f|\boldsymbol{E}^-(x_2)\boldsymbol{E}^-(x_1)|i\rangle$. Man definiert eine allgemeine Korrelationsfunktion 2. Ordnung,

$$G^{(2)}(x_1', x_2', x_1, x_2) = \mathrm{Tr}\{\rho \boldsymbol{E}^+(x_1')\boldsymbol{E}^+(x_2')\boldsymbol{E}^-(x_2)\boldsymbol{E}^-(x_1)\} \tag{46.8}$$

(beachte die Umkehr der Reihenfolge in den gestrichenen Variablen relativ zu den ungestrichenen). Für die obige kombinierte Wahrscheinlichkeit braucht man $G^{(2)}$ nur an der Stelle $x_1' = x_1$, $x_2' = x_2$. Häufig misst man beide Fotonen mit dem gleichen Detektor am Ort $\boldsymbol{r}$, den wir jetzt unterdrücken:

$$W(t_1,t_2) = W_d^2 G^{(2)}(t_1,t_2) = W_d^2 \mathrm{Tr}\{\rho \boldsymbol{E}^+(t_1)\boldsymbol{E}^+(t_2)\boldsymbol{E}^-(t_2)\boldsymbol{E}^-(t_1)\}, \tag{46.9}$$

wobei W_d die Nachweiswahrscheinlichkeit des Detektors ist. Analog definiert man auch Korrelationsfunktionen $G^{(n)}$ n. Ordnung. Wenn $G^{(n)}$ faktorisiert,

$$G^{(n)} = \boldsymbol{E}^+(x_1)...\boldsymbol{E}^+(x_n)\boldsymbol{E}^-(x_n)...\boldsymbol{E}^-(x_1), \tag{46.10}$$

spricht man von Kohärenz n. Ordnung. Mit dieser Definition sind kohärente Zustände für alle n kohärent; daher der Name. Denn kohärente Zustände sind Eigenzustände von allen Vernichtern a_i und damit auch von $\boldsymbol{E}^-$: $\boldsymbol{E}^-(\boldsymbol{r},t)|\alpha\rangle = \boldsymbol{\varepsilon}(\boldsymbol{r},t)\alpha|\alpha\rangle$.

Darstellung des Feldes: In §33 haben wir die quantenmechanischen Erwartungswerte von Operatoren über einen Haufen separater Elektronen oder Atome klassisch gemittelt. Der Haufen wurde dabei durch eine hermitische, normierte, sonst aber beliebige Dichtematrix ρ beschrieben. Ein bekanntes ρ kann man diagonalisieren, die Eigenwerte seien ρ_α. Dann gilt laut (33.15) $\langle A\rangle_H = \sum_\alpha \rho_\alpha \langle A\rangle_\alpha$; die ρ_α sind dabei klassische Wahrscheinlichkeiten. Ein unbekanntes ρ dagegen kann man nicht diagonalisieren, es gilt dann die kompliziertere Formel (33.4). Dort dient ein beliebiges, vollständiges Orthonormalsystem als Basis.
Beim HO bieten sich die kohärenten Zustände $|\alpha\rangle$ als eine übervollständige Basis zur Parametrisierung von ρ an. Mittels (45.27) lässt sich ρ hier als Funktion zweier komplexer Variablen α, β darstellen:

$$\rho = \pi^{-2}\int d^2\alpha d^2\beta \langle\alpha|\rho|\beta\rangle|\alpha\rangle\langle\beta|, \tag{46.11}$$

$$\langle A\rangle_H = \mathrm{Tr}(\rho A) = \pi^{-2}\int d^2\alpha d^2\beta\langle\alpha|\rho|\beta\rangle\langle\beta|A|\alpha\rangle. \tag{46.12}$$

(Häufig setzt man auch $\langle\alpha|\rho|\beta\rangle = R(\alpha^*,\beta)\mathrm{e}^{-|\alpha|^2/2-|\beta|^2/2}$).
Bei vorgegebener Operatorfolge von a und $a^\dagger$ in A existiert aber außerdem eine Diagonalform für $\langle A\rangle_H$, nämlich die P-Darstellung von Glauber (1963) und Sudarshan (1963):

$$\rho = \int d^2\alpha P(\alpha)|\alpha\rangle\langle\alpha|, \quad \langle A\rangle_H = \int d^2\alpha P(\alpha)\langle A\rangle_\alpha. \tag{46.13}$$

Zwar gilt $\int d^2\alpha P(\alpha) = 1$, P kann aber auch negativ sein und heißt deshalb Pseudowahrscheinlichkeit. Die Herleitung von (46.13) kommt weiter unten; zunächst diskutieren wir einige Anwendungen. Hier ist $0 \leq P \leq 1$. Unser Licht habe nur eine einzige Mode, z.B. eine ebene Welle $\boldsymbol{\varepsilon}(\boldsymbol{k})\mathrm{e}^{i\boldsymbol{kr}}$ bei festem $\boldsymbol{k}$. Die verschiedenen Besetzungszahlen ($n = 0, 1, 2...$) im Fockraum machen diese Mode äquivalent zu einem kompletten HO. Denk z.B. an einen Strahl von O_2-Molekülen aus einer Sauerstoffflasche. Bei fester Temperatur des Strahls wären die Besetzungszahlen Boltzmann-verteilt, aber es ist zumindestens denkbar, dass die Moleküle echt um ihre Gleichgewichtslage schwingen, also in kohärenten Zuständen sind. Das Licht aus einem Einmodenlaser kommt tatsächlich in kohärenten Zuständen. Seine Dichtematrix in der Fockbasis ist dann nicht diagonal.
Ein reiner kohärenter Zustand hat

$$\rho = |\alpha_0\rangle\langle\alpha_0|, \quad P(\alpha) = \delta_2(\alpha - \alpha_0). \tag{46.14}$$

Hier gilt wieder $\rho^2 = \rho$. Chaotisches Licht hat per Definition

$$P_{ch}(\alpha) = (\pi\langle n\rangle)^{-1}\mathrm{e}^{-|\alpha|^2/\langle n\rangle}. \tag{46.15}$$

In der Fockbasis $|n\rangle$ gibt das für $\langle n|\rho|n\rangle = \rho_n$ und mit $|\langle n|\alpha\rangle|^2 = c_n^2$

$$\rho_n = \int d^2\alpha P_{ch}(\alpha)|\langle n|\alpha\rangle|^2 = (\pi\langle n\rangle)^{-1}\int d^2\alpha \mathrm{e}^{-|\alpha|^2/\langle n\rangle}\mathrm{e}^{-|\alpha|^2}|\alpha|^{2n}/n! \tag{46.16}$$

Das Integral erschlägt man mit

$$\int \mathrm{e}^{-c|\alpha|^2}\alpha^l(\alpha^*)^m d^2\alpha = \delta_{lm}c^{-m-1}\pi m! \tag{46.17}$$

für $c = 1 + 1/\langle n\rangle$ und $l = m = n$:

$$\rho_n = \langle n\rangle^n(\langle n\rangle + 1)^{-n-1}. \tag{46.18}$$

Für thermisches Licht hatten wir das schon in (40.17) gefunden. Dort ist außerdem $\langle n\rangle = \langle n\rangle(\tau)$, $\tau = k_B T$ durch (40.14) gegeben. Es gibt aber auch nichtthermisches chaotisches Licht, bei dem die Gaußfunktion (46.15) über den zentralen Grenzwertsatz (§64) erscheint. (Wenn nämlich viele kleine Quellen die gleiche Wahrscheinlichkeitsverteilung kohärenter Zustände haben, die isotrop in der komplexen α-Ebene sei, so dass α aus einem Torkelweg („random walk“) resultiert.)

Wir betrachten jetzt den Fall, dass ein Haufen (Verteilung P_1) kohärent verschoben wird. Bisher haben wir nur den Grundzustand verschoben,

$$\rho = \int d^2\alpha \delta(\alpha - \alpha_0)|\alpha\rangle\langle\alpha|, \quad |\alpha\rangle\langle\alpha| = D(\alpha)|0\rangle\langle 0|D^\dagger(\alpha). \tag{46.19}$$

Zur Verschiebung des Haufens ersetzt man in der unverschobenen Matrix $|0\rangle\langle 0|$ durch $\int d^2\alpha_1 P_1(\alpha_1)|\alpha_1\rangle\langle\alpha_1|$ und beachtet

$$\begin{aligned} D(\alpha)|\alpha_1\rangle\langle\alpha_1|D^\dagger(\alpha) &= D(\alpha)D(\alpha_1)|0\rangle\langle 0|D^\dagger(\alpha_1)D^\dagger(\alpha) \\ &= D(\alpha+\alpha_1)|0\rangle\langle 0|D^\dagger(\alpha+\alpha_1) \end{aligned} \tag{46.20}$$

gemäß (45.25), wobei die Phasen sich rauskürzen. Man hat also

$$\begin{aligned} \rho &= \int d^2\alpha d^2\alpha_1 \delta(\alpha-\alpha_0)|\alpha+\alpha_1\rangle\langle\alpha+\alpha_1|P_1(\alpha_1) \\ &= \int d^2\alpha_1 |\alpha_0+\alpha_1\rangle\langle\alpha_0+\alpha_1|P_1(\alpha_1). \end{aligned} \tag{46.21}$$

Schließlich taufen wir $\alpha_0 + \alpha_1 = \alpha$ und schieben die Integrationsvariable von α_1 auf das neue α:

$$\rho = \int d^2\alpha |\alpha\rangle\langle\alpha|P_1(\alpha - \alpha_0). \tag{46.22}$$

Für chaotisches Licht wäre z.B. in (46.13)

$$P(\alpha) = P_{ch}(\alpha - \alpha_0) = (\pi\langle n\rangle)^{-1} e^{-|\alpha-\alpha_0|^2/\langle n\rangle}, \tag{46.23}$$

also eine verschobene Gaußkurve. Wird der Haufen mit einem Lichtpuls verschoben, der statt festem α_0 eine eigene Dichtematrix $\rho_2 = \int d^2\alpha_2|\alpha_2\rangle\langle\alpha_2|P_2(\alpha_2)$ hat, dann muss man in (46.22) $P_1(\alpha - \alpha_0)$ als $\int d^2\alpha_1 P_1(\alpha_1)\delta(\alpha - \alpha_0 - \alpha_1)$ umformen, das feste α_0 durch eine neue Variable α_2 ersetzen und schließlich mit der Gewichtsfunktion P_2 über α_2 integrieren:

$$P(\alpha) = \int d^2\alpha_1 d^2\alpha_2 \delta(\alpha - \alpha_1 - \alpha_2)P_1(\alpha_1)P_2(\alpha_2). \tag{46.24}$$

Abschließend ein Wort zur Normierung von ρ. Früher hatten wir $\operatorname{Tr}\rho = 1$. Für (46.12) wird daraus zunächst

$$\pi^{-3}\int d^2\alpha d^2\beta d^2\gamma \langle\gamma|\alpha\rangle\langle\alpha|\rho|\beta\rangle\langle\beta|\gamma\rangle = 1, \tag{46.25}$$

allerdings kann man mit (45.20) gleich $\int d^2\gamma|\gamma\rangle\langle\gamma| = \pi$ setzen und erhält $\pi^{-2}\int d^2\alpha d^2\beta\langle\alpha|\rho|\beta\rangle\langle\beta|\alpha\rangle = 1$. Danach kann man auch über β integrieren. Das führt zu

$$\int \langle\alpha|\rho|\alpha\rangle d^2\alpha = \pi. \tag{46.26}$$

Jetzt zur Herleitung von (46.13): $A = A(a^\dagger, a)$ sei ein beliebiges Polynom in a und $a^\dagger$, das sich mittels $[a, a^\dagger] = 1$ nach normalgeordneten Produkten zerlegen lässt. Das neue Polynom sei $A^{(n)}$.
Beispiel: $H = \frac{1}{2}\hbar\omega(a^\dagger a + aa^\dagger)$, $H^{(n)} = \hbar\omega(a^\dagger a + \frac{1}{2})$. Die Matrixelemente von $A^{(n)}$ zwischen kohärenten Zuständen sind $\langle\beta|A^{(n)}|\alpha\rangle = A(\beta^*, \alpha)$, wegen $a^m|\alpha\rangle = \alpha^m|\alpha\rangle$ usw. Der Haufenerwartungswert $\langle A\rangle_H$ ist laut Definition eine klassische Mittelung der quantenmechanischen Erwartungswerte $\langle A\rangle^{(\nu)} = \langle\nu|A|\nu\rangle$, siehe (33.3). (Die nichtdiagonale Matrixform von $\rho^{(\nu)}$ entsteht durch querliegende $\chi^{(\nu)}$ nach (33.2).) Ist nun $|\nu\rangle$ ein kohärenter Zustand $|\gamma\rangle$, dann gilt

$$\langle\gamma|A^{(n)}|\gamma\rangle = A(\gamma^*, \gamma) \equiv A(\gamma). \tag{46.27}$$

Für die anschließende klassische Mittelung formen wir $A(\gamma)$ folgendermaßen um:

$$A(\gamma) = \pi^{-2}\int d^2\alpha d^2\beta A(\alpha) \mathrm{e}^{(\gamma^*-\alpha^*)\beta}\mathrm{e}^{(\alpha-\gamma)\beta^*}. \tag{46.28}$$

Die Umformung folgt einerseits aus der Identität $A(\gamma) = \int d^2\alpha A(\alpha)\delta(\alpha - \gamma)$ und andererseits aus folgender Darstellung der zweidimensionalen δ-Funktion:

$$\delta(\alpha-\gamma) = \pi^{-2}\int d^2\beta \mathrm{e}^{(\gamma^*-\alpha^*)\beta}\mathrm{e}^{(\alpha-\gamma)\beta^*}. \tag{46.29}$$

Diese wiederum ist die Erweiterung von (3.7) auf zwei Dimensionen, man muss nur α und γ in Real- und Imaginärteil aufteilen und d^2x in (3.7) mit $4d\Re\beta d\Im\beta$ identifizieren. Aus (46.28) erhält man jetzt rückwärts $A^{(n)}$, jedenfalls für die in (46.27) gebrauchten Diagonalelemente, durch die Substitutionen $\gamma \to a, \gamma^* \to a^\dagger$:

$$A^{(n)} = \pi^{-2}\int d^2\alpha d^2\beta A(\alpha) \mathrm{e}^{(a^\dagger-\alpha^*)\beta}\mathrm{e}^{(\alpha-a)\beta^*}. \tag{46.30}$$

Der Operatorteil in (46.30) ist $\mathrm{e}^{a^\dagger\beta}\mathrm{e}^{-a\beta^*} =: D(\beta):$, also gerade der normalgeordnete Schieber $D(\beta)$ (45.5). Damit ist jedes $A^{(n)}$ auf einen Standardoperator reduziert! Dessen Haufenmittel heißt *normalgeordnete charakteristische Funktion*,

$$\chi^{(n)}(\beta) = \langle : D(\beta) : \rangle_H = \mathrm{Tr}(\rho \mathrm{e}^{\beta a^\dagger}\mathrm{e}^{-\beta^* a}). \tag{46.31}$$

Sie liefert den Haufenerwartungswert eines Operators A folgendermaßen:

$$\langle A^{(n)}\rangle_H = \int d^2\alpha A(\alpha)P(\alpha), \quad P(\alpha) = \pi^{-2}\int d^2\beta\chi^{(n)}(\beta)\mathrm{e}^{\alpha\beta^*-\alpha^*\beta}. \tag{46.32}$$

Man kann A auch nach antinormalgeordneten Operatoren $A^{(a)}$ zerlegen, bei denen in jedem Produkt die Heber rechts stehen, und die Senker links. Dann erhält man statt (46.32) die Darstellung mit einer Funktion $Q(\alpha)$, in der $\chi^{(n)}$ durch ein antinormalgeordnetes $\chi^{(a)}$ ersetzt ist:

$$\chi^{(a)}(\beta) = \mathrm{Tr}(\rho\mathrm{e}^{-\beta^* a}\mathrm{e}^{\beta a^\dagger}). \tag{46.33}$$

Oder man kann a und $a^\dagger$ symmetrisch in A anordnen und erhält dann die Wignerdarstellung, mit $\chi = \mathrm{Tr}(\rho D(\beta))$. Man kann sogar einen Schieber mit einem zusätzlichen Parameter s definieren (siehe z.B. Vogel und Welsch 1994)

$$D(\alpha, s) = \mathrm{e}^{-s\alpha\alpha^*/2}D(\alpha) = \mathrm{e}^{-s\alpha\alpha^*/2}\mathrm{e}^{\alpha a^\dagger-\alpha^* a}, \tag{46.34}$$

dann gibt $s = 1$ die P-Darstellung, $s = -1$ die Q-Darstellung, und $s = 0$ die Wignerdarstellung. Die P-Darstellung ist aber besonders wichtig, weil normalgeordnete Operatoren in den Korrelationsfunktionen (46.10) erscheinen.

§47. Nichtlineare Suszeptibilität

Wo wir Atome im Laserlicht studieren.

In starken Feldern ergeben sich nichtlineare Effekte wie z.B. die Frequenzverdoppelung eines Lichtstrahls. Zu ihrer Beschreibung verwendet man die zeitabhängige Störungstheorie, und zwar zur Ordnung N bei der Beteiligung von N Fotonen (etwaige elektrostatische Felder zählen dabei wie Fotonen der Frequenz null). Starke Wechselfelder nennen die Nachrichtentechniker Pumpen; bei ihnen sind Quanteneffekte vernachlässigbar. Die erzeugten oder modulierten schwachen Felder sind entweder Signale oder Idler. Ihre Quanteneigenschaften sind das eigentliche Thema der Quantenoptik. Im Augenblick brauchen wir nur die nichtlineare Optik. Ein Lehrbuch dazu ist „Nonlinear Optics“ von Boyd (1992).

Man benutzt durchgehend die Dipolnäherung (38.16) und hat dann laut (38.18)

$$H_{st} = e\boldsymbol{E}(t)\boldsymbol{r} = -\boldsymbol{\mu}\boldsymbol{E}(t), \quad \boldsymbol{\mu} = -e\boldsymbol{r} = -e\sum_j \boldsymbol{r}_j. \tag{47.1}$$

$\boldsymbol{\mu}$ ist der elektrische Dipoloperator des Atoms, siehe (38.9). Für $\boldsymbol{E}$ wird die notwendige Zahl von Fourierkomponenten als eine kompakte Summe angesetzt,

$$\boldsymbol{E}(t) = \sum_p \boldsymbol{E}(\omega_p)\mathrm{e}^{-i\omega_p t}, \quad \boldsymbol{E}(-\omega) = \boldsymbol{E}^\dagger(\omega). \tag{47.2}$$

Letztere Beziehung folgt aus $\boldsymbol{E}(t) = \boldsymbol{E}^\dagger(t)$ und ersetzt die bisherige Aufteilung (37.7) von H_{st} in positive und negative Frequenzen. Zusätzlich kann $\sum_p$ mehrere Lasermoden umfassen. Für große Fotonenzahlen ist $\boldsymbol{E}^\dagger(\omega) \approx \boldsymbol{E}^*(\omega)$.

Beim adiabatischen Einschalten laut §42 verwenden wir wieder komplexe ω_n, unterdrücken aber die Tilde. Der Grundzustand heißt jetzt g, die atomaren Matrixelemente von $\boldsymbol{\mu}$ werden indiziert:

$$\omega_{ng} = \omega_n - \omega_g - i\Gamma_n/2, \quad \langle n|\boldsymbol{\mu}|g\rangle = \boldsymbol{\mu}_{ng}. \tag{47.3}$$

Damit lautet die Rekursionsformel (37.6)

$$c_f^{(N)}(t) = -\frac{i}{\hbar}\sum_n \int_{t_0}^t dt' c_n^{(N-1)}(t') \sum_p \boldsymbol{E}(\omega_p)\boldsymbol{\mu}_{fn}\mathrm{e}^{i(\omega_{fn}-\omega_p)t'}. \tag{47.4}$$

Unser altes $c_f^{(N+)}$ repräsentiert den Beitrag von negativen ω_p. Im Folgenden setzen wir stets $t_0 = -\infty$ und haben damit keinen Beitrag von der unteren Integrationsgrenze, auch wenn die letzte Zeitintegration laut §42 $t_0 = -t$ erfordert. Die 1. Ordnung in $\boldsymbol{E}$ gibt

$$c_m^1(t) = \hbar^{-1}\sum_p \mathrm{e}^{i(\omega_{mg}-\omega_p)t}\boldsymbol{\mu}_{mg}\boldsymbol{E}(\omega_p)/(\omega_{mg} - \omega_p). \tag{47.5}$$

Zur 2. Ordnung findet man (vergl. 42.6)

$$\hbar^2 c_n^{(2)} = \sum_{pq}\sum_m \frac{\boldsymbol{\mu}_{nm}\boldsymbol{E}(\omega_q)\boldsymbol{\mu}_{mg}\boldsymbol{E}(\omega_p)}{(\omega_{ng} - \omega_p - \omega_q)(\omega_{mg} - \omega_p)}\mathrm{e}^{i(\omega_{ng}-\omega_p-\omega_q)t}. \tag{47.6}$$

In der 3. Ordnung ist analog

$$\hbar^3 c_\nu^{(3)} = \sum_{pqr}\sum_{mn} \frac{\boldsymbol{\mu}_{\nu n}\boldsymbol{E}(\omega_r)\boldsymbol{\mu}_{nm}\boldsymbol{E}(\omega_q)\boldsymbol{\mu}_{mg}\boldsymbol{E}(\omega_p)}{(\omega_{\nu g}-\omega_p-\omega_q-\omega_r)(\omega_{ng}-\omega_p-\omega_q)(\omega_{mg}-\omega_p)} \times \mathrm{e}^{i(\omega_{\nu g}-\omega_p-\omega_q-\omega_r)t} . \tag{47.7}$$

Sofern man dies nicht für noch höhere Ordnungen braucht, ist in aller Regel wieder $\nu = g$.

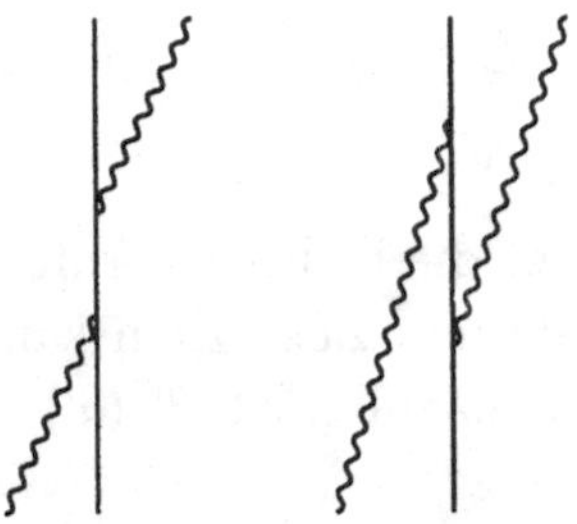

Bild 47-1: Feynmangrafen in Dipoleichung

Auch die Feynmangrafen von §42 werden jetzt anders gezeichnet. Der Möwengraf entfällt wegen der Dipoleichung. Da jede Impulsänderung vom Kern aufgefangen wird, zeichnet man das Elektron als gerade Linie, meist von unten nach oben. Das einfallende Licht kommt von linksunten (Bild 47-1).

Instruktiver ist es, die beteiligten Frequenzen ω_p und ω_q in ein Atomlevelschema einzutragen, mit Pfeilen nach oben für Absorption (Bild 47-2), wo sie an einem „virtuellen Level" enden, das keinen Eigenzustand des Atoms darstellt. Dieses wird gestrichelt angedeutet, ein echtes Level $|m\rangle$ als durchgezogene Linie. Zwar wird über alle $|m\rangle$ in (47.6) summiert, aber bei der in Bild 47-2 gewählten Frequenz ist für den *Resonanzgrafen* nur $m = 2$ wichtig, weil der entsprechende Nenner in (47.6) sehr klein ist. Beim Angstgrafen dagegen sind alle Energienenner groß. Wenn der erste Graf resonant ist, heißt der Angstgraf *antiresonant.* Bei Graf (c) liegt ω_f nur unwesentlich über ω_g, der Graf heißt auch (*Zweifoton-*) *Ramanresonanzstreuung* (und zwar nicht nur bei Molekülen, sondern häufig auch bei atomaren Fein-, Hyperfein- oder Zeemananregungen).

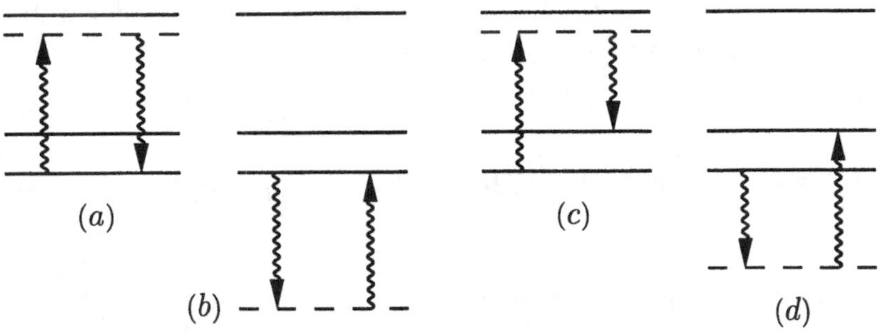

Bild 47-2: (a) Resonante, (b) antiresonante, (c) und (d) inelastische Streuung. (a) und (c) entsprechen Schüttel-, (b) und (d) Angstgrafen

Bei Lichtumwandlungen über makroskopische Distanzen im Medium ist der atomare Endzustand wieder der Grundzustand, $f = g$. Hier definiert man den Erwartungswert des atomaren Dipoloperators,

$$\boldsymbol{p} = \langle \psi_g | \boldsymbol{\mu} | \psi_g \rangle = \boldsymbol{p}^0 + \boldsymbol{p}^1 + \boldsymbol{p}^{(2)} + \boldsymbol{p}^{(3)} ..., \tag{47.8}$$

und setzt für ψ_g die Störungsreihe ein, $\psi_g = \sum_N \psi_g^{(N)} = \psi^0 + \psi^1 + \psi^{(2)}$ gemäß (37.5). Der Index $_g$ wird also unterdrückt. Weil $\boldsymbol{\mu}$ die Parität ändert, haben alle freien Atome $\boldsymbol{p}^0 = \langle \psi^0 | \boldsymbol{\mu} | \psi^0 \rangle = 0$. Die nächsten beiden Ordnungen des Dipolmoments sind

$$\boldsymbol{p}^1 = \langle \psi^0 | \boldsymbol{\mu} | \psi^1 \rangle + \langle \psi^1 | \boldsymbol{\mu} | \psi^0 \rangle, \tag{47.9}$$

$$\boldsymbol{p}^{(2)} = \langle \psi^0 | \boldsymbol{\mu} | \psi^{(2)} \rangle + \langle \psi^{(2)} | \boldsymbol{\mu} | \psi^0 \rangle + \langle \psi^1 | \boldsymbol{\mu} | \psi^1 \rangle \tag{47.10}$$

$|\psi^1\rangle$ wird mit c^1 (47.5) gebildet, entsprechend $\langle \psi^1 |$ mit c^{1*}:

$$\hbar \boldsymbol{p}^1 = \sum_{pm} \left(\boldsymbol{\mu}_{gm} \frac{\boldsymbol{\mu}_{mg} \boldsymbol{E}(\omega_p)}{\omega_{mg} - \omega_p} \mathrm{e}^{-i\omega_p t} + \boldsymbol{\mu}_{mg} \frac{(\boldsymbol{\mu}_{mg} \boldsymbol{E}(\omega_p))^*}{\omega_{mg}^* - \omega_p} \mathrm{e}^{i\omega_p t} \right). \tag{47.11}$$

Das zweite Glied umfasst ebenfalls eine Summe über ω_p mit beiderlei Vorzeichen. Mit $\boldsymbol{E}(\omega_p^* = \boldsymbol{E}(-\omega_p)$ kann man nun in dieser Summe ω_p durch $-\omega_p$ ersetzen:

$$\hbar \boldsymbol{p}^1 = \sum_{pm} \left(\boldsymbol{\mu}_{gm} \frac{\boldsymbol{\mu}_{mg} \boldsymbol{E}(\omega_p)}{\omega_{mg} - \omega_p} + \boldsymbol{\mu}_{mg} \frac{\boldsymbol{\mu}_{gm} \boldsymbol{E}(\omega_p)}{\omega_{mg}^* + \omega_p} \right) \mathrm{e}^{-i\omega_p t}. \tag{47.12}$$

In (47.12) wurde im hinteren Summanden ω_p durch $-\omega_p$ ersetzt und (47.2) benutzt, was wegen der Summation über alle ω_p erlaubt ist. Analog folgt mit c^1 (47.5) und $c^{(2)}$ (47.6), mit der Abkürzung $\boldsymbol{E}_p = \boldsymbol{E}(\omega_p)$,

$$\hbar^2 \boldsymbol{p}^{(2)} = \sum_{pqmn} \left(\frac{\boldsymbol{\mu}_{gn} (\boldsymbol{\mu}_{nm} \boldsymbol{E}_q)(\boldsymbol{\mu}_{mg} \boldsymbol{E}_p)}{(\omega_{ng} - \omega_p - \omega_q)(\omega_{mg} - \omega_p)} + \frac{(\boldsymbol{\mu}_{gn} \boldsymbol{E}_q) \boldsymbol{\mu}_{nm} (\boldsymbol{\mu}_{mg} \boldsymbol{E}_p)}{(\omega_{ng}^* + \omega_q)(\omega_{mg} - \omega_p)} \right.$$
$$\left. + \frac{(\boldsymbol{\mu}_{gn} \boldsymbol{E}_q)(\boldsymbol{\mu}_{nm} \boldsymbol{E}_p) \boldsymbol{\mu}_{mg}}{(\omega_{ng}^* + \omega_q)(\omega_{mg}^* + \omega_p + \omega_q)} \right) \mathrm{e}^{-i(\omega_p + \omega_q)t} \tag{47.13}$$

Leider verschwindet dieser Ausdruck für freie Atome wegen Paritätserhaltung, weil er dreimal den Dipoloperator $\boldsymbol{\mu} = -e\boldsymbol{r}$ enthält.
Man pflegt aus $\boldsymbol{p}^{(N)}$ noch die N Faktoren $\boldsymbol{E}$ herauszuziehen, wodurch man sich allerdings N freie Indizes einhandelt. Den resultierenden Tensor nennt

man nichtlineare Suszeptibilität, in Anlehnung an die Elektrodynamik in Materie. In einem Gas der Atomdichte N_a ist die makroskopische Polarisation $\boldsymbol{P} = N_a\boldsymbol{p}$. Die entsprechenden Maxwellgleichungen werden in §48 diskutiert. Hier brauchen wir nur die Suszeptibilität $\widehat{\chi}$ eines einzelnen Atoms mit nicht entartetem Grundzustand:

$$p_i = \Sigma_j \widehat{\chi}^1_{ij} E_j + \Sigma_{jk} \widehat{\chi}^{(2)}_{ijk} E_j(\omega_p) E_k(\omega_q) + \Sigma_{jkl} \widehat{\chi}^{(3)}_{ijkl} E_j(\omega_p) E_k(\omega_q) E_l(\omega_r)... \tag{47.14}$$

Dabei ist $\widehat{\chi}^1 = \widehat{\chi}$ die lineare Suszeptibilität, $\widehat{\chi}^{(2)}$ die quadratische usw. Der Vergleich mit (47.12) liefert

$$\hbar\widehat{\chi}^1_{ij} = \sum_m \left(\frac{\mu^i_{gm}\mu^j_{mg}}{\omega_{mg} - \omega_p} + \frac{\mu^j_{gm}\mu^i_{mg}}{\omega^*_{mg} + \omega_p} \right). \tag{47.15}$$

Dabei steht $i = 1, 2, 3$ wie üblich für x, y, z. Für freie Atome ist $\chi_{ij} = \delta_{ij}\chi$, so dass $\boldsymbol{P} = \chi\boldsymbol{E}$ gilt. Hat z.B. $|g\rangle$ nur ein einziges Leuchtelektron mit der Kugelfunktion Y_{lm_g} und der Zwischenzustand $|m\rangle$ eine Kugelfunktion Y_{lm_m}, dann trägt $\mu^3_{gm} = -ez_{gm}$ nur zu $m_m = m_g$ bei, und die andern beiden Komponenten x_{gm} und y_{gm} verschwinden für $m_m = m_g$. Damit verschwinden also Produkte der Art $z_{gm}x_{mg}$.
In der Elektrostatik ist $\partial_t\boldsymbol{E} = 0$ und damit (47.14) allzeit gültig. In der linearen Näherung gilt $\boldsymbol{P}(t) = \chi\boldsymbol{E}(t)$ nur, solange E nur eine einzige Frequenz ω_p enthält, vergl. (47.12). Sonst gilt (47.14) für eine Fourierkomponente $\boldsymbol{P}_\omega \sim \mathrm{e}^{-i\omega t}\boldsymbol{P}_\omega(0)$, also

$$\boldsymbol{P}(t) = \sum_\omega \boldsymbol{P}_\omega(0)\mathrm{e}^{-i\omega t}. \tag{47.16}$$

Hat z.B. $\boldsymbol{E}$ nur eine einzige Frequenz ω_p, dann ist $\omega_q = \pm\omega_p$ in (47.14), und $\widehat{\chi}^{(2)}$ liefert einen Beitrag zu $\omega = 2\omega_p$, also zur Frequenzverdopplung. Bei zwei verschiedenen Frequenzen erzeugt $\chi^{(2)}$ die Summen- und Differenzfrequenzen in $\boldsymbol{P}(t)$, $\omega = \omega_p \pm \omega_q$. $\boldsymbol{E}$ ist hier die Summe zweier hermitischer Operatoren. Für die Summenerzeugung gilt

$$\hbar^2\widehat{\chi}^{(2)}_{ijk} = \tfrac{1}{2}S^{jk}_{pq} \sum_{\{pq\}} \sum_{mn} \left(\frac{\mu^i_{gn}\mu^j_{nm}\mu^k_{mg}}{(\omega_{ng} - \omega_q - \omega_p)(\omega_{mg} - \omega_p)} + \frac{\mu^j_{gn}\mu^i_{nm}\mu^k_{mg}}{(\omega^*_{ng} + \omega_q)(\omega_{mg} - \omega_p)} + \frac{\mu^j_{gn}\mu^k_{nm}\mu^i_{mg}}{(\omega^*_{ng} + \omega_p)(\omega^*_{mg} + \omega_p + \omega_q)} \right). \tag{47.17}$$

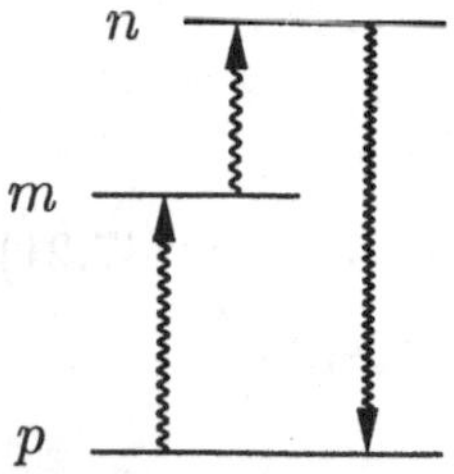

Bild 47-3: Doppelresonante Übergänge

Dabei nimmt der Symmetrisierer S_{pq}^{jk} die Summe aus dem angeschriebenen Ausdruck und dem, bei dem p mit q vertauscht ist und außerdem j mit k, bei konstantem $\omega_p + \omega_q$. In (47.17) stehen also eigentlich 6 Glieder, während (47.14) wegen der Doppelsumme über p und q 12 Glieder hat. Sind aber ω_p und ω_q mit zwei atomaren Übergängen resonant, dann dominiert der 1. Summand in (47.17), mit $\omega_p \approx \omega_{mg}$ und $\omega_q \approx \omega_{mn}$ (Bild 47-3).

Abseits aller Resonanzen darf man $\Gamma_n = \Gamma_m = 0$ setzen. Dann wird $\widehat{\chi}^{(2)}$ völlig symmetrisch in ω_p, ω_q und $-\omega_\sigma$, mit $\omega_\sigma = \omega_p + \omega_q$:

$$\hbar^2 \widehat{\chi}_{ijk}^{(2)}(\omega_\sigma, \omega_q, \omega_p) = \tfrac{1}{2} S_{pq-\sigma}^{ijk} \sum_{\{pq\}} \sum_{mn} \frac{\mu_{gn}^i \mu_{nm}^j \mu_{mg}^k}{(\omega_{ng} - \omega_\sigma)(\omega_{mg} - \omega_p)}. \quad (47.18)$$

Hier umfasst der Symmetrisierer S jetzt alle 6 Permutationen der Indexpaare $(i, -\sigma), (j, p), (k, q)$.

Weil freie Atome $\widehat{\chi}^{(2)} = 0$ haben, ist $\widehat{\chi}^{(3)}$ in (47.14) besonders wichtig. $\widehat{\chi}^{(3)}(\omega_\sigma, \omega_r, \omega_q, \omega_p)$ beschreibt die Verkopplung von 4 Wellen, mit $\omega_\sigma = \omega_r + \omega_q + \omega_p$. Es folgt aus der Formel für $\boldsymbol{p}^{(3)}$, die analog zu (47.10) gebildet wird:

$$\boldsymbol{p}^{(3)} = \langle \psi^0 | \boldsymbol{\mu} | \psi^{(3)} \rangle + \langle \psi^1 | \boldsymbol{\mu} | \psi^{(2)} \rangle + h.c., \quad (47.19)$$

$$\begin{aligned} &\hbar^3 \widehat{\chi}^{(3)}(\omega_\sigma, \omega_r, \omega_q, \omega_p) \\ &= \frac{1}{6} S_{pqr}^{jih} \sum_{\{pqr\}} \sum_{mn\nu} \Bigg(\frac{\mu_{g\nu}^k \mu_{\nu n}^j \mu_{nm}^i \mu_{mg}^h}{(\omega_{\nu g} - \omega_\sigma)(\omega_{ng} - \omega_q - \omega_p)(\omega_{mg} - \omega_p)} \\ &\quad + \frac{\mu_{g\nu}^j \mu_{\nu n}^k \mu_{nm}^i \mu_{mg}^h}{(\omega_{\nu g}^* + \omega_r)(\omega_{ng} - \omega_q - \omega_p)(\omega_{mg} - \omega_p)} \\ &\quad + \frac{\mu_{g\nu}^j \mu_{\nu n}^i \mu_{nm}^k \mu_{mg}^h}{(\omega_{\nu g}^* + \omega_r)(\omega_{ng}^* + \omega_r + \omega_q)(\omega_{mg} - \omega_p)} \\ &\quad + \frac{\mu_{g\nu}^j \mu_{\nu n}^i \mu_{nm}^h \mu_{mg}^k}{(\omega_{\nu g}^* + \omega_r)(\omega_{ng}^* + \omega_r + \omega_q)(\omega_{mg}^* + \omega_\sigma)} \Bigg), \end{aligned} \quad (47.20)$$

bei konstantem ω_σ.

Wenn ω_ν, ω_m und ω_n alle reell genommen werden dürfen, vereinfacht sich dies zu

$$\widehat{\chi}^{(3)}(\omega_\sigma,\omega_r,\omega_q,\omega_p) = S^{jih}_{pqr}\sum_{\{pqr\}}\sum_{mn\nu}\frac{\mu^k_{g\nu}\mu^j_{\nu n}\mu^i_{nm}\mu^h_{mg}/6\hbar^3}{(\omega_{\nu g}-\omega_\sigma)(\omega_{ng}-\omega_q-\omega_p)(\omega_{mg}-\omega_p)} \,. \tag{47.21}$$

$\chi(3\omega,\omega,\omega,\omega)$ bringt Frequenzverdreifachung, $\chi(2\omega,0,\omega,\omega)$ bringt Frequenzverdopplung im elektrostatischen Feld, $\chi(\omega_s,\omega_p,-\omega_p,\omega_s)$ den opt. Kerreffekt (durch $E(\omega_p)$ induzierte Doppelbrechung), $\chi(\omega,\omega,-\omega,\omega)$ einen intensitätsabhängigen Brechungsindex usw. Besonders einfach ist die resonante Frequenzverdreifachung bei Alkaliatomen. Hier sitzt das Leuchtelektron in einem s-Zustand. Wegen Parität ist die erste Anregung in einen p-Zustand, die zweite in einen s- oder d-Zustand. Die letzte Anregung muss in einen p-Zustand sein, damit E1 in den Grundzustand möglich ist (Bild 47-4).

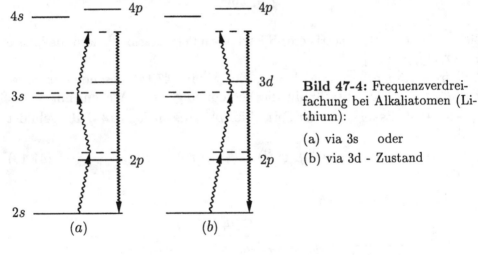

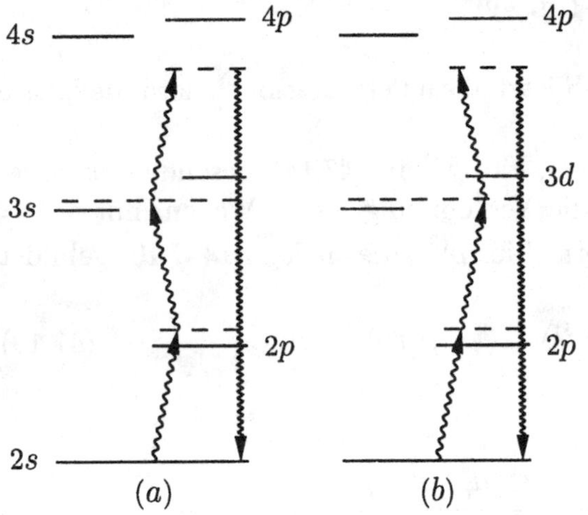

Bild 47-4: Frequenzverdreifachung bei Alkaliatomen (Lithium):

(a) via 3s oder

(b) via 3d - Zustand

☞ *Aufgabe:* Leite aus dem expliziten Ausdruck für die nichtlineare Polarisation (47.13) die nichtlineare Suszeptibilität (47.17) durch geeignete Definition des Symmetrisierers S^{jk}_{pq} her!

§48. Nichtlineare Optik

Wo wir kooperative Effekte von Atomen im Laserlicht studieren und einen Phasenspiegel konstruieren.

Mit den homogenen Maxwellgleichungen (0.3) gilt auch (1.1) weiterhin, $\boldsymbol{B} = \nabla \times \boldsymbol{A}$, $\boldsymbol{E} = -\partial_t \boldsymbol{A}/c - \nabla A^0$. In der linearen Näherung (36.5) $\boldsymbol{D} = \epsilon \boldsymbol{E}$ führt $\nabla \boldsymbol{D} = 4\pi \widetilde{\rho}_{\text{el}}$ auf

$$\nabla(\epsilon \nabla A^0) + \nabla \epsilon \partial_t \boldsymbol{A} = -4\pi \widetilde{\rho}_{\text{el}}, \tag{48.1}$$

wobei das 2. Glied in der Eichung $\nabla(\epsilon \boldsymbol{A}) = 0$ wegfällt. Aus (36.4) wird

$$\nabla \times \nabla \times \boldsymbol{A} + \epsilon \partial_t^2 \boldsymbol{A}/c^2 = 4\pi(\boldsymbol{j}_{\text{el}}/c - \epsilon \nabla \dot{A}^0) \equiv 4\pi \boldsymbol{j}_{\text{el}}^{(T)}/c. \tag{48.2}$$

Sobald die Störungsreihe (47.8) für $\boldsymbol{p}$ über $\boldsymbol{p}^1$ hinausgeht, sind die Maxwellgln. nichtlinear. Wir nehmen von der homogenen Gleichung $\nabla \times \boldsymbol{E} = -\partial_t \boldsymbol{B}/c$ die Rotation und setzen gleich (36.4) ein, mit $\boldsymbol{j} = 0$:

$$\nabla \times \nabla \times \boldsymbol{E} + \partial_t^2 \boldsymbol{D}/c^2 = 0. \tag{48.3}$$

Analog zu (1.7) lässt sich $\nabla \times \nabla \times \boldsymbol{E}$ durch $-\nabla^2 \boldsymbol{E}$ nähern, selbst wenn $\nabla \boldsymbol{E}$ nicht mehr exakt verschwindet. Bei Gasen ist ja wie nach (47.15) erklärt $\boldsymbol{p}^1 = \widehat{\chi} \boldsymbol{E}$ und damit $\boldsymbol{P} = N_a \widehat{\chi} \boldsymbol{E} + \boldsymbol{P}^{NL}$, wobei $\boldsymbol{P}^{NL}$ der Beitrag von $\boldsymbol{p}^{(2)}$ usw. ist:

$$\boldsymbol{D} = \epsilon \boldsymbol{E} + 4\pi \boldsymbol{P}^{NL}, \quad \epsilon = 1 + \chi = 1 + N_a \widehat{\chi}(\omega). \tag{48.4}$$

Damit wird aus (48.3)

$$(-\nabla^2 + \epsilon(\omega)\partial_t^2/c^2)\boldsymbol{E} = -4\pi \partial_t^2 \boldsymbol{P}^{NL}/c^2. \tag{48.5}$$

Mögen z.B. zwei Laserstrahlen der Frequenzen ω_1 und ω_2 und Wellenzahlvektoren $\boldsymbol{k}_1$ und $\boldsymbol{k}_2$ ein $\boldsymbol{E}$-Feld der Frequenz ω_3 erzeugen (vergessen wir mal, dass das bei freien Atomen nicht geht). Damit $\chi(\omega_3, \omega_1, \omega_2)$ ohne Vektorindizes auskommt, seien beide Strahlen in x-Richtung polarisiert:

$$P^{NL} = \chi(\omega_3, \omega_1, \omega_2) E_1 E_2 \mathrm{e}^{-i(\omega_1+\omega_2)t} \mathrm{e}^{i(\boldsymbol{k}_1+\boldsymbol{k}_2)\boldsymbol{r}}. \tag{48.6}$$

Offenbar muss dann links in (48.5) $\omega = \omega_3 = \omega_1 + \omega_2$ sein, damit die Gleichung für alle t gilt. Auf beiden Seiten ist dann $\partial_t^2 = -\omega_3^2$, das gibt eine gekoppelte Helmholtzgl. für das zu berechnende $E = E_3(\boldsymbol{r})$ (entsprechend steht in der Gleichung für E_2 rechts E_1^* und E_3, in der für E_1 rechts E_2^* und E_3 siehe (48.11)).

Da jetzt nicht das Einzelatom, sondern das ganze Gas interessiert, kann man natürlich nicht mehr $e^{i\boldsymbol{k}\boldsymbol{r}} = 1$ nähern. Wir spalten von E_3 auch eine ebene Welle ab, ersetzen also $E_3(\boldsymbol{r})$ durch $E_3(\boldsymbol{r})e^{i\boldsymbol{k}_3\boldsymbol{r}}$. Die Restfunktion E_3 hängt nur noch schwach von $\boldsymbol{r}$ ab. Kommen z.B. die beiden Laserstrahlen von links in das Gas, dann ist links zunächst $E_3 = 0$. Falls E_3 nach rechts anwächst, erwarten wir eine korrelierte Schwächung von E_1 und E_2. Wir ziehen den Faktor $e^{i\boldsymbol{k}_3\boldsymbol{r}}$ vor ∇^2 und bringen ihn auf die rechte Seite:

$$[(-i\nabla + \boldsymbol{k}_3)^2 - \epsilon(\omega_3)\omega_3^2/c^2]E_3 = 4\pi\chi E_1 E_2 e^{i\Delta\boldsymbol{k}\boldsymbol{r}}\omega_3^2/c^2, \quad \Delta\boldsymbol{k} = \boldsymbol{k}_1 + \boldsymbol{k}_2 - \boldsymbol{k}_3. \tag{48.7}$$

Nun gilt ja $k_3^2 = \epsilon_3\omega_3^2/c^2$, mit $\epsilon_3 = n_3^2$ (n_3 = Brechungsindex bei ω_3), so dass die konstanten Glieder links rausfallen. Außerdem ist bei schwacher $\boldsymbol{r}$-Abhängigkeit $|-\nabla^2 E_3| \ll |2i\boldsymbol{k}_3\nabla E_3|$. Mit der z-Axe längs $\boldsymbol{k}_3$ gibt das

$$\partial_z E_3 = 4\pi\chi E_1 E_2 \frac{i\omega_3^2}{2k_3c^2} e^{i(k_{1z}+k_{2z}-k_3)z} e^{i(k_{1y}+k_{2y})y}. \tag{48.8}$$

Da wir $\boldsymbol{E}_1$ und $\boldsymbol{E}_2$ in x-Richtung genommen haben, ist $k_{1x} = k_{2x} = 0$. Wenn E_3 bei $z = 0$ verschwindet, $E_3(0) = 0$, kann es nur groß werden, wenn die Exponenten in (48.8) nicht ständig oszillieren, also

$$k_{1y} + k_{2y} = 0, \quad k_3 = k_{1z} + k_{2z}. \tag{48.9}$$

Die erste Bedingung sagt, dass ein makroskopisches E_3 längs der Winkelhalbierenden von $\boldsymbol{k}_1$ und $\boldsymbol{k}_2$ propagiert. Bei den winzigen Querschnitten starker Laserstrahlen will man die Strahlen natürlich bestens superponieren, man wird also $\boldsymbol{k}_2$ parallel zu $\boldsymbol{k}_1$ wählen. Dann haben $\boldsymbol{k}_1$, $\boldsymbol{k}_2$ und $\boldsymbol{k}_3$ alle die gleiche Richtung, und (48.9) fordert $k_3 = k_1 + k_2$. Andererseits gilt ja $k_i = n(\omega_i)\omega_i/c = \sqrt{\epsilon(\omega_i)}\omega_i/c$ ($i = 1, 2, 3$), und bei verschiedenen $n(\omega_i)$ ist $k_3 = k_1 + k_2$ unverträglich mit $\omega_3 = \omega_1 + \omega_2$. Die allgemeine Form von (48.8) bei parallelem Licht ist also

$$\partial_z E_3\epsilon_3/k_3 = 2\pi i\chi E_1 E_2 e^{i\Delta kz}, \quad \Delta k = k_1 + k_2 - k_3. \tag{48.10}$$

Die entsprechenden Gleichungen für E_1 und E_2 lauten

$$\partial_z E_1\epsilon_1/k_1 = 2\pi i\chi E_3 E_2^* e^{-iz\Delta k}, \quad \partial_z E_2\epsilon_2/k_2 = 2\pi i\chi E_3 E_1^* e^{-iz\Delta k}. \tag{48.11}$$

Warum stehen da rechts E_2^* und E_1^* statt E_2 und E_1? Da bereits in (48.6) die Fotonen 1 und 2 als absorbiert, Foton 3 als emittiert festgelegt wurden, folgt aus $\omega_3 = \omega_1 + \omega_2$ jetzt $\omega_1 = \omega_3 - \omega_2$ bzw. $\omega_2 = \omega_3 - \omega_1$. Die

Intensitäten der drei Wellen sind $I_i = n_i c|E_i|^2/2\pi$. Aus (48.11) lässt sich nun folgende Intensitätsbilanz herleiten:

$$dI_1/\omega_1 dz = dI_2/\omega_2 dz = -dI_3/\omega_3 dz. \tag{48.12}$$

Solange E_1 und E_2 konstant sind (und damit auch I_1 und I_2), wächst E_3 für $\Delta k = 0$ linear mit z laut (48.10), also I_3 quadratisch mit z. Die allgemeine Lösung von (48.10) und (48.11) führt auf elliptische Funktionen. Bequem lösen lässt sich dagegen noch der Fall, dass eins der drei I_i groß und konstant ist (eine Pumpe). So kann man ein niederfrequentes Signal mit einem Laser auf die Summenfrequenz hochpumpen („Hochkonversion"): Bei festem E_2 gilt

$$\partial_z E_1 = K_1 E_3 \mathrm{e}^{-iz\Delta k}, \quad \partial_z E_3 = K_3 E_1 \mathrm{e}^{iz\Delta k}, \tag{48.13}$$

$$K_1 = 2\pi i \omega_1^2 \chi E_2^* / k_1 c^2, \quad K_3 = 2\pi i \omega_3^2 \chi E_2 / k_3 c^2. \tag{48.14}$$

Zweimaliges Differenzieren von E_1 liefert

$$\partial_z^2 E_1 = -\kappa^2 E_1, \quad \kappa^2 = -K_1 K_3 = 4\pi^2 \omega_1^2 \omega_3^2 \chi^2 |E_2|^2 / k_1 k_3 c^4. \tag{48.15}$$

Ein allgemeiner Ansatz zur Lösung des Gleichungssystems (48.13) ist

$$E_1 = (F\mathrm{e}^{igz} + G\mathrm{e}^{-igz})\mathrm{e}^{-iz\Delta k/2}, \quad E_3 = (C\mathrm{e}^{igz} + D\mathrm{e}^{-igz})\mathrm{e}^{iz\Delta k/2}, \tag{48.16}$$

mit konstanten C, D, F, G, g. Einsetzen führt auf folgende algebraische Gln. für die Konstanten:

$$\begin{pmatrix} i(g - \frac{1}{2}\Delta k) & -K_1 \\ -k_3 & i(g + \frac{1}{2}\Delta k) \end{pmatrix} \begin{pmatrix} F \\ C \end{pmatrix} = 0 \tag{48.17}$$

Eine nichttriviale Lösung fordert eine verschwindende Determinante der Koeffizienten,

$$g = \sqrt{-K_1 K_3 + (\Delta k)^2/4} = \sqrt{\kappa^2 + (\Delta k)^2/4}. \tag{48.18}$$

Die Lösungen sind

$$E_1(z) = [E_1(0)\cos gz + (K_1 E_3(0)/g + i\Delta k E_1(0)/2g)\sin gz]\mathrm{e}^{-iz\Delta k/2}, \tag{48.19}$$

$$E_3(z) = [E_3(0)\cos gz + (-i\Delta k E_3(0)/2g + K_3 E_1(0)/g)\sin gz]\mathrm{e}^{iz\Delta k/2}. \tag{48.20}$$

Sei nun $E_3(0) = 0$, $E_1(0) =$ Signal E_s dann wächst $|E_3(z)|$ wie $E_s g^{-1} \sin gz \approx zE_s$ für kleine z.

Noch interessanter ist es, wenn die Pumpe die Summenfrequenz ω_3 hat. Dann werden nämlich sowohl die Signalwelle ($\omega_s = \omega_1$) als auch die Idlerwelle ($\omega_I = \omega_2$) verstärkt. Diese Anordnung heißt parametrische Verstärkung. Sie folgt aus (48.11) durch Konstanthalten von E_3. Beim doppelten Differenzieren braucht man das zweite Mal $\partial_z E_2^*$, und da wird halt in der zweiten Gl. (48.11) i durch $-i$ ersetzt:

$$\partial_z^2 E_1 = \kappa^2 E_1, \quad \kappa^2 = |E_3|^2 4\pi^2 \omega_1^2 \omega_2^2 / k_1 k_2 c^4. \tag{48.21}$$

Also erscheinen $\sinh gz$ und $\cosh gz$ statt $\cos gz$ und $\sin gz$. Eine Lösung mit $E_2(0) = 0$ und $\Delta k = 0$ hat

$$E_1(z) = E_1(0) \cosh \kappa z, \quad E_2(z) = i\sqrt{\frac{n_1 \omega_2}{n_2 \omega_1}} E_1^*(0) \sinh \kappa z E_3 / |E_3|. \tag{48.22}$$

Die Signalwelle wird also mit einem Faktor $\cosh \kappa z$ verstärkt. In Focks Sprache werden die Pumpfotonen durch die Signalfotonen (s) zu einem Zweifotonzerfall stimuliert, mittels des Faktors $\sqrt{n_{f1}} = \sqrt{n_s + 1}$.

4-Wellenmischung: Weil $\boldsymbol{P}^{(2)}$ in Gasen aus Paritätsgründen verschwindet und auch sonst häufig klein ist, kommt $\boldsymbol{P}^{(3)}$ besondere Bedeutung zu. Es wird durch die Suszeptibilität $\widehat{\chi}^{(3)}$ erzeugt, und zwar meist in der Näherung (47.21), die fernab der Resonanzen gilt. Bei der 4-Wellenmischung haben die 4 gekoppelten Felder auch 4 verschiedene Wellenzahlvektoren $\boldsymbol{k}_i$, $i = 1...4$, das Gesamtfeld $\boldsymbol{E}$ enthält 8 verschiedene Glieder:

$$\boldsymbol{E}(\boldsymbol{r}, t) = \sum_{i=1}^{4} \boldsymbol{E}_i \mathrm{e}^{i\phi_i} + h.k. \quad \phi_i = \boldsymbol{k}_i \boldsymbol{r} - \omega_i t. \tag{48.23}$$

Für messbare Effekte müssen mindestens zwei Felder stark sein. Wir nehmen zwei Pumpfelder $\boldsymbol{E}_1$ und $\boldsymbol{E}_2$, und zwar die beiden gegenläufigen Wellen einer stehenden Laserwelle, $\boldsymbol{k}_1 + \boldsymbol{k}_2 = 0$, $\omega_1 = \omega_2$:

$$\boldsymbol{E}_1 \approx \boldsymbol{E}_{10} \mathrm{e}^{i\boldsymbol{k}_1 \boldsymbol{r} - i\omega t}, \quad \boldsymbol{E}_2 \approx \boldsymbol{E}_{20} \mathrm{e}^{-i\boldsymbol{k}_1 \boldsymbol{r} - i\omega t}. \tag{48.24}$$

Damit ist das Produkt $E_1 E_2$, das hier für die Absorption je eines Fotons gebraucht wird, ideal phasenangepasst, $E_1 E_2 \sim \mathrm{e}^{-2i\omega t}$. Die anderen beiden Wellen, $\boldsymbol{E}_3$ und $\boldsymbol{E}_4$, heißen Signalwelle und konjugierte Welle. Sie haben $\omega_3 + \omega_4 = 2\omega$ und $\boldsymbol{k}_3 + \boldsymbol{k}_4 \approx 0$. Man legt die z-Axe längs $\boldsymbol{k}_3$ (Bild 48-1) und schreibt

$$\phi_3 = k_3 z - \omega_3 t, \quad \phi_4 = -k_4 z - \omega_4 t, \quad k_3 - k_4 = \Delta k, \tag{48.25}$$

sowie $\omega_3 = \omega - \Delta\omega/2$, $\omega_4 = \omega + \Delta\omega/2$, wobei mit kleinem Δk auch $\Delta\omega$ klein ist. Die um $\pm\Delta\omega/2$ verschobenen Frequenzen heißen auch Seitenmoden.

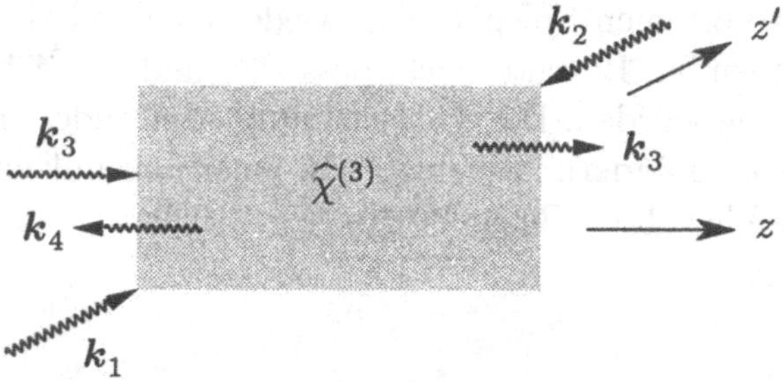

Bild 48-1: Phasenkonjugation und 4-Wellenmischung

Die gekoppelten Gleichungen sind wieder von der Art (48.5), wobei für das Feld $\boldsymbol{E}_i$ eine Polarisation $\boldsymbol{P}_i$ zuständig ist. Berücksichtigt man stets nur die höchste Potenz von E_1 und E_2, dann ist

$$P_1 = 3\chi(E_1^2 E_1^* + 2E_1 E_2 E_2^*), \quad P_2 = 3\chi(E_2^2 E_2^* + 2E_1 E_2 E_1^*), \tag{48.26}$$

$$P_3 = 6\chi(E_3(|E_1|^2 + |E_2|^2) + E_4^* E_1 E_2), \; P_4 = 6\chi(E_4(...) + E_3^* E_1 E_2). \tag{48.27}$$

Die Faktoren 3 und 6 entstehen aus den Permutationen der verschiedenen E-Faktoren (bei 3 verschiedenen Faktoren entsteht so 3!=6). Mit den Ausdrücken (48.26) für P_1 und P_2 erhalten wir Gleichungen der Art (48.11) in z'-Richtung,

$$\partial_z' E_1 \epsilon_1/k_1 = 6\pi i\chi(|E_1|^2 + 2|E_2|^2), \quad \partial_z' E_2 \epsilon_2/k_2 = 6\pi i\chi(|E_2|^2 + 2|E_1|^2). \tag{48.28}$$

Die rechten Seiten kann man auf intensitätsabhängige Brechungsindizes umschreiben, $n_1 = n^{(0)} + n^{(2)}(I_1 + 2I_2)$ und entsprechend für n_2. Da die Lösungen $E_1(z')$ und $E_2(z')$ für $n_1 \neq n_2$ eine Phasendifferenz in z' akkumulieren würden, muss $I_1 = I_2$ sein, was bei einer stehenden Welle automatisch erfüllt ist. Die Gleichungen für die beiden anderen Felder lauten

$$\partial_z E_3 = i\kappa_3 E_3 + i\kappa E_4^* \mathrm{e}^{i\Delta kz}, \quad \partial_z E_4 = -i\kappa_3 E_4 - i\kappa E_3^* \mathrm{e}^{-i\Delta kz}, \tag{48.29}$$

$$\kappa_3 = 12\pi\chi(|E_1|^2 + |E_2|^2)k_3/\epsilon_3, \quad \kappa = 12\pi\chi \boldsymbol{E}_1 \boldsymbol{E}_2 k_4/\epsilon_4. \tag{48.30}$$

Diese gekoppelten Gleichungen lassen sich exakt lösen (Meystre & Sargent 1990), aber wir setzen zur Vereinfachung $\Delta k = 0$. Den κ_3-Anteil entfernt man durch die Substitution

$$E_3 = E_3' \mathrm{e}^{i\kappa_3 z}, \; E_4 = E_4' \mathrm{e}^{-i\kappa_3 z}, \; \partial_z E_3' = i\kappa E_4', \; \partial_z E_4' = -i\kappa E_3'^*. \tag{48.31}$$

Die letzte Gleichung besagt, dass E_4 phasenkonjugiert zu E_3 ist. Fällt z.B. von links $\boldsymbol{E}_3$ in ein Medium, das bei $z = 0$ beginnt und bei $z = L$ endet, dann entsteht für $z < L$ eine nach links laufende Welle mit entgegengesetzter Phase. Entwickelt die einlaufende Wellenfront im Medium aus irgendeinem Grund eine kleine Delle, dann zeigt die rückläufige Welle dort eine kleine Beule (bei einem normalen Spiegel wärs wieder eine Delle), die bei $z = 0$ wieder verschwunden ist. Beachte auch, dass $\mathrm{e}^{i\phi_4}$ und $\mathrm{e}^{-i\phi_4}$ beide in die gleiche Richtung laufen würden. Die Phasenkonjugation ändert nur das Vorzeichen von k, ohne ω zu ändern. Sie entspricht einer Zeitumkehr.

☞ *Aufgabe:* Leite die Manley-Rowe Beziehungen (48.12) her!

§49. Dreilevelatome

Wo wir fünf weitere Paulimatrizen basteln.

Für ein System mit genau N Level ist in der Schrgl $i\hbar\partial_t\psi = H\psi$ der Hamilton eine $N \times N$-Matrix, von der man zunächst die Einheitsmatrix σ^0 abspaltet:

$$H = H_{su}\sigma^0 + \boldsymbol{h\sigma} = H_{su} + \sum_{i=1}^{N^2-1} h_i\sigma^i, \quad \mathrm{Spur}(\sigma^0) = N. \tag{49.1}$$

Die $N^2 - 1$ Matrizen σ^i sind spurlos. Man wählt sie hermitisch; dann sind die h_i entweder reelle Funktionen oder, falls noch weitere Freiheitsgrade vorhanden sind (z.B. Fotonen), hermitische Operatoren.

Für die ersten drei σ^i kann man die Paulimatrizen (21.15) nehmen, ergänzt mit $N - 2$ Zeilen und Spalten voller Nullen. Für $N = 3$ setzen wir den dritten Zustand $|3\rangle$ auf die Einheitsspinoren $|2\rangle = \chi_+$, $|1\rangle = \chi_-$ aus (21.5):

$$|3\rangle = \begin{pmatrix}1\\0\\0\end{pmatrix}, \quad |2\rangle = \begin{pmatrix}0\\1\\0\end{pmatrix} = \begin{pmatrix}0\\\chi_+\end{pmatrix}, \quad |1\rangle = \begin{pmatrix}0\\0\\1\end{pmatrix} = \begin{pmatrix}0\\\chi_-\end{pmatrix} \tag{49.2}$$

$$\sigma^1 = \begin{pmatrix}0&0&0\\0&0&1\\0&1&0\end{pmatrix}, \quad \sigma^2 = \begin{pmatrix}0&0&0\\0&0&-i\\0&i&0\end{pmatrix}, \quad \sigma^3 = \begin{pmatrix}0&0&0\\0&1&0\\0&0&-1\end{pmatrix}. \tag{49.3}$$

Für alle σ^i möge gelten

$$\mathrm{Spur}(\sigma^i) = 0, \quad \mathrm{Spur}(\sigma^i \sigma^j) = 2\delta_{ij}. \tag{49.4}$$

Wir nennen sie einfach alle Paulimatrizen, auch für $N > 2$. Ihre Konstruktion benutzt Mischprojektoren $|j\rangle\langle k| = P_{jk}$, das sind für $N = 2$ die Matrizen (21.14). Die nichtdiagonalen Projektoren werden hermitisiert,

$$P_{\{jk\}} = P_{jk} + P_{kj}, \quad P_{[jk]} = -i(P_{jk} - P_{kj}), \tag{49.5}$$

und die diagonalen werden entspurt,

$$P_2 = P_{11} - P_{22}, \quad P_3 = (P_{11} + P_{22} - 2P_{33})/\sqrt{3}, \; ... \tag{49.6}$$

Die $1/\sqrt{3}$ in P_3 folgt aus $\mathrm{Spur} P_3^2 = 2$. Offenbar ist $P_{\{12\}} = \sigma^1$, $P_{[12]} = \sigma^2$, $P_2 = \sigma^3$. Für die nächsten 5 P- Matrizen, die einen Index 3 enthalten, setzen wir zur Vereinfachung

$$P_{\{13\}} = \sigma^4, \quad P_{\{23\}} = \sigma^6, \quad P_{[13]} = \sigma^5, \quad P_{[23]} = \sigma^7, \quad P_3 = \sigma^8. \tag{49.7}$$

Damit sind die σ^i für $N = 3$ vollständig; die neuen Matrizen $\sigma^4 ... \sigma^8$ zeigt Bild 49-1.

$$\begin{pmatrix} 0 & 0 & 1 \\ 0 & 0 & 0 \\ 1 & 0 & 0 \end{pmatrix}, \begin{pmatrix} 0 & 0 & -i \\ 0 & 0 & 0 \\ i & 0 & 0 \end{pmatrix}, \begin{pmatrix} 0 & 1 & 0 \\ 1 & 0 & 0 \\ 0 & 0 & 0 \end{pmatrix}, \begin{pmatrix} 0 & -i & 0 \\ i & 0 & 0 \\ 0 & 0 & 0 \end{pmatrix}, \frac{1}{\sqrt{3}} \begin{pmatrix} -2 & 0 & 0 \\ 0 & 1 & 0 \\ 0 & 0 & 1 \end{pmatrix}.$$

Bild 49-1: Die Matrizen σ^4, σ^5, σ^6, σ^7 und σ^8

Wegen der Vollständigkeit sind die Kommutatoren der σ^i wieder Linearkombinationen von Paulimatrizen:

$$[\sigma^i, \sigma^j] = 2i \sum_k f_{ijk} \sigma^k, \tag{49.8}$$

die *Strukturkonstanten* f_{ijk} verallgemeinern die ϵ_{ijk} (21.6). Sie sind wieder antisymmetrisch in allen drei Indexpaaren. Für das Paar $[i, j]$ folgt das aus der Definition des Kommutators. Für $[i, k]$ ergibt Multiplikation von (49.8) mit σ^k und Spurbildung (mit $\mathrm{Spur}(\sigma^k)^2 = 2$)

$$4i f_{ijk} = \mathrm{Spur}(\sigma^k[\sigma^i, \sigma^j]) = \mathrm{Spur}(\sigma^j[\sigma^k, \sigma^i]) = -\mathrm{Spur}(\sigma^j[\sigma^i, \sigma^k]), \tag{49.9}$$

denn man darf ja in der Spur zyklisch vertauschen. Die nichtverschwindenden Komponenten von f_{ijk} sind in Bild 49-2 gesammelt.

Bild 49-2: Die nichtverschwindenden Komponenten von $f_{ijk} = -f_{jik} = f_{jki} = -f_{kji} = f_{kij} = -f_{ikj}$ für $N = 3$.

ijk	123	147	156	246	257	345	367	458	678
f_{ijk}	1	$\frac{1}{2}$	$-\frac{1}{2}$	$\frac{1}{2}$	$\frac{1}{2}$	$\frac{1}{2}$	$-\frac{1}{2}$	$-\frac{1}{2}\sqrt{3}$	$-\frac{1}{2}\sqrt{3}$

Was ist damit gewonnen? Für $N = 2$ benutzten wir die Paulimatrizen für ganz verschiedene Zwecke, nämlich einerseits beim Zeemaneffekt, bei der magnetischen Spinresonanz eines Elektrons usw., andererseits beim Zweilevelsystem plus Fotonenfockraum. Auch dort konnten wir formal $\boldsymbol{h} = \mu_B \boldsymbol{B}$ gemäß (22.1) verwenden. Durch Übergang zu einem rotierenden Bezugssystem konnten wir in §43 ein zeitunabhängiges $\boldsymbol{h}$ erreichen, nämlich die Matrix (43.11), deren Eigenwerte die beiden exakten Frequenzen (43.6) des gekoppelten Systems lieferten. Bei der Parametrisierung der Dichtematrix ρ brauchten wir die Paulimatrizen zur Definition der Polarisation $\boldsymbol{P} = \langle \boldsymbol{\sigma} \rangle$, siehe (33.8). Wegen Spur$\sigma^0 = N$ setzen wir jetzt

$$\rho = 1/N + \tfrac{1}{2}\boldsymbol{\sigma P}. \tag{49.10}$$

Die Bewegungsgleichung für $\boldsymbol{P}$ lautet

$$\begin{aligned} i\hbar\partial_t P_i &= \text{Spur}\left(\rho[\sigma^i, \boldsymbol{h\sigma}]\right) \\ &= \mu_B \text{Spur}\left(\tfrac{1}{2}\boldsymbol{\sigma P}[\sigma^i, \boldsymbol{B\sigma}]\right) = i\mu_B \text{Spur}\left(\boldsymbol{\sigma P} f_{ijk}\sigma^k B_j\right). \end{aligned} \tag{49.11}$$

Hier ist schon im Kommutator ϵ_{ijk} durch f_{ijk} ersetzt. Also gilt für die jetzt 8-komponentigen Vektoren $\boldsymbol{P}$ und $\boldsymbol{B}$

$$\hbar\partial_t \boldsymbol{P} = 2\mu_B \boldsymbol{B} \times \boldsymbol{P}. \tag{49.12}$$

Tatsächlich erfordert die Dichtematrix eines Strahles von Spin-1-Teilchen (mit Masse > 0, dann sind es genau drei Spinzustände) zusätzlich zum Dreiervektor noch einen symmetrischen spurlosen Tensor, der weitere 5 Komponenten liefert.

Als Beispiel eines atomaren Dreilevelsystems behandeln wir die sogenannte Λ-Konfiguration, die aus zwei Grundzuständen $|g_2\rangle = |\chi_+\rangle$, $|g_1\rangle = |\chi_-\rangle$ und einem angeregten Zustand $|3\rangle = |e\rangle$ besteht. Häufig sind die drei Zustände Teile größerer Multiplets, deren restliche Mitglieder entkoppelt sind. Bild 49-3 zeigt die Λ-Konfiguration aus den 2^3S_1 und 2^3P_1-Tripletts des metastabilen Orthoheliums, bei dem die restlichen drei Zustände eine V-Konfiguration bilden, die bei E1-Kopplung von der Λ-Konfiguration entkoppelt.

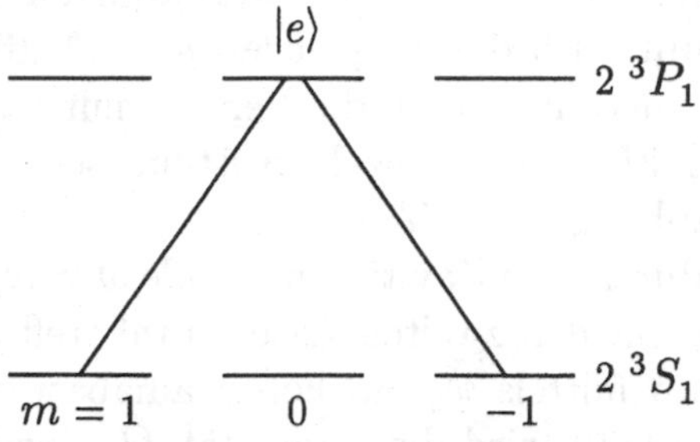

Bild 49-3: Zwei Tripletts bei Orthohelium, mit eingezeichneter Λ-Wechselwirkung. (Das Λ ist bildlich zu sehen.)

Innerhalb der Λ-Konfiguration koppelt dann $|g_1\rangle$ an $|3\rangle$ nur mit $\Delta m = +1$ (σ^+-Komponente, siehe (38.11)) und $|g_2\rangle$ an $|3\rangle$ nur mit $\Delta m = -1$ (σ^- -Komponente). Mit zwei entgegengesetzt zirkularpolarisierten Laserstrahlen der Frequenz ω_L kann man so zwei separate Rabifrequenzen mit Intensitäten Ω_1 und Ω_2 erzeugen. Diese übernehmen die Rolle von ω_1 beim Zweilevelatom von §43. Der Drehwinkel ist $\alpha = \omega_L t$, und beide Zustände $|1\rangle$, $|2\rangle$ werden jetzt im Gegensatz zu $|3\rangle$ mit $e^{i\alpha/2}$ gedreht, also $i\hbar\partial_t\psi' = H'\psi'$, $\psi' = D\psi$,

$$H' = \frac{\hbar}{2}\begin{pmatrix} 2\omega_e & \Omega_2 e^{-i\alpha/2} & \Omega_1 e^{-i\alpha/2} \\ \Omega_2 e^{i\alpha/2} & 0 & 0 \\ \Omega_1 e^{i\alpha/2} & 0 & 0 \end{pmatrix}, \tag{49.13}$$

$$D = \begin{pmatrix} e^{-i\alpha/2} & 0 & 0 \\ 0 & e^{i\alpha/2} & 0 \\ 0 & 0 & e^{i\alpha/2} \end{pmatrix}, \quad H = \frac{\hbar}{2}\begin{pmatrix} 2\omega_e - \omega_L & \Omega_2 & \Omega_1 \\ \Omega_2 & \omega_L & 0 \\ \Omega_1 & 0 & \omega_L \end{pmatrix}. \tag{49.14}$$

Die Eigenwerte von H seien $\hbar\mu$. Wir setzen zunächst $\omega_L - 2\mu = y$, und erhalten die Eigenwertgleichung

$$(2\Delta - y)y^2 + y(\Omega_1^2 + \Omega_2^2) = 0, \quad \Delta = \omega_e - \omega_L, \tag{49.15}$$

mit den Lösungen

$$y_0 = 0, \quad y_\pm = \Delta \pm \sqrt{\Delta^2 + \Omega_1^2 + \Omega_2^2}. \tag{49.16}$$

Zu $y_0 = 0$ gehört die unverschobene Frequenz $\omega = \omega_L$,

$$\psi_0 = (\Omega_1^2 + \Omega_2^2)^{-1/2}(|2\rangle\Omega_1 + |1\rangle\Omega_2). \tag{49.17}$$

ψ_0 hat keine $|e\rangle$-Komponente, was einige Besonderheiten bewirkt. In Laserstrahlen sind Rabioszillationen normalerweise durch spontane Emission

aus dem $|e\rangle$-Level gedämpft, die man als Resonanzfluoreszenz sieht (§66). Diese fehlt in ψ_0, man nennt den Zustand deshalb auch „dunkel". Des weiteren ist ψ_0 besonders geeignet, den Zustand $|1\rangle$ adiabatisch nach $|2\rangle$ zu schaufeln (siehe auch §44). Kreuzt nämlich ein Atom einen Laserstrahl, dann sind Ω_1 und Ω_2 zeitabhängig, und damit auch die Frequenzen $y_\pm$ (49.16). Zur Erfüllung der Resonanzbedingung muss man dann die Verstimmung Δ zeitabhängig anpassen, was für den Durchflug eines einzelnen Atoms schwer sein dürfte. ψ_0 dagegen hat $y = 0$, unabhängig von Ω_i.
Man kann auch den ersten Laserstrahl durch eine Kavität zur Mode $\omega = \omega_L$ ersetzen und das Atom in der Kavität auf den zweiten Laserstrahl treffen lassen. Mit dieser Anordnung kann man mittels ψ_0 ein Foton adiabatisch in die Kavitätsmode schieben. Gemäß (43.9) wird die Intensität Ω_1 durch $\omega_1 = h\sqrt{n_f}$ ersetzt. Bei passender Laserintensität und atomarer Fallgeschwindigkeit erreicht man dann den Endzustand mit $n_f = n_i + 1$ in der Kavität, also $n_f = 1$ für $n_i = 0$.
Soviel zu Anwendungen von $N \times N$ Paulimatrizen. Mit $N = 2$ ist darüber hinaus die fundamentale Drehinvarianz des Hamiltons eines geschlossenen Systems verbunden. In §43 argumentierten wir, dass selbst bei Atomen mit vielen Elektronen, mit Fein- und Hyperfeinstruktur, ja sogar bei Molekülen stets ein Operator $\boldsymbol{J}$ existiert, der mit H kommutiert. Für ein freies Elektron kann man $\boldsymbol{J} = \boldsymbol{\sigma}/2$ wählen. Bei Hinzunahme der Feinstruktur braucht man mindestens $\boldsymbol{J} = \boldsymbol{\sigma}/2 + \widehat{\boldsymbol{L}}$, bei Hinzunahme der Hyperfeinstruktur $\boldsymbol{J} = \boldsymbol{\sigma}/2 + \widehat{\boldsymbol{L}} + \boldsymbol{I}$ ($\boldsymbol{I}$ = Kernspinoperator) usw. Und zwar muss jeder dieser Operatoren die gleichen Kommutatoren wie $\boldsymbol{\sigma}/2$ haben, z.B.

$$[\widehat{L}_i, \widehat{L}_j] = i\epsilon_{ijk}\widehat{L}_k. \qquad (49.18)$$

Genau das war mit der Bemerkung am Ende von §21 gemeint, die Drehungen seien Darstellungen der SU_2-Transformationen. Schließlich könnte es ja intelligente Lebewesen geben, die schon ab Geburt mit Spinoren aufwachsen, denen man die Drehungen aber erst in der Schule beibringt. Tatsächlich könnten wir selbst in dieser Situation bezüglich einer fundamentalen SU_3-Invarianz sein (§61).
☞ *Aufgabe:* Für welche der Kommutatoren in (49.8) umfasst die $\sum_k$ mehrere Glieder?

Kapitel V

Relativistische Teilchen

§50. Klein-Gordon-Gleichung

Wo wir Schrödingers relativistische Gleichung untersuchen und den Übergang zur nichtrel Schrgl endlich korrekt ausführen.

Die relativistische Gleichung (20.8) (wir schreiben ab jetzt einen Index $_r$ für *relativistisch*)

$$\left(\pi^{0\,2} - \boldsymbol{\pi}^2 - m^2c^2\right)\psi_r(\boldsymbol{r},t) = 0, \quad \pi^0 = (i\hbar\partial_t - V)/c, \quad V = -e\phi \tag{50.1}$$

wurde von Schrödinger (1926) gefunden, und auch von Klein (1926) und Gordon (1926). Sie wurde von Dirac abgelehnt, weil sie quadratisch in ∂_t ist, was u.a. zu der schrecklichen Ladungsdichte (50.18) führt. Eine widerspruchslose Interpretation der KG-Gleichung ergibt sich erst, wenn ψ_r keine Wellenfunktion ist, sondern ein Teilchenoperator, der Teilchen vernichtet und Antiteilchen erzeugt (Pauli & Weisskopf 1934). Diese Einschränkung gilt allerdings auch für die Diracgleichung. Der geringere Nutzen der KG-Gleichung erklärt sich vielmehr daraus, dass sie nur für spinlose Teilchen (Pionen, Kaonen, α-Teilchen usw.) gilt.

Bei zeitunabhängigem 4-Potenzial $A^\mu = (\phi, \boldsymbol{A})$ ist die KG-Gleichung formell äquivalent zur Schrödingergleichung

$$\psi_r(\boldsymbol{r},t) = \mathrm{e}^{-iE_r t/\hbar}\psi(\boldsymbol{r}), \quad \pi^0\psi_r = c^{-1}(E_r - V)\psi_r. \tag{50.2}$$

Mit der Abkürzung

$$E_r^2/c^2 - m^2c^2 = \hbar^2 k^2 \tag{50.3}$$

wird aus (50.1)

$$\left(\hbar^2 k^2 - 2E_r V/c^2 + V^2/c^2 - \boldsymbol{\pi}^2\right)\psi(\boldsymbol{r}) = 0. \tag{50.4}$$

Diese Form ist identisch mit der der stationären Schrgl

$$(\hbar^2 k^2 - 2mH_{\text{rel}})\psi = 0, \quad H_{\text{rel}} := \boldsymbol{\pi}^2/2m + VE_r/mc^2 - V^2/2mc^2. \tag{50.5}$$

Der Unterschied zwischen H_{rel} und H (20.7) ist klein für $E_r/mc^2 \approx 1$. Für $A^\mu = 0$ hat (50.5) wieder Lösungen $\exp(i\boldsymbol{kr})$; für $\boldsymbol{A} = 0$ und kugelsymmetrisches V gilt wieder der Separationsansatz (12.13) usw. Andererseits erzwingt (50.1) eine grässliche Umdefinition des Skalarprodukts. Aus den Gleichungen für ψ_r und ψ_r^* muss ja eine Kontinuitätsgleichung $\dot\rho + \operatorname{div}\boldsymbol{j} = 0$ folgen, und da kommt $\rho = |\psi|^2$ nicht mehr in Frage. Stattdessen braucht man

$$j^\mu = (c\rho, \boldsymbol{j}) = \psi_r^*\pi^\mu\psi_r + \psi_r\pi^{\mu *}\psi_r^*, \quad \pi^\mu = (\pi^0, \boldsymbol{\pi}). \tag{50.6}$$

Die Herleitung wird durch die Lorentzinvarianz vereinfacht. Nachdem wir schon in (20.10) den 4-Impuls $p^\mu = i\hbar(c^{-1}\partial_t, -\nabla)$ definiert haben, definieren wir jetzt endlich auch den 4-Ortsvektor und den 4-Gradienten:

$$x^\mu = (x^0, \boldsymbol{r}) = (ct, \boldsymbol{r}), \tag{50.7}$$

$$\partial_\mu = \partial/\partial x^\mu = (\partial_0, \nabla) = (c^{-1}\partial_t, \nabla). \tag{50.8}$$

Beachte, dass per Definition links der Index unten steht (*kovarianter Index*). Außerdem definieren wir zu jedem *kontravarianten* A^μ ein *kovariantes* A_μ und umgekehrt:

$$A^\mu = (A^0, \boldsymbol{A}), \quad A_\mu = (A^0, -\boldsymbol{A}), \quad \partial^\mu = (\partial_0, -\nabla). \tag{50.9}$$

Wir müssen nämlich das lorentzinvariante Skalarprodukt AB zweier 4-Vektoren A^μ und B^μ so definieren, dass die Kombination $\pi^{0\,2} - \boldsymbol{\pi}^2$ in (50.1) gerade $\pi\pi$ ist:

$$AB = A^0B^0 - \boldsymbol{AB} = A^\mu B_\mu = A_\mu B^\mu. \tag{50.10}$$

In den letzten beiden Ausdrücken ist Einsteins Summationskonvention benutzt, $A_\mu B^\mu := \sum_{\mu=0}^{3} A_\mu B^\mu$. Gelegentlich schreibt man A_μ auch als Funktion von A^ν oder umgekehrt:

$$A_\mu = g_{\mu\nu} A^\nu, \quad A^\nu = g^{\nu\rho} A_\rho, \quad g_{\mu\nu} = \begin{pmatrix} 1 & 0 & 0 & 0 \\ 0 & -1 & 0 & 0 \\ 0 & 0 & -1 & 0 \\ 0 & 0 & 0 & -1 \end{pmatrix} = g^{\nu\rho}. \tag{50.11}$$

g heißt *metrischer Tensor.* Wir bemerken jetzt die Lorentzinvarianz der Kontinuitätsgleichung $\dot{\rho} + \mathrm{div}\boldsymbol{j} = 0$:

$$\partial_\mu j^\mu = 0. \tag{2.16$'$}$$

Wie schon am Ende von §2 diskutiert, haben wir das Maxwell zu verdanken, und seine Gleichungen sind nun mal lorentzinvariant. Für den elektromagnetischen Feldstärketensor

$$F^{\mu\nu} = \partial^\mu A^\nu - \partial^\nu A^\mu \tag{50.12}$$

(mit den Komponenten $E^i = \partial^i A^0 - \partial^0 A^i = F^{i0}$, $B^i = -\partial^j A^k + \partial^k A^j = -F^{jk}$, ijk zyklisch) lauten die Maxwellgleichungen

$$\partial_\mu F^{\mu\nu} = 4\pi j^\nu_{\mathrm{el}}/c, \tag{50.13}$$

mit $j^\nu_{\mathrm{el}} = -ej^\nu$ für ein Teilchen der Ladung $-e$. Eine Kompaktversion von (50.1) ist

$$(\pi_\mu \pi^\mu - m^2c^2)\psi_r = 0. \tag{50.14}$$

Außerdem brauchen wir die komplexkonjugierte Version

$$(\pi^*_\mu \pi^{\mu *} - m^2c^2)\psi^*_r = 0. \tag{50.15}$$

Aus diesen beiden Gleichungen können wir $\partial_\mu j^\mu = 0$ für (50.6) verifizieren, indem wir

$$i\hbar\partial_\mu = \pi_\mu - (e/c)A_\mu \quad \text{bzw.} \quad = (e/c)A_\mu - \pi^*_\mu \tag{50.16}$$

verwenden, je nachdem, ob ∂_μ auf ψ_r oder ψ^*_r in (50.6) wirkt. Laut (50.6) ist nun $\boldsymbol{j}$ identisch mit (20.12), bis auf einen unwesentlichen Faktor $2m$, und $\rho = j^0/c$ ist

$$\begin{aligned} \rho = j^0/c &= \left(\psi^*_r(i\hbar\partial_t - V)\psi_r + \psi_r(-i\hbar\partial_t - V)\psi^*_r\right)/c^2 \\ &:= \psi^*_r \left[-i\hbar\overleftarrow{\partial}_t + i\hbar\partial_t + 2eA^0(\boldsymbol{r},t)\right]\psi_r/c^2. \end{aligned} \tag{50.17}$$

Hier bedeutet $\overleftarrow{\partial}_t$, dass die Funktion zur Linken differenziert wird. Entsprechend schreiben wir

$$j^\mu_{ab} = \psi^*_a \Gamma^\mu \psi_b, \quad \Gamma^\mu = -i\hbar\overleftarrow{\partial}^\mu + i\hbar\partial^\mu + 2(e/c)A^\mu = \overleftarrow{\pi}^\mu + \pi^\mu. \tag{50.18}$$

Das zeitunabhängige Skalarprodukt ist also folgender Dubbas:

$$\langle a|b\rangle = \int d^3r\, \psi^*_a \Gamma^0 \psi_b = c^{-1} \int d^3r\, \psi^*_a(-i\hbar\overleftarrow{\partial}_t + i\hbar\partial_t + 2eA^0)\psi_b. \tag{50.19}$$

Für stationäre Zustände ist $i\hbar\partial_t\psi_b = E_{b,r}\psi_b$, $-i\hbar\partial_t\psi^*_a = E_{a,r}\psi^*_a$,

$$\langle a|b\rangle = \int d^3r\, \psi^*_a(k^0_a + k^0_b + 2(e/c)A^0)\psi_b, \quad k^0 = E_r/c. \tag{50.20}$$

Im nichtrel. Grenzfall kann man hier einfach $k^0_a = k^0_b = mc$ setzen, sowie $A^0 = 0$:

$$\langle a|b\rangle \approx 2mc \int d^3r\, \psi^*_a\psi_b = 2mc\langle a|b\rangle_{\rm nr}. \tag{50.21}$$

Das ist in der Tat die nichtrel. Normierung, bis auf den unwesentlichen Faktor $2mc$. Auch in der Diracgleichung wird das Skalarprodukt mit einem Operator definiert, der die Nullkomponente eines 4-Vektors j^μ ist.
Unter den Lösungen der freien KG-Gleichung ($A^\mu = 0$) sind auch ebene Wellen. Diese wollen wir nachwievor unnormiert schreiben

$$\psi_{\boldsymbol{k}}(x) = \mathrm{e}^{-iKx}, \quad Kx = k^0x^0 - \boldsymbol{kr}, \quad k^0 = \pm\sqrt{k^2 + m^2c^2/\hbar^2}. \tag{50.22}$$

Das Skalarprodukt zweier ebener Wellen ist damit

$$\langle \boldsymbol{k}'|\boldsymbol{k}\rangle = 8\pi^3(k^0 + k'^0)\delta(\boldsymbol{k} - \boldsymbol{k}'). \tag{50.23}$$

Die δ-Fuktion impliziert $\boldsymbol{k}^2 = \boldsymbol{k}'^2$ und damit $k'^0 = \pm k^0$. Zur Zeit halten wir uns an die positive Wurzel in (50.22), also gilt

$$\langle \boldsymbol{k}'|\boldsymbol{k}\rangle = 8\pi^3\, 2k^0\delta_3(\boldsymbol{k} - \boldsymbol{k}'), \quad k^0 = E_r/c = \hbar\omega/c. \tag{50.24}$$

Entsprechend steht dann in der Zustandsdichte statt $d^3k/8\pi^3$

$$d^3_Lk = d^3k/8\pi^3\, 2k^0. \tag{50.25}$$

Die Kombination d^3_Lk ist lorentzinvariant, daher der Index $_L$. Wir hatten schon nach (35.11) erwähnt, dass der Faktor $1/\sqrt{\omega_i}$ in (35.9) eine lorentzinvariante Normierung imitieren muss.

Gelegentlich ist die KG-Gleichung auch für nichtrel. Teilchen angebracht. Betrachte z.B. ein Teilchen in einem Laserstrahl $\boldsymbol{A}(\varphi)$, $\varphi = \omega t - \boldsymbol{kr} = k^\mu x_\mu$. Als Lösungsansatz von (50.1) probiere

$$\psi_r = \mathrm{e}^{-iKx} F(\varphi), \quad \pi^\mu \mathrm{e}^{-iKx} = \mathrm{e}^{-iKx}(\pi^\mu + \hbar K^\mu), \tag{50.26}$$

wobei $\hbar K^\mu$ der 4-Impuls des Teilchens außerhalb des Strahls ist. Die Kettenregel ergibt

$$(\pi^\mu + \hbar K^\mu) F(\varphi) = (i\hbar k^\mu \partial_\varphi + \hbar K^\mu + (e/c) A^\mu) F(\varphi). \tag{50.27}$$

Beim Quadrieren der Klammer entfällt ∂_φ^2 wegen $k_\mu k^\mu = \omega^2/c^2 - \boldsymbol{k}^2 = 0$. Bei der Schrgl dagegen fehlt mit ∂_t^2 auch ω^2/c^2, also bleibt ∂_φ^2.

<u>Nichtrelativistische Reduktion der KG-Gleichung</u> — Wir wollen den Übergang (2.5) zur nichtrel. Schrgl jetzt verbessern. Dazu schreiben wir (50.1) als $(\pi^{0\,2} - \mathcal{K})\psi_r = 0$, mit

$$\mathcal{K} = m^2c^2 + \boldsymbol{\pi}^2 = m^2c^2 + (-i\hbar\nabla + (e/c)\boldsymbol{A})^2. \tag{50.28}$$

Wie in (2.5) wollen wir die $\sqrt{\mathcal{K}}$ ins Spiel bringen, etwa als

$$\pi^{0\,2} - \mathcal{K} = (\pi^0 + \sqrt{\mathcal{K}})(\pi^0 - \sqrt{\mathcal{K}}) - [\sqrt{\mathcal{K}}, \pi^0]. \tag{50.29}$$

Zur Not geht das, nur ist $[\sqrt{\mathcal{K}}, \pi^0]$ als Kommutator hermitischer Operatoren antihermitisch. Um dies zu vermeiden, setzen wir $\psi_r = (1/\pi^0)\psi_r'$ und dividieren die KG-Gleichung mit π^0:

$$\psi_r = (1/\pi^0)\psi_r', \quad \left(1 - (1/\pi^0)\mathcal{K}/\pi^0\right)\psi_r' = 0. \tag{50.30}$$

Der Operator hat jetzt die Form $1 - \mathcal{K}' = (1 + \sqrt{\mathcal{K}'})(1 - \sqrt{\mathcal{K}'})$ mit $\mathcal{K}' = (1/\pi^0)\mathcal{K}/\pi^0$, und der Faktor $(1 + \sqrt{\mathcal{K}'})$ wird abdividiert. Danach kann man die hässlichen Faktoren $1/\sqrt{\pi^0}$ durch eine weitere Substitution, $\psi_r' = \sqrt{\pi^0}\psi_r''$, und Multiplikation mit $\sqrt{\pi^0}$ aus $\mathcal{K}'$ herausschieben:

$$\left(\pi^0 - \sqrt{\mathcal{K}}\right)\psi_r'' \approx \left(\pi^0 - mc - \boldsymbol{\pi}^2/2mc + \boldsymbol{\pi}^4/(2mc)^3\right)\psi_r'' = 0. \tag{50.31}$$

Schließlich kann man noch den (gigantischen) Summanden mc durch die Substitution $\psi_r'' = \exp(-imcx_0/\hbar)\psi$ beseitigen und hat dann endlich die Schrgl für ψ, mit einer relativistischen Korrektur $\boldsymbol{\pi}^4/8m^3c^4$.

Die KG-Gleichung lässt sich mittels einer Hilfskomponente $\psi_h = \pi^0\psi_r$ in π^0 linearisieren, indem man ψ_r und ψ_h in einem Funktionspaar ψ_H vereint:

$$\psi_H = \begin{pmatrix} \psi_r \\ \psi_h \end{pmatrix}, \quad \pi^0\psi_H = T\psi_H, \quad T = \begin{pmatrix} 0 & 1 \\ \mathcal{K} & 0 \end{pmatrix}. \tag{50.32}$$

Aus (50.19) folgt das Skalarprodukt

$$\langle\psi'|\psi\rangle = \int d^3r \; (\psi_r'^*\psi_h + \psi_h'^*\psi_r) = \int \psi_H'^\dagger g\psi_H, \quad g = \begin{pmatrix} 0 & 1 \\ 1 & 0 \end{pmatrix} \tag{50.33}$$

wobei g die Rolle einer Metrik spielt. Die Hermitizität eines Operators wird damit folgendermaßen definiert:

$$\langle H\psi', |\psi\rangle = \langle\psi'|H\psi\rangle. \tag{50.34}$$

Offenbar ist T (50.32) hermitisch. Eine *symmetrische Version* von T ist von Feshbach und Villars (1958) eingeführt worden, doch bietet die Symmetrisierung keine Vorteile.

☞ *Aufgaben:* (i) Löse (50.1) im Laserstrahl, mit z-Axe längs $\boldsymbol{k}$, in der Coulombeichung.

(ii) Berechne für das H-Atom in 1. Ordnung Störungstheorie die Energieverschiebung E^1 des letzten Operators in (50.31). Schreibe dazu $\int \psi^*\boldsymbol{\pi}^4\psi d^3r = \int(\boldsymbol{\pi}^2\psi)^*\boldsymbol{\pi}^2\psi d^3r$ und ersetze $\boldsymbol{\pi}^2\psi$ durch $2mc(\pi^0 - mc)\psi$, laut ungestörter Gleichung. Benutze die Erwartungswerte (17.24), (17.25).

§51. Spinloses H-Atom relativistisch

Wo wir das Spektrum des pionischen Wasserstoffs aus pädagogischen Gründen diskutieren.

Wir lösen jetzt (50.4) für ein freies H-Atom ohne Rückstoß ($\boldsymbol{A} = 0$, $\boldsymbol{\pi} = -i\hbar\nabla$, $\boldsymbol{\pi}^2 = \hbar^2(-r^{-1}\partial_r^2 r + \widehat{\boldsymbol{L}}^2/r^2)$):

$$\left[k^2 - (2E_rV - V^2)/\hbar^2c^2 + r^{-1}\partial_r^2 r - \widehat{\boldsymbol{L}}^2/r^2\right]\psi(\boldsymbol{r}) = 0, \tag{51.1}$$

mit $\widehat{\boldsymbol{L}}^2 = \boldsymbol{L}^2/\hbar^2$. In Kugelkoordinaten separiert $\psi(\boldsymbol{r}) = \psi(r, \vartheta, \varphi)$ wie in (16.2), $\psi = R_{n\ell}(r)Y_\ell^m(\vartheta, \varphi)$. Man kann also $\widehat{\boldsymbol{L}}^2$ einfach durch $\ell(\ell+1)$

ersetzen. Das V ist unverändert $-Ze^2/r$, neu ist aber der Vorfaktor $2E_r/c^2$ statt $2m$, sowie das Glied $V^2/\hbar^2c^2 = Z^2\alpha^2/r^2$ ($\alpha = e^2/\hbar c$). Da es von r genau wie das Zentrifugalglied λ/r^2 abhängt, können wir diese beiden Ausdrücke zusammenfassen:

$$\begin{gathered}\left[k^2 + 2(E_r/c^2)(Ze^2/\hbar^2 r) + r^{-1}\partial_r^2 r - \lambda'/r^2\right] R_{n\ell} = 0, \\ \lambda' \equiv \ell'(\ell'+1) = \ell(\ell+1) - Z^2\alpha^2.\end{gathered} \tag{51.2}$$

Wenn wir also in der radialen Schrgl (16.3) $\ell \to \ell'$, $m \to E_r/c^2$ ersetzen, haben wir schon die relativistische Radialgleichung (allerdings mit geänderter Bedeutung (50.3) von k^2, das darf man nicht vergessen). Wir können damit alle Ergebnisse aus §§16 und 17 übernehmen, insbesondere

$$R_{n\ell} = N\mathrm{e}^{-z/2} z^{\ell'} F(z), \quad z = 2\kappa r = -2ikr. \tag{51.3}$$

Aus (17.2) wird $(z\partial_z^2 + (2\ell' + 2 - z)\partial_z - \ell' - 1 + z_0)F = 0$, und aus (17.3) und (17.8) wird

$$z_0 = Ze^2E_r/\hbar^2c^2\kappa = n_r + \ell' + 1 = n', \tag{51.4}$$

wobei $n_r = 0, 1, 2, \ldots$ die alte radiale Quantenzahl ist. Weil aber ℓ' nicht mehr ganz ist, ist die Hauptquantenzahl n' auch nicht mehr ganz. Quadrieren von $z_0\hbar c\kappa/E_r n'$ gibt laut (51.4)

$$(Z\alpha/n')^2 = (\hbar c\kappa/E_r)^2 = (m^2c^4 - E_r^2)/E_r^2 = (mc^2/E_r)^2 - 1. \tag{51.5}$$

Die letzten zwei Ausdrücke basieren auf der Definition $c\hbar\kappa = \sqrt{m^2c^4 - E_r^2}$ (50.3) von $k^2 = -\kappa^2$. Wir haben also

$$E_r = mc^2(1 + Z^2\alpha^2/n'^2)^{-\frac{1}{2}} = mc^2\left[1 - \tfrac{1}{2}(Z\alpha/n')^2 + \tfrac{3}{8}(Z\alpha/n')^4 \mp \ldots\right]. \tag{51.6}$$

Für kleines $Z\alpha$ ist ℓ' und damit auch n' fast ganzzahlig:

$$\delta\ell = \ell' - \ell = \sqrt{(\ell + \tfrac{1}{2})^2 - Z^2\alpha^2} - \ell - \tfrac{1}{2} \approx -Z^2\alpha^2/(2\ell + 1), \tag{51.7}$$

$$n' = n + \delta\ell, \tag{51.8}$$

$$E_r - mc^2 = -\tfrac{1}{2}mc^2(Z\alpha/n)^2\left[1 - \tfrac{3}{4}(Z\alpha/n)^2 - 2\delta\ell/n + \ldots\right]. \tag{51.9}$$

Die Abweichung der nichtrel Näherung $-Z^2\alpha^2mc^2/2n^2 = -Z^2R_\infty/n^2$ ist gering, allerdings gibt es jetzt über $\delta\ell$ eine kleine Abhängigkeit vom Drehimpuls ℓ: die Entartung der nichtrel Näherung ist aufgehoben, bei festem n zeigt sich eine ℓ-abhängige *Feinstruktur.*

Für sehr großes Z und kleines ℓ werden die Formeln unglaubwürdig. Bei $\ell = 0$ wird $\delta\ell$ und damit E_r für $Z\alpha > \frac{1}{2}$ komplex; der Formalismus bricht hier zusammen. Die KG-Gleichung im äußeren Potenzial ist zwar besser als die Schrgl, hat aber auch ihre Grenzen. Gleiches gilt für die Diracgleichung. In der Praxis wird das Potenzial von einem Kern der Ladung $Z\alpha$ erzeugt, der eine kleine Ausdehnung hat, so dass ϕ für $r \to 0$ gegen eine Konstante geht. Aber auch das ist nicht das letzte Wort.
Wir werden noch den zu E_r gehörigen Wert von κ brauchen, der sich aus (51.4) ergibt:

$$\begin{aligned} \hbar\kappa &= (m^2c^2 - E_r^2/c^2)^{\frac{1}{2}} = mcZ\alpha(n'^2 + Z^2\alpha^2)^{-\frac{1}{2}} \\ &= (mcZ\alpha/n')\left[1 + (Z\alpha/n')^2\right]^{-\frac{1}{2}} . \end{aligned} \tag{51.10}$$

Die Funktion F in (51.3) ist laut (17.18) und (17.20) $F = F(-n_r, b, z)$, $b = 2\ell' + 2$. Bei gebundenen Zuständen ist F ein Polynom in z vom Grade n_r. Für ungebundene Zustände, $k = i\kappa > 0$, ist n_r durch (51.4) definiert:

$$n_r = iZ\alpha E_r/\hbar ck - \ell' - 1 = -i\eta - \ell' - 1. \tag{51.11}$$

η ist der relativistische *Sommerfeldparameter*, vergleiche (17.27).
Wir wollen auch noch die Orthonormalität herleiten. In ℓ und m_ℓ folgt sie wie üblich aus der Integration der Produkte von Kugelfunktionen über $d\Omega = d\varphi\, d\cos\vartheta$. Zur Herleitung der Orthogonalität in n_r multiplizieren wir (51.2) mit $R(n_r') = R'$ und subtrahieren davon die Gleichung für R' multipliziert mit R:

$$R'\left[r^{-1}\partial_r^2 r + k^2 - \frac{2E_r V}{\hbar^2c^2}\right] R - R\left[r^{-1}\partial_r^2 r + k'^2 - \frac{2E_r' V}{\hbar^2c^2}\right] R' = 0. \tag{51.12}$$

Hier ist λ'/r^2 schon herausgekürzt. Wenn wir jetzt über r^2dr integrieren, fällt auch $r^{-1}\partial_r^2 r$ mittels partieller Integration weg:

$$\int_0^\infty r^2dr\, R'R\left[k^2 - k'^2 - 2V(E_r - E_r')/\hbar^2c^2\right] = 0. \tag{51.13}$$

Wir benutzen jetzt $k^2 - k'^2 = (E_r^2 - E_r'^2)/\hbar^2c^2$ und ziehen einen Faktor $E_r - E_r'$ vors Integral

$$(E_r - E_r')\int_0^\infty r^2dr\, R'R(E_r + E_r' - 2V) = 0. \tag{51.14}$$

Für $E_r = E'_r$ ist das Integral unbestimmt. Wir geben ihm den Wert $2mc^2$ wie im nichtrel Grenzfall. Damit ist also

$$\int_0^\infty r^2 dr\, R'(r)R(r)(E_r + E'_r - 2V) = 2mc^2\delta_{n'_r,n_r}. \tag{51.15}$$

Beachte die Übereinstimmung mit (50.20).

☞ *Aufgabe:* Vergleiche die relativistischen Korrekturen der Ordnung $(Z\alpha)^4$ zu E_r (51.9) mit dem in der Aufgabe von §50 gerechneten E^1.

§52. Diracgleichung

Wie Pauli Kramers und Dirac anspornte. Wie Weyl und van der Waerden Lorentztransformationen als Drehungen mit imaginären Winkeln beschrieben.

Elektronen (und auch Müonen) erfüllen die Pauligleichung (22.5), $c\pi^0\psi = (\boldsymbol{\pi\sigma})^2\psi/2m$, $\pi^0 = (i\hbar\partial_t - V)/c = i\hbar\partial_0 + eA^0/c$. (Protonen und Neutronen haben zwar auch Spin $\frac{1}{2}$, erfüllen aber nur die allgemeinere Gleichung (22.1), weil sie $g \neq 2$ haben.) Pauli bewunderte Einstein und gab sich große Mühe, (22.5) auf lorentzinvariante Form zu verbessern. Das misslang ihm aber, und er mutmaßte gegenüber Dirac und Kramers, dass andere Forscher dann wohl erst recht keine Chance hätten. Bald darauf fand Dirac (1928) seine Gleichung, und Kramers löste das Problem unabhängig durch eine geschickte Änderung der KG-Gleichung. Als er dann aber Diracs Lösung publiziert sah, wurde er so deprimiert, dass er seine eigene Gleichung erst viel später (1933) veröffentlichte.

Kramers ersetzte zuerst in der KG-Gleichung (50.1) $\boldsymbol{\pi}^2$ durch $(\boldsymbol{\pi\sigma})^2$, also $({\pi^0}^2 - (\boldsymbol{\pi\sigma})^2)\psi = m^2c^2\psi$. Damit war aber die Lorentzinvarianz zerstört, denn $(\boldsymbol{\pi\sigma})^2 = \boldsymbol{\pi}^2 + \hbar e\boldsymbol{B\sigma}/c$ enthält $\boldsymbol{B}$, und in der lorentzinvarianten Theorie muss neben $\boldsymbol{B} = \operatorname{rot}\boldsymbol{A}$ auch das elektrische Feld $\boldsymbol{E} = -\nabla A^0 - \partial_0\boldsymbol{A}$ auftreten, weil beide Felder Komponenten des gleichen Tensors $\partial^\mu A^\nu - \partial^\nu A^\mu$ (50.12) sind. Kramers ersetzte deshalb außerdem ${\pi^0}^2 - (\boldsymbol{\pi\sigma})^2$ durch $(\pi^0 + \boldsymbol{\pi\sigma})(\pi^0 - \boldsymbol{\pi\sigma})$:

$$(\pi^0 + \boldsymbol{\pi\sigma})(\pi^0 - \boldsymbol{\pi\sigma})\psi = m^2c^2\psi, \tag{52.1}$$

was außer ${\pi^0}^2 - (\boldsymbol{\pi\sigma})^2$ auch den Kommutator

$$[\boldsymbol{\pi\sigma}, \pi^0] = \boldsymbol{\sigma}\left([-i\hbar\nabla, eA^0/c] + [e\boldsymbol{A}/c, i\hbar\partial_0]\right) = ie\hbar\boldsymbol{\sigma E}/c \tag{52.2}$$

enthält. In ausmultiplizierter Form lautet Kramers' Gleichung also

$$[\pi_\mu \pi^\mu - \hbar e \boldsymbol{\sigma}(\boldsymbol{B} - i\boldsymbol{E})/c]\psi = m^2 c^2 \psi. \tag{52.3}$$

Allerdings ist die Lorentzinvarianz einfacher für (52.1) zu zeigen als für (52.3); A^μ ist ja einfacher als $F^{\mu\nu}$. Weyl (1929) und van der Waerden (1929) knüpften deshalb an (52.1) an. Sie definierten einen Hilfsspinor $\dot{\psi}$ (*gepunkteter Spinor*, nicht zu verwechseln mit $\partial\psi/\partial t$)

$$\dot{\psi} := (mc)^{-1}(\pi^0 - \boldsymbol{\pi}\boldsymbol{\sigma})\psi. \tag{52.4}$$

Damit wird aus (52.1) ein lineares Gleichungssystem:

$$\begin{aligned} (\pi^0 - \boldsymbol{\pi}\boldsymbol{\sigma})\psi &= mc\dot{\psi}, \\ (\pi^0 + \boldsymbol{\pi}\boldsymbol{\sigma})\dot{\psi} &= mc\psi. \end{aligned} \tag{52.5}$$

Weyl und Van der Waerden konnten nun zeigen, dass ψ und $\dot{\psi}$ sich genauso einfach lorentztransformieren wie drehen (siehe unten). Diracs Lösung des Problems dagegen war eher genial als logisch. Dirac wollte eine Hamiltonform, $i\hbar\partial_t\psi_D = H\psi_D$. Ein Blick auf (52.5) zeigt, dass Diracs ψ_D ψ und $\dot{\psi}$ vereinigen muss. Man definiert also einen 4-komponentigen Spinor ψ_D und 4×4-Matrizen $\boldsymbol{\alpha}$, γ^0:

$$\psi_D = \begin{pmatrix} \psi \\ \dot{\psi} \end{pmatrix}, \quad \boldsymbol{\alpha} = \begin{pmatrix} \boldsymbol{\sigma} & 0 \\ 0 & -\boldsymbol{\sigma} \end{pmatrix}, \quad \gamma^0 = \begin{pmatrix} 0 & \sigma^0 \\ \sigma^0 & 0 \end{pmatrix}, \tag{52.6}$$

mit σ^0 = 2×2-Einheitsmatrix wie in (21.7), und erhält (52.5) in der Form einer einzigen Gleichung

$$i\hbar\partial_t\psi_D = H\psi_D, \quad H = -eA^0 + c\boldsymbol{\pi}\boldsymbol{\alpha} + mc^2\gamma^0. \tag{52.7}$$

H ist auch schön hermitisch; die Kombination $\boldsymbol{B} - i\boldsymbol{E}$ in (52.3) sieht ja weniger vertrauenerweckend aus, oder?
Jetzt aber erst die Lorentzinvarianz von (52.5). Eine Lorentztransformation ist eine lineare Mischung Λ der Komponenten eines 4-Vektors,

$$x'^\mu = \Lambda^\mu_\rho x^\rho, \quad j'^\mu(x'^\nu) = \Lambda^\mu_\rho j^\rho(x^\nu), \tag{52.8}$$

die das Skalarprodukt nicht ändert:

$$x'_\mu x'^\mu = x_\mu x^\mu, \quad \partial'_\mu j'^\mu = \partial_\mu j^\mu. \tag{52.9}$$

Wenn die x^μ, j^μ und A^μ mit demselben Λ gemischt werden, gehen alle Gleichungen entweder in sich selbst über (*lorentzinvariante* Gleichungen, z.B. $\partial_\mu j^\mu = 0$), oder bei 4-Vektorgleichungen wie (50.13) in die entsprechend gemischten Gleichungen (*lorentzkovariante* Gleichungen), wobei man am Ende noch das Λ von den Gleichungen abdividieren kann. Bei den Feldern $A^\mu(x^\nu)$ und den Strömen $j^\mu(x^\nu)$ muss natürlich nicht nur der Index $^\mu$ mittels Λ gemischt werden, sondern auch der Index $^\nu$ des Argumentes x^ν gemäß (52.8).
Lorentztransformationen sind eine Verallgemeinerung der Drehungen, für die ja $\boldsymbol{x}'^2 = \boldsymbol{x}^2$ gilt (mögliche Vorzeichenwechsel, $\boldsymbol{x}' = -\boldsymbol{x}$, seien zurückgestellt). Nun hatten wir bereits bei Drehungen gefunden, dass die beiden Komponenten von ψ sich mit der 2×2-Matrix U bzw. SU (21.27) transformieren (unser dortiges ψ_s heißt jetzt ψ). Wir müssen also eine entsprechende Matrix für zeitmischende Transformationen finden, um die Lorentzkovarianz von (52.1) zu etablieren. Jede Drehung ist eine Drehung um eine feste Axe, d.h. außer der Zeit bleibt auch die Vektorkomponente längs der Drehaxe unverändert. Entsprechend können wir uns auf Lorentztransformationen *in Richtung* $\widehat{\boldsymbol{\eta}}$ beschränken, die beide Vektorkomponenten senkrecht zu $\widehat{\boldsymbol{\eta}}$ unverändert lassen. Wenn $\widehat{\boldsymbol{\eta}}$ in z-Richtung zeigt, bedeutet das $x_0'^2 - z'^2 = x_0^2 - z^2$. Der Vergleich mit der Drehung $x'^2 + y'^2 = x^2 + y^2$ zeigt, dass wir nur $x \to x_0$ und $y \to iz$ zu ersetzen brauchen, und dann in der Parametrisierung (21.1) den Drehwinkel α durch $i\eta$, $\eta =$*Rapidität*:

$$\begin{aligned} x_0' &= x_0 \cosh\eta + z \sinh\eta, & \pi'^0 &= \pi^0 \cosh\eta + \pi_z \sinh\eta, \\ z' &= x_0 \sinh\eta + z \cosh\eta, & \pi_z' &= \pi^0 \sinh\eta + \pi_z \cosh\eta. \end{aligned} \tag{52.10}$$

Der Vergleich mit (41.17) zeigt

$$\cosh\eta = \gamma, \quad \sinh\eta = -\gamma v/c. \tag{52.11}$$

Entsprechend müssen wir die Spinortransformationen (21.27), $\psi' = D\psi$ durch

$$\psi' = SH\psi, \quad SH = \mathrm{e}^{\eta\sigma/2} = \cosh(\eta/2) + \boldsymbol{\sigma}\widehat{\boldsymbol{\eta}}\sinh(\eta/2) \tag{52.12}$$

ersetzen. Das gibt analog zu (21.22) für $\eta_z = \eta$, $\eta_x = \eta_y = 0$

$$(\pi'^0 - \boldsymbol{\pi}'\boldsymbol{\sigma})SH = \begin{pmatrix} \mathrm{e}^{-\eta}(\pi^0 - \pi_z) & -(\pi_x - i\pi_y) \\ -(\pi_x + i\pi_y) & \mathrm{e}^{\eta}(\pi^0 + \pi_z) \end{pmatrix} \begin{pmatrix} \mathrm{e}^{\eta/2} & 0 \\ 0 & \mathrm{e}^{-\eta/2} \end{pmatrix} \tag{52.13}$$

$$= \begin{pmatrix} \mathrm{e}^{-\eta/2} & 0 \\ 0 & \mathrm{e}^{\eta/2} \end{pmatrix} \begin{pmatrix} \pi^0 - \pi_z & -\pi_x + i\pi_y \\ -\pi_x - i\pi_y & \pi^0 + \pi_z \end{pmatrix} = SH(-\boldsymbol{\eta})(\pi^0 - \boldsymbol{\pi}\boldsymbol{\sigma}). \tag{52.14}$$

Die erste Gleichung (52.5) ist damit lorentzinvariant für

$$\psi' = e^{\eta\sigma/2}\psi, \quad \dot{\psi}' = e^{-\eta\sigma/2}\dot{\psi} \tag{52.15}$$

und die zweite geht analog. Als Beispiel konstruieren wir ψ für ein freies Elektron ($A^\mu = 0$) mit Impuls $\boldsymbol{p} = \hbar\boldsymbol{k}$. Gleichung (52.1) ist dann identisch mit der freien KG-Gleichung und wird durch den Ansatz

$$\psi(\boldsymbol{k}) = e^{-i(\omega t - \boldsymbol{kr})}u(\boldsymbol{k}, m_s), \quad \omega = E_r/\hbar \tag{52.16}$$

gelöst, wobei u nicht mehr von $\boldsymbol{r}$ und t abhängt. Für $k \to 0$ ist u der nichtrel Spinor $\chi(m_s)$, abgesehen von einer Konstanten, die wir als $\sqrt{mc/\hbar}$ wählen. Für $\boldsymbol{k} \neq 0$ beschaffen wir u durch eine Lorentztransformation:

$$u(\boldsymbol{k}, m_s) = e^{\eta\sigma/2}u(0, m_s), \quad u(0, m_s) = \sqrt{mc/\hbar}\chi(m_s). \tag{52.17}$$

Dann ist in (52.10) $\pi^0 = mc$, $\pi_z = 0$, $\pi'^0 = E_r/c$, $\pi'_z = \hbar k$, d.h.

$$\cosh\eta = \gamma = E_r/mc^2, \quad \sinh\eta = \hbar k/mc \tag{52.18}$$

und $\exp(\boldsymbol{\eta\sigma}/2)$ berechnen wir folgendermaßen aus (52.12):

$$e^{\eta\sigma/2} = \sqrt{e^{\eta\sigma}} = \sqrt{E_r/mc^2 + \hbar\boldsymbol{k\sigma}/mc}. \tag{52.19}$$

Dieser Ausdruck ist besonders einfach in der Basis, in der $\frac{1}{2}\boldsymbol{\sigma k}$ diagonal ist (*Helizitätsbasis*). Die zugehörigen Eigenwerte λ nennt man *Helizitäten*:

$$\tfrac{1}{2}\boldsymbol{\sigma k}\chi(\lambda) = \tfrac{1}{2}k\boldsymbol{\sigma}\widehat{\boldsymbol{k}}\chi(\lambda) = \tfrac{1}{2}k\sigma_k\chi(\lambda) = \lambda k\chi(\lambda). \tag{52.20}$$

Es ist also in (52.16)

$$u(\boldsymbol{k}, \lambda) = \sqrt{\omega/c + 2\lambda k}\,\chi(\lambda) = u_R. \tag{52.21}$$

Die Bezeichnung $_R$ (= rechtshändig) stammt vom Wert des Radikanden für $p = \hbar k \approx E_r/c$ ($mc \ll p$): für $\lambda = -\frac{1}{2}$ ist dann $E_r/c + 2\lambda p \approx 0$. Für $\dot{\psi}$ finden wir entsprechend

$$\dot{\psi}(\boldsymbol{p}, \lambda) = e^{-i(\omega t - \boldsymbol{kr})}u_L(\boldsymbol{k}, \lambda), \quad u_L = \sqrt{\omega/c - 2\lambda k}\,\chi(\lambda). \tag{52.22}$$

Man kann aber auch u_R und u_L einfach durch Einsetzen in (52.5) verifizieren.

Die speziellen unitären Matrizen SU der Drehungen und die speziellen hermitischen Matrizen SH der Lorentztransformationen bilden zusammen die speziellen linearen Transformationen $SL \equiv SL(\mathbb{C})$ (im Complexen). Die Drehungen (21.27) lassen sich mit den hermitischen Transformationen (52.15) vereinen,

$$\psi' = SL\psi, \quad \dot{\psi}' = (SL^\dagger)^{-1}\dot{\psi}, \tag{52.23}$$

weil ja im unitären Teil $(SL^\dagger)^{-1} = SL$ ist.

☞ *Aufgaben:* (i) Statt (52.5) gelte die allgemeinere Gleichung $(\pi^0 + \boldsymbol{\pi\sigma})\dot{\psi} = m_L c\psi'$, $(\pi^0 - \boldsymbol{\pi\sigma})\psi' = m_R c\dot{\psi}$, mit $m_L \neq m_R$. Finde die Transformation $\psi' = a\psi$, die daraus wieder (52.5) herstellt. (ii) Schreibe $\sqrt{\omega/c + \boldsymbol{k\sigma}}$ um auf die Form $a + b\boldsymbol{k\sigma}$, in der die Paulimatrizen nicht mehr unter der Wurzel stehen. (Wenn Du nicht weiterkommst, probier's mit Quadrieren).

§53. Parität relativistisch

Wo uns Dirac's Spiegel verwundert und der Ursprung der Spin-Bahn-Kopplung erklärt wird.

Zwei Lorentztransformationen sind besonders einfach: die Rauminversion $\mathcal{R} : \boldsymbol{r}' = -\boldsymbol{r}, t' = t$ und die Zeitinversion $\mathcal{T} : \boldsymbol{r}' = \boldsymbol{r}, t' = -t$. Bei der Parität wird zunächst ein Vorzeichenwechsel von $\boldsymbol{A}$ festgelegt:

$$\boldsymbol{A}'(\boldsymbol{r}') = -\boldsymbol{A}(\boldsymbol{r}), \quad A'^0(\boldsymbol{r}') = A^0(\boldsymbol{r}), \tag{53.1}$$

d.h. $A^\mu = (A^0, \boldsymbol{A}) = (\phi, \boldsymbol{A})$ sei ein *polarer* 4-Vektor. Dann ist aber $\boldsymbol{B} = \text{rot}\boldsymbol{A}$ *axial* und $\boldsymbol{E} = -\nabla A^0 - \partial_0 \boldsymbol{A}$ polar; für die Kombination $\boldsymbol{B} - i\boldsymbol{E}$ in (52.3) gilt

$$\boldsymbol{B}'(\boldsymbol{r}') - i\boldsymbol{E}'(\boldsymbol{r}') = \boldsymbol{B}(\boldsymbol{r}) + i\boldsymbol{E}(\boldsymbol{r}). \tag{53.2}$$

Die KG-Gleichung (50.1) ist mit $\mathcal{P}\psi(\boldsymbol{r}') = \psi(\boldsymbol{r})$ paritätsinvariant: aus $\nabla' = -\nabla$ und $\boldsymbol{A}'(\boldsymbol{r}') = -\boldsymbol{A}(\boldsymbol{r})$ folgt eine Vorzeichenänderung von $\boldsymbol{\pi}$, was in $\boldsymbol{\pi}^2$ nichts macht. Da aber die Diracgleichung (52.5) linear in $\boldsymbol{\pi}$ ist, muss man hier den Vorzeichenwechsel durch Vertauschen von ψ und $\dot{\psi}$ kompensieren:

$$\psi'(\boldsymbol{r}') = \mathcal{P}\psi(\boldsymbol{r}') = \dot{\psi}(\boldsymbol{r}), \quad \dot{\psi}'(\boldsymbol{r}') = \mathcal{P}\dot{\psi}(\boldsymbol{r}') = \psi(\boldsymbol{r}). \tag{53.3}$$

In der 4-komponentigen Schreibweise (52.6) bedeutet das

$$\psi'_D(\boldsymbol{r}') = \mathcal{P}\psi_D(\boldsymbol{r}') = \gamma^0\psi_D(\boldsymbol{r}). \tag{53.4}$$

Nun ist ja häufig $[\mathcal{P}, H] = 0$. Das gilt insbesondere bei $\boldsymbol{A} = 0$, $A^0(\boldsymbol{r}) = A^0(-\boldsymbol{r})$, in H (52.7). Dann gibt's gemeinsame Eigenzustände von H und $\mathcal{P}$. Statt ψ und $\dot{\psi}$ benutzt man dann bequemer die (normierte) Summe und Differenz:

$$\psi = 2^{-\frac{1}{2}}(\psi_g + \psi_k), \quad \dot{\psi} = 2^{-\frac{1}{2}}(\psi_g - \psi_k). \tag{53.5}$$

Der Faktor $2^{-\frac{1}{2}}$ macht die Transformation *unitär*, d.h. ihre Umkehr lautet

$$\psi_g = 2^{-\frac{1}{2}}(\psi + \dot{\psi}), \quad \psi_k = 2^{-\frac{1}{2}}(\psi - \dot{\psi}). \tag{53.6}$$

Mit (53.3) gilt

$$\mathcal{P}\psi_g(\boldsymbol{r}') = \psi_g(\boldsymbol{r}), \quad \mathcal{P}\psi_k(\boldsymbol{r}') = -\psi_k(\boldsymbol{r}). \tag{53.7}$$

Aus der Summe und Differenz der Gleichungen (52.5) findet man

$$(\pi^0 - mc)\psi_g = \boldsymbol{\pi\sigma}\psi_k, \quad (\pi^0 + mc)\psi_k = \boldsymbol{\pi\sigma}\psi_g. \tag{53.8}$$

Man kann Diracs 4-komponentige Spinoren und 4×4-Matrizen direkt in dieser *Paritätsbasis* definieren, also statt (52.6)

$$\psi_{\mathcal{P}} = \begin{pmatrix} \psi_g \\ \psi_k \end{pmatrix}, \quad \gamma^0_{\mathcal{P}} = \begin{pmatrix} \sigma^0 & 0 \\ 0 & -\sigma^0 \end{pmatrix}, \quad \boldsymbol{\alpha}_{\mathcal{P}} = \begin{pmatrix} 0 & \boldsymbol{\sigma} \\ \boldsymbol{\sigma} & 0 \end{pmatrix}. \tag{53.9}$$

Für stationäre Lösungen ist $\pi^0 = (E_r - V)/c$, also

$$\psi_k = (mc + E_r/c - V/c)^{-1}\boldsymbol{\pi\sigma}\psi_g. \tag{53.10}$$

Bedenkt man $E_r = mc^2 + E$ (E = nichtrel Energie), dann gilt zur 1. Ordnung in Relativität

$$(mc + E_r/c - V/c)^{-1} = \frac{1}{2mc}\left(1 + \frac{E - V}{2mc^2}\right)^{-1} \approx \frac{1}{2mc}\left(1 + \frac{V - E}{2mc^2}\right).$$

Wegen des kleinen Faktors $(2mc)^{-1}$ heißt ψ_k auch die kleine Komponente von ψ, und die Paritätsbasis heißt auch Niederenergiebasis.
Links in (53.8) steht $(E - V)/c$. Nach Multiplikation mit c erhält man

$$(E - V)\psi_g = \left[\frac{(\boldsymbol{\pi\sigma})^2}{2m} + V_{LS} + \ldots\right]\psi_g, \quad V_{LS} = \boldsymbol{\sigma}\left[\boldsymbol{\pi}, V\right]\frac{\boldsymbol{\sigma\pi}}{4m^2c^2}. \tag{53.11}$$

Die Punkte in der eckigen Klammer deuten uninteressante Modifikationen bereits vorhandener Operatoren an. Der Kommutator $\boldsymbol{\sigma}[\boldsymbol{\pi}, V] = -i\hbar\boldsymbol{\sigma}[\nabla, V] = -i\hbar\boldsymbol{\sigma}\boldsymbol{r}V'/r$ enthält das elektrische Feld wie in (22.9). Setzen wir im hinteren Operator $\boldsymbol{\pi} = \boldsymbol{p}$ und beachten $\boldsymbol{\sigma r \sigma p} = \boldsymbol{rp} + i(\boldsymbol{r} \times \boldsymbol{p})\boldsymbol{\sigma}$ (vergl. 54.4), dann haben wir als qualitativ neuen Operator genau $V_{LS} = \hbar\boldsymbol{L\sigma}V'/4m^2c^2r$, wie in (22.10) vorweggenommen.
Ein Nachteil der Diracgleichung in der Paritätsdarstellung (53.8) wurde von Weyl und van der Waerden erkannt: die Diskussion der Lorentzinvarianz ist hier unnötig kompliziert. Man sieht das bereits daran, dass $\pi^0 \pm mc$ die 0-Komponente von π^μ mit der Lorentzinvarianten mc kombiniert. Die ursprüngliche Darstellung (52.6) wird auch *Weyldarstellung* oder *chirale Darstellung* genannt; die zweikomponentigen Spinoren ψ und $\dot{\psi}$ heißen auch *van der Waerdenspinoren.* Sie lorentztransformieren sich getrennt (der Paritätstransformation wird damit der Rang einer Lorentztransformation aberkannt).
☞ *Aufgabe:* Schreibt man in der Diracgl (52.7) $H = H_0 + H_{\text{st}}$ wie im nichtrel Fall (37.1), dann ist $H_{\text{st}} = e\boldsymbol{A\alpha}$, und man kann die weiteren Resultate von §37 mit der Substitution $\boldsymbol{\pi}_{\text{kl}}/mc \to \boldsymbol{\alpha}$ weiterbenutzen, sofern man für ψ_i und $\psi_f^\dagger$ 4-komponentige Diracspinoren benutzt. Beweise die Formel

$$\hbar c\boldsymbol{\alpha} = i[H_0, \boldsymbol{r}] \tag{53.12}$$

und leite daraus Fermis Goldene Regel (38.9) für ein Elektron her.

§54. Elektron im Zentralpotenzial. H-Atom relativistisch

Wo wir zum 3. Mal auf die konfluente hypergeometrische Funktion stoßen.

In §23 hatten wir argumentiert, dass für jedes drehinvariante System ein Dreher $\boldsymbol{J}$ existiert, mit $[\boldsymbol{J}, H] = 0$. Wir hatten gesehen, dass bei Spin-Bahn-Kopplung $\boldsymbol{J} = \widehat{\boldsymbol{L}} + \boldsymbol{\sigma}/2$ den Dienst tut. In der Diracgl haben wir andere Operatoren, das V_{LS} erscheint nur als Näherung in einer nichtrel. Entwicklung. In der Kramersversion (52.3) ist der neue Operator $i\hbar e\boldsymbol{\sigma E}/c$. Mit $e\boldsymbol{E} = \nabla V(r) = V'\widehat{\boldsymbol{r}}$ ist

$$i\hbar e\boldsymbol{\sigma E}/c = i\hbar V'\sigma_r/c, \quad \sigma_r = \boldsymbol{\sigma}\widehat{\boldsymbol{r}} = \boldsymbol{\sigma r}/r. \tag{54.1}$$

σ_r ist die Radialkomponente von $\boldsymbol{\sigma}$. $\boldsymbol{J}$ kommutiert auch mit $\boldsymbol{\sigma r}$, denn es gilt z.B. in kartesischen Koordinaten

$$\begin{aligned}[\sigma_z, \boldsymbol{\sigma r}] &= [\sigma_z, \sigma_x x + \sigma_y y] = 2i(\sigma_y x - \sigma_x y), \\ [\widehat{L}_z, \boldsymbol{\sigma r}] &= -i[x\partial_y - y\partial_x, \sigma_x x + \sigma_y y] = -i(\sigma_y x - \sigma_x y).\end{aligned} \tag{54.2}$$

In den linearen Gleichungssystemen (52.5) bzw. (53.9) kommutiert $\boldsymbol{J}$ mit $\boldsymbol{\sigma}\nabla$. Um das zu zeigen, erweitern wir $\boldsymbol{\sigma}\nabla$ mit dem Operator $1 = \sigma_r^2 = (\boldsymbol{\sigma r})^2/r^2$:

$$\boldsymbol{\sigma}\nabla = r^{-2}(\boldsymbol{\sigma r})^2(\boldsymbol{\sigma}\nabla) = r^{-1}\sigma_r(\boldsymbol{\sigma r})(\boldsymbol{\sigma}\nabla) = \sigma_r(\partial_r - r^{-1}\widehat{\boldsymbol{L}}\boldsymbol{\sigma}). \tag{54.3}$$

Der letzte Ausdruck folgt aus $\widehat{\boldsymbol{L}} = -i\boldsymbol{r} \times \nabla$ und der Paulialgebra (21.16),

$$\boldsymbol{\sigma}(\boldsymbol{\sigma b}) = \boldsymbol{b} + i(\boldsymbol{b} \times \boldsymbol{\sigma}), \qquad \boldsymbol{\sigma a}\,\boldsymbol{\sigma b} = \boldsymbol{ab} + i(\boldsymbol{a} \times \boldsymbol{b})\boldsymbol{\sigma} \tag{54.4}$$

(siehe auch (22.7)). Da $\boldsymbol{J}$ sowohl mit σ_r als auch mit $\widehat{\boldsymbol{L}}\boldsymbol{\sigma}$ kommutiert, gilt auch $[\boldsymbol{J}, \boldsymbol{\sigma}\nabla] = 0$. $\boldsymbol{J}$ ist also nach wie vor der richtige Dreher.
In der Pauligleichung mit V_{LS} ist außerdem noch $\boldsymbol{L}^2$ erhalten, wegen $[\boldsymbol{L}^2, \boldsymbol{\sigma}\widehat{\boldsymbol{L}}] = 0$. Es gibt dort also Lösungen der Art $R(r)\chi_\ell^{jm}(\vartheta, \varphi)$, wobei die Spinoren χ_ℓ^{jm} (24.12) Eigenzustände von $\boldsymbol{J}^2$, J_z und außerdem von $\boldsymbol{L}^2$ sind. Das ist jetzt vorbei. Vom Standpunkt der Drehungen im Ortsraum sind $\boldsymbol{\sigma r}$ und $\boldsymbol{\sigma}\nabla$ wie Dipoloperatoren. Sie ändern ℓ um ± 1. Als Lösungsansatz der Kramersgleichung für $\boldsymbol{A} = 0$, $V = V(r)$ braucht man also

$$\psi(\boldsymbol{r}) = R_1(r)\chi^{jm}_{j+\frac{1}{2}} + R_2(r)\chi^{jm}_{j-\frac{1}{2}} \tag{54.5}$$

mit beiden möglichen ℓ-Werten, $\ell = j + \frac{1}{2}$ und $\ell = j - \frac{1}{2}$, und zwei Radialfunktionen R_1 und R_2. Wie wirkt nun σ_r auf χ_ℓ^{jm}? Mit den Paulimatrizen (21.15) finden wir

$$\sigma_r = \boldsymbol{\sigma}\widehat{\boldsymbol{r}} = \begin{pmatrix} \cos\vartheta & \sin\vartheta e^{-i\varphi} \\ \sin\vartheta e^{i\varphi} & -\cos\vartheta \end{pmatrix}, \tag{54.6}$$

aber das brauchen wir gar nicht. Uns genügt, dass σ_r ℓ um eins ändert, es macht also aus χ_ℓ^{jm} ein $\chi_{\tilde{\ell}}^{jm}$, wobei $\tilde{\ell}$ der zweite mögliche ℓ-Wert bei festem j ist. Da außerdem $\sigma_r^2 = 1$ ist, muss $\sigma_r\chi_\ell^{jm} = \pm\chi_{\tilde{\ell}}^{jm}$ sein. Das Vorzeichen hängt von der Reihenfolge der Kopplung in den CG-Koeffizienten ab: bei $j_1 = \ell$ in (24.11) gilt -1, bei $j_1 = s$ (und dann $j_2 = \ell$) gilt $+1$. Da wir uns in (24.11) für die erste Version entschieden haben, gilt

$$\sigma_r\chi_\ell^{jm} = -\chi_{\tilde{\ell}}^{jm}, \quad \tilde{\ell} = 2j - \ell. \tag{54.7}$$

Insbesondere ist also $\sigma_r \chi_0^{\frac{1}{2}m} = -\chi_1^{\frac{1}{2}m}$ (nachrechnen!).
Für $V = -Z\alpha/r$ sind R_1 und R_2 bis auf Konstanten gleich, und die Bindungsenergien lassen sich besonders einfach berechnen. Nur enthält das Spektrum Paritätsentartung, wie wir gleich sehen werden, und da entpuppen sich die Kramerslösungen als Paritätsgemische. Das ist für weitere Rechnungen (Lebensdauern, Kernausdehnung usw.) schlecht. Diracs Paritätsbasis (53.8) dagegen garantiert Paritätseigenzustände, aber auch die enthalten zwei Radialfunktionen, $g(r)$ und $f(r)$:

$$\psi_g = g(r)\chi_\ell^{jm}(\vartheta,\varphi), \quad \psi_k = -if(r)\chi_{\bar{\ell}}^{jm}(\vartheta,\varphi). \tag{54.8}$$

Bei den großen Komponenten steht hier laut Definition der nichtrel. Wert von ℓ, der andere steht bei den kleinen Komponenten. Man pflegt weiterhin zu sagen, der Grundzustand habe $\ell = 0$, obwohl seine kleinen Komponenten $\ell = 1$ haben. Korrekter sagt man, der Grundzustand hat $j = \frac{1}{2}$ und positive Parität (er ist also nicht paritätsentartet!).
Die Eigenwerte von $\widehat{\boldsymbol{L}}\boldsymbol{\sigma}$ für die χ_ℓ^{jm} der großen Komponenten wurden schon in (24.6) berechnet. Man pflegt hier ein Diracsches κ_D einzuführen,

$$-\widehat{\boldsymbol{L}}\boldsymbol{\sigma}\chi_\ell^{jm} = (\kappa_D + 1)\chi_\ell^{jm} \tag{54.9}$$

$$\kappa_D = (\ell - j)(2j+1) = \pm\left(j + \tfrac{1}{2}\right) \tag{54.10}$$

(der Index $_D$ soll Verwechslung mit unserem $\kappa = -ik$ vermeiden). Mit dem Ansatz (54.8) in der Diracgleichung (53.8) folgt, mit $\pi_\pm^0 = \pi^0 \pm mc$,

$$\pi_-^0 g = \hbar\left(\partial_r + \frac{1-\kappa_D}{r}\right)f, \quad \pi_+^0 f = -\hbar\left(\partial_r + \frac{1+\kappa_D}{r}\right)g. \tag{54.11}$$

Beachte die für beide κ_D-Werte geltende Formel:

$$\kappa_D(\kappa_D + 1) = \ell(\ell+1) = \lambda. \tag{54.12}$$

Zusätzlich trennen wir von (54.11) einen Faktor r^{-1} ab:

$$g = u_g/r, \quad f = u_f/r, \tag{54.13}$$

$$\pi_-^0 u_g = \hbar(\partial_r - \kappa_D/r)u_f, \quad \pi_+^0 u_f = -\hbar(\partial_r + \kappa_D/r)u_g. \tag{54.14}$$

Alsdann versuchen wir u_f und u_g durch eine gemeinsame Funktion $u(r)$ so auszudrücken, dass beide Gleichungen (54.14) erfüllt sind. Die Gleichung für u muss dann natürlich von 2. Ordnung sein. Wir setzen an:

$$u_g = \left[a\pi_+^0 + b(\partial_r - \kappa_D/r)\right]u, \quad u_f = \left[b\pi_-^0 - a(\partial_r + \kappa_D/r)\right]u, \tag{54.15}$$

mit unbekannten Konstanten a und b. Der Ansatz ist so gewählt, dass die Diffgl für u Normalform hat, d.h. $\partial_r u$ darin nicht vorkommt. Und zwar liefern die beiden Gleichungen (54.14), mit $[\hbar\partial_r, \pi^0_\pm] = -Z\alpha\hbar^2/r^2$,

$$\begin{aligned}&\left[\pi^0_+\pi^0_-/\hbar^2 + \partial_r^2 - \kappa_D(\kappa_D+1)/r^2 + (b/a)Z\alpha/r^2\right] u = 0,\\ &\left[\pi^0_+\pi^0_-/\hbar^2 + \partial_r^2 - \kappa_D(\kappa_D-1)/r^2 - (a/b)Z\alpha/r^2\right] u = 0.\end{aligned} \tag{54.16}$$

Diese beiden Gleichungen sind identisch für $-\kappa_D + Z\alpha b/a = \kappa_D - Z\alpha a/b$, also

$$b/a = \kappa_D/Z\alpha \mp \sqrt{\kappa_D^2/Z^2\alpha^2 - 1} = (\kappa_D \mp \gamma)/Z\alpha, \tag{54.17}$$

$$\gamma = \sqrt{\kappa_D^2 - Z^2\alpha^2} = \sqrt{\left(j+\tfrac{1}{2}\right)^2 - Z^2\alpha^2}. \tag{54.18}$$

So leicht geht das nur für das $1/r$-Potenzial; andernfalls muss man Hilfsfunktionen von r zulassen (Goldberg *et al* 1989). Die r^{-2}-Glieder in (54.16) kombinieren damit zu

$$Z^2\alpha^2 - \kappa_D(\kappa_D+1) + \kappa_D \mp \gamma = -\gamma^2 \mp \gamma, \tag{54.19}$$

so dass die beiden Gleichungen (54.16) die endgültige Form erhalten

$$\left(\partial_r^2 + k^2 - r^{-2}\gamma(\gamma\pm 1) + (2/\hbar c)E_r Z\alpha/r\right) u(r) = 0. \tag{54.20}$$

Offenbar ist $u = rR$, wobei R die KG-Gleichung (51.2) erfüllt, mit

$$\lambda' = \ell'(\ell'+1) = \gamma(\gamma\pm 1). \tag{54.21}$$

Sowas war zu erwarten, denn für $\kappa_D > 0$ ist $\ell = j + \frac{1}{2}$, also $\gamma(\gamma+1) \approx \lambda$ in der nichtrel. Grenze, und für $\kappa_D < 0$ ist $\gamma(\gamma-1) \approx (j+\frac{1}{2})(j-\frac{1}{2}) = (\ell+1)\ell$. Die Lösungen sind also wieder durch (51.3) gegeben:

$$\begin{aligned}&u = \mathrm{e}^{-z/2}z^{\ell'+1}F(-n_r, 2\ell'+2, z), \quad z = 2\kappa r,\\ &\ell' = \gamma \text{ für } \ell = j+\tfrac{1}{2}, \quad \ell' = \gamma - 1 \text{ für } \ell = j - \tfrac{1}{2}.\end{aligned} \tag{54.22}$$

Da die beiden ℓ'-Werte sich genau um 1 unterscheiden, lässt sich der Unterschied durch eine Umdefinition von n_r in (51.4) beseitigen. Mit den Bezeichnungen $\ell'_- = \ell' - 1$, $n_{r+} = n_r + 1$ gilt in (51.4)

$$n' = n_r + \ell' + 1 = n_{r+} + \ell'_- + 1. \tag{54.23}$$

In beiden Fällen gilt dann (51.6), sowie (51.7) in der Form

$$\delta\ell = \ell' - \ell = \gamma - j - \tfrac{1}{2} \approx -Z^2\alpha^2/(2j+1). \qquad (54.24)$$

Das folgt aus (51.7) durch Ersetzen $\ell \to j$. Es ist aber doch seltsam, denn es bedeutet ja, dass die Bindungsenergien (51.6) oder (51.9) bei festem j nicht von ℓ abhängen. Insbesondere sind also $n\mathrm{s}_{\frac{1}{2}}$ und $n\mathrm{p}_{\frac{1}{2}}$ entartet, während $n\mathrm{p}_{\frac{3}{2}}$ etwas höher liegt (Bild 54-1).

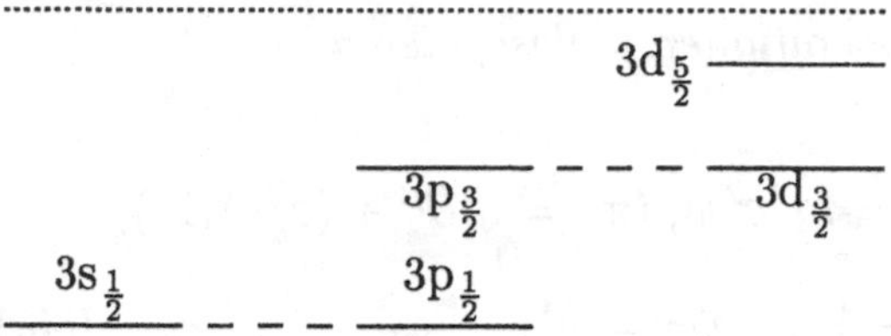

Bild 54-1: Absinken der Energielevel beim H-Atom vom nichtrel. Wert (obere gestrichelte Linie) für $n = 3$

Wir wollen uns noch die Funktionen u_g und u_f (54.15) anschauen, die wir ja für g und f in (54.13) brauchen:

$$\begin{aligned} u_g &= a\left[\pi^0_+ + (\hbar/Z\alpha)(\kappa_D \mp \gamma)(\partial_r - \kappa_D/r)\right] u, \\ u_f &= b\left[\pi^0_- - (\hbar/Z\alpha)(\kappa_D \pm \gamma)(\partial_r + \kappa_D/r)\right] u. \end{aligned} \qquad (54.25)$$

Im zweiten Ausdruck wurde $a/b = Z\alpha/(\kappa_D \mp \gamma) = (\kappa_D \pm \gamma)/Z\alpha$ benutzt. Das Vorzeichen von γ in (54.25) ist so zu wählen, dass $\kappa_D \pm \gamma$ von der Ordnung $Z^2\alpha^2$ ist, der Vorfaktor von ∂_r also von der Ordnung $Z\alpha$ ist. (Lösungen für negative E werden getrennt diskutiert.) Daraus folgt, dass die Kombination $\hbar(\kappa_D + \gamma)(\partial_r - \kappa_D/r)/Z\alpha$ in u_g zum kleineren ℓ-Wert gehört, $\ell = j - \frac{1}{2}$, $\ell' = \gamma - 1$. Dann hat also u einen Faktor z^γ laut (54.22). Mit $[\partial_r, z^\gamma] = z^\gamma \gamma/r$ liefert diese Kombination $\hbar(\kappa_D + \gamma)(\gamma - \kappa_D)/Z\alpha r = -\hbar Z\alpha/r$, die das r^{-1}-Glied aus π^0_+ gerade kompensiert. Gleiches passiert auch in u_f. So gehen $g(r)$ und $f(r)$ für $r \to 0$ wie $r^{\ell'}$, also nicht wie $r^{\ell'-1}$. Das ist gut so, denn sonst würden g und f für $\ell = 0$ näherungsweise wie $1/r$ divergieren! (Der Faktor $z^{\ell'}$ bewirkt bei $\ell = 0$ eine schwache Divergenz: laut (54.24) ist $\ell' = \delta\ell = -Z^2\alpha^2/2$. Bei Elektroneneinfang am Kern darf man deshalb in der relativistischen Rechnung nicht den Kernradius $= 0$ setzen.) Für $\ell = j + \frac{1}{2}$ dagegen ist $1 + \ell' - \gamma = 1$, so dass $\hbar\partial_r u$ beim Vorziehen ein zusätzliches Glied $\hbar/r$ liefert. Dadurch kriegen g und f für $\ell = j - \frac{1}{2}$ und $\ell = j + \frac{1}{2}$ das gleiche Verhalten für $r \to 0$, im Gegensatz zu $u = rR$.
Übrigens: Häufig werden u_g und u_f durch $F(-n_r, 2\gamma)$ und $F(1 - n_r, 2\gamma)$ ausgedrückt. Der benutzte Zusammenhang ergibt sich aus $z\partial_z F(a,b) = (b-a)F(a-1,b) + (a-b+z)F(a,b)$.

☞ *Aufgaben:* (i) Zeige, dass die Summe aus der ℓ-abhängigen spinlosen Feinstruktur aus (51.9) und der ebenfalls ℓ-abhängigen Spin-Bahn-Korrektur (25.12) nur noch von j abhängt! (ii) Zeige $\boldsymbol{\sigma} = \sigma_r(\widehat{\boldsymbol{r}} + i\boldsymbol{\sigma} \times \widehat{\boldsymbol{r}})$.

§55. Ladungskonjugation. $\mathcal{CP}$ & $\mathcal{T}$

Wo wir eine neue Symmetrie kennenlernen und über die bestmögliche Darstellung geometrischer Operationen philosophieren.

Ersetzt man bei KG $\pi^\mu \pi_\mu \psi = m^2c^2\psi$, $(\pi^\mu = i\hbar\partial^\mu + (e/c)A^\mu)$,

$$A_C^\mu = -A^\mu, \quad \psi_C = \psi^*, \tag{55.1}$$

dann erhält man die Gleichung

$$(i\hbar\partial^\mu - (e/c)A^\mu)(i\hbar\partial_\mu - (e/c)A_\mu)\psi^* = \pi^{*\mu}\pi_\mu^*\psi^* = m^2c^2\psi^*, \tag{55.2}$$

die identisch ist mit KG komplexkonjugiert (50.15). Also ist die KG-Gleichung invariant (genaugenommen *kovariant*) unter der Transformation (55.1). Man nennt sie Ladungskonjugation, weil $eA^\mu \to -eA^\mu$ auch durch einen Vorzeichenwechsel der bisherigen Ladung $-e$ erreicht wird. Sofern ein äußeres A^μ vorgegeben ist, ist KG natürlich nicht $\mathcal{C}$-invariant. Das Coulombpotenzial $A^0 = Ze/r$ z.B. gestattet gebundene Zustände für π^--Mesonen, aber nicht für π^+-Mesonen. Erst wenn man den Kern als Ursprung dieses Potenzials ebenfalls ladungskonjugiert, ist die $\mathcal{C}$-Invarianz wiederhergestellt. (Man kommt dann zu den Antiatomen.)
Die entsprechende Invarianz der Diracgleichung (52.7) ist verzwickter. Zunächst eliminieren wir das $\boldsymbol{\alpha}$ wieder zugunsten der Paulimatrizen $\boldsymbol{\sigma}$ mittels (52.6)

$$\boldsymbol{\alpha} = \boldsymbol{\sigma}\gamma_5 \,, \quad \gamma_5 = \begin{pmatrix} \sigma^0 & 0 \\ 0 & -\sigma^0 \end{pmatrix} : \quad (\pi^0 - \boldsymbol{\pi\sigma}\gamma_5)\,\psi_D = mc\gamma^0\,\psi_D \tag{55.3}$$

Damit ist die durch die Verdoppelung der Komponenten entstandene *Diracalgebra* von der Algebra der Paulimatrizen entkoppelt. Es gilt

$$\gamma_5^2 = \gamma_0^2 = 1 \,, \quad \gamma_5\gamma^0 + \gamma^0\gamma_5 = \{\gamma_5, \gamma^0\} = 0 \tag{55.4}$$

(Offenbar erzeugen γ_5 und γ^0 die gleiche Algebra wie σ_z und σ_x, was wir aber nicht weiter auszubauen brauchen.)

Die komplexkonjugierte Version von (55.3)

$$(\pi^{0*} - \boldsymbol{\pi}^* \boldsymbol{\sigma}^* \gamma_5)\, \psi_D^* = mc\gamma^0\, \dot{\psi}_D^* \tag{55.5}$$

enthält nicht mehr die Paulimatrizen $\boldsymbol{\sigma}$, sondern $\boldsymbol{\sigma}^*$. Es gibt keine unitäre Matrix U_C, die alle drei $\boldsymbol{\sigma}^*$ auf $\boldsymbol{\sigma}$ transformierte. Möglich ist jedoch

$$\boldsymbol{\sigma}^* = -U_C^\dagger \boldsymbol{\sigma} U_C, \quad U_C = \begin{pmatrix} 0 & -1 \\ 1 & 0 \end{pmatrix} = \mathrm{e}^{-i\pi\sigma_y/2} = -i\sigma_y, \quad U_C^\dagger U_C = 1, \tag{55.6}$$

die $\boldsymbol{\sigma}^*$ auf $-\boldsymbol{\sigma}$ transformiert:

$$(\pi^{0*} + \boldsymbol{\pi}^* \boldsymbol{\sigma} \gamma_5)\, U_C\, \psi_D^* = mc\gamma^0\, U_C\, \dot{\psi}_D^*. \tag{55.7}$$

Damit geht nun allerdings $(\pi^{0*} - \boldsymbol{\pi}^* \boldsymbol{\sigma}^* \gamma_5)$ in $(\pi^{0*} + \boldsymbol{\pi}^* \boldsymbol{\sigma} \gamma_5)$ über, was man nur durch Vertauschen von ψ^* und $\dot{\psi}^*$ (mittels γ^0) kompensieren kann. Schließlich ist $\pi_C^{*\mu} = -\pi^\mu$, und das Minuszeichen muss auch noch kompensiert werden, was bei der quadratischen Form (55.2) unnötig war. Wir setzen deshalb an

$$A_C^\mu = -A^\mu, \quad \psi_{DC} = \gamma_5 \gamma^0\, U_C\, \psi_D^* \tag{55.8}$$

Dies transformiert nun (55.2) in

$$\left(-\pi^{0*} + \boldsymbol{\pi}^* \boldsymbol{\sigma} \gamma_5\right) \gamma_5 \gamma^0\, U_C\, \psi_D^* = mc\, \gamma^0 \gamma_5 \gamma^0\, U_C\, \dot{\psi}_D^* = -mc\, \gamma_5\, U_C\, \dot{\psi}_D^* \tag{55.9}$$

(der letzte Ausdruck folgt aus (55.4)). Wir können jetzt γ_5 und auch U_C abdividieren (beim Letzteren geht $\boldsymbol{\sigma}$ in $-\boldsymbol{\sigma}^*$ über) und schließlich noch mit $-\gamma^0$ malnehmen; schon sind wir bei (55.5) angelangt. Beachte, dass die Schrgl nicht $\mathcal{C}$-invariant ist!

Zunächst hat $\mathcal{C}$ nichts mit Lorentztransformationen zu tun, sie ist eine *innere Symmetrie*. Man darf sie aber mit der Parität zu einer $\mathcal{CP}$-Transformation kombinieren:

$$\boldsymbol{r}' = -\boldsymbol{r},\ t' = t,\ \boldsymbol{A}'(\boldsymbol{r}') = \boldsymbol{A}(\boldsymbol{r}),\ \phi'(\boldsymbol{r}') = -\phi(\boldsymbol{r}),\ \psi_D'(\boldsymbol{r}') = \gamma_5 U_C\, \psi_D^*(\boldsymbol{r}). \tag{55.10}$$

Im Gegensatz zu $\mathcal{P}$ bleiben ψ und $\dot{\psi}$ bei $\mathcal{CP}$ getrennt. Wollen wir ψ und $\dot{\psi}$ bei allen Lorentztransformationen inklusive *Rauminversion* $\mathcal{R}$ ($\boldsymbol{r}' = -\boldsymbol{r}$, $t' = t$) getrennt halten, dann müssen wir $\mathcal{R} = \mathcal{CP}$ setzen. Also: $\mathcal{C}$ und $\mathcal{P}$ *nichtlorentzsch* — $\mathcal{R}$ *lorentzsch*. Der Nutzen dieser Umdefinition zeigt sich bei der Einbeziehung der *schwachen Wechselwirkung* der Elektronen, z.B. beim β-Zerfall. Die addiert nämlich ein Glied mit ψ; das entsprechende $\dot{\psi}$-Glied fehlt. Damit ist die Lorentzinvarianz inklusive $\mathcal{R}$ gerettet, woran Lorentz seine

Freude gehabt hätte (nur später, beim Zerfall des K^0-Mesons, versagt auch $\mathcal{CP}$ ein wenig). Die Degradierung von $\mathcal{P}$ zugunsten von $\mathcal{CP}$ als geometrischer Transformation schmälert natürlich nicht die überragende Bedeutung von $\mathcal{P}$ in der Atomphysik. $\mathcal{C}$ und $\mathcal{CP}$ sind hier unbedeutend. Wir wissen zwar, dass es zu den Teilchen π^-, e^- usw. die *Antiteilchen* π^+, e^+ usw. mit gleicher Masse und entgegengesetzter Ladung gibt, und dass die Bewegung dieser Teilchen durch $\psi_{D,\mathcal{CP}}$ beschrieben wird, aber die Antiteilchenwelt ist zunächst getrennt von der Teilchenwelt, genauso wie die Existenz von Müonen (μ^-, eine Art schweres Elektron) oder Neutrinos für die normale Atomphysik irrelevant ist.

Als nächstes betrachten wir die Zeitumkehr, $t' = -t$, $\boldsymbol{r}' = \boldsymbol{r}$. Sie wird vervollständigt durch

$$\boldsymbol{A}_\mathcal{T}(\boldsymbol{r}, -t) = -\boldsymbol{A}(x^\mu), \quad \phi_\mathcal{T}(\boldsymbol{r}, -t) = \phi(x^\mu), \tag{55.11}$$

weil $\boldsymbol{A}$ von Strömen erzeugt wird, die bei Zeitumkehr klassisch gesehen ihre Richtung ändern. $\mathcal{T}$ transformiert also $(\pi^0 - \boldsymbol{\pi\sigma}\gamma_5)$ in $(\pi^{0^*} + \boldsymbol{\pi}^*\boldsymbol{\sigma}\gamma_5)$. Das lässt sich nun mittels $U_\mathcal{C}$ (55.5) auf $(\pi^{0^*} - \boldsymbol{\pi}^*\boldsymbol{\sigma}^*\gamma_5)$ transformieren. Es ist also

$$\psi_{D\mathcal{T}}(x'^\mu) = U_\mathcal{C}\, \psi_D^*(x^\mu). \tag{55.12}$$

Für das Produkt $\mathcal{RT} = \mathcal{CPT}$ ergibt sich nun die besonders einfache Transformation:

$$A^\mu_{\mathcal{CPT}}(-x^\nu) = -A^\mu(x^\nu), \quad \psi_{D,\mathcal{CPT}}(-x^\nu) = -\gamma_5\psi_D(x^\nu), \tag{55.13}$$

insbesondere also für $\dot{\psi}$ im Spinorraum einfach die Einheitstransformation. Es zeigt sich nun, dass lorentzinvariante Gleichungen automatisch $\mathcal{CPT}$-invariant sind, weil sich der Übergang $x^\mu \to -x^\mu$ wieder kontinuierlich aufbauen lässt. Zunächst kann man ja x und y durch eine Drehung um die z-Axe in $-x$ und $-y$ transformieren, und dann kann man durch eine *Drehung der Variablen t und iz* (die lässt $t^2 + (iz)^2 = t^2 - z^2$ invariant) t und z umdrehen. Einzige Bedingung ist also, dass sich die Gleichungen zu komplexen x^μ fortsetzen lassen, also z.B. kein $|t|$ enthalten.

Die linearen Versionen (50.32) der KG-Gleichung und (52.7) der Diracgl können nicht verhindern, dass in den Gleichungen ohne Hilfskomponenten stets $-\partial_t^2$ auftritt, so dass zu stationären Lösungen der Art $\exp(-iEt/\hbar)$ auch solche mit negativen E gehören. Ist z.B. $\exp(-ikx) = \exp(-i(k_0x^0 - \boldsymbol{kr}))$ eine Lösung der freien KG-Gleichung mit $k_0 = E/\hbar c = \sqrt{k^2 + m^2c^2/\hbar^2}$, dann ist zum gleichen $\boldsymbol{k}$ auch $k_0 = -E/\hbar c$ eine Lösung. Zwar sind Systeme mit negativem k_0 erlaubt, es muss aber einen Zustand kleinster Energie geben, den *Grundzustand.* Das ist hier nicht der Fall, es gibt auch Lösungen mit $k_0 \to -\infty$. Für eine konsistente Interpretation braucht man die Diracgl nicht für die Wellenfunktion ψ_D, sondern für den Elektronenfeldoperator $\Psi_D(\boldsymbol{r}, t)$, der in einem Fockraum wirkt und bei x^μ die elektrische Ladung um e anhebt. $\Psi_D(x^\mu)$ vernichtet bei x^μ ein Elektron oder erzeugt dort ein Positron. Die Diracgl (52.7) für die Wellenfunktion ψ_D eines einzelnen Elektrons gilt nicht streng, schon wegen seines in §22 erwähnten g-Faktors, $g_e = 2.002\,3$. Die Diracgl für Ψ_D dagegen gilt exakt (§56). Der Zustand ψ_H, der in (44.3) noch aus Fotonfockraumzustand und Elektronwellenfunktion bestand, ist jetzt nur noch ein Fockraumzustand von Foton- und Elektronzahlen wie in §36 erwähnt. Die Zerlegung von Ψ_D nach einem vollständigen System von Elektronorbitalen lautet analog zu (35.9) für $\boldsymbol{A}$:

$$\Psi_D(\boldsymbol{r}, t) = \sum\nolimits_i \left(b_i \psi_{Di}(\boldsymbol{r}) \mathrm{e}^{-i\omega_i t} + b_{i-} \psi_{Di-}(\boldsymbol{r}) \mathrm{e}^{i\omega_i t}\right), \qquad (55.14)$$

wobei der Index $_-$ eine negative Energie andeutet, $E_i = -\omega_i$, $\omega_i > 0$. Im Gegensatz zu $\boldsymbol{A}$ ist aber Ψ_D nicht hermitisch, b_{i-} und ψ_{Di-} sind verschieden von $b_i^\dagger$ und ψ_{Di+}. Die Funktion $\psi_{Di-} \exp(i\omega_i t)$ muss natürlich wieder eine Lösung der Diracgleichung sein:

$$\psi_{Di-}(\boldsymbol{r}) = \mathcal{C}\,\mathcal{P}\,\psi_{Di}(\boldsymbol{r}) = \gamma_5 U_C\, \psi^*_{Di}(-\boldsymbol{r}). \qquad (55.15)$$

Für eine ebene Welle ergibt das gerade den obigen Raum-Zeit-Teil $\exp(ik_0 x_0 + i\boldsymbol{kr})$. Genau wie bei den Fotonen bewirkt nun die Kombination $b_i \psi_{Di}(\boldsymbol{r}) \exp(-i\omega_i t)$, dass die Energie $E_i = \hbar\omega_i$ zugeführt wird, bei ebenen Wellen außerdem der Impuls $\boldsymbol{p}_i = \hbar \boldsymbol{k}_i$. Wenn es nun keine Zufuhr negativer Energie gibt, dann muss man $b_{i-}\psi_{Di-}(\boldsymbol{r}) \exp(i\omega_i t)$ als Abfuhr positiver Energie deuten, genau wie bei den Fotonen, wo ja a_{i-} einem $a_i^\dagger$ entspricht. Nur wird hier von Ψ_D die Ladung $-e$ zugeführt, so dass also $b_{i-}\psi_{Di-}(\boldsymbol{r}) \exp(i\omega_i t)$ die Ladung $+e$ abführen muss. Der Operator

$$b_{i-} =: d_i^\dagger \qquad (55.16)$$

erzeugt also ein *Positron* der Energie $+\hbar\omega$ und Ladung $+e$. Auch in der Impulsbilanz muss man $\hbar\boldsymbol{k}_i$ als $-(-\hbar\boldsymbol{k}_i)$ lesen, d.h. der Impuls des erzeugten freien Positrons ist $-\hbar\boldsymbol{k}_i$.

Ein anschauliches Beispiel für das Wirken von Ψ_D ist der Elektroneinfang an einem im Kern gebundenen Proton, (p)e$^-$ $\to$ (n)ν (ν = Neutrino = masseloses neutrales Fermion, n= Neutron, §61). Wenn der neugebildete Kern hinreichend tief gebunden ist, tritt als Konkurrenzprozess zum Elektroneinfang stets Positronemission auf (β^+-Zerfall, (p) $\to$ (n)e$^+\nu$). Allerdings müssen

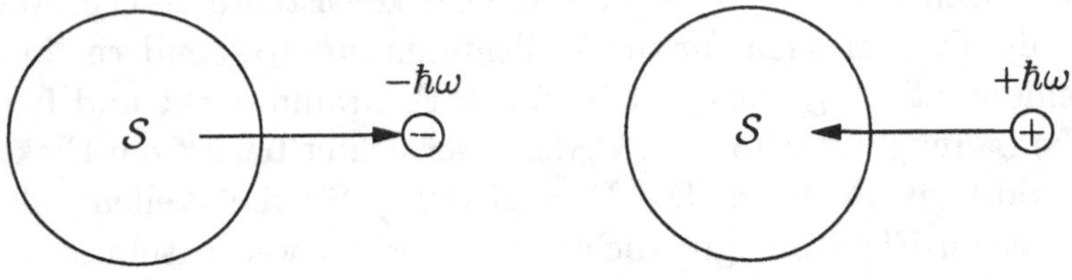

Bild 55-1: Das System $\mathcal{S}$ hat nach der Vernichtung des Elektrons mit Energie $-\hbar\omega$ die gleiche Energie und Ladung wie nach der Erzeugung eines Positrons mit Energie $+\hbar\omega$.

wir in diesem Beispiel Ψ_D nach Orbitalen der Diracgl im Coulombpotenzial entwickeln. Der Raumanteil $\psi_D(\boldsymbol{r})$ eines Orbitals negativer Energie ist dann nicht einfach $\psi_{DiCP}(\boldsymbol{r})$, insbesondere gibt es zu den gebundenen Orbitalen $\psi_{Di}(\boldsymbol{r})$ keine entsprechenden $\psi_{Di-}(\boldsymbol{r})$, da die Positronen ja vom Kern abgestoßen werden:

$$\Psi_D(\boldsymbol{r},t) = \sum_i b_i \psi_{Di}(\boldsymbol{r}) \mathrm{e}^{-i\omega_i t} + \sum_i d_i^\dagger \psi_{Di-}(\boldsymbol{r}) \mathrm{e}^{i\omega_i t}. \tag{55.17}$$

In der normalen Atomphysik spielen die Positronen explizit keine Rolle. Implizit sind sie aber überall, wo man aus mathematischen Gründen ein vollständiges System von Zuständen einschieben muss (relativistische Greensfunktionen). Ohne die Zustände negativer Energie ist das System unvollständig und erfüllt nicht seinen Zweck.

Außer der elektrischen Ladung gibt es auch eine *Baryonenzahl* B und eine *Leptonenzahl* L, die bei allen bekannten Reaktionen erhalten sind. Damit die Uminterpretation von b_{iCP} von *Vernichter von Teilchen negativer Energie* auf *Erzeuger von Antiteilchen positiver Energie* auch diese Erhaltungssätze respektiert, müssen bei Antiteilchen auch B und L umgekehrt sein. Das Elektron hat per Definition $L = 1$, das Positron also $L = -1$. Dann ist z.B. bei der Bildung von $\mathrm{e}^+\mathrm{e}^-$-Paaren sowohl die Ladung als auch L erhalten. Proton und Neutron sind Baryonen und haben $L = 0$, $B = 1$. Das beim Elektroneinfang entstehende Neutrino muss also $L = 1$ haben. Daraus folgt, dass beim normalen β-Zerfall des Neutrons ein *Antineutrino* $\overline{\nu}$ mit $L = -1$ entsteht, $\mathrm{n} \to \mathrm{p}\mathrm{e}^-\overline{\nu}$. Analog haben die *Leptonen* e und ν $B = 0$ und die *Antibaryonen* $\overline{\mathrm{p}}$ und $\overline{\mathrm{n}}$ haben $B = -1$.

Am Ende von §52 hatten wir die Ebenen-Wellen-Spinoren $\psi_i = \psi(\boldsymbol{k}, \lambda)$ in der Form

$$\psi(\boldsymbol{k},\lambda) = \mathrm{e}^{i\boldsymbol{k}\boldsymbol{r}} \begin{pmatrix} u_R \\ u_L \end{pmatrix}, \quad u_{R,L} = \sqrt{\omega/c \pm 2k\lambda}\,\chi(\lambda) \tag{55.18}$$

gefunden. Für die gleichen Zustände bei Positronen müssen wir nach dem Gesagten sowohl ω als auch $\boldsymbol{k}$ umdrehen. Aber auch die magnetische Quantenzahl m_s des Spinoperators $\boldsymbol{S} = \boldsymbol{\sigma}/2$ ist additiv und muss invertiert werden. Als Folge der gleichzeitigen Inversion von $\boldsymbol{k}$ und m_s bleibt die Helizität erhalten, $\lambda = -\lambda$. Damit finden wir für Positronen

$$\psi_-(\boldsymbol{k}, \lambda) = \mathrm{e}^{-i\boldsymbol{k}\boldsymbol{r}} \begin{pmatrix} v_R \\ v_L \end{pmatrix}, \quad v_{R,L} = \pm i\sqrt{\omega/c \mp 2k\lambda}\,\chi(\lambda). \tag{55.19}$$

Hier wurde bei v_R $\sqrt{-1} = i$ abspariert, weshalb im Vergleich mit (55.18) doch das andere Vorzeichen bei $2k\lambda$ erscheint.Bei v_L muss dann ein $i^{-1} = -i$ erscheinen, weil laut (52.15) ψ und $\dot{\psi}$ mit inversen Matrizen lorentztransformiert werden.

☞ *Aufgabe:* Zeige mittels der Hermitizität des Vektoroperators $\boldsymbol{A}$, dass das Foton sein eigenes Antiteilchen ist.

§56. Diracs 4-Strom, Skalarprodukt. Elektronenfeldoperator und QED

Wo wir den Elektron-Positron-Feldoperator kennenlernen.

Zur Konstruktion des Diracstromes j^μ schreiben wir die Diracgl (52.5) etwas kompakter:

$$\pi_\mu \sigma^\mu \psi = mc\dot{\psi}, \quad \pi_\mu \sigma_L^\mu \dot{\psi} = mc\psi, \quad \sigma_L^\mu = (\sigma^0, -\boldsymbol{\sigma}). \tag{56.1}$$

Die σ_L nennen wir *linke Paulimatrizen.* Zwar ist $\sigma_L^\mu = \sigma_\mu$, aber die Schreibweise $\pi_\mu \sigma_\mu$ ist verpönt (siehe 50.10). Die hermitisch konjugierte Version von (56.1) lautet

$$\pi_\mu^* \dot{\psi}^\dagger \sigma_L^\mu = mc\psi^\dagger, \quad \pi_\mu^* \psi^\dagger \sigma^\mu = mc\dot{\psi}^\dagger, \tag{56.2}$$

$$\dot{\psi}^\dagger(-i\overleftarrow{\partial}_\mu + eA_\mu)\sigma_L^\mu = mc\psi^\dagger, \quad \psi^\dagger(-i\overleftarrow{\partial}_\mu + eA_\mu)\sigma^\mu = mc\dot{\psi}^\dagger. \tag{56.3}$$

Man kann jetzt aus ψ und $\psi^\dagger$ ohne Ableitungen zwei verschiedene 4-Ströme konstruieren; einen rechten und einen linken:

$$j_R^\mu = c\psi^\dagger \sigma^\mu \psi, \quad j_L^\mu = c\dot{\psi}^\dagger \sigma_L^\mu \dot{\psi}. \tag{56.4}$$

Mit den beiden Ausdrücken (50.16) für $i\partial_\mu$ findet man

$$i\partial_\mu j_R^\mu = mc^2(\psi^\dagger \dot{\psi} - \dot{\psi}^\dagger \psi) = -i\partial_\mu j_L^\mu. \tag{56.5}$$

Für $m \neq 0$ gibt es also wieder genau einen erhaltenen Strom:

$$j^\mu = j^\mu_R + j^\mu_L, \quad \partial_\mu j^\mu = 0. \tag{56.6}$$

Man kann j^μ als $\dot{\psi}^\dagger \Gamma^\mu \psi$ analog zu (50.18) schreiben (vergl. (58.27)), doch ist das unüblich. Die in ψ und $\dot{\psi}$ symmetrische Schreibweise zeigt nämlich, dass ρ positiv definit ist:

$$j^0/c = \rho = \psi^\dagger\psi + \dot{\psi}^\dagger\dot{\psi} = \psi_D^\dagger \psi_D. \tag{56.7}$$

Das Skalarprodukt $\langle a|b\rangle$ zweier Elektronenzustände schreibt man deshalb

$$\langle a|b\rangle = \int d^3r\, (\psi_a^\dagger\psi_b + \dot{\psi}_a^\dagger\dot{\psi}_b). \tag{56.8}$$

Die Diracform von $j^\mu = j^\mu_R + j^\mu_L$ lautet

$$j^\mu = c\overline{\psi}_D\gamma^\mu\psi_D, \quad \overline{\psi}_D = \psi_D^\dagger\gamma^0, \quad \boldsymbol{\gamma} = \gamma^0\boldsymbol{\alpha}. \tag{56.9}$$

Der KG-Strom $\psi^*\pi^\mu\psi + \psi\pi^{*\mu}\psi^* = j^\mu_{KG}$ ändert unter der Ladungskonjugation (55.1) sein Vorzeichen:

$$j^\mu_{KG,C} = -j^\mu_{KG}. \tag{56.10}$$

Der Diracstrom (56.6) dagegen tut es nach unseren bisherigen Regeln nicht. Zum Beweis genügt uns der Teil j^μ_L (56.4). Da j^μ_L ein Skalarprodukt aus zwei Spinoren ($\dot{\psi}$ und $\sigma^\mu_L\dot{\psi}$) ist, kann man es auch durch transponierte Spinoren (ψ_{tr}) audrücken. Mit $\sigma^\mu_{\text{tr}} = \sigma^{*\mu}$ ist

$$j^\mu_L/c = \dot{\psi}^\dagger\sigma^\mu_L\dot{\psi} = \dot{\psi}_{\text{tr}}\sigma^{*\mu}_L\dot{\psi}^* = \dot{\psi}_{\text{tr}}C^\dagger C\sigma^{*\mu}_L C^\dagger C\dot{\psi}^* = \psi_C^\dagger\sigma^\mu\psi_C = j^\mu_{R,C}/c. \tag{56.11}$$

Entsprechend gilt $j^\mu_R = j^\mu_{L,C}$, also insgesamt $j^\mu = j^\mu_C$. Das ist aber sicher falsch; der ladungskonjugierte Strom braucht ein Minuszeichen genau wie (56.10). Eine $\mathcal{CP}$-konsistente Form von j^μ existiert nur für Elektronfeldoperatoren $\Psi_D, \Psi_D^\dagger$. Und zwar kommt das fehlende Minuszeichen aus den Antikommutatoren von Ψ_D (Komponenten Ψ_α, $\alpha = 1, 2, 3, 4$) und $\Psi_D^\dagger$. Die vollständigen Antikommutatoren, die wir weiter unten herleiten, lauten

$$\{\Psi_\alpha(\boldsymbol{r},t), \Psi_\beta^\dagger(\boldsymbol{r}',t)\} = \delta_{\alpha\beta}\delta(\boldsymbol{r}-\boldsymbol{r}'), \quad \{\Psi_\alpha(\boldsymbol{r},t), \Psi_\beta(\boldsymbol{r}',t)\} = 0. \tag{56.12}$$

Damit lautet die 3. Form in (56.11) $-\dot{\Psi}_{\text{tr}}\sigma^{*\mu}_L\dot{\Psi}^\dagger_{\text{tr}} + \delta_{\mu 0}\delta(0)$; Transponieren vertauscht ja $\dot{\Psi}$ und $\dot{\Psi}^\dagger$. Der letzte Summand entsteht durch $\sum_{\alpha\beta}\delta_{\alpha\beta}\sigma^\mu_{L\alpha\beta}$

$= \text{Spur}\ \sigma^\mu_L = \delta_{\mu 0}$. Er lässt sich durch eine Antisymmetrisierung von j^μ beseitigen:

$$j^\mu/c = \tfrac{1}{2}[\bar\Psi_D, \gamma^\mu \Psi_D] = \tfrac{1}{2}(\Psi^\dagger \sigma^\mu \Psi - \Psi_{\rm tr}\sigma^\mu_{\rm tr}\Psi^\dagger_{\rm tr} + \dot\Psi^\dagger \sigma^\mu_L \dot\Psi - \dot\Psi_{\rm tr}\sigma^\mu_{L,{\rm tr}}\dot\Psi^\dagger_{\rm tr})$$

$$\rho = \tfrac{1}{2}[\Psi^\dagger_D, \Psi_D] = \tfrac{1}{2}(\Psi^\dagger\Psi - \Psi_{\rm tr}\Psi^\dagger_{\rm tr} + \dot\Psi^\dagger\dot\Psi - \dot\Psi_{\rm tr}\dot\Psi^\dagger_{\rm tr}). \tag{56.13}$$

Bei der Verwendung von Kommutatoren, $[\Psi(\boldsymbol r), \Psi(\boldsymbol r')] = \dots$ wäre $\rho = 0$. Insofern ist damit die Verwendung von Antikommutatoren und damit auch das Pauliprinzip für Elektronen hergeleitet.
Nun zur Herleitung von (56.12). Analog zum Fotonenhamilton H_F (35.1) gibt es einen Dirachamilton $\mathcal{H}_{Di}$, der das Integral über die Energiedichte $\Psi^\dagger_D H_{Di} \Psi_D$ ist, mit H_{Di} aus (52.7):

$$\mathcal{H}_{Di} = \int d^3r'\, \Psi^\dagger_D(\boldsymbol r', t)(V + c\boldsymbol\alpha\boldsymbol\pi + mc^2\gamma^0)\Psi_D(\boldsymbol r', t). \tag{56.14}$$

Aus den Antikommutatoren (36.5),

$$\{b_i, b_j^\dagger\} = \delta_{ij}, \quad \{b_i, b_j\} = 0, \tag{56.15}$$

der Orbitalkomponenten von Ψ_D und $\Psi^\dagger_D$ folgt dann nicht nur $\mathcal{H}_{Di} = \sum_i N_i E_i$ ($N_i = b_i^\dagger\, b_i$) wie in (35.23), sondern auch (56.12). Die entsprechenden Kommutatoren beim elektromagnetischen Feld lauten

$$\begin{aligned}[\boldsymbol A_i(\boldsymbol r, t), i\boldsymbol E_j(\boldsymbol r', t)] &= \sum\nolimits_k \left(\delta_{ij} - \frac{k_i k_k}{k^2}\right)\frac{e^{i\boldsymbol k(\boldsymbol r - \boldsymbol r')}}{V} \\ &= (\delta_{ij} - \partial_i\partial_j/\nabla^2)\delta(\boldsymbol r - \boldsymbol r'),\end{aligned} \tag{56.16}$$

siehe z.B. Lurié (1968), Vogel und Welsch (1994). Wir haben diese Gleichung in Kapitel IV weggelassen, weil $1/\nabla^2$ unbequem ist. Der Faktor $\delta_{ij} - \partial_i\partial_j/\nabla^2$ folgt aber bereits aus der Coulombeichung $\partial_i A_i = 0$. Diese Komplikation entfällt nun bei den Elektronen, aber dafür steckt im $A^0(\boldsymbol r, t) = \phi$ eine andere. Und zwar trägt ja zu (1.5) $\nabla^2 A^0 = -4\pi\rho_{\rm el}$ auch das vom Elektronenfeld selbst erzeugte $\rho_{\rm el}$ bei, gemäß (56.13). Die Antisymmetrisierung lassen wir zur Vereinfachung weg, die ist unwesentlich. Für $\rho_{\rm el}$ setzen wir also wie in Kapitel I angekündigt $\rho_{\rm el} = -e\Psi^\dagger_D\Psi_D$. Daraus folgt

$$A^0 = A^0_{\rm kl} + A^0_\Psi, \quad A^0_\Psi(\boldsymbol r') = -e\int d^3r''\, \frac{\Psi^\dagger_D(\boldsymbol r'')\Psi_D(\boldsymbol r'')}{|\boldsymbol r' - \boldsymbol r''|}, \tag{56.17}$$

wobei $A^0_{\rm kl}$ ein klassisches Feld ist, analog dem $\boldsymbol{A}_{\rm kl}$ in (35.2). Die obige Herleitung über Orbitaloperatoren ist nur richtig, wenn A^0_Ψ in (56.14) weggelassen wird, d.h. $-eA^0 = -eA^0_{\rm kl} = V$, denn der Begriff des *Orbitals* vernachlässigt ja die Elektronabstoßung. Entwickelt man z.B. in Anwesenheit eines Heliumkerns Ψ nach Orbitalen, dann enthält der zugehörige Fockraum auch Zustände mit 7 gebundenen Elektronen (natürlich in verschiedenen Orbitalen, wegen des Pauliprinzips). In Wirklichkeit kann der He-Kern nach Besetzung der untersten beiden Orbitale keine weiteren Elektronen mehr binden, seine Ladung ist da abgeschirmt. Das ist halt anders als bei den Fotonen, die sich nicht gegenseitig abstoßen. Eine präzise Formulierung der QED muss also bei geladenen Feldern auf die Orbitalzerlegung verzichten.
Andererseits kennt man die in (56.14) fehlende Selbstwechselwirkung der Elektronen bereits aus der Elektrostatik:

$$\begin{aligned}\mathcal{H}_{\rm eC} &= -\frac{e}{2}\int d^3r'\Psi_D^\dagger(\boldsymbol{r}')A^0_\Psi(\boldsymbol{r}')\Psi_D(\boldsymbol{r}') \\ &= \frac{e^2}{2}\int\!\!\int d^3r'\,d^3r''\,\frac{\Psi_D^\dagger(\boldsymbol{r}')\Psi_D^\dagger(\boldsymbol{r}'')\Psi_D(\boldsymbol{r}'')\Psi_D(\boldsymbol{r}')}{|\boldsymbol{r}'-\boldsymbol{r}''|}.\end{aligned} \tag{56.18}$$

Im klassischen Fall kompensiert der Faktor $\frac{1}{2}$ die Doppelzählung der Elektronenpaare, siehe z.B. (28.1), $\sum_{i<j} = \frac{1}{2}\sum_{i\neq j}$ Der vollständige Hamilton der QED ist also

$$\mathcal{H}_{QED} = H_F + \mathcal{H}_{Di} + \mathcal{H}_{eC}. \tag{56.19}$$

Wie kann man nun die Antikommutatoren (56.12) ohne Orbitalnäherung herleiten? Am besten benutzt man folgendes Postulat:
Die Diffgl eines Feldoperators folgt aus seinem Kommutator mit dem Hamilton im Heisenbergbild.
Also gilt laut (23.32)

$$i\hbar\partial_t\Psi_D = [\Psi_D, \mathcal{H}_{\rm QED}] = (-eA^0 + c\boldsymbol{\pi\alpha} + mc^2\gamma^0)\Psi_D. \tag{56.20}$$

Mit den Antikommutatoren (56.12) und dem Hamilton (56.19) ist das leicht zu verifizieren (da Ψ und $\boldsymbol{A}$ verschiedene Freiheitsgrade repräsentieren, gilt $[\Psi, \boldsymbol{A}] = 0$). Insbesondere liefert $[\Psi_D, \mathcal{H}_{\rm eC}]$ mit $\{\Psi_D(\boldsymbol{r}), \Psi_D^\dagger(\boldsymbol{r}')\}$ und $\{\Psi_D(\boldsymbol{r}), \Psi_D^\dagger(\boldsymbol{r}'')\}$ zwei identische Glieder, die den Faktor $\frac{1}{2}$ kompensieren.
Weil nun $\mathcal{H}_{\rm QED}$ ein $\int d^3r'$ enthält, müssen die Antikommutatoren (56.12) $\delta(\boldsymbol{r}-\boldsymbol{r}')$ enthalten, damit $\Psi_D(\boldsymbol{r},t)$ eine Diffgl erfüllt, die nur von $\boldsymbol{r}$ und t abhängt (*lokale* Diffgl).
Mit lorentzinvarianten Eichungen, $\partial_\mu A^\mu = 0$, kann man auch *kovariant* quantisieren, $[\Psi, A^\mu] = 0$. Das ist zwar nützlich für die kovariante Störungstheorie (d.h. wenn die Matrixelemente von A^0 genauso klein sind wie die

von $\boldsymbol{A}$ und man Störungstheorie in A^μ betreiben kann), ist aber auch problematisch (siehe §36). Wird umgekehrt das Coulombpotenzial, oder ein Teil davon, im ungestörten Hamilton H_0 verwendet, ist die resultierende Störungstheorie nicht kovariant.
In der kovarianten Quantisierung sieht andererseits $\mathcal{H}_{\mathrm{QED}}$ besonders einfach aus,

$$\begin{gathered} \mathcal{H}_{\mathrm{QED}} = H_\gamma + \mathcal{H}_e^0 + \mathcal{H}_{\gamma e}^I, \\ \mathcal{H}_e^0 = \int d^3r \Psi_D^\dagger (mc^2\gamma^0 + cp\boldsymbol{\alpha})\Psi_D, \quad \mathcal{H}_{\gamma e}^I = -e\int d^3r A^\mu j_\mu. \end{gathered} \tag{56.21}$$

Aus der klassischen Physik gibt es noch ein Plausibilitätsargument zu (56.12): Sowohl die Mechanik eines Massenpunktes als auch die klassischen Feldgleichungen folgen elegant aus einem Variationsprinzip, dem Hamiltonschen Prinzip der kleinsten Wirkung $S = \int \mathcal{L}dt$ ($\mathcal{L}$ = Lagrangefunktion). Bei einem Massenpunkt ist $\mathcal{L} = \mathcal{L}(q_i, \dot{q}_i, t)$, wobei die q_i verallgemeinerten Koordinaten sind, z.B. x = x-Koordinate des Massenpunktes, oder φ = sein Azimut. Als *kanonischen Impuls* bezeichnet man $p_i = \partial\mathcal{L}/\partial\dot{q}_i$. Für die entsprechenden Operatoren der Quantenmechanik gilt $[p_i, q_i] = -i\hbar$ (vergl. (10.22) oder auch $[L_z, \varphi] = -i\hbar$, mit L_z aus (8.16)). Bei einem klassischen Feld ist $\mathcal{L} = \mathcal{L}(\Psi_\alpha(\boldsymbol{r}), \dot{\Psi}_\alpha(\boldsymbol{r}))$, wobei jetzt allerdings Ψ und $\dot{\Psi}$ an jedem Ort $\boldsymbol{r}$ als unabhängige Variable zählen, d.h. $\boldsymbol{r}$ dient nur zum „Durchnumerieren" der ∞ vielen unabhängigen Variablen Ψ. Die kanonisch konjugierten Impulse sind jetzt $\Pi_\alpha(\boldsymbol{r}) = \partial\mathcal{L}/\partial\dot{\Psi}_\alpha(\boldsymbol{r})$. Dieser Formalismus gilt also für Massenpunkte und klassische Felder gleichermaßen. Dann sollte für Quantenfelder entsprechend

$$[\Pi_\alpha(\boldsymbol{r}), \Psi_\beta(\boldsymbol{r}')] = -i\hbar\delta(\boldsymbol{r} - \boldsymbol{r}')\delta_{\alpha\beta} \tag{56.22}$$

gelten. Das stimmt denn auch mit (56.12) überein, bis auf die Substitution $[\,,] \to \{\,,\}$. Klassische Spinorfelder sind deshalb unmöglich.

§57. Dirac-Coulomb- und Dirac-Breit-Gleichungen

Wie die gleiche numerische Elementarladung nicht nur das Ausspucken von Fotonen regelt, sondern auch in Vielteilchengleichungen die gegenseitige Elektronenabstoßung bewirkt.

Wir können jetzt aus der QED Gleichungen für Systeme mit fester Elektronenzahl n herleiten, $i\hbar\partial_t\psi = H\psi, \psi = \psi(\boldsymbol{r}_1, \ldots, \boldsymbol{r}_n, t)$.

Im nichtrelativistischen Grenzfall ist H der Elektronenhamilton inklusive Coulombabstoßung, insbesondere (27.2) für $n = 2$. Wir wollen aber gleich relativistisch rechnen und die genauere Dirac-Coulomb-Gleichung herleiten. Zunächst brauchen wir einen Ansatz für die Wellenfunktion $\psi_{D2} = \{\psi_{\alpha_1\alpha_2}(\boldsymbol{r}_1, \boldsymbol{r}_2, t)\}$ zweier Elektronen:

$$\psi_{D2} = \langle 0|\Psi_D(\boldsymbol{r}_1, t)\Psi_D(\boldsymbol{r}_2, t)|E\rangle =: \langle 0|\Psi_1\Psi_2|E\rangle, \tag{57.1}$$

wobei $|E\rangle$ ein Zustand der Energie E und Ladung $-2e$ sowie denkbarer anderer erhaltener Quantenzahlen ($\boldsymbol{J}^2$, J_z, Parität usw.) ist, und $\langle 0|$ das Feldvakuum, $\langle 0|\Psi_D^\dagger = 0$. Da jedes Ψ_D in (57.1) 4 Komponenten hat, hat ψ_{D2} 16 Komponenten α_1, α_2. Der $i$te Feldoperator Ψ_i in (57.1) erfüllt die Diracgleichung mit $A^0_\Psi(\boldsymbol{r}_i, \Psi_i, \Psi_i^\dagger)$ aus (56.17):

$$i\hbar\partial_t\Psi_i(\boldsymbol{r}_i, t) = [H_i - eA^0_\Psi(\boldsymbol{r}_i)]\Psi_i(\boldsymbol{r}_i, t), \tag{57.2}$$

$$H_i = V_i + c\boldsymbol{\pi}_i\boldsymbol{\alpha}_i + mc^2\gamma_i^0, \quad V_i = -Ze^2/r_i. \tag{57.3}$$

Aus diesen Einzelgleichungen müssen wir eine Gleichung für ψ_{D2} basteln. Dazu betrachten wir

$$(i\hbar\partial_t - H_1 - H_2)\psi_{D2} = \langle 0|[(i\hbar\partial_t - H_1)\Psi_1]\Psi_2 + \Psi_1[(i\hbar\partial_t - H_2)\Psi_2]|E\rangle. \tag{57.4}$$

Hier wurde verwendet, dass H_1 nicht auf Ψ_2 wirkt, da $\boldsymbol{r}_2$ von $\boldsymbol{\pi}_1$ nicht differenziert wird und der Index $_1$ an $\boldsymbol{\alpha}_1$ und γ_1^0 zeigt, dass sie nur auf den ersten Spinorindex wirken. H_2 lässt wiederum Ψ_1 in Ruhe. Rechts ist nun die erste Klammer laut (57.2) gleich $-eA^0_\Psi(\boldsymbol{r}_1)$; damit steht laut (56.17) ein $\Psi_D^\dagger$ direkt hinter dem Vakuum $\langle 0|$, also $\langle 0|A^0_\Psi(\boldsymbol{r}_1, t) = 0$. Positronen werden wieder vernachlässigt; sie führen u.a. zum *Uehlingpotenzial*, einer kleinen Korrektur zum Coulombpotenzial. (Man redet hier auch von Vakuumpolarisation und denkt dabei an eine Wolke virtueller e^+e^--Paare, die das nackte Coulombpotenzial bei Abständen $\sim (2mc)^{-1}$ etwas abschirmt, so dass bei noch kleineren Abständen eine etwas größere Kernladung erscheint.) Die zweite Klammer in (57.4) ist gleich $-eA^0_\Psi(\boldsymbol{r}_2)$, was ausgeschrieben

$$\begin{aligned}(i\hbar\partial_t - H_1 - H_2)\psi_{D2} &= \\ &- \langle 0|\Psi_D(\boldsymbol{r}_1)\int d^3r\, \Psi_D^\dagger(\boldsymbol{r})\Psi_D(\boldsymbol{r})\frac{e^2}{|\boldsymbol{r} - \boldsymbol{r}_2|}\Psi_D(\boldsymbol{r}_2)|E\rangle\end{aligned} \tag{57.5}$$

ergibt. Das $\Psi_D^\dagger(\boldsymbol{r})$ antikommutieren wir jetzt vor das $\Psi_D(\boldsymbol{r}_1)$, damit es wieder direkt neben $\langle 0|$ steht und damit wegfällt. Es bleibt dabei ein Beitrag von Antikommutator (56.12)

$$\sum_\beta \int d^3r \, \frac{\{\Psi_{\alpha_1}(\boldsymbol{r}_1), \Psi_\beta^\dagger(\boldsymbol{r})\}\Psi_\beta(\boldsymbol{r})}{|\boldsymbol{r}-\boldsymbol{r}_2|} = \int d^3r \, \frac{\delta(\boldsymbol{r}-\boldsymbol{r}_1)\Psi_{\alpha_1}(\boldsymbol{r})}{|\boldsymbol{r}-\boldsymbol{r}_2|} = \frac{\Psi_{\alpha_1}(\boldsymbol{r}_1)}{r_{12}}, \tag{57.6}$$

mit $r_{12} = |\boldsymbol{r}_1 - \boldsymbol{r}_2|$. Damit liefert (57.5) die Dirac-Coulomb-Gleichung

$$(i\hbar\partial_t - H_1 - H_2 - e^2/r_{12})\psi_{D2} = 0. \tag{57.7}$$

Die Elektronenabstoßung e^2/r_{12} entsteht also in der Coulombeichung aus dem Produkt der Feldoperatoren in A_Ψ^0 laut (56.17).
Für n Elektronen hat ψ 4^n Komponenten, mit $H = \sum_i H_i + \sum_{i<j} e^2/r_{ij}$. Man kann auch die *kleinen Komponenten* zumindest näherungsweise eliminieren, erhält dann allerdings auch Dreiteilchenoperatoren, die wir in (28.1) unterschlagen haben. In der Dirac-Coulomb-Gleichung steht in jedem H_i (57.3) auch ein $\boldsymbol{\pi}_i = \boldsymbol{\pi}_{\text{kl}} + (e/c)\boldsymbol{A}(\boldsymbol{r}_i, t)$ wobei $\boldsymbol{A}$ der parameterfreie Vektorpotenzialoperator (35.9) mit Fotonerzeugern und -vernichtern ist, und $\boldsymbol{\pi}_{\text{kl}} = -i\hbar\nabla_i + (e/c)\boldsymbol{A}_{\text{kl}}(\boldsymbol{r}_i, t)$ der Rest. In 2. Ordnung Störungstheorie bewirkt $\boldsymbol{A}$ die Emission und nachfolgende Absorption eines *virtuellen* Fotons, entweder beidemale am gleichen Elektron (Bild 57-1a) oder zwischen den beiden Elektronen (Bild 57-1b):

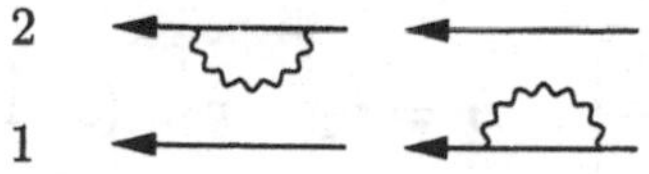

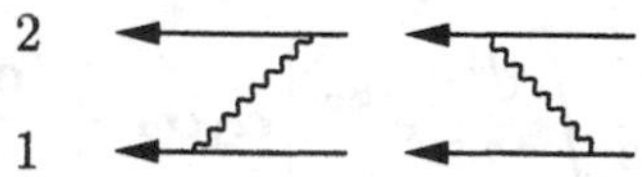

Bild 57-1a: Selbstwechselwirkung **Bild 57-1b:** Fotonaustausch

Der letztere Fall bewirkt die Breitwechselwirkung zwischen zwei Elektronen (Breit 1929), der erstere ist ein Teil der *Selbstenergie* (der Unterschied zwischen der Selbstenergie eines freien und eines gebundenen Elektrons ist der Hauptanteil von Lambs Energieverschiebung, dem *Lambshift*). Weil die Störoperatoren

$$H_{1\text{st}} = e\boldsymbol{A}(\boldsymbol{r}_1, t)\boldsymbol{\alpha}_1, \quad H_{2\text{st}} = e\boldsymbol{A}(\boldsymbol{r}_2, t)\boldsymbol{\alpha}_2 \tag{57.8}$$

zeitabhängig sind, braucht man im Prinzip zeitabhängige Störungstheorie. Da aber die Emission eines Fotons der Frequenz ω_i einen Faktor $\exp(i\omega_i t)$ bringt, die Absorption einen Faktor $\exp(-i\omega_i t)$ (vergl. (35.9)), entfällt für die uns interessierende Störung die Zeitabhängigkeit, und wir können die Energieverschiebung $E_n^{(2)}$ zeitunabhängig nach (25.20) berechnen. Weil wir aber zwei verschiedene Operatoren (57.1) haben, erhalten wir statt (25.20), für $n=0$ und ohne den *Störfreiindex* ^{0}, $\Delta E = E^{(2)} = E^{(12)} + E^{(21)}$,

$$E^{(12)} = \sum_{k\neq 0} \frac{\langle 0|H_{1\mathrm{st}}|k\rangle\langle k|H_{2\mathrm{st}}|0\rangle}{E_0 - E_k}. \tag{57.9}$$

Hier ist $|k\rangle = |n\rangle|\lambda, \boldsymbol{k}\rangle$, $|n\rangle$ ein angeregter Zweielektronzustand und $|\lambda, \boldsymbol{k}\rangle$ ein freier Fotonzustand, mit Wellenfunktion $\varphi_\lambda(\boldsymbol{k}) = \exp(i\boldsymbol{kr})\boldsymbol{\varepsilon}_\lambda(\boldsymbol{k})/\sqrt{V}$ laut (35.12). Entsprechend ist

$$E_k = E_n + \hbar\omega(\boldsymbol{k}) = E_n + \hbar ck \tag{57.10}$$

im Nenner von (57.9). Die $\sum_k$ ist sowohl eine $\sum_n$ über alle Elektronenzustände als auch eine Summation über die Helizitäten $\lambda = \pm 1$ und Integration über $d^3k/8\pi^3$ des Fotonwellenzahlvektors $\boldsymbol{k}$. Die Dipolnäherung ist dabei nicht möglich, man darf also nicht $\exp(i\boldsymbol{kr}) = 1$ setzen.
Andererseits ist mit Ausnahme schwerer Atome $E_0 - E_n$ gegenüber $\hbar\omega(\boldsymbol{k})$ vernachlässigbar. Damit ist die n-Summation trivial, $\sum_n |n\rangle\langle n| = 1$,

$$E^{(12)} = -\frac{e^2c^2\hbar}{4\pi^2}\sum_\lambda \int \frac{d^3k}{\hbar c^2k^2}\langle \boldsymbol{\alpha}_1 \mathrm{e}^{i\boldsymbol{kr}_1}\boldsymbol{\varepsilon}_\lambda(\boldsymbol{k})\boldsymbol{\varepsilon}^*_\lambda(\boldsymbol{k})\mathrm{e}^{-i\boldsymbol{kr}_2}\boldsymbol{\alpha}_2\rangle_0. \tag{57.11}$$

Damit erhält ΔE die Form $\Delta E = \langle H_B\rangle_0$ wie in 1. Ordnung Störungstheorie mit einem zeitunabhängigen effektiven Störoperator H_B. Mit der Summation (38.8) und $E^{(21)} = E^{(12)}$ ergibt sich

$$H_B = -\frac{e^2}{2\pi^2}\int \frac{d^3k}{k^2}\mathrm{e}^{i\boldsymbol{kr}}\left[\boldsymbol{\alpha}_1\boldsymbol{\alpha}_2 - \frac{(\boldsymbol{\alpha}_1\boldsymbol{k})(\boldsymbol{\alpha}_2\boldsymbol{k})}{k^2}\right], \quad \boldsymbol{r} = \boldsymbol{r}_1 - \boldsymbol{r}_2. \tag{57.12}$$

Die Integrale folgen alle aus dem Grundintegral

$$\int \frac{d^3k}{(2\pi^2k^2)}\mathrm{e}^{i\boldsymbol{kr}} = r^{-1} \tag{57.13}$$

(siehe (58.39) und beachte einen Faktor $(8\pi^3)^{-1}$ bei der Umkehrfunktion). Ein Faktor $\boldsymbol{k}$ wird durch $-i\nabla$ ersetzt,

$$\int \frac{d^3k}{2\pi^2k^2}\boldsymbol{k}\mathrm{e}^{i\boldsymbol{kr}} = -i\nabla r^{-1} = i\boldsymbol{r}/r^3, \tag{57.14}$$

ein Faktor $\boldsymbol{k}/k^4$ durch $-\frac{1}{2}\nabla_k(k^2)^{-1}$,

$$\begin{aligned}\int \frac{d^3k}{2\pi^2k^2}\frac{\boldsymbol{a}\,\boldsymbol{kbk}}{k^2}\mathrm{e}^{i\boldsymbol{kr}} &= \tfrac{1}{2}i\boldsymbol{a}\nabla\int d^3k\,\mathrm{e}^{i\boldsymbol{kr}}\boldsymbol{b}\nabla_k(2\pi^2k^2)^{-1} \\ &= \tfrac{1}{2}\boldsymbol{a}\nabla\boldsymbol{br}r^{-1} = (2r)^{-1}\left[\boldsymbol{ab} - (\boldsymbol{arbr})/r^2\right].\end{aligned} \tag{57.15}$$

Addition der Integrale (57.13) und (57.15) gemäß (57.12) gibt

$$H_B = -(e^2/2r)(\boldsymbol{\alpha}_1\boldsymbol{\alpha}_2 + \alpha_{1r}\alpha_{2r}), \quad \alpha_{ir} = \boldsymbol{\alpha}_i\boldsymbol{r}/r. \tag{57.16}$$

Beachte das Pluszeichen in der Klammer! Aus der Herleitung über $\Delta E = E^{(2)} = \langle H_B \rangle$ ist klar, dass H_B nur in 1. Ordnung Störungstheorie zuverlässig ist. Für n-Elektronen lautet die *Dirac-Breit-Gleichung*

$$\left[i\hbar\partial_t - \sum\nolimits_{i=1}^{n} H_i - \sum\nolimits_{i<j}(e^2/r_{ij} + H_{B_{ij}})\right]\psi_{Dn} = 0. \tag{57.17}$$

Analog kann man die den Feynmangrafen von Bild 57-1a entsprechende Störungen explizit separieren (*Bethelogarithmen*). In einer Basis von Elektronenorbitalen können die Energiedifferenzen $E_0 - E_n$ im Nenner von (57.9) bei der Integration über d^3k berücksichtigt werden, aber über n muss dann per Hand summiert werden. Eine weitere Korrektur in (57.7) ist der Kernrückstoß, §60.

Für große n lässt sich die n-Teilchengleichung nur durch Entwicklung nach Orbitalen lösen. Dabei entwickelt man den Feldoperator $\Psi(\boldsymbol{r})$ im Schrödingerbild nach den Orbitalen $\psi_i(\boldsymbol{r})$ eines passenden Operators, der meist schon den Großteil der Coulombabstoßung berücksichtigt:

$$\Psi(\boldsymbol{r}) = \sum\nolimits_j b_j\psi_j(\boldsymbol{r}), \quad \Psi^\dagger(\boldsymbol{r}) = \sum\nolimits_i b_i^\dagger\psi_i^\dagger(\boldsymbol{r}) \tag{57.18}$$

(Antiteilchen werden wieder ignoriert). Jeder Hamilton $\mathcal{H}$, der wie (56.14) und (56.18) quadratisch und quartisch in Ψ und $\Psi^\dagger$ ist, erhält damit die Form

$$\mathcal{H} = \sum\nolimits_{ij} b_i^\dagger b_j\langle i|H^{(1)}|j\rangle + \tfrac{1}{2}\sum\nolimits_{ijkl} b_i^\dagger b_j b_k^\dagger b_l\langle ik|H^{(2)}|jl\rangle. \tag{57.19}$$

Dabei kommt $H^{(1)}$ von Einteilchenoperatoren, $H^{(2)}$ von Zweiteilchenoperatoren. Insbesondere ist

$$\langle ik|\frac{1}{|\boldsymbol{r}-\boldsymbol{r}'|}|jl\rangle = \int\!\!\int \frac{d^3r d^3r'}{|\boldsymbol{r}-\boldsymbol{r}'|}\psi_i^\dagger(\boldsymbol{r})\psi_j(\boldsymbol{r})\psi_k^\dagger(\boldsymbol{r}')\psi_l(\boldsymbol{r}'). \tag{57.20}$$

Diese Formeln sind unabhängig von der Relativistik. $H^{(2)}$ kann auch Breitoperatoren enthalten. Die Kunst ist natürlich, Eigenzustände von $\mathcal{H}$ im Fockraum zu finden.

☞ *Aufgaben:* (i) Wieso ist $|\langle H_B\rangle| \ll \langle e^2/r\rangle$, wo doch die Matrizen $\boldsymbol{\alpha}$ die Eigenwerte ± 1 haben? (ii) Betrachte zwei Elektronen im Zustand $|a, b\rangle = |1s\!\downarrow, 1s\!\uparrow\rangle$. Zeige, dass der Erwartungswert $\langle e^2/|\boldsymbol{r}-\boldsymbol{r}'|\rangle$, mit Hilfe von (57.20) berechnet, wiederum auf (28.12) führt.

§58. Bornreihe, Greensfunktion, S-Matrix

Wo wir Borns iterative Behandlung der Teilchenstreuung kennenlernen.

Born (1926) fand eine iterative Lösung der auf Integralform umgeschriebenen Schrgl, die zunächst für die Berechnung der Teilchenstreuung an einem vorgegebenen 4-Potenzial $A^\mu(\boldsymbol{r}, t)$ gilt. Sie lässt sich aber auch auf die gegenseitige Streuung zweier Teilchen erweitern. Besonders über die *Feynmanregeln* hat sie das Denken einer ganzen Generation Physiker geprägt. Wir setzen jetzt $\hbar = c = 1$, also statt (17.14) und (17.12)

$$1 = 1.973\,289 \times 10^{-5}\,\text{eV cm} = 6.582\,18 \times 10^{-16}\,\text{eV s}. \tag{58.1}$$

Dadurch werden cm und s beide in eV^{-1} ausgedrückt. Sommerfelds Feinstrukturkonstante $\alpha = e^2/\hbar c = 1/137$ ist und bleibt dimensionslos, also $e = \sqrt{\alpha} = 0.085\,42$. Magnetfelder misst man in *Tesla*: $1\,\text{T} = 10\,000\,\text{G} = 692.76\,\text{eV}^2$. Für Elektronen im Magnetfeld braucht man die Kombination (20.25), $\hbar\omega_0 = \hbar eB/mc = (B/\text{T})\cdot 1.15768\cdot 10^{-4}\,\text{eV}$, mit m aus (17.16). Magnetische Effekte sind also klein in der eV-Skala. (Leider benutzen Teilchentheoretiker häufig das *Heavyside-Lorentz*-System, zwar auch mit $\hbar = c = 1$, aber ohne den Faktor 4π in den Maxwellgleichungen (0.4) & (0.5). Die entsprechende Ladung ist $e_{\text{HL}} = e\sqrt{4\pi}$, was gerne Verwirrung stiftet.) Sei $i\partial_t\psi = H\psi$ die zu lösende Gleichung, mit $H = H_0 + eH'$, (für ein Elektron der Ladung $-e$), $\partial_t H_0 = 0$ und exakt bekannten Lösungen ψ_e der Gleichung $(i\partial_t - H_0)\psi_e = 0$:

$$(i\partial_t - H_0)\psi = eH'\psi, \quad (i\partial_t - H_0)\psi_e = 0. \tag{58.2}$$

Zur Umschreibung auf Integralform nimmt man eine Greensfunktion $\mathcal{G}(x, y)$ ($x = x^\mu = (x^0, \boldsymbol{x}) = (t, \boldsymbol{x})$, y entsprechend), die folgende Gleichung erfüllt:

$$(i\partial_0 - H_0(\boldsymbol{x}))\mathcal{G}(x, y) = \delta_4(x - y) = \delta(x^0 - y^0)\delta(\boldsymbol{x} - \boldsymbol{y}). \tag{58.3}$$

Denn damit ist (Lippmann und Schwinger 1950):

$$\psi(x) = \psi_e + e\int d^4y\,\mathcal{G}(x, y)H'(y)\psi(y). \tag{58.4}$$

Links in (58.2) entfällt ψ_e, es bleibt $e(i\partial_0 - H_0)\int d^4y\mathcal{G}(x, y)H'(y)\psi(y)$. Da die Klammer nur auf x^μ wirkt, kann man sofort (58.3) benutzen und mit den Deltafunktionen das $\int d^4y$ rauswerfen. Also bleibt genau $eH'\psi(x)$, wie laut (58.2) verlangt.

Weil $H_0(\boldsymbol{x})$ unabhängig von x^0 ist, hängt (58.3) nur von $x^0 - y^0$ ab. Also ist $\mathcal{G}(x,y) = \mathcal{G}(x^0 - y^0, \boldsymbol{x}, \boldsymbol{y})$. Damit empfiehlt sich zur Lösung von (58.3) eine Fouriertransformation in der Relativzeit $x^0 - y^0$:

$$\begin{aligned} \mathcal{G}(x,y) &= (2\pi)^{-1} \int d\omega\, \mathrm{e}^{-i\omega(x^0-y^0)} \mathcal{G}_\omega(\boldsymbol{x},\boldsymbol{y}), \\ \delta(x^0 - y^0) &= (2\pi)^{-1} \int d\omega\, \mathrm{e}^{-i\omega(x^0-y^0)}. \end{aligned} \tag{58.5}$$

Sie liefert die zeitunabhängige Version von (58.3),

$$(\omega - H_0(\boldsymbol{x}))\mathcal{G}_\omega(\boldsymbol{x},\boldsymbol{y}) = \delta(\boldsymbol{x} - \boldsymbol{y}). \tag{58.6}$$

Diese Gleichung hat Lösungen der Art

$$\mathcal{G}_\omega(\boldsymbol{x},\boldsymbol{y}) = \sum\nolimits_n \lim_{\varepsilon_n \to 0} (\omega - E_n + i\varepsilon_n)^{-1} \psi_n(\boldsymbol{x}) \psi_n^\dagger(\boldsymbol{y}), \tag{58.7}$$

wobei die Summe über ein vollständiges System von Lösungen ψ_n der Gleichung $H_0\psi_n = E_n\psi_n$ läuft. Klar, denn $\omega - H_0$ bringt dann links in (58.6) einen Faktor $(\omega - E_n)$, so dass da $\sum_n \psi_n(\boldsymbol{x})\psi_n^\dagger(\boldsymbol{y})$ bleibt, was laut Vollständigkeitsrelation gerade $\delta(\boldsymbol{x} - \boldsymbol{y})$ ist. (Die Bezeichnung $\psi^\dagger$ statt ψ^* bezieht sich zunächst auf Paulispinoren; $\psi\psi^\dagger$ ist hier eine 2×2-Spinmatrix. In $\sum_n$ steckt auch eine Spinsummation; die Vollständigkeit der Paulispinoren liefert eine Einheitsmatrix σ_0, die wir aber unterdrücken, siehe §21.)
Die Bedeutung des $i\varepsilon_n$ in (58.7) erkennt man nach ω-Integration in (58.5). Integriert wird über alle reellen ω von $-\infty$ bis $+\infty$. Um den singulären Punkt $\omega = E_n$ zu vermeiden, rückt man diesen um $i\varepsilon_n$ ins Komplexe (Bild 58-1). Die Integration benutzt den Residuensatz, wobei man $x^0 > y^0$ und $x^0 < y^0$ getrennt behandeln muss. Im ersten Fall sinkt der Faktor $\exp[-i\omega(x^0 - y^0)] = \exp[(-i\Re\,\omega + \Im\,\omega)(x^0 - y^0)]$ exponentiell für $\Im\,\omega < 0$, so dass man den Integrationsweg durch einen großen Halbkreis in der unteren Hälfte der komplexen ω-Ebene schließen und dann Cauchys Integralsatz benutzen kann:

$$\oint (z - \omega)^{-1} d\omega\, f(\omega) = \begin{cases} 2\pi i f(z) & \text{falls der Weg } z \text{ umrundet} \\ 0 & \text{sonst} \end{cases}. \tag{58.8}$$

Der Integrationsweg muss im Uhrzeigersinn durchlaufen werden, und f muss im umlaufenen Gebiet inklusive Rand regulär sein.
Bei der Summation über n in (58.7) erscheinen im Falle der Diracgleichung auch negative E_n ($\approx -mc^2$), die den Antiteilchen gemäß §55 entsprechen

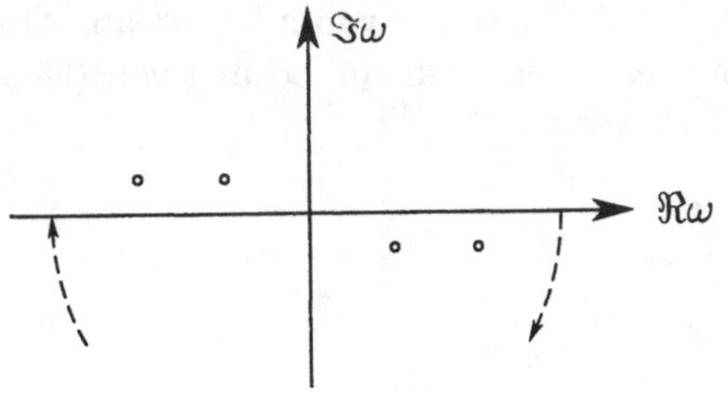

Bild 58-1: Lage der Pole des Feynmanpropagators $\mathcal{G}_\omega$ in der komplexen ω-Ebene und Ergänzung des Integrationsweges $-\infty < \omega < \infty$ durch einen Halbkreis bei $|\omega| = \infty$ für $x^0 > y^0$

und zur Teilchensummation nicht beitragen dürfen. Wir schieben sie deshalb in die obere Halbebene ab, indem wir $\varepsilon_n = \varepsilon(E_n) = 0_-$ für $E_n < 0$ wählen. Dort stören sie laut Cauchy nicht, jedenfalls nicht für $x^0 > y^0$ (Bild 58-1). Die damit vollständig definierte Greensfunktion (58.7) heißt *Feynmanpropagator*, $\mathcal{G}^{(F)}$. Für die erste Bornnäherung zur Teilchenstreuung brauchen wir $\psi(x)$ nur für $x^0 \to \infty$, so dass $x^0 - y^0 > 0$ ist. Wir haben dann nach ω-Integration laut (58.5) und (58.7) und mit $\psi_n(\boldsymbol{x})\exp(-iE_n x^0) = \psi_n(x)$

$$\mathcal{G}^{(F)}(x,y) = -i \sum\nolimits_{n,E_n>0} \psi_n(x)\psi_n^\dagger(y). \tag{58.9}$$

Die Bornreihe löst (58.4) iterativ, aufbauend auf $\psi^{(0)} = \psi_e$:

$$\psi = \psi_e + \psi^{(1)} + \psi^{(2)} + \ldots, \tag{58.10}$$

$$\psi^{(1)} = e \int d^4y\, \mathcal{G}(x,y) H'(y) \psi_e(y), \tag{58.11}$$

$$\psi^{(2)} = e^2 \int d^4y\, \mathcal{G}(x,y) H'(y) \int d^4z\, \mathcal{G}(y,z) H'(z) \psi_e(z). \tag{58.12}$$

Die Streutheorie schaltet $H'(y)$ bei $y^0 = -T$ adiabatisch ein und bei $y^0 = +T$ wieder ab. Außerhalb dieses Intervalls genügt ψ der Gleichung $(i\partial_0 - H_0)\psi = 0$; der Anfangszustand ($y^0 < -T$) sei $\psi_e = \psi_i$ ($_i$ = *initial*). Den Endzustand entwickeln wir wieder nach Lösungen ψ_f der ungestörten Gleichung ($_f$= *final*), $\psi(y^0 > T) = \sum_f S_{if}\psi_f$. Die Entwicklungskoeffizienten S_{if} bilden die *Streumatrix* S. Sie sind

$$S_{if} = \lim_{t\to\infty} \int d^3x\, \psi_f^\dagger(\boldsymbol{x},t)\psi(\boldsymbol{x},t). \tag{58.13}$$

Wir ordnen S_{if} auch nach Potenzen von H':

$$S = S^{(0)} + S^{(1)} + S^{(2)} + \ldots, \quad S_{if}^{(0)} = \langle f|i\rangle, \tag{58.14}$$

$$\begin{aligned} S_{if}^{(1)} &= \int d^3x \psi_f^\dagger(\boldsymbol{x},t) e \int d^4y \mathcal{G}(x,y) H'(y)\psi_i(y) \\ &= -ie \int d^4y\, \psi_f^\dagger(y) H'(y)\psi_i(y). \end{aligned} \tag{58.15}$$

Der letzte Ausdruck benutzt die Zerlegungen (58.9) von $\mathcal{G}(x,y)$, sowie die Orthonormalität $\int d^3r\, \psi_f^\dagger \psi_n = \delta_{fn}$. Ein Streuexperiment $i \to f$ misst den differenziellen Wirkungsquerschnitt $d\sigma_{if}$ pro Impulsraumelement d^3k_f der asymptotisch auslaufenden ebenen Wellen (§18). Der einlaufende Impuls sei $\boldsymbol{k}_i$. $d\sigma_{if}$ ist die differenzielle Übergangsrate pro einlaufendem Teilchenfluss, und der ist bei unserer ebenen Eingangswelle ψ_e gerade $v_i = k_i/E_i$. Damit ist also

$$d\sigma_{if} = |S_{if}|^2 d_L^3\, k_f / 2T\, 2E_i\, v_i. \tag{58.16}$$

Der Faktor $(2E_i)^{-1}$ berücksichtigt die Norm des Anfangszustandes; der entsprechende Faktor des Endzustandes steckt in $d_L^3\, k_f$ (50.25). In Kugelkoordinaten für $\boldsymbol{k}_f$,

$$d^3k = k^2 dk\, d\Omega_k = kEdE\, d\Omega_k, \tag{58.17}$$

kann man beide Energienenner kürzen:

$$d\sigma_{if} = |S_{if}|^2 k_f dE_f d\Omega_f / 32\pi^3 k_i 2T. \tag{58.18}$$

Mit $H'(y)$ unabhängig von y^0 haben wir in (58.15) nur die Zeitabhängigkeit $\exp(-iE_i y^0)$ für ψ_i und $\exp(iE_f y^0)$ für $\psi_f^\dagger$. Dann gibt die y^0-Integration

$$\int_{-T}^{T} dy^0\, \mathrm{e}^{-iE_{if}y^0} = 2i\sin(E_{if}T)/E_{if}, \quad E_{if} = E_i - E_f. \tag{58.19}$$

Diesen Faktor, sowie einen Faktor $4\pi i$ spalten wir von S_{if} ab:

$$S_{if} = 4\pi i \int_{-T}^{T} dy^0\, \mathrm{e}^{-iE_{if}y^0} f_{if}, \quad f_{if}^{(1)} = -(e/4\pi) \int d^3r\, \psi_f^\dagger H' \psi_i. \tag{58.20}$$

Für $i \neq f$ ist $\langle f|i\rangle = 0$, und wir erhalten für die in (58.16) benötigte Kombination, mit (37.12) und $\lim\limits_{T\to\infty} \sin^2(E_{if}T)/E_{if}^2 T = \pi\delta(E_{if})$,

$$\begin{aligned} (2T)^{-1}|S_{if}|^2 &= 16\pi^2(4/2T)(\sin(E_{if}T)/E_{if})^2 |f|^2 \underset{T\to\infty}{\longrightarrow} 32\pi^3\delta(E_{if})|f|^2, \\ d\sigma_{if} &= |f|^2 d\Omega_f. \end{aligned} \tag{58.21}$$

In den letzten Formeln wurde der Index $_1$ für die 1. Bornnäherung weggelassen, soweit sie allgemein gelten. Der in (58.20) abgespaltene Faktor bewirkt, dass (58.21) mit (18.20) übereinstimmt.
Bei Anwendungen auf Atome enthält H_0 in (58.2) stets das Coulombpotenzial $-Ze^2/r = -eA^0$. Bei Hochenergiestreuung dagegen kann man auch A^0 zusammen mit einem etwaigen Vektorpotenzial $\boldsymbol{A}$ in H' hineinpacken. In der 4-komponentigen Diracgleichung z.B. ist dann laut (52.7) und mit $\boldsymbol{\pi} = \boldsymbol{p} + e\boldsymbol{A}$

$$H' = -A^0 + \boldsymbol{\alpha A} \equiv -\gamma^0\gamma^\mu A_\mu, \tag{58.22}$$

wobei der letzte Ausdruck die γ-Matrizen $\gamma^0 = \beta$ und $\boldsymbol{\gamma} = \gamma^0\boldsymbol{\alpha}$ laut (56.9) benutzt. Dann ist auch $\psi_f^\dagger$ in (58.20) ein Diracspinor $\psi_{Df}^\dagger$, den man gerne wie in (56.9) mit einem γ^0 zu einem $\overline{\psi}_D = \psi_D^\dagger\gamma^0$ kombiniert. Das liefert

$$f_{if}^{(1)} = (e/4\pi)\int d^3r A_\mu j_{if}^\mu, \quad j_{if}^\mu = \overline{\psi}_{Df}\gamma^\mu\psi_{Di}. \tag{58.23}$$

Die Greensfunktion selbst werden wir nicht für Elektronen brauchen, sondern für Fotonen. Und zwar lauten die Maxwellgln (50.13) in der kovarianten Lorentzeichung

$$\partial_\mu A^\mu = 0, \quad \partial_\mu\partial^\mu A^\nu = 4\pi j_{el}^\nu. \tag{58.24}$$

Diese bringen wir mit einer Greensfunktion $D(x,y)$ auf Integralform:

$$\partial_\mu\partial^\mu D(x,y) = \delta_4(y-x), \quad A^\mu(y) = A_i^\mu(y) + \int d^4x D(y-x) 4\pi j_{el}^\mu(x). \tag{58.25}$$

Hier ist zwar $\partial_\mu\partial^\mu$ quadratisch in ∂^0, aber dafür ist der Operator translationsinvariant in allen 4 Dimensionen. $D(x-y)$ lässt sich nach einer 4-dimensionalen Fouriertrafo direkt hinschreiben. Aus pädagogischem Grund studieren wir aber die KG-Gl. mit Masse m und setzen später für Fotonen $m = 0$:

$$(\partial_\nu\partial^\nu + m^2)\Delta(x-y) = \delta_4(x-y), \quad D = \Delta(m=0), \tag{58.26}$$

$$\Delta(y) = (2\pi)^{-4}\int d^4K \mathrm{e}^{-iKy}\phi(K), \quad \delta(y) = (2\pi)^{-4}\int d^4K \mathrm{e}^{-iKy}, \tag{58.27}$$

$$(m^2 - K^2)\phi = 1, \quad \phi^{(F)} = (m^2 - K^2 - i\epsilon)^{-1}. \tag{58.28}$$

Das $^{(F)}$ bei $\phi^{(F)}$ bezieht sich auf die Wahl des $i\epsilon$ und bedeutet wieder „Feynman". Der pädagogische Grund ist ein Vergleich mit der Form (58.7) von $\mathcal{G}(\omega)$. Dazu setzen wir $K = (\omega, \boldsymbol{k})$, $K^2 = \omega^2 - k^2$, $m^2 + k^2 = E_n^2$,

$$\begin{aligned} \phi^{(F)} =&(E_n^2 - \omega^2 - i\epsilon)^{-1} = (E_n - i\epsilon - \omega)^{-1}(E_n - i\epsilon + \omega)^{-1} \\ =&[(E_n - i\epsilon - \omega)^{-1} + (E_n - i\epsilon + \omega)^{-1}]/2E_n. \end{aligned} \tag{58.29}$$

Hier haben wir $E_n^2 - i\epsilon$ durch $(E_n - i\epsilon/2E_n)^2$ ersetzt und danach $\epsilon/2E_n$ wieder ϵ getauft. Als Funktion von ω hat $\phi^{(F)}$ offenbar 2 Sorten Pole, die Teilchenpole bei $\omega = E_n - i\epsilon$, und die Antiteilchenpole bei $\omega = -E_n + i\epsilon$ (Figur 58-1). Die Kompaktform von $\phi^{(F)}$ erübrigt also die Aufteilung in Teilchen und Antiteilchen.

Bei Vernachlässigung von e^2 ist im KG-operator $\pi_\mu \pi^\mu = -\partial_\mu \partial^\mu + ep_\mu A^\mu + eA^\mu p_\mu$. Der KG-Operator lässt sich also aufteilen,

$$K = K_0 + eK', \quad K_0 = -(\partial_\mu \partial^\mu + m^2), \quad K' = \{p, A\}. \tag{58.30}$$

Die Vorzeichen sind so gewählt, dass (58.11) mit $H' = K'$ gilt. In der Bornamplitude $f_{if}^{(1)}$ (58.20) kann man bei $\psi_f^* pA\psi_i$ die Differenziation auf ψ_f^* abwälzen: man erhält dann wieder die Form (58.23) für $f_{if}^{(1)}$, mit

$$j_{if}^\mu = \psi_f^* (\overleftarrow{p}^{*\mu} + p^\mu)\psi_i = (k_f + k_i)^\mu \mathrm{e}^{i\boldsymbol{qr}}, \quad \boldsymbol{q} = \boldsymbol{k}_i - \boldsymbol{k}_f. \tag{58.31}$$

Für Elektronen kann man von der Kramersgl. (52.3) ausgehen; man erhält dann

$$j_{if}^\mu = \dot{\psi}_f^\dagger \Gamma^\mu \psi_i, \quad \Gamma^\mu = \overleftarrow{p}^{*\mu} + p^\mu + i\sigma^{\mu\nu}(\partial_\nu + \overleftarrow{\partial}_\nu). \tag{58.32}$$

Die $\sigma^{\mu\nu}$ sind der antisymmetrische Anteil von $\sigma_L^\mu \sigma^\nu$:

$$\sigma_L^\mu \sigma^\nu = g^{\mu\nu} + \sigma^{\mu\nu}, \quad \sigma^{\mu\nu} = -\sigma^{\nu\mu}. \tag{58.33}$$

$g^{\mu\nu}$ ist der metrische Tensor (50.11). Die 2×2-Matrizen $\sigma^{\mu\nu}$ wollen wir nicht ausschreiben, denn die Literatur benutzt fast ausschließlich die elegantere Form (58.23). Beachte aber, dass Kramers Greensfunktion aus $\psi_n(x)\dot{\psi}_n^\dagger(y)$ nur 2×2-Matrizen aufbaut, während Diracs Greensfunktion mit $\psi_{Dn}(x)\psi_{Dn}^\dagger(y)$ 4×4-Matrizen erzeugt. Auch sind die freien Diracspinoren im 4-komponentigen Spinorraum unvollständig; sie erfüllen außer $(p^2 - m^2)\psi_D = 0$ auch noch $(p\gamma - m)\psi = 0$. Deshalb ergibt die Spinsummation auch nicht die Einheitsmatrix im Zähler des Propagators ϕ (58.28), sondern $p\gamma + m$, was $(p\gamma - m)\phi = 0$ sicherstellt.

Für ebene Wellen ist $i\partial^\mu \psi_i = k_i^\mu \psi_i$, $\psi_f^*(-i\overleftarrow{\partial}_\mu) = k_f^\mu \psi_f^*$. Für den spinlosen Fall gilt also

$$f_{if}^{(1)} = (e/4\pi)(k_i + k_f)^\mu \int d^3r\, A_\mu \mathrm{e}^{i\boldsymbol{qr}}, \quad \boldsymbol{q} = \boldsymbol{k}_i - \boldsymbol{k}_f. \tag{58.34}$$

Ist ein Coulombpotenzial $V = -eA^0$ die einzige *Störung*, dann gilt

$$f^{(1)} = (eE/2\pi) \int d^3r\, A^0(\boldsymbol{r}) e^{i\boldsymbol{qr}}. \tag{58.35}$$

Bis auf einen Faktor $-E/2\pi$ ist also $f^{(1)}$ die Fouriertransformierte von $V(\boldsymbol{r})$. Schließlich berechnen wir noch $f^{(1)}(\boldsymbol{q})$ für den Fall, dass A^0 von einem Kern der Ladungsverteilung $\rho_N(r_N)$ stammt. Aus $-\nabla^2\phi = 4\pi\rho_{\text{el}} = 4\pi Ze\rho$ folgt

$$A^0 = Ze \int d^3r_N \frac{\rho_N(r_N)}{|\boldsymbol{r} - \boldsymbol{r}_N|}, \quad \int d^3r_N\, \rho_N = 1. \tag{58.36}$$

Die Fouriertransformation (58.35) lässt sich dann aufteilen. Mit $\boldsymbol{r} = \boldsymbol{r}' + \boldsymbol{r}_N$ erhalten wir

$$\begin{aligned} \int d^3r\, e^{i\boldsymbol{qr}} \int d^3r_N\, \rho_N(r_N)/r' &= \int d^3r'\, e^{i\boldsymbol{qr}'} F(q^2)/r', \\ F(q^2) &= \int d^3r_N\, e^{i\boldsymbol{qr}_N} \rho_N(r_N), \quad F(0) = 1. \end{aligned} \tag{58.37}$$

$F(q^2)$ heißt *Formfaktor*. Das Integral über d^3r' gibt in Kugelkoordinaten r, ϑ, φ, mit $\cos\vartheta = u$,

$$\int \frac{d^3r}{r} e^{i\boldsymbol{qr}} = 2\pi \int r\,dr \int_{-1}^{+1} du\, e^{iqru} = \frac{2\pi}{iq} \int_0^\infty dr\, \left(e^{iqr} - e^{-iqr}\right). \tag{58.38}$$

Das letzte Integral über r ist bei ∞ unbestimmt. Man pflegt einen *Abschirmradius* a einzuführen, der $A^0(r \to \infty)$ mit einem Faktor $\exp(-r/a)$ dämpft (*Yukawapotenzial*). Dann liefert das Integral $-(iq - 1/a)^{-1} + (-iq - 1/a)^{-1} = 2iq(q^2 + 1/a^2)^{-1}$:

$$\int d^3r\, e^{i\boldsymbol{qr}} r^{-1} e^{-r/a} = 4\pi(q^2 + a^{-2})^{-1} \underset{a\to\infty}{\longrightarrow} 4\pi q^{-2}. \tag{58.39}$$

(a könnte die Abschirmung der Kernladung durch gebundene Elektronen simulieren, aber wir brauchen nur die Grenze $a \to \infty$.) Einsetzen in (58.35) liefert

$$f^{(1)} = Ze^2 2EF(q^2)/q^2. \tag{58.40}$$

Mit $\boldsymbol{k}_1^2 = \boldsymbol{k}_2^2 = k^2$ ist

$$q^2 = (\boldsymbol{k}_1 - \boldsymbol{k}_2)^2 = 2k^2(1 - \cos\vartheta) = 4k^2 \sin^2(\vartheta/2), \tag{58.41}$$

wobei ϑ der Streuwinkel ist, also der Winkel zwischen $\boldsymbol{k}_i$ und $\boldsymbol{k}_f$. Für kleine q^2, $F(q^2) \approx 1$, gibt (58.40) gerade Rutherfords Streuformel, oder? Erstaunlich, da Rutherford zur Herleitung klassische Hyperbelbahnen für seine Elektronen annahm.

Woher kennt man eigentlich die Kernladungsdichte ρ_N? Historisch zuerst aus der Elektron-Kern-Streuung, d.h. aus der Messung des Formfaktors $F(q^2)$. So ist denn in Wirklichkeit das Potenzial die Fouriertransformierte der Bornnäherung, und nicht umgekehrt. ¡Hurra für Born!

☞ *Aufgaben:* (i) Zeige, mit den Formeln aus §52, dass der Propagator (58.9) für freie Elektronen im Spinraum nur die Einheitsmatrix enthält $\sum_\lambda u_R u_L^\dagger = \omega\sigma_0$. (ii) Leite (58.32) aus (58.23) her. (iii) Gib Deine Körpergröße in ns an.

§59. Streuung zweier Teilchen in 1. Bornnäherung

Wie Feynman die Bornreihe kovariant machte.

Wir können auch die Streuung eines Elektrons a an einem Kern b endlicher Masse m_b berechnen (Figur 59-1), indem wir A^μ mittels (58.25) durch $j^\mu = j_b^\mu$ ausdrücken, mit $A_i^\mu = 0$ und $j_{el} = Zej_b$:

$$A_\mu = Ze \int d^4x D(y-x) 4\pi j_{b\mu}(x), \tag{59.1}$$

sofern wir $j_b = j_{bb'}$ des Kerns b kennen. Das A benutzen wir dann in $H' = -\gamma^0\gamma^\mu A_\mu$ für S_{if} in (58.15):

$$S_{if} = -ie \int d^4y \psi_f^\dagger H' \psi_i = ie \int d^4y A_\mu(y) j_a^\mu(y), \tag{59.2}$$

$$S_{if} = iZe^2 4\pi \int d^4y d^4x j_a^\mu(y) D(y-x) j_{b\mu}(x). \tag{59.3}$$

Diese Formel ist symmetrisch in a und b, was zu erwarten war. Für ebene Wellen ist

$$j_a^\mu(y) = \mathrm{e}^{-i(K_a - K_a')y} J_{aa'}^\mu, \quad j_b^\mu(x) = \mathrm{e}^{-i(K_b - K_b')x} J_{bb'}^\mu. \tag{59.4}$$

Beachte, dass wir keine Feldquantisierung von A^μ gebraucht haben. (Das ist insofern wichtig, als wir die Quantisierung nur in der Coulombeichung haben.) Für Elektronen ist mit Diracspinoren

$$J^\mu_{aa'} = \overline{u}'_a \gamma^\mu u_a = u'^\dagger_a (1,\ \boldsymbol{\alpha}) u_a. \tag{59.5}$$

Entscheidend dabei ist, dass die ganze y-Abhängigkeit von $j^\mu_a(y)$ einfach $\exp(-i(K_a - K'_a)y)$ lautet. Da S_{if} lorentzinvariant sein soll, erlauben wir in S_{if} keinen formalen Unterschied zwischen a und b, denn *Laborsystem* ($K_b = (m_b, 0)$) und *Antilaborsystem* ($K_a = (m_a, 0)$, d.h. Teilchen a ist hier das ruhende Target) unterscheiden sich nur durch eine Lorentztransformation. Mit (59.4) ist

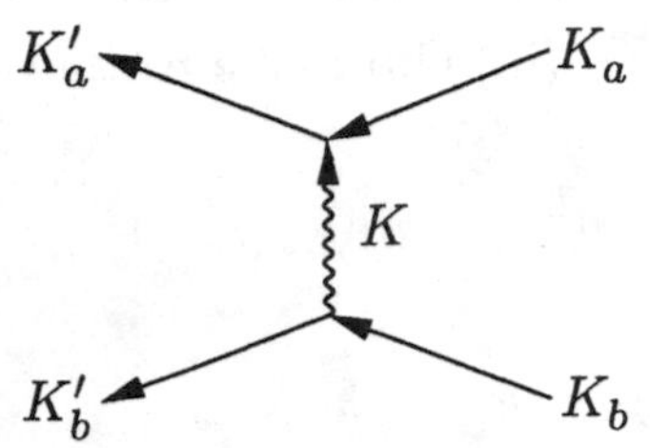

Bild 59-1: Borngraf für $ab \to a'b'$

$$S^{(1)}_{if} = iZe^2 J^\mu_{aa} J_{bb'\mu} 4\pi \int d^4y\, d^4x \\ \mathrm{e}^{-i(K_a - K'_a)y} D(y-x) \mathrm{e}^{-i(K_b - K'_b)x}. \tag{59.6}$$

Wenn wir jetzt noch $D(y-x)$ aus (58.27) einsetzen,

$$D(y-x) = -(2\pi)^{-4} \int d^4K\, \mathrm{e}^{-iKy} \mathrm{e}^{iKx} / K^2, \tag{59.7}$$

können wir alle 8 Raumzeitintegrationen ausführen. Den Grenzübergang wie in (58.21) sparen wir uns und schreiben einfach

$$\begin{aligned} \int dy_0\, \mathrm{e}^{-i(K^0_a - K'^0_a + K^0)y_0} &= 2\pi\delta(K^0_a - K'^0_a + K^0), \\ \int d^4y\, \mathrm{e}^{-i(K_a - K'_a + K)y} &= (2\pi)^4 \delta_4(K_a - K'_a + K), \end{aligned} \tag{59.8}$$

und entsprechend für die x-Integrationen, $\int d^4x\, \mathrm{e}^{-i(K_b - K'_b - K)x} = (2\pi)^4$ $\delta_4(K_b - K'_b - K)$. Das Resultat ist

$$S^{(1)}_{if} = iZe^2 4\pi J^\mu_{aa'} J_{bb'\mu} \int \frac{d^4K}{-K^2} (2\pi)^4 \delta_4(K_a - K'_a + K) \delta_4(K_b - K'_b - K). \tag{59.9}$$

Kürzen wir jetzt etwa d^4K gegen die erste δ-Funktion, dann bleibt $\delta_4(K_b - K'_b + K_a - K'_a)$. Diese 4-dimensionale δ-Funktion bedeutet, dass jetzt nicht nur die Gesamtenergie des Systems erhalten ist, $E_a + E_b = E'_a + E'_b$, sondern auch der Gesamtimpuls $\boldsymbol{k}_a + \boldsymbol{k}_b = \boldsymbol{k}'_a + \boldsymbol{k}'_b$. Der Hauptunterschied zur Streuung am statischen äußeren Potenzial (58.35) liegt darin, dass die in (58.34) eingeführte Impulsänderung $\boldsymbol{q}$ von Teilchen a sich als Rückstoßimpuls von Teilchen b entpuppt. Da die δ_4-Funktion für jeden beliebigen Prozess ohne äußere Felder zu erwarten ist, setzt man allgemein

$$S_{if} = i(2\pi)^4 \delta_4(K_i - K_f) T_{if}, \quad K_i = K_a + K_b, \quad K_f = K'_a + K'_b. \tag{59.10}$$

Für die 1. Bornnäherung folgt aus (59.8)

$$T_{if}^{(1)} = -Ze^2 J^\mu_{aa'} J_{bb'\mu} 4\pi / t, \quad t = K^2 = (K_b - K'_b)^2 = (-K_a + K'_a)^2. \tag{59.11}$$

Jetzt fehlt nur noch das $J_{bb'}$. Anwendung der Stromerhaltung auf (59.4) gibt

$$K_\mu J^\mu_{bb'} = (K_b - K'_b)_\mu J^\mu_{bb'} = 0. \tag{59.12}$$

Falls nun Teilchen b spinlos ist, muss $J^\mu_{bb'}$ proportional zu den einzigen verfügbaren Vektoren K^μ_b und K'^μ_b sein, wobei wegen (59.12) nur die Summe erlaubt ist:

$$J^\mu_{bb'} = (K_b + K'_b)^\mu F_b(-t), \quad t = (K_b - K'_b)^2. \tag{59.13}$$

Dabei ist $F_b(-t)$ noch eine beliebige Funktion von $-t$, abgesehen von der Normierung $F_b(0) = 1$. Im *Laborsystem* bleibt der Kern normalerweise auch nach dem Stoß nichtrelativistisch

$$K'^\mu_b = (E'_b, -\boldsymbol{q}), \quad E'_b \approx m_b + \boldsymbol{q}^2/2m_b, \quad -t \approx \boldsymbol{q}^2(1 - \boldsymbol{q}^2/4m_b^2). \tag{59.14}$$

Der in (58.37) als Fouriertransformierte der Ladungsverteilung im Kern definierte Formfaktor $F(q^2)$ ist also die statische Näherung des durch (59.13) definierten Formfaktors $F(-t)$. Im Prinzip ist F eine Funktion aller möglichen Lorentzinvarianten, $F = F(K_b^2, K'^2_b, 2K_bK'_b, t)$. Nun gilt aber

$$K_b^2 = K'^2_b = m_b^2, \quad 2K_bK'_b = 2m_b^2 - t, \tag{59.15}$$

so dass effektiv nur t als Variable bleibt.

Auch der Wirkungsquerschnitt $d\sigma_{if}$ erhält jetzt eine neue Basis. Die Impulserhaltung $\delta(\boldsymbol{k}_i - \boldsymbol{k}_f)$ in (59.10) folgt aus der Integration der ebenen Wellen auch des *Targetteilchens* b über den ganzen Raum, $\int d^3x = V$ in (59.3). Unabhängig von T und V ist die Übergangswahrscheinlichkeit $|S_{if}|^2$ pro Zeitintervall $2T$ und Raumanteil V, $\widehat{r}_{if} = |S_{if}|^2/2TV$. Das ist die *Reaktionsratendichte* von einem normierten Zustand $|i\rangle$ zu einem ausgewählten normierten Endzustand $|f\rangle$. Und zwar liefert die Anwendung des Grenzüberganges vor (58.21) auch auf den Raumanteil

$$\widehat{r}_{if} = |S_{if}|^2/2TV = (2\pi)^4 \delta_4(K_i - K_f)|T_{if}|^2. \qquad (59.16)$$

Damit ist das Quadrat der δ-Funktion in (59.10) definiert (unten kommt eine einfachere Version mit Mogeln). TV ist lorentzinvariant (Lorentzkontraktion und Zeitdilatation kompensieren sich hier), und da sowohl S_{if} laut (59.2) als auch seine Beziehung zu T_{if} lorentzinvariant sind, ist $\widehat{r}_{if}$ es auch. Gleichungen (59.10) und (59.16) gelten auch bei Teilchenumwandlungen, mit beliebigen Teilchenzahlen n_i im Anfangs- und n_f im Endzustand. Bei Teilchenstreuung ($ab \to a'b'$) ist $n_i = n_f = 2$; Teilchenproduktion in Kollisionen ($ab \to a'b'c'$) hat $n_f > 2$. Teilchenzerfall hat $n_i = 1$. Kollisionen von 3 Teilchen ($n_i = 3$) können in Plasmen passieren. Der Begriff des Wirkungsquerschnitts beschränkt sich aber auf $n_i = 2$.

Die gemessene Ratendichte r_{if} ist proportional zum Produkt der Phasenraumdichten $F_j(\boldsymbol{k}_j, \boldsymbol{R}, T)$ der Teilchen im Anfangszustand. Die Teilchendichten $\rho_j(\boldsymbol{R}, T)$ und Gesamtzahlen N_j sind

$$\rho_j(\boldsymbol{R}, T) = \int d^3k_j\, F_j, \quad N_j = \int d^3R\, \rho_j. \qquad (59.17)$$

Trotz der mikroskopischen ebenen Wellen darf also die Phasenraumdichte über makroskopische $\boldsymbol{R}$ und T variieren. Ein Teilchenstrahl 1 mit scharfem Impuls $\boldsymbol{p}_1$ z.B. darf mit $\boldsymbol{R}$ variieren,

$$F_1(\boldsymbol{k}_1, \boldsymbol{R}, T) = \delta_3(\boldsymbol{k}_1 - \boldsymbol{p}_1)\rho_1(\boldsymbol{R}, T); \qquad (59.18)$$

z.B. kann die Dichte ρ_1 in Flugrichtung z durch Absorption geschwächt werden, $\rho_1 = \rho_0 \exp(-z/\lambda)$, $\lambda =$ *freie Weglänge*. Da der Zustand $|j\rangle$ auf $2E_j$ normiert ist, gilt

$$r_{if} = \prod_{j=1}^{n_i} d^3k_j\, (2E_j)^{-1} F_j |T_{if}|^2 (2\pi)^4 \delta_4(K_i - K_f). \qquad (59.19)$$

Insbesondere ist bei Kollisionen zweier Teilchenstrahlen, $F_1F_2 = \delta_3(\boldsymbol{k}_1 - \boldsymbol{p}_1)$-$\delta_3(\boldsymbol{k}_2 - \boldsymbol{p}_2)\rho_1(\boldsymbol{R}, T)\rho_2(\boldsymbol{R}, T)$, r_{if} proportional zu $\rho_1(\boldsymbol{R}, T)\rho_2(\boldsymbol{R}, T)$: Teilchen können nur kollidieren, wenn sie im gleichen Zeitintervall $2T$ im gleichen makroskopischen Volumenelement d^3R sind.

Im Idealfall misst man dr_{if} als differenzielle Ratendichte für Impulsraumdifferenziale $d^3k_1 \ldots d^3k_{n_f}$ bei n_f Reaktionsprodukten. Wieder aus

Normierungsgründen (siehe (50.25)) liefert jedes Teilchen einen Faktor $d^3_L k_i = d^3 k_i/16E_i\pi^3$. Es empfiehlt sich, diese Faktoren mit den Faktoren $(2\pi)^4\delta_4(K_i - K_f)$ aus (59.19) zu einem lorentzinvarianten Phasenraumdifferenzial $dLiF$ (Endbuchstabe aus einer der fantastisch fonetischen Sprachen Europas) zu kombinieren:

$$dLiF(K_i^2; f) := (2\pi)^4 \prod_{i=1}^{n_f} d^3_L \boldsymbol{k}_i \delta_4(K_i - K_f), \tag{59.20}$$

$$dr_{if} = \prod_{j=1}^{n_i} \int d^3k_j (2E_j)^{-1} F_j |T_{if}|^2 dLiF. \tag{59.21}$$

Speziell bei der Kollision zweier Teilchenstrahlen mit Impulsen $\boldsymbol{k}_a$ und $\boldsymbol{k}_b$ ist also

$$dr_{if} = \rho_a \rho_b (4E_a E_b)^{-1} |T_{if}|^2 dLiF(K_i^2; f). \tag{59.22}$$

Zum Anschluss an die Formel (58.16) separiert man jetzt eine sogenannte *Relativgeschwindigkeit* v_{ab}

$$v_{ab} = k\sqrt{s}/E_a E_b \tag{59.23}$$

ab. Dabei ist $k\sqrt{s}$ eine Lorentzinvariante, die wir in (60.11) berechnen werden. E_a und E_b sind dagegen nicht lorentzinvariant, also auch nicht v_{ab}. Man setzt $dr_{if} = \rho_a \rho_b v_{ab} d\sigma_{if}$ und definiert damit den *differenziellen Wirkungsquerschnitt* $d\sigma_{if}$:

$$d\sigma_{if} = (4E_a E_b v_{ab})^{-1} |T_{if}|^2 dLiF(K_i^2; f). \tag{59.24}$$

Da $E_a E_b v_{ab}$ lorentzinvariant ist, ist $d\sigma_{if}$ es auch. $dLiF$ wird im nächsten § berechnet.

Mogelei beim Quadrieren von $|S_{if}|^2$ in (59.16): Man schreibt in $|S_{if}|^2/2TV$ einen Faktor $(2\pi)^4\delta_4(K_i - K_f)$ als $\int d^4x \exp\{i(K_i - K_f)x\}$, setzt dann wegen des anderen Faktors $(2\pi)^4\delta_4(K_i - K_f)$ im Exponenten $K_i - K_f = 0$ und erhält somit $\int d^4x = 2TV$, was gegen den Nenner $2TV$ gekürzt wird.

§6o. Zweiteilchenkinematik. Quasipotenzialgleichungen

Wo wir die KG- und Diracgleichungen mit Born und Feynman in relativistische Zweiteilchengleichungen umformen.

Für jedes abgeschlossene System ist der gesamte 4-Impuls $K_i = (E_i, \boldsymbol{k}_i)$ erhalten, $S_{if} \sim \delta_4(K_i - K_f)$ wie in (59.10). Bei Streuung zweier Teilchen $ab \to a'b'$ ist $K_a + K_b = K_i = K_f = K'_a + K'_b$. Bei einem Teilchenzerfall $i \to 1 + 2$ wäre K_i der 4-Impuls des zerfallenden Teilchens, und $K_i = K_1 + K_2$. Das Quadrat des gesamten 4-Impulses nennt man häufig s:

$$K_i^2 = K_f^2 = s, \quad K_a^2 = E_a^2 - \boldsymbol{k}_a^2 = m_a^2, \quad K_b^2 = E_b^2 - \boldsymbol{k}_b^2 = m_b^2. \quad (60.1)$$

Neben dem Laborsystem $\boldsymbol{k}_b = 0$, ist das Schwerpunktssystem (SPS)

$$\boldsymbol{k}_i = \boldsymbol{k}_a + \boldsymbol{k}_b = 0 \quad (60.2)$$

besonders wichtig. Beim Zerfall eines Teilchens i wäre dies sein Ruhesystem, $\boldsymbol{k}_i = 0$, $E_i = \sqrt{s} = m_i$. Bei Teilchenstreuung heißt $\sqrt{s}$ die Schwerpunktsenergie. Im SPS ist

$$E_a + E_b = \sqrt{s} = E'_a + E'_b. \quad (60.3)$$

In diesem System nennen wir auch $\boldsymbol{k}_a = \boldsymbol{k}$. Wegen $\boldsymbol{k}_b = -\boldsymbol{k}$ ist dann $\boldsymbol{k}_a^2 = \boldsymbol{k}_b^2 = \boldsymbol{k}^2$, und aus (60.1) folgt

$$E_a^2 - E_b^2 = m_a^2 - m_b^2 =: \Delta m^2. \quad (60.4)$$

Aus (60.3) und (60.4) lassen sich E_a und E_b einzeln durch $\sqrt{s}$ ausdrücken:

$$E_a = (s + \Delta m^2)/2\sqrt{s}, \quad E_b = (s - \Delta m^2)/2\sqrt{s}. \quad (60.5)$$

Damit folgt auch $\boldsymbol{k}^2$ aus (60.1) als Funktion von s, m_a^2 und m_b^2, z.B. als $\boldsymbol{k}^2 = E_a^2 - m_a^2$:

$$\boldsymbol{k}^2 = \tfrac{1}{4}\left(s + (\Delta m^2)^2/s - 2\Sigma m^2\right), \quad \Sigma m^2 = m_a^2 + m_b^2. \quad (60.6)$$

All diese Formeln gelten auch für die beiden Teilchen a' und b' im Endzustand, solange diese die gleichen Massen haben, $m'_a = m_a$, $m'_b = m_b$ (andernfalls redet man von *inelastischer Streuung*).
Jetzt können wir *dLiF* (59.20) für 2 Teilchen der Impulse $\boldsymbol{k}'_a$ und $\boldsymbol{k}'_b$ im SPS berechnen:

$$dLiF = (16\pi^2 E'_a E'_b)^{-1} d^3k'_a d^3k'_b \delta(\sqrt{s} - E'_a - E'_b)\delta_3(\boldsymbol{k}'_a + \boldsymbol{k}'_b). \quad (60.7)$$

Wir kürzen $d^3k'_b$ gegen $\delta(\boldsymbol{k}'_a + \boldsymbol{k}'_b)$ und setzen in den anderen Faktoren $\boldsymbol{k}'_b = -\boldsymbol{k}'_a$, insbesondere $E'_b = \sqrt{m_b^2 + k_b'^2} = \sqrt{m_b^2 + k_a'^2}$. In Kugelkoordinaten ist $d^3k'_a = k_a'^2 dk'_a d\Omega_f$:

$$dLiF = (16\pi^2 E'_a E'_b)^{-1} k_a'^2 dk'_a d\Omega_f \delta(\sqrt{s} - E'_a - E'_b). \quad (60.8)$$

Zur Beseitigung der letzten δ-Funktion führen wir $E' = E'_a + E'_b$ als neue Variable ein. Aus $E_i^2 = m_i^2 + k_i^2$ folgt $E_i dE_i = k_i dk_i$ und somit

$$dE' = (E_a'^{-1} + E_b'^{-1})k'_a dk'_a = E'k'_a dk'_a / E'_a E'_b. \tag{60.9}$$

Damit können wir dk'_a auf dE' umrechnen. Die Kombination $dE'\delta(\sqrt{s}-E')$ bewirkt $E' = \sqrt{s} = E$,

$$dLiF(s; K'_a, K'_b) = k'd\Omega_f / 16\pi^2\sqrt{s}. \tag{60.10}$$

Bei elastischer Streuung $m'_a = m_a$, $m'_b = m_b$ ist natürlich $E'_a = E_a$, $E'_b = E_b$ und damit $k' = k$. Der Faktor k kürzt sich damit im differenziellen Wirkungsquerschnitt (59.24) raus. Wie schon im nichtrel. Fall redet man bei $k' > k$ von einer exothermen Reaktion, bei der $d\sigma_{if}$ für $k \to 0$ wie $1/v_{ab}$ divergiert. Reaktionen mit $k' < k$ sind endotherm und beginnen erst bei $k' = 0$ ($E = m'_a + m'_b$), so dass man in (60.10) eigentlich noch eine Abschneidefunktion $\Theta(k'^2)$ braucht.
Die $\mathcal{CP}$-Invarianz der Bewegungsgleichungen bewirkt einige Besonderheiten der Relativistik. So sind die Vorzeichen der Massen m_a, m_b frei wählbar. Das gilt nicht nur für die KG-Gleichung $(\pi^\mu\pi_\mu - m^2)\psi = 0$, sondern auch für die Diracgl. $(\pi^\mu\gamma_\mu - m)\psi = 0$ (vergl. (52.1)) und für k^2. Andererseits muss k^2 trotzdem einen Faktor $E - m_a - m_b$ enthalten, damit es an der „Schwelle“ $E = m_a + m_b$ verschwindet. Wie ist das möglich? Wir multiplizieren (60.6) mit $4s = 4E^2$ und finden

$$\begin{aligned} 4k^2E^2 &= (E - m_a - m_b)(E + m_a + m_b)(E - m_a + m_b)(E + m_a - m_b) \\ &\equiv \lambda(E^2, m_a^2, m_b^2). \end{aligned} \tag{60.11}$$

Die Funktion λ (genannt *Dreiecksfunktion*) ist also das Produkt von 4 Schwellenfaktoren, mit allen denkbaren Vorzeichenkombinationen bei m_a und m_b. Darüber hinaus ist λ symmetrisch in m_a^2, m_b^2, E^2, und das Vorzeichen von E ist ebenfalls frei. Das sind alles Folgen der Teilchen-Antiteilchen-Symmetrie.
Bei elastischer Streuung ist im SPS der Energieübertrag $K^0 = K_b^0 - K_b'^0 = E_b - E'_b = 0$, und damit ist $t = -\boldsymbol{q}^2$, wobei $\boldsymbol{q}$ der Impulsübertrag im SPS ist. Damit wird aus der Bornnäherung (59.11)

$$T_{if}^{(1)} = Ze^2 J_{aa'} J_{bb'} 4\pi / \boldsymbol{q}^2, \tag{60.12}$$

analog zu (58.40) mit $q^2 = \boldsymbol{q}^2$. Für zwei spinlose Teilchen ist laut (59.13)

$$J_{aa'}J_{bb'} = (K_a + K'_a)(K_b + K'_b),$$

jedenfalls für kleine $\boldsymbol{q}^2$, wo $F_a(\boldsymbol{q}^2) \approx F_b(\boldsymbol{q}^2) \approx 1$ gilt. Die 4-Produkte $K_a K_b$ und $K'_a K'_b$ sind durch $K_i^2 = s$ festgelegt: Quadrieren von $K_i = K_a + K_b = K'_a + K'_b$ liefert

$$2K_a K_b = s - \Sigma m^2 = 2K'_a K'_b. \tag{60.13}$$

Man kann jetzt für $J_{aa'} J_{bb'}$ sowohl $(2K_a + K)(2K_b - K)$ als auch $(2K'_a - K)(2K'_b + K)$ einsetzen (siehe Bild 59-1). Mittelt man über beide Ausdrücke und beachtet $K(K_b - K'_b) = K^2 = K(K'_a - K_a)$, dann erhält man

$$J_{aa'} J_{bb'} = 4K_a K_b + K^2 = 4K_a K_b - \boldsymbol{q}^2. \tag{60.14}$$

Mit diesen Kenntnissen können wir die KG-Gl (50.4) in eine relativistische Zweiteilchengleichung umwandeln, die im SPS gilt (*Todorovgleichung*). Dazu ersetzen wir die alte relativistische Einteilchenenergie E_r durch ein zunächst unbekanntes ϵ:

$$(\boldsymbol{k}^2 - \boldsymbol{p}^2 - 2\epsilon V + V^2)\psi(\boldsymbol{r}) = 0, \quad \boldsymbol{r} = \boldsymbol{r}_a - \boldsymbol{r}_b. \tag{60.15}$$

Im Bereich $V = 0$ haben wir zwei freie Teilchen; es muss dort $\boldsymbol{p}^2\psi = \boldsymbol{k}_a^2\psi = \boldsymbol{k}_b^2\psi = \boldsymbol{k}^2\psi$ gelten. Also ist $\boldsymbol{k}^2$ jetzt durch (60.6) gegeben. Das ϵV in (60.15) passen wir an die 1. Bornnäherung an. Im statischen Fall $m_b = \infty$ ergab sich laut (58.40) $f^{(1)} = 2Ze^2 E/\boldsymbol{q}^2$ für $F(\boldsymbol{q}^2) = 1$. Auch hier ersetzen wir E durch ϵ, also $f^{(1)} = 2Ze^2\epsilon/\boldsymbol{q}^2$. Der Zusammenhang mit $T_{if}^{(1)}$ (60.12) ergibt sich aus dem differenziellen Wirkungsquerschnitt (59.24), (60.10):

$$d\sigma_{if} = |T_{if}/8\pi\sqrt{s}|^2 d\Omega_f = |f|^2 d\Omega_f. \tag{60.16}$$

Es muss also $f^{(1)} = T_{if}^{(1)}/8\pi\sqrt{s}$ sein, d.h. $2\epsilon = J_{aa'} J_{bb'}/2\sqrt{s}$. Den Summanden $-\boldsymbol{q}^2$ in (60.14) können wir dabei genauso wie $F(\boldsymbol{q}^2)$ vernachlässigen. (Großen $\boldsymbol{q}^2$ entsprechen bei der Fouriertransformation kleine r, d.h. für $r \to 0$ gibt's Abweichungen.) Damit finden wir:

$$\epsilon = K_a K_b/\sqrt{s} = (s - \Sigma m^2)/2\sqrt{s}. \tag{60.17}$$

Schauen wir mal, was das für ein nichtrel. Teilchen b bedeutet, etwa für einen Kern. Dann ist natürlich $E_b = m_b + \boldsymbol{k}^2/2m_b \approx m_b$, und damit $\sqrt{s} \approx m_b + E_a$, $\epsilon \approx m_b E_a/(m_b + E_a)$. Das ist eine *reduzierte Energie* für Teilchen a, analog zur reduzierten Masse $\mu = m_b m_a/(m_b + m_a)$. Falls Teilchen a auch nichtrelativistisch ist, geht $E_a \to m_a$, also $\epsilon \to \mu$. Das ist in der Tat erforderlich, damit $\boldsymbol{p}^2 + 2\epsilon V$ gegen $2\mu H_r$ geht, mit H_r = nichtrel. Hamilton der Relativbewegung, (26.12). Für $E_a/m_b \to 0$ reduziert sich natürlich (60.15) auf die KG-Gl (50.4). Gleichungen der Art (60.15) nennt

man *Quasipotenzialgleichungen.* Diese sind invariant gegen Vorzeichenwechsel bei m_a, m_b und E.
Es lohnt sich auch, die Todorovgleichung explizit auf KG-Form zu schreiben, indem man eine *relativistische reduzierte Masse* μ_r definiert:

$$\left[(\epsilon - V)^2 - \boldsymbol{p}^2 - \mu_r^2\right]\psi = 0, \quad \mu_r = \sqrt{\epsilon^2 - \boldsymbol{k}^2} = \frac{m_a m_b}{\sqrt{s}}. \tag{60.18}$$

Fürs H-Atom gilt eine analoge Quasi-Diracgleichung,

$$H_r\psi_r = \epsilon\psi_r, \quad H_r = \boldsymbol{p\alpha} + \mu_r\beta + V. \tag{60.19}$$

Eine Herleitung aus dem Hamilton des Systems Elektron plus spinloser Kern im Schwerpunktssystem ($\boldsymbol{p} = \boldsymbol{p}_a = -\boldsymbol{p}_b$) sei hier nur angedeutet:

$$H = \boldsymbol{p\alpha} + m_a\beta + V + (p^2 + B)/2m_b, \tag{60.20}$$

wobei $B = -V(\boldsymbol{p\alpha} + p_r\alpha_r)$ der Breitoperator zwischen Elektron und bewegtem (spinlosem) Kern ist. In der Gleichung $H\psi = E_e\psi$ ist E_e jetzt die Gesamtenergie des Atoms minus der Kernmasse,

$$E_e = \sqrt{s} - m_b = E_a + E_b - m_b \approx \epsilon\sqrt{s}/m_b \tag{60.21}$$

(Da $m_b \neq E_b$ (60.5) ist, ist auch E_e verschieden von E_a). Bei der Herleitung von (60.19) aus (60.20) vernachlässigen wir B und bringen (60.20) zunächst auf Kramersform (52.1):

$$[(\pi^0 - p^2/2m_b + \boldsymbol{p\sigma})(\pi^0 - p^2/2m_b - \boldsymbol{p\sigma}) - m_a^2]\psi = 0, \quad \pi^0 = E_e - V. \tag{60.22}$$

Beim Ausmultiplizieren der Klammern nähern wir $(\pi^0 - p^2/2m_b)^2 = \pi^{02} - p^2E_e/m_b$ und vernachlässigen auch die Rückstosskorrekturen der anderen relativistischen Operatoren:

$$[E_e^2 - m_a^2 - 2E_eV - p^2(1 + E_e/m_b) + V^2 - [\boldsymbol{p\sigma}, V]]\psi = 0. \tag{60.23}$$

Der Faktor bei p^2 ist $\sqrt{s}/m_b$. Er wird abdividiert und liefert damit bei E_eV die Kombination $E_em_b/\sqrt{s} = (\sqrt{s} - m_b)m_b/\sqrt{s} \approx \epsilon$. Bei m_a^2 entsteht die Kombination $m_a^2m_b/\sqrt{s} = \mu_r^2\sqrt{s}/m_b = \mu_r^2 + m_a^2m_bE_e/s$, und schließlich ist $E_e^2m_b/\sqrt{s} - m_e^2m_bE_e/s \approx \epsilon^2$. Damit wird nun tatsächlich aus (60.23) die Kramersform von (60.19).
☞ *Aufgabe:* Berechne $k = \sqrt{(\boldsymbol{k}^2)}$ aus (60.6) für $m_a = 0$.

§61. Elementarteilchen

Wo wir Leptonen, Baryonen, Mesonen, Quarks und Gluonen beschnuppern.

Die Liste der Elementarteilchen umfasste zunächst außer dem Foton das Elektron e^- und sein Neutrino ν als Leptonen (leichte Teilchen), sowie das Proton p und Neutron n als Nukleonen (Kernbausteine). Deren Massen ($m_p = 938.272$ MeV, $m_n = 939.566$ MeV, $m_e = 0.511$ MeV, $m_\nu = 0$) erlauben den Zerfall des freien Neutrons $n \to pe^-\overline{\nu}$ (§59), aber Bindungsenergien von vielen MeV bescheren allen Kernen ab dem Deuteron (pn) mindestens ein stabiles Neutron. Später entdeckte man mehrere „Hyperonen"(Λ, Σ, Ξ, Ω), von denen das leichteste, das „Λ-Hyperon", eine Masse von 1115.68 MeV hat. Es ist eine Art schweres Neutron und bindet auch in Kernen (sogenannte Hyperkerne), kann aber auch im gebundenen Zustand wegen seiner zusätzlichen Energie von >100 MeV stets zerfallen und heißt wohl deshalb nicht Nukleon. Inzwischen kennt man noch schwerere Teilchen (Λ_c, Σ_c, ...Λ_b...), die allesamt Fermionen sind und ihre Zerfallsketten mit genau einem Nukleon beenden. Zusammen mit den Nukleonen nennt man sie Baryonen (schwere Teilchen). Außerdem gibt es die Antileptonen ($L = -1$) und die Antibaryonen ($B = -1$).

Ein bosonisches Teilchen mittlerer Masse (Meson) wurde ursprünglich von Yukawa als Träger der Kernkraft postuliert, so wie man das Foton salopp auch Träger der Coulombkraft nennt. Heute kennt man an die 50 solcher Mesonen, sie haben alle $L = B = 0$ und können von Baryonen emittiert und absorbiert werden, ähnlich wie die Fotonen von den geladenen Teilchen. Zuerst fand man die drei spinlosen Pi-Mesonen oder Pionen π^-, π^0, π^+, wobei π^+ das Antiteilchen von π^- ist und somit die gleiche Masse hat, $m(\pi^\pm) = 139.570$ MeV ($m(\pi^0) = 134.796$ MeV). Das π^0 ist sein eigenes Antiteilchen wie das Foton, hat aber Ladungskonjugationseigenwert $C = +1$ und zerfällt in 10^{-16} s in zwei Gamma-Quanten, $\pi^0 \to \gamma\gamma$. Die $\pi^\pm$ dagegen zerfallen „leptonisch", manchmal $\pi^- \to e^-\overline{\nu}$, $\pi^+ \to e^+\nu$, in der Regel jedoch $\pi^- \to \mu^-\overline{\nu}_\mu$, $\pi^+ \to \mu^+\nu_\mu$. Das dabei entstehende Müon $\mu^\pm$ hat die Masse 105.658 MeV und zerfällt seinerseits in 10^{-6} s in $e^-\overline{\nu}\nu_\mu$ bzw. $e^+\nu\overline{\nu}_\mu$. Das ν_μ schließlich ist zwar ebenfalls ein masseloses Neutrino, unterscheidet sich aber durch eine neue „Müonquantenzahl"vom Elektronneutrino ν_e, für das wir bisher aus Bequemlichkeit $\nu = \nu_e$ geschrieben haben. Schließlich gibt es noch ein superschweres Elektron, das τ-Lepton mit m_τ =1777 MeV sowie sein Sonderneutrino ν_τ, das bei allen τ-Zerfällen auftritt. Die Klasse der Leptonen umfasst damit die drei Leptonpaare (e^-, ν_e), (μ^-, ν_μ), (τ^-, ν_τ) sowie deren Antiteilchen.

Mesonen und Baryonen dagegen gibt es > 100, ein gemeinsamer Name ist „Hadronen“(stark wechselwirkende Teilchen). In ihren Quantenzahlen erinnern sie an gebundene Zustände wie Atome oder Kerne. Ihre Bestandteile heißen Quarks, von denen es wieder 6 gibt, die sich auch wieder in drei Paare (u,d)=(up, down), (c,s)= (charm, strange) und (t,b)= (top, bottom bzw. truth,beauty als ästhetischere Form) ordnen lassen. Anders als bei Atomen oder Kernen kann man aber diese Bestandteile nicht als freie Teilchen beobachten. Nur die Quarkfeldoperatoren sind gesichert, ihre Entwicklung nach ebenen Wellen ist problematisch. Vielleicht sollte man sich erinnern, dass ja auch ein Vektorpotenzial $\boldsymbol{A}$ in einer Kavität Moden besetzt, die es im Vakuum nicht gibt. Deshalb wollen wir zunächst einige Eigenschaften der Hadronen unabhängig von ihrer Quarkstruktur diskutieren. Wichtigster Punkt ist hier die Isospininvarianz, die allerdings nicht exakt ist (eine „gebrochene“Symmetrie):
Der geringe Massenunterschied zwischen Proton und Neutron lässt vermuten, dass der hadronische Hamilton H_h, wie kompliziert er auch immer sei, zumindest annähernd mit einem Operator τ_1 kommutiert, der Protonen mit Neutronen vertauscht. Man führt deshalb Isospinoren χ_+ und χ_- ein, sowie Isopaulimatrizen, die hier $\boldsymbol{\tau}$ heißen:

$$|p\rangle = \chi_+ = \begin{pmatrix} 1 \\ 0 \end{pmatrix}, \; |n\rangle = \chi_- = \begin{pmatrix} 0 \\ 1 \end{pmatrix}, \tau_1 = \begin{pmatrix} 0 & 1 \\ 1 & 0 \end{pmatrix}, \; \tau_3 = \begin{pmatrix} 1 & 0 \\ 0 & -1 \end{pmatrix}. \tag{61.1}$$

Der Operator der elektrischen Ladung, $Q = (1 + \tau_3)/2$ (in Einheiten der Elementarladung e) kommutiert natürlich exakt mit H_h. Wenn nun aber $[H_h, \tau_1] = 0$ und $[H_h, \tau_3] = 0$ gelten, dann gilt auch $[H_h, \tau_2] = 0$, wegen $\tau_2 = i[\tau_1, \tau_3]/2$. Also gilt $[H_h, \boldsymbol{\tau}] = 0$, so dass man die Gruppe formal auf SU_2 (Isospindrehungen) erweitern kann (selbst wenn eine Drehung um 7° sinnlos ist, da sie Zustände verschiedener Ladungen mischt).
Die Vermutung wird dadurch bestätigt, dass sich die verschiedenen Kerne und Kernlevel in Isospinmultiplets anordnen, deren Multiplizitäten sich wieder aus der Clebsch-Gordan-Reihe ergeben, z.B. $2 \times 2 = 4$. Bei genau zwei Nukleonen ist allerdings nur das Isosinglett χ_0^0 (27.13) gebunden, nämlich das Deuteron. Bei vier Nukleonen passiert das gleiche (α-Teilchen $={}^4$He-Kern), während ^{3}He und ^{3}H ein fast massegleiches Dublett bilden. Die Grundzustände der Kerne mit gleichviel Protonen und Neutronen sind meist Isosingletts. Ein berühmtes Isotriplett besteht aus den drei spinlosen Zuständen (^{14}C, ^{14}N*, ^{14}O), wobei ^{14}N* ein angeregter Zustand von ^{14}N ist. Die Mesonen als Kernkräfteträger müssen natürlich auch Isospinmultipletts bilden. Insbesondere bilden (π^+, π^0, π^-) ein Isotriplett. Ihre Kopplung an die Nukleonen ist invariant unter Isodrehungen: Bei Pionabsorption erscheint ein Faktor $g_{\pi NN}\gamma_5\boldsymbol{\tau\varepsilon}(I_3)$, bei der Emission ein Faktor $g_{\pi NN}\gamma_5\boldsymbol{\tau\varepsilon}^*$,

wobei ε jetzt ein Polarisationsvektor wie bei Fotonabsorption ist, nur halt im Isoraum. Der Faktor $g_{\pi NN}$ ist eine Kopplungskonstante, ähnlich dem $-$e bei Elektronen und +e bei Protonen. Der Faktor γ_5 schließlich ersetzt das γ^μ beim Foton, weil das Pion einerseits keinen Spin hat, andererseits aber eine negative Eigenparität (solche Teilchen nennt man Pseudoskalare). Yukawas Pionaustauschpotenzial entsteht aus der Fouriertransformierten der Bornamplitude $T_{if}^{(1)}$ in S_{if} (59.10), wobei $T_{if}^{(1)}$ wieder eine symmetrische Form in den beiden Nukleonen a und b hat, wie in (59.11):

$$T_{if}^{(1)} = g_{\pi NN}^2 \boldsymbol{J}_{aa'} \boldsymbol{J}_{bb'} \phi(t), \quad \boldsymbol{J}_{aa'} = \overline{u}_a' \gamma_5 \boldsymbol{\tau} u_a, \quad \phi = (m_\pi^2 - t)^{-1}, \tag{61.2}$$

und analog $\boldsymbol{J}_{bb'}$. Der Faktor ϕ (58.29) ist der isospinunabhängige Teil des Pionpropagators. Dazu kommt noch eine Isospinsummation $\sum \epsilon_i(I_3)\epsilon_j(I_3)$, die aufgrund der Vollständigkeit δ_{ij} ergibt und die in $T_{if}^{(1)}$ bereits dadurch berücksichtigt ist, dass $\sum(\boldsymbol{\tau}_a \boldsymbol{\varepsilon}(I_3))\boldsymbol{\tau}_b \boldsymbol{\varepsilon}^*(I_3))$ als $\boldsymbol{\tau}_a \boldsymbol{\tau}_b$ geschrieben wurde, ganz analog zur impliziten Summation in (59.11). Die nichtrel. Näherung des Potenzials im Ortsraum wird dadurch kompliziert, dass γ_5 in der Paritätsbasis keine Erwartungswerte hat. Yukawa dachte an skalare Teilchen, wo man einfach den Erwartungswert für die großen Komponenten genommen hätte, $\overline{u}_a' u_a = u_a'^\dagger \gamma_0 u_a \approx u_{ag}'^\dagger u_{ag}$. Dann wäre V_π praktisch die Fouriertransformierte von ϕ gewesen, nämlich $V_\pi \sim \mathrm{e}^{-rm_\pi}/r$. Das folgt aus (58.39) mit $t = -q^2$, $a^{-2} = m_\pi^2$. Wegen des Exponenten sagt man, V_π habe die Reichweite $a = 1/m_\pi$ (= 1.414 fm). (Nach diesem Sprachgebrauch hat das Coulombpotenzial $\sim 1/r$ unendliche Reichweite). Für diese Idee erhielt Yukawa 1949 den Nobelpreis.

1983 wurden am CERN das W^+-Boson und sein Antiteilchen W^- entdeckt. Mit 82 GeV ist W ungewöhnlich schwer, jedenfalls für ein Elementarteilchen (ein Eisenkern wiegt ca. 56 GeV). Hinweise auf $W^\pm$ gab es schon ab 1933, als Fermi einen Hamilton für den β-Zerfall vorschlug. Analog zur 1. Bornnäherung für elastische Elektron-Kern-Streuung absorbiert e^- bei seiner Umwandlung in ν ein virtuelles W^+, das von Kern geliefert wird. Umgekehrt emittiert e^- ein virtuelles W^-, das vom Kern geschluckt wird (siehe weiter unten). Beide Prozesse werden durch den Feynmangrafen von Bild 61-1 symbolisiert; vorausgesetzt, man rechnet kovariant.

Die $W^\pm$ werden durch ein 4-Feld $W^\nu(\boldsymbol{r}, t)$ beschrieben, das wegen seiner Ladung nicht hermitisch ist. Seine Feldgleichungen ähneln denen von A^ν; in kovarianter Eichung gilt:

$$(\partial_\mu \partial^\mu + m_W^2) W^\nu = 4\pi j_{\text{schw}}^\nu. \tag{61.3}$$

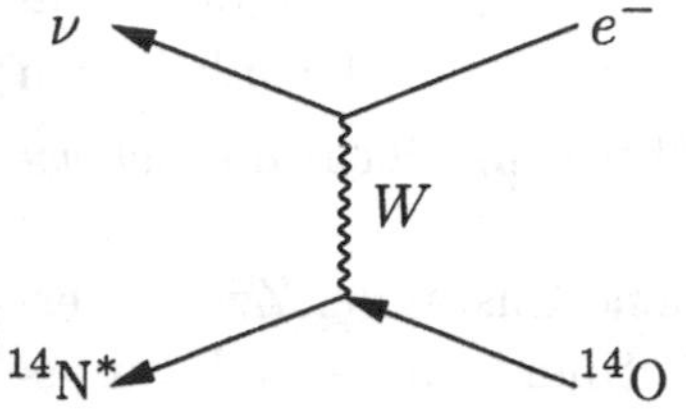

Bild 61-1: Elektroneinfang an ^{14}O

Weil W^ν und damit auch j^ν_{schw} nicht hermitisch sind, gilt eine analoge Gleichung für $W^{\dagger\nu}$ und $j^{\dagger\nu}_{\text{schw}}$. In j^ν_{schw} steckt auch noch eine Selbstkopplung von W, die wir vernachlässigen. Der $e\nu$-Anteil von j^μ_{schw} ist

$$j^\mu_{e\nu} = -g\dot{\Psi}^\dagger_\nu \sigma^\mu_L \dot{\Psi}_e. \tag{61.4}$$

Die Ströme $j^\mu_{\mu\nu_\mu}$ und $j^\mu_{\tau\nu_\tau}$ sind formal identisch mit $j^\mu_{e\nu}$. (61.4) ist ein linker Strom, vergl. (56.4). Der rechte Strom fehlt, $j^\mu_{e\nu}$ ist weder $\mathcal{C}$- noch $\mathcal{P}$-invariant, wohl aber $\mathcal{CP}$-invariant (§55). Der baryonische Strom ist komplizierter: genau wie bei elastischer Elektronstreuung können wir seine Matrixelemente nur durch Lorentzinvarianz und $\partial_\mu j^\mu = 0$ (was in der SU_2-Näherung wieder gilt) einschränken. Als besonders einfachen Übergang wählen wir den zwischen den spinlosen Kernen ^{14}O und ^{14}N* des obigen Tripletts. Hier ist das Matrixelement des Stromoperators

$$J^\mu_{bb'}(x) = \mathrm{e}^{-i(K_b - K_{b'})x}(K_b + K_{b'})^\mu \sqrt{2} g \cos\vartheta_C. \tag{61.5}$$

ϑ_C heißt *Cabibbowinkel*, $\cos\vartheta_C = 0.97$, g ist das gleiche wie in (61.4), und die $\sqrt{2}$ stammt vom Heber $I^{(1)}_+$, (13.18). Die Pionen koppeln auch mit $\sqrt{2}g\cos\vartheta_C$ ans W.
Die S-Matrix des Elektroneinfangs $^{14}\text{O}e^- \to {}^{14}\text{N}^*\nu$ berechnet sich jetzt wie in (59.3), nur ist D durch Δ (58.26) ersetzt, mit $m^2 = m^2_W$. Im Elektroneinfang $^{14}\text{O}e^- \to {}^{14}\text{N}^*\nu$ und auch im wichtigeren β^+-Zerfall $^{14}\text{O} \to {}^{14}\text{N}^* e^+\nu$ ist der Impulsübertrag klein, deswegen ist in (61.5) der Formfaktor gleich weggelassen. Man kann auch $(K_b + K_{b'})^\mu = \delta_{\mu 0} 2m_b$ setzen, $m_b = m(^{14}\text{O}) = m(^{14}\text{N}^*)$. Noch wichtiger ist, dass $K^2 = (K_b - K_{b'})^2 \ll m^2_W$ ist, so dass $\phi_W \approx m_W^{-2}$ eine gute Näherung ist. Damit ergibt sich analog zu (59.11)

$$T^{(1)}_{if} = -g^2\sqrt{2}\cos\vartheta_C J^\mu_{e\nu} J_{bb'\,\mu} 4\pi/m^2_W, \quad J^\mu_{e\nu} = u^\dagger_{\nu L}\sigma^\mu_L u_{eL} \tag{61.6}$$

mit u_L aus §52. Weil die Paritätsverletzung ziemlich spät gefunden wurde, schreibt man häufig $J^\mu_{e\nu} = \overline{u}_\nu \gamma^\mu P_L u_e = u^\dagger_\nu P_L \gamma^0 \gamma^\mu u_e$ mit Diracspinoren u_e und $u^\dagger_\nu$, und P_L = Projektor auf gepunktete Spinoren. Beim Neutrino aber sind Diracspinoren reichlich gekünstelt, weil seine ungepunkteten Spinoren wirklich nirgends in Erscheinung treten. Insbesondere besteht die Diracgl (52.5) hier nur aus dem zweiten Teil:

$$(i\partial_0 + \boldsymbol{p\sigma})\dot{\Psi}_\nu = 0. \tag{61.7}$$

Die Kopplungskonstante g ist etwas größer als e. Man schreibt $e^2 = g^2 \sin\vartheta_W$, $\sin^2\vartheta_W = 0.223$, ϑ_W=*Weinbergwinkel.* Die Kleinheit von $T_{if}^{(1)}$ beim β-Zerfall kommt hauptsächlich vom Faktor m_W^{-2} Der Name *schwache Wechselwirkung* ist da vielleicht irreführend.
Jetzt zu den Modellen der Hadronen als gebundene Zustände. Zuerst versuchte man, die Pionen als gebundene Nukleon-Antinukleonzustände zu beschreiben. Mit $2 \times 2 = 3 + 1$ erwartete man neben dem Isotriplett noch ein Isosinglett, das tatsächlich als η-Meson existiert ($m_\eta = 547$ MeV, sonst die gleichen Quantenzahlen wie π^0). Als Grundzustände erwartet man $^1\mathrm{S}_0$, und das sind in der Tat Pseudoskalare. Ein Antifermion hat nämlich die Parität -1 relativ zu seinem Fermion (das Minuszeichen kommt von $\gamma_0\gamma_5 = -\gamma_5\gamma_0$ in (55.15)), so dass Fermion-Antifermionpaare die Parität $(-1)^{l+1}$ haben. Auch die Ladungskonjugation stimmt, sie ist $(-1)^{l+s}$, also $+1$ für $^1\mathrm{S}_0$ und -1 für $^3\mathrm{S}_1$ (letzteres sind die Quantenzahlen des Fotons). Erst bei der Erweiterung auf Hyperonen und deren Nukleon-Antihyperonzustände ergaben sich Schwierigkeiten bereits in der Multiplettstruktur, von einer Berechnung der Mesonmassen sowieso zu schweigen.
Das heutige Standardmodell setzt die Hadronen aus Quarks q und Antiquarks $\overline{q}$ zusammen, und zwar die Mesonen als $\overline{q}q$-Paare und die Baryonen als qqq-Zustände. Zusammengehalten werden diese Systeme durch Gluonen (Kleister?), das sind wieder masselose Vektorfelder wie das A^μ in der QED. Freie Gluonen gibt es allerdings genausowenig wie freie Quarks. Und falls es überhaupt ein Gluonpotenzial zwischen den Quarks gibt, dann geht es sicher nicht wie r^{-1} wie das Coulombpotenzial, sondern eher wie r^{+1}.
Wie sehen wir das? Das Standardmodell benutzt eine völlig neue, exakte innere Symmetrie, die sogenannte Farbsymmetrie. Dieser Teil heißt Quantenchromodynamik (QCD), analog zur QED. Die Symmetriegruppe ist SU_3. Jedes Quark existiert in drei Farben. Das Gluon sitzt in der Vektordarstellung und hat daher acht Farbkombinationen, wie wir aus §49 wissen.
Während bei SU_2 die Darstellungen 2 und $\overline{2}$ äquivalent sind ($\overline{2}$ hat $\boldsymbol{\sigma}$ durch $\boldsymbol{\sigma}^*$ ersetzt, was man mittels (52.4) wieder in $\boldsymbol{\sigma}$ transformieren kann), sind bei SU_3 die Darstellungen 3 und $\overline{3}$ verschieden; letztere beschreibt den Farbinhalt der Antiquarks. Für ein ($q\overline{q}$)-Paar gilt $3 \times \overline{3} = 1 + 8$, für ein ($qq$)-Paar dagegen $3 \times 3 = \overline{3} + 6$. Und jetzt kommt das Geheimnis der QCD: Sie postuliert, dass alle Hadronen Farbsingletts sind. Damit sind die Mesonen allesamt die Singlettanteile von $3 \times \overline{3}$, die Baryonen entsprechend von $3 \times 3 \times 3$. Quarks, Gluonen, (qq)-Systeme usw. sind als Hadronen verboten. So blüht die SU_3-Symmetrie im Verborgenen.
☞ *Aufgabe:* Zeige, dass die Fouriertransformierte von $\phi_\pi(K^2)$ im SPS ($K^0 = 0$) das Yukawapotenzial liefert. Diskutiere das Potenzial für $m_\pi \to \infty$.

Kapitel VI

Periodische Systeme, Statistik, Quanteninformatik

§62. Lineare HO-Kette. Fononen

Wo wir eine Quantentheorie der Gitterschwingungen entwickeln.

Als Vorübung für Gitterschwingungen eines Kristalls studieren wir die Vibrationen eines ∞ langen geradlinigen Moleküls, in dem die einzelnen Atome q alle den gleichen Gleichgewichtsabstand ℓ haben und gegeneinander schwingen können, mit kleinen Auslenkungen x_q (Bild 62-1).

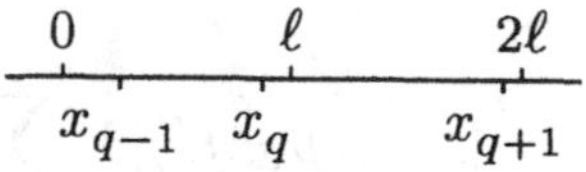

Bild 62-1: Lineare Kette

Der entsprechende Hamilton lautet:

$$H = \sum_{q=-\infty}^{\infty} \left[p_q^2/2M + \tfrac{1}{2}K(x_q - x_{q+1})^2 \right]. \tag{62.1}$$

K ist eine Federkonstante und $x_q - x_{q+1}$ die Abweichung des wirklichen Abstandes vom Gleichgewichtswert ℓ. $H\psi = E\psi$ ist eine Gleichung mit ∞ vielen gekoppelten Oszillatoren. Es gibt aber entkoppelte *Normalmoden* k, deren Frequenzen ω_k wir aus (62.1) berechnen können. Wir betrachten dazu x_q als Fourierkomponente eines kontinuierlichen Satzes von Variablen $\widetilde{x}(k)$,

$$\widetilde{x}(k) = \sum_{q'=-\infty}^{\infty} x_{q'} \mathrm{e}^{-iq'k\ell}, \quad \widetilde{p}(k) = \sum\nolimits_{q=-\infty}^{\infty} p_q \mathrm{e}^{-iqk\ell}. \tag{62.2}$$

Der Satz erstreckt sich über alle rellen k-Werte, ist aber periodisch in k, mit der Länge $2\pi/\ell$, denn es gilt offenbar

$$\widetilde{x}(k + 2\pi/\ell) = \widetilde{x}(k). \tag{62.3}$$

Bei allen k-Integrationen beschränkt man sich deshalb auf das Grundintervall $-\pi/\ell < k < \pi/\ell$, die sogenannte *1. Brillouinzone*. Mit dieser Konvention der Integrationsgrenzen gilt

$$\int dk \, \mathrm{e}^{-iq'k\ell} \mathrm{e}^{iqk\ell} = (2\pi/\ell)\delta_{qq'}. \tag{62.4}$$

Damit lassen sich die wirklichen Auslenkungen x_q wieder aus (62.2) herausprojizieren:

$$x_q = (\ell/2\pi) \int dk \, \mathrm{e}^{iqk\ell} \widetilde{x}(k). \tag{62.5}$$

Da die ursprünglichen x_q und $p_q = -i\hbar\partial/\partial_{x_q}$ hermitisch sind, sind $\widetilde{x}(k)$ und $\widetilde{p}(k)$ wegen der zusätzlichen Faktoren $\mathrm{e}^{-iqk\ell}$ für $k \neq 0$ nicht mehr hermitisch. Insbesondere haben nicht $\widetilde{x}(k)$ und $\widetilde{p}(k')$ die gewohnten Kommutatoren, sondern $\widetilde{x}(k)$ und $\widetilde{p}(-k')$:

$$\begin{aligned} [\widetilde{x}(k), \widetilde{p}(-k')] &= \sum\nolimits_{q'q} [x_{q'}, p_q] \mathrm{e}^{iqk'\ell} \mathrm{e}^{-iq'k\ell} \\ &= i\hbar \sum\nolimits_q \mathrm{e}^{iq(k'-k)\ell} = i\hbar(2\pi/\ell)\delta(k - k'), \end{aligned} \tag{62.6}$$

wobei die δ-Funktion aus der Vollständigkeit der Fourierkomponenten folgt. Beim Übergang zu Leiteroperatoren a, $a^\dagger$ brauchen wir deshalb $a(k)$ und $a^\dagger(-k)$, die analog zu (11.4) definiert sind:

$$\begin{aligned} a(k) &= 2^{-\frac{1}{2}} \left[\widetilde{x}(k)\sqrt{M\omega_k/\hbar} + i\widetilde{p}(k)/\sqrt{M\omega_k\hbar} \right], \\ a^\dagger(-k) &= 2^{-\frac{1}{2}} \left[\widetilde{x}(k)\sqrt{M\omega_k/\hbar} - i\widetilde{p}(k)/\sqrt{M\omega_k\hbar} \right]. \end{aligned} \tag{62.7}$$

In der zweiten Zeile von (62.7) haben wir angenommen, dass das unbekannte ω_k nur von k^2 abhängt, also $\omega_k = \omega_{-k}$. Mit (62.7) gilt

$$\begin{aligned}[a(k), a^\dagger(k')] &= -(i/2\hbar)[\widetilde{x}(k), \widetilde{p}(-k')] + (i/2\hbar)[\widetilde{p}(k), \widetilde{x}(-k')] \\ &= (2\pi/\ell)\delta(k-k').\end{aligned} \tag{62.8}$$

Die Umkehrrelationen zu (62.7) sind

$$\begin{aligned}\widetilde{x}(k) &= 2^{-\frac{1}{2}}\sqrt{\hbar/M\omega_k}\left(a(k) + a^\dagger(-k)\right), \\ \widetilde{p}(k) &= -i2^{-\frac{1}{2}}\sqrt{M\omega_k\hbar}\left(a(k) - a^\dagger(-k)\right).\end{aligned} \tag{62.9}$$

Daraus ergibt sich die gesamte kinetische Energie der Kette:

$$\begin{aligned}T = \sum\nolimits_q \frac{p_q^2}{2M} &= \frac{\ell^2}{8\pi^2 M}\sum\nolimits_q \int dk\, dk'\, \mathrm{e}^{iq(k+k')\ell}\widetilde{p}(k)\widetilde{p}(k') \\ &= \frac{\ell}{4\pi M}\int dk\, \widetilde{p}(k)\widetilde{p}(-k) \\ &= -\frac{\ell\hbar}{8\pi}\int dk\, \omega_k \left[a(k) - a^\dagger(-k)\right]\left[a(-k) - a^\dagger(k)\right].\end{aligned} \tag{62.10}$$

Wir lassen dies zunächst und betrachten die potenzielle Energie der Kette

$$V = V_1 + V_2, \tag{62.11}$$

$$\begin{aligned}V_1 &= \tfrac{1}{2}K\sum\nolimits_q (x_q^2 + x_{q+1}^2) = K\sum\nolimits_q x_q^2 \\ &= \frac{K\ell^2}{4\pi^2}\int dk\, dk' \sum\nolimits_q \mathrm{e}^{iq(k+k')\ell}\widetilde{x}(k)\widetilde{x}(k') = \frac{K\ell}{2\pi}\int dk\, \widetilde{x}(k)\widetilde{x}(-k) \\ &= \frac{K\ell\hbar}{4\pi M}\int \frac{dk}{\omega_k}\left[a(k) + a^\dagger(-k)\right]\left[a(-k) + a^\dagger(k)\right],\end{aligned} \tag{62.12}$$

$$\begin{aligned}V_2 &= -K\sum\nolimits_q x_q x_{q+1} = -\tfrac{1}{2}K\sum\nolimits_q (x_q x_{q+1} + x_q x_{q-1}) \\ &= -\frac{K\ell^2}{8\pi^2}\int dk\, dk' \sum\nolimits_q \mathrm{e}^{iq(k+k')\ell}\left(\mathrm{e}^{ik'\ell} + \mathrm{e}^{-ik'\ell}\right)\widetilde{x}(k)\widetilde{x}(k') \\ &= -\frac{K\ell}{4\pi}\int dk\, \cos(k\ell)\widetilde{x}(k)\widetilde{x}(-k).\end{aligned} \tag{62.13}$$

V_1 und V_2 unterscheiden sich bloß um den Faktor $-\cos(k\ell)$. Wenn wir

$$(1 - \cos(k\ell))K/M\omega_k = \tfrac{1}{2}\omega_k \tag{62.14}$$

setzen, verschwinden in $T+V=T+V_1+V_2$ alle Glieder mit $a(k)a(-k)+a^\dagger(-k)a^\dagger(k)$, die mit $a(k)a^\dagger(k)+a^\dagger(-k)a(-k)$ verdoppeln sich, und mit $N=a(k)a^\dagger(k)$ erhalten wir:

$$\begin{aligned} H =&(\ell\hbar/4\pi)\int dk\,\omega_k\left(a(k)a^\dagger(k)+a^\dagger(-k)a(-k)\right)\\ =&(\ell\hbar/2\pi)\int dk\,\omega_k\left(N(k)+2\pi\delta(0)/\ell\right), \end{aligned} \tag{62.15}$$

Im letzten Ausdruck wurde $\int dk\,\omega_k a^\dagger(-k)a(-k)=\int dk\,\omega_k a^\dagger(k)a(k)$ sowie (62.8) benutzt. Wir haben damit ähnlich wie beim Foton ein Kontinuum entkoppelter Oszillatoren mit verschiedenen Frequenzen ω_k, die das *Dispersionsgesetz* (62.14) erfüllen,

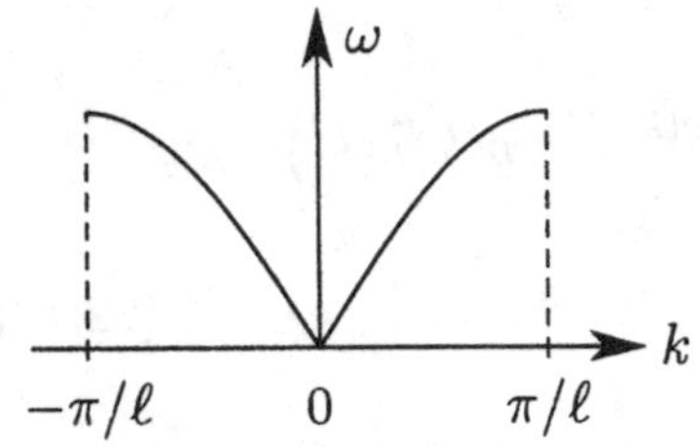

Bild 62-2: Verlauf von ω_k in der 1. Brillouinzone

$$\begin{aligned} \omega_k^2 &= 2(1-\cos(k\ell))K/M\\ &= 4\sin^2(k\ell/2)K/M. \end{aligned} \tag{62.16}$$

Offenbar gilt $\omega_{-k}=\omega_k$, wie oben angenommen (Bild 62-2).

§63. Elektronen im starren Gitter

Wo wir das Entstehen elektronischer Energiebänder verfolgen.

Im Kristall kann man für die Valenzelektronen ein effektives Orbitalpotenzial herleiten, das nicht nur von den Kernen, sondern auch von den anderen, besonders den fester gebundenen Elektronen stammt. Die Kerne sind im konstanten Gitterabstand ℓ festgenagelt. Abweichungen von der wahren Position x_q (Bild 62-1) plus die adiabatische Näherung (§32) führen zur *Elektron-Fonon-Kopplung*, die als Störung behandelt wird.

Wir betrachten also die Schrgl für ein einzelnes Elektron, $H\psi=E\psi$, im eindimensionalen periodischen Potenzial $V(x+\ell)=V(x)$. V kommutiert mit der Verschiebung um ℓ, also laut (23.19) mit $\exp(\ell\partial_x)=\exp(i\ell p_x/\hbar)=S_x(\ell)$. Da S_x offenbar auch mit $\boldsymbol{p}_x^2$ kommutiert, gilt

$$H=\boldsymbol{p}^2/2m+V(x),\quad [S_x(\ell),H]=0. \tag{63.1}$$

Es gibt also gemeinsame Eigenzustände von H und S_x:

$$H\psi_{E\lambda} = E\psi_{E\lambda}, \quad S_x(\ell)\psi_{E\lambda} = \lambda\psi_{E\lambda}. \tag{63.2}$$

Für Verschiebungen um $n\ell$ ($n = \pm1, \pm2, \pm3, \ldots$) gilt $S_x(n\ell) = (S_x(\ell))^n$, und damit $S_n(n\ell)\psi_{E\lambda} = \lambda^n\psi_{E\lambda}$ für $n \to \infty$ nicht divergiert, muss $|\lambda| = 1$ sein. (Etwas mathematischer folgt aus der Unitarität $SS^\dagger = 1$ für alle möglichen Eigenwerte $\lambda\lambda^* = 1$). Wir setzen $\lambda = \exp(ik\ell)$ und können damit (63.2) auf

$$\psi_{E\lambda}(x + \ell) = \exp(ik\ell)\psi_{E\lambda}(x) \tag{63.3}$$

umschreiben. Diese Gleichung wird für

$$\psi_{E\lambda}(x) = \mathrm{e}^{ikx}u(x), \quad u(x + \ell) = u(\ell) \tag{63.4}$$

erfüllt. Die Restfunktion $u(x)$ ist jetzt periodisch und braucht nur noch im Intervall $0 \le x \le \ell$ bzw. $-\ell/2 \le x \le \ell/2$ bestimmt zu werden. ψ ist also eine mit der Gitterlänge periodisch modulierte ebene Welle (*Blochwelle*). In 3 Dimensionen wird natürlich kx durch $\boldsymbol{kr}$ ersetzt,

$$\psi_{E\boldsymbol{k}}(\boldsymbol{r}) = \mathrm{e}^{i\boldsymbol{kr}}u(\boldsymbol{r}) \tag{63.5}$$

und mit $\nabla \exp(i\boldsymbol{kr}) = \exp(i\boldsymbol{kr})(i\boldsymbol{k} + \nabla)$ wird aus der Schrgl $H\psi = E\psi$ die Gleichung für u:

$$\left[\hbar^2/2m(-\nabla^2 - 2i\boldsymbol{k}\nabla + k^2) + V - E\right] u = 0. \tag{63.6}$$

Allerdings kann man $\boldsymbol{k}^2$ nur innerhalb der erlaubten *Energiebänder* des Elektrons beliebig vorgeben. Zur Erläuterung der Bandstruktur erinnern wir uns an die Behandlung des H_2^+-Ions mit Linearkombinationen atomarer Orbitale (LCAO). Wir sahen dort, wie aus den atomaren Grundzuständen $\psi_0(\boldsymbol{r}_a)$ und $\psi_0(\boldsymbol{r}_b)$ der Einzelatome bei Verringerung des Atomabstandes $\ell = R$ ($\boldsymbol{r}_b = \boldsymbol{r}_a + \boldsymbol{\ell}$ in unserer jetzigen Bezeichnung) die stationären Lösungen ψ_g und ψ_u entstanden, mit etwas verschiedenen Energien E_g und E_u (30.12), die in Bild 30-2 angedeutet sind. Mit unserem primitiven Ansatz erhielten wir ψ_g und ψ_u als die geraden und ungeraden Linearkombinationen

$$\psi_g \sim \psi_0(\boldsymbol{r}_a) + \psi_0(\boldsymbol{r}_b), \quad \psi_u \sim \psi_0(\boldsymbol{r}_a) - \psi_0(\boldsymbol{r}_b). \tag{63.7}$$

ψ_g hat keine Nullstelle zwischen den Töpfen, ψ_u hat eine. (Es gilt $E_g < E_u$, weil die Funktion mit den wenigsten Nullstellen sich am wenigsten krümmen muss.) Mit einem dritten Potenzialtopf im gleichen Abstand hinter dem

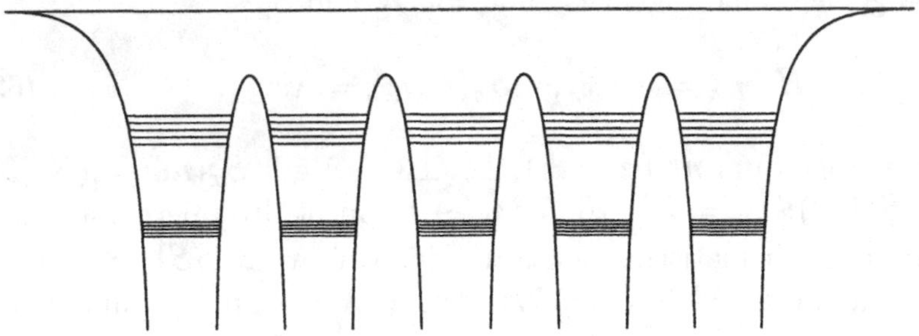

Bild 63-1: Ausbildung von Bändern in einer Reihe von 5 Atomen

zweiten erhalten wir 3 LCAO-Zustände, mit 0, 1 oder 2 Nullstellen. Die Gesamtaufspaltung ändert sich dabei wenig, die Levelabstände sind also etwa halbiert. Bild 63-1 zeigt den Fall von genau 5 Potenzialtöpfen, und diesmal nicht nur die Energien der 5 Linearkombinationen des Grundzustands, sondern auch die eines angeregten Zustandes. Da die Matrixelemente zwischen nichtbenachbarten Töpfen schnell gegen 0 streben, sind die Levelabstände innerhalb der beiden *Banden* ungefähr auf $\frac{1}{5}$ gesunken. Die Komplikation der Randtopfpotenziale entfällt, wenn die Töpfe sich auf einem Kreis anordnen (Sutton 1993). Im Grenzfall ∞ vieler Potenzialtöpfe liegen die Zustände in den Banden dicht und werden wie Kontinuumszustände normiert, während zwischen den Banden keine Zustände liegen.

§64. Statistik

Wo wir die Temperatur definieren. Wie Gauß seine Kurve fand.

Im thermischen Gleichgewicht ist in einem Haufen von N Teilchen oder Atomen jeder Produktzustand $\psi = \prod_{\nu=1}^{N} \psi_{i\nu}$ (mit den korrekten Symmetrieeigenschaften seiner Fermionen und Bosonen) mit gleicher Wahrscheinlichkeit besetzt. Dann ist die Energieverteilung durch den Entartungsgrad $g(N, E)$ festgelegt, und die Steigung von $\ln g$, also $d \ln g/dE$, heißt $1/k_B T$. Diese Definition stimmt im klassischen Grenzfall mit der üblichen Definition von T überein, wie wir anhand des idealen Gases sehen werden. Die Gesamtzahl Z der Produktzustände wächst explosionsartig mit N. Selbst beim Spingas von §33, wo i nur die beiden Werte $m_i = \pm\frac{1}{2}$ annehmen kann, $Z = 2^N$, ist für ein Mikrohäuflein aus 50 Elektronen

$Z = 2^{50} = (2^{10})^5 = 1024^5 \approx 10^{3 \cdot 5} = 10^{15}$. Die Zahl der möglichen Eigenwerte des gesamten Haufens wächst viel langsamer, beim Spingas ist sie $N+1$. Die Energie des νten Elektrons ist $\hbar\omega_0 m_\nu$ ($m_\nu = \pm\frac{1}{2}$), die des Haufens ist $E = \hbar\omega_0 m$, $m = \sum_\nu m_\nu$. Die Extrema von m sind $\frac{1}{2}N$ und $-\frac{1}{2}N$; alle anderen Produktzustände sind entartet, mit Entartungsgrad

$$g(N,m) = N!/(\tfrac{1}{2}N+m)!(\tfrac{1}{2}N-m)!\,. \tag{64.1}$$

Die $g(N,m)$ bilden gerade die Binomialkoeffizienten:

$$(a+b)^N = \sum_m a^{(N/2+m)} b^{(N/2-m)} g(N,m), \quad \sum_m g(N,m) = 2^N. \tag{64.2}$$

Die Wahrscheinlichkeit $W(E)$, dass der Haufen genau die Energie $E_m = \hbar\omega_0 m$ hat, ist dann durch den zugehörigen normierten Entartungsgrad gegeben, beim Spingas also $W_m = g(N,m)/2^N$. Bei geradem N hat der sein Maximum bei $m = 0$: $g(N,0) = N!/(\frac{1}{2}N)!^2$. Diese Zahl ist wieder extrem groß. Auch alle benachbarten g-Werte mit nennenswerten Wahrscheinlichkeiten sind so groß, dass Stirlings Näherung gilt:

$$n! = \sqrt{2\pi n}\,n^n \exp(-n + 1/12n + \ldots). \tag{64.3}$$

Damit ergibt sich beim Spingas die Gaußkurve

$$W_m = \sqrt{2/\pi N}\,\mathrm{e}^{-Zm^2/N}. \tag{64.4}$$

Der steile Abfall beginnt bei $|m| \approx \sqrt{N}$.
Allgemein sind die Entartungsgrade bei Haufen so groß, dass man besser ihre Logarithmen betrachtet:

$$\sigma = \ln g, \quad g = \mathrm{e}^\sigma. \tag{64.5}$$

σ heißt *Entropie*, die thermodynamische Entropie ist $S = k_B\sigma$ (k_B = Boltzmannkonstante = $0.861\,71 \cdot 10^{-4}$ eV/K). Die Wahrscheinlichkeit, dass ein Teilchen des Haufens die Energie E_1 hat, ist proportional zu $g(N-1, E-E_1)$. Für $N \gg 1$, $E \gg E_1$ gilt die Taylorentwicklung zur 1. Ordnung:

$$\sigma(N-1, E-E_1) = \sigma(N,E) - E_1\partial_E\sigma - \partial_N\sigma. \tag{64.6}$$

Man definiert die Temperatur τ und das chemische Potenzial μ als

$$\partial_E\sigma = 1/\tau = 1/k_BT, \quad \partial_N\sigma = -\mu/\tau. \tag{64.7}$$

Damit wird die obige Einteilchenwahrscheinlichkeit proportional zu

$$g(N-1, E-E_1) = \mathrm{e}^{\sigma(N-1,E-E_1)} = g(N,E)\mathrm{e}^{-E_1/\tau}\mathrm{e}^{\mu/\tau}. \quad (64.8)$$

Die beiden e-Funktionen heißen *Boltzmannfaktor* und *Gibbsfaktor*. Bei abgeschlossenen Systemen kann g auch von anderen Erhaltungsgrößen abhängen, z.B. Impuls und Drehimpuls des Haufens. Dann kommen weitere e-Funktionen dazu. Bei Fotonen und Fononen muss die Zahl nicht erhalten sein, dann ist $\mu = 0$.
Das Spingas ist nur bei kleinen Energien realistisch, denn g (64.1) hat ein Maximum bei $E = 0$, d.h. $\partial_E \sigma(E = 0) = 0, T = \infty$ (darüber ist T negativ). In Wirklichkeit steigt der Entartungsgrad mit wachsender Energie, siehe z.B. das Fermigas.
Bringt man zwei Haufen in Zuständen mit Entartungsgraden g_1 und g_2 zusammen, dann verteilen sich die Teilchen oder Atome unter Beachtung der Erhaltungssätze $E_1 + E_2 = E$ und $N_1 + N_2 = N$ so um, bis alle entarteten Zustände des Gesamtsystems gleich besetzt sind. Der ursprüngliche Entartungsgrad $g_1 g_2$ der Produkträume erhöht sich dabei auf $g > g_1 g_2$. Trennt man die Haufen wieder, dann gilt in guter Näherung $g_1' g_2' \approx g =$ Maximum, also $\sigma = \sigma_1' + \sigma_2' =$ Maximum, $d\sigma = d\sigma_1' + d\sigma_2' = 0$. Mit $\sigma_1' = \sigma(N_1', E_1')$ und $\sigma_2' = \sigma(N - N_1', E - E_1')$ und mit (64.6) folgt daraus

$$dE(1/\tau_1' - 1/\tau_2') - dN(\mu_1'/\tau_1' - \mu_2'/\tau_2') = 0, \quad (64.9)$$

also $\tau_1' = \tau_2'$ und $\mu_1' = \mu_2'$ (Ausgleich der Temperaturen und chemischen Potenziale). Wird der Teilchenaustausch durch eine Membrane verhindert, dann gilt nur $\tau_1' = \tau_2'$.
Bei identischen Teilchen ist die Wahrscheinlichkeit W_n, dass ein vorgegebener Einteilchenzustand (ein Orbital oder eine Mode) der Energie ε n-fach besetzt ist, laut (64.8) proportional zu $[\exp((\mu-\varepsilon)/\tau)]^n = \exp(n(\mu-\varepsilon)/\tau)$. Der Proportionalitätsfaktor ergibt sich aus der Forderung $\sum_n W_n = 1$ als $\mathcal{Z}^{-1}$:

$$\mathcal{Z} = \sum_n \mathrm{e}^{n(\mu-\varepsilon)/\tau}, \quad W_n = \mathrm{e}^{n(\mu-\varepsilon)/\tau}/\mathcal{Z}. \quad (64.10)$$

$\mathcal{Z}$ ist die *Zustandssumme* einer Mode.
Bei Fermionen erlaubt das Pauliprinzip nur $n = 0$ und 1:

$$\mathcal{Z}_F = 1 + \mathrm{e}^{(\mu-\varepsilon)/\tau}. \quad (64.11)$$

Bei Bosonen läuft die n-Summe bis ∞, die Summation geht wie in (40.3), mit der Substitution $h\nu \to \epsilon - \mu$:

$$\mathcal{Z}_B = \left(1 - \mathrm{e}^{(\mu-\varepsilon)/\tau}\right)^{-1}. \quad (64.12)$$

Mit (64.10) errechnet man Erwartungswerte, z.B. die mittlere Teilchenzahl pro Mode $\langle n\rangle = \sum_n nW_n = 1{\cdot}W_1 + 2{\cdot}W_2 + \ldots$:

$$\langle n\rangle_F = W_1/\mathcal{Z}_F = \left(\mathrm{e}^{(\varepsilon-\mu)/\tau} + 1\right)^{-1}. \tag{64.13}$$

$$\langle n\rangle_B = \mathcal{Z}^{-1}\tau\partial_\mu \mathcal{Z} = \left(\mathrm{e}^{(\varepsilon-\mu)/\tau} - 1\right)^{-1}. \tag{64.14}$$

In der letzten Gleichung haben wir Trick (40.4) verwendet (diesmal Ersetzung von nW_n durch $\tau\partial_\mu W_n$).
Für Elektronen ist die aus (64.13) und der Zustandsdichte dZ (5.24) folgende Energieverteilung in Bild 64-1 skizziert, $d\langle E/V\rangle/d\varepsilon = 2\langle n\rangle_F dZ/d\varepsilon = \langle n\rangle_F km/\pi^2\hbar^2$ (der Faktor 2 berücksichtigt den Spin).

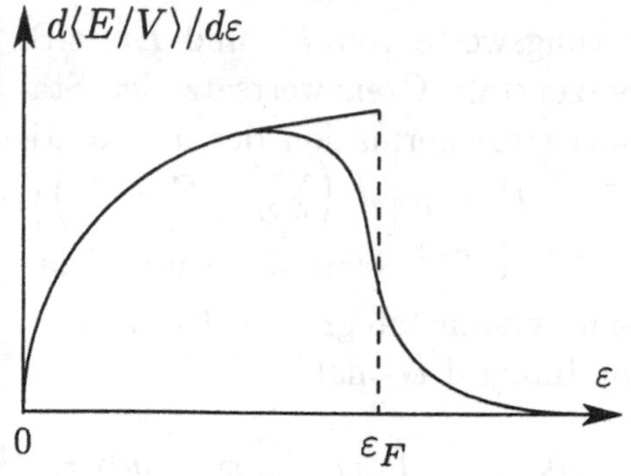

Bild 64-1: Die Energieverteilung der Elektronen im Fermigas bei endlicher Temperatur, $T = \tau/k_B$. Für $\tau = 0$ sind alle Zustände bis zur Fermikante ε_F besetzt.

Bei schwacher Besetzung ist $\exp((\mu-\varepsilon)/\tau) \ll 1$, also $\exp((\varepsilon-\mu)/\tau) \gg 1$. Dann ist

$$\langle n\rangle_F = \langle n\rangle_B = \mathrm{e}^{(\mu-\varepsilon)/\tau} =: \langle n\rangle_{\text{Boltz}}. \tag{64.15}$$

Dies ist das ideale Boltzmanngas, bei dem die Symmetrisierung bzw. Antisymmetrisierung der Zustände unwesentlich ist. Der größte Unterschied zwischen Fermionen und Bosonen ergibt sich für $\tau \to 0$ (absoluter Nullpunkt, $T = -273°$C). Dort ist $\exp((\mu-\varepsilon)/\tau) = 0$ für $\varepsilon > \mu$ und $= \infty$ für $\varepsilon < \mu$. Entsprechend ist $\mathcal{Z}_F = \infty$ für $\varepsilon < \mu$, also $W_0 = 0$, $W_1 = 1$. Das ist die *Fermikante* bei $\varepsilon = \mu$, siehe auch §5. Bei Bosonen dagegen steigt für $\tau \to 0$ die Teilchenzahl im Grundorbital, $\varepsilon = \varepsilon_{\text{min}}$. Für $\varepsilon_{\text{min}} = 0$ ist $\langle n\rangle_0 = (\exp(-\mu/\tau) - 1)^{-1}$. Im Limes $\tau \to 0$ wächst $\langle n\rangle_0$ bis zur Gesamtteilchenzahl N (*Bosekondensat*). Aus $\exp(-\mu/\tau) - 1 = 1/N$ folgt, dass $\exp(-\mu/\tau)$ dann nahe an 1 sein muss, $\exp(-\mu/\tau) \approx 1 - \mu/\tau$. Daraus folgt

$$\lim_{\tau\to 0} \mu_B(\tau) = -\tau/N. \tag{64.16}$$

Gaußsche Zufallsverteilung — In (64.4) fanden wir die Gaußverteilung als Grenzfall einer Binominalverteilung. Gauß fand sie aber für wesentlich allgemeinere Situationen.

Ersetzen wir mal unsere 50 Elektronen durch 50 zunächst verschiedene Atome mit verschiedenen kontinuierlichen (normierten) Energieverteilungen $\rho_i(E_i)$. Die Wahrscheinlichkeit, dass der Haufen die Gesamtenergie E hat, ist

$$W(E) = \int dE_1 \rho_1(E_1) \dots \int dE_N \rho_N(E_N) \delta(\textstyle\sum_{i=1}^N E_i - E). \quad (64.17)$$

Haben alle Atome die gleiche Energieverteilung $\rho_i(E_i) = \rho(E_i)$, dann wird für $N \gg 1$ $W(E)$ näherungsweise eine Gaußfunktion, unabhängig von der Form von ρ:

$$W(E) \approx (2\pi N \sigma_1^2)^{-\frac{1}{2}} e^{-(E-N\langle E_1\rangle)^2/2N\sigma_1^2}, \quad \sigma_1^2 = \langle E_1^2\rangle - \langle E_1\rangle^2 \quad (64.18)$$

$\langle E_1\rangle$ und $\langle E_1^2\rangle$ sind die üblichen Erwartungswerte von E_1 und E_1^2, z.B. $\langle E_1\rangle = \int dE_1 \rho(E_1) E_1$. (64.18) ist der zentrale Grenzwertsatz der Statistik. Zum Beweis braucht man die Fouriertransformation der δ- Funktion in (64.17), $\delta(\sum_{i=1}^N E_i - E) = (2\pi)^{-1} \int dk \, \exp\left[ik\left(\sum_{i=1}^N E_i - E\right)\right]$, was man auch als $(2\pi)^{-1} \int dk \; e^{ikE_1} \dots e^{ikE_N} e^{-ikE}$ schreiben kann. Dann schlägt man nämlich den Faktor e^{ikE_1} zum ersten Integral in (64.17) usw. und hat bei Gleichheit aller ρ_i das gleiche Integral N-mal:

$$\begin{aligned} W(E) &= \frac{1}{2\pi} \int dk \; e^{-ikE} \int dE_1 \rho(E_1) e^{ikE_1} \dots \int dE_N \rho(E_N) e^{ikE_N} \\ &= \frac{1}{2\pi} \int dk \; e^{-ikE} \left(\Phi(k)\right)^N, \quad \Phi(x) = \int dx \rho(x) e^{ikx}. \end{aligned} \quad (64.19)$$

Der Name der jeweiligen Integrationsvariablen ist ja egal. Man kann e^{ikx} entwickeln und erhält

$$\Phi(x) = \int dx \rho(x) \sum_{n=0}^{\infty} \frac{(ik)^n}{n!} x^n = \sum_n \frac{(ik)^n}{n!} \langle x^n\rangle. \quad (64.20)$$

Falls die Entwicklung konvergiert, ist für hinreichend kleine k

$$\begin{aligned} \ln \Phi^N = N \ln \Phi \approx N \ln(1 + ik\langle x\rangle - \tfrac{1}{2}k^2\langle x^2\rangle) &\approx N(ik\langle x\rangle - \tfrac{1}{2}k^2\sigma_1^2), \\ \sigma_1^2 &= \langle x^2\rangle - \langle x\rangle^2 \end{aligned} \quad (64.21)$$

wegen $\ln(1+y) \approx y - \frac{1}{2}y^2$. Damit ist

$$W(E) = \frac{1}{2\pi} \int dk \; e^{-ikE} e^{ikN\langle x\rangle} e^{-\frac{1}{2}k^2 N \sigma_1^2}, \quad (64.22)$$

was auf (64.18) führt (siehe auch die Aufgabe in §3). Der Trick beim zentralen Grenzwertsatz ist natürlich, dass auch bei sehr kleinem $\ln \Phi$ das $N \ln \Phi$ groß sein darf. Nur in den extremen Flügeln der Verteilung wird die Gaußfunktion schon mal falsch, der Boltzmannfaktor übrigens auch.

☞ *Aufgaben:* Berechne $\mu_F(\tau = 0)$ (i) nichtrelativistisch, (ii) relativistisch.

§65. Dämpfung (Meister- und Fokker-Planck-Gleichungen)

Wo das System unter Aufsicht der Meister Fokker und Planck baden geht.

Bei der zeitabhängigen Störungstheorie wurde in (41.1) der Wahrscheinlichkeitsschwund im angeregten Zustand $|n\rangle$ schon in nullter Ordnung durch einen Faktor $e^{-\gamma t/2}$ in c_n berücksichtigt ($\gamma = \Gamma_n$). Wenn aber in der Umgebung (z.B. in einem dünnen, heißen Gas) bereits Fotonen herumschwirren, braucht man bessere Bilanzgleichungen, die hier Meistergleichungen (master equations) genannt werden. Sei zunächst wie in §46 $\rho(t)$ die Dichtematrix einer einzigen Mode der Frequenz ω_0, mit $N = a^\dagger a$ als Fotonzähloperator. Für ein Häuflein sich nicht störender Anregungen, alle in der Mode ω_0, ist wie üblich $\langle N\rangle = \mathrm{Spur}(\rho N)$, mit $\rho =$ Dichtematrix des Häufleins. Das Häuflein, auch System genannt, sei nun schwach beeinflusst durch ein unendliches Reservoir an Oszillatoren, in dem die Frequenzen ω_j dicht liegen. Ein thermisches Reservoir heißt Bad, seine Dichtematrix ρ_r hat dann wieder die Form (33.17), mit $\tau = k_B T$, $T =$ Badetemperatur (Dampfbad). Sei n_r seine Fotonendichte bei der Frequenz ω_0. Für diesen Fall lässt sich zeigen

$$d\langle N\rangle(t)/dt = -\gamma(\langle N\rangle(t) - n_r). \tag{65.1}$$

Also sinkt $\langle N\rangle(t)$ nicht auf 0 ab, sondern auf den thermischen Wert n_r. Beim gequetschten Vakuum ist außer $\langle N\rangle$ auch $\langle a^2\rangle$ von Interesse.
Ausgangspunkt der Herleitung ist die Bewegungsgleichung (33.9) für die kombinierte Dichtematrix ρ_{sr} für System + Reservoir:

$$i\hbar\dot{\rho}_{sr} = [H_F + H_{ISch}, \rho_{sr}], \quad H_F = \hbar\omega_0 a^\dagger a + \sum_j \hbar\omega_j b_j^\dagger b_j, \tag{65.2}$$

$$H_{ISch} = \hbar a^\dagger \sum_j g_j b_j + h.c. \tag{65.3}$$

H_F ist der Hamilton der entkoppelten Oszillatoren, aufgeteilt nach System und Bad, und H_{ISch} ist die Kopplung. Die Koeffizienten g_j sind freie Parameter des Modells; die Form von H_{ISch} ist auch nur ein Modell. Bei $t = 0$ sei das System unabhängig vom Reservoir vorgegeben, so dass ρ_{rs} faktorisiert:

$$\rho_{rs}(0) = \rho(0)\rho_r(0), \quad \mathrm{Spur}_r \rho_r(0) = 1. \tag{65.4}$$

Für spätere Zeiten sei $\rho(t)$ die reduzierte Dichtematrix (43.20),

$$\rho(t) = \mathrm{Spur}_r \rho_{rs}(t), \tag{65.5}$$

die z.B. für den Erwartungswert $\langle N \rangle$ gebraucht wird. H_{ISch} in (65.3) ist die Wechselwirkung im Schrödingerbild, also zeitunabhängig. Zur Berechnung von $\rho(t)$ mittels zeitlicher Störungstheorie brauchen wir aber $H_I = H_I(t)$ im Wechselwirkungsbild. Die erforderliche Transformation ist (35.32),

$$\psi_W = \mathrm{e}^{iH_F t/\hbar}\psi_{Sch}, \quad \rho_{W sr} = \mathrm{e}^{iH_F t/\hbar}\rho_{sr}\mathrm{e}^{-iH_F t/\hbar} \tag{65.6}$$

(siehe auch (23.31) mit $H \to H_F$). Mit $\rho_{sr} = \mathrm{e}^{-iH_F t/\hbar}\rho_{W sr}\mathrm{e}^{iH_F t/\hbar}$ steht links in (65.2)

$$i\hbar\dot{\rho}_{sr} = [H_F, \mathrm{e}^{-iH_F t/\hbar}\rho_{W sr}\mathrm{e}^{iH_F t/\hbar}] + i\hbar \mathrm{e}^{-iH_F t/\hbar}\dot{\rho}_{W sr}\mathrm{e}^{iH_F t/\hbar}. \tag{65.7}$$

Rechts in (65.2) steht der gleiche Kommutator, nur mit H_F durch $H_F + H_{ISch}$ ersetzt. Die H_F-Glieder entfallen also, und links bleibt nur das letzte Glied von (65.7), aus dem wir $\dot{\rho}_{W sr}$ bestimmen können:

$$i\hbar\dot{\rho}_{W sr} = [H_I(t), \rho_{W sr}], \quad H_I(t) = \mathrm{e}^{iH_F t/\hbar}H_{ISch}\mathrm{e}^{-iH_F t/\hbar} \tag{65.8}$$

Einsetzen von (65.2) gibt

$$H_I(t) = \hbar a^\dagger \mathrm{e}^{i\omega_0 t}\sum_j g_j b_j \mathrm{e}^{-i\omega_j t} + hk. \tag{65.9}$$

Die formelle Aufintegration von (65.8) gibt

$$\rho_{W sr}(t) = \rho_{W sr}(0) - (i/\hbar)\int_0^t dt_1 [H_I(t_1), \rho_{W sr}(t_1)]. \tag{65.10}$$

Das Integral wird jetzt iterativ gelöst, mit dem Anfangswert (65.4). Wir schreiben das Resultat gleich für das reduzierte ρ gemäß (65.5), wobei ab jetzt der Index W unterdrückt wird:

$$\rho(t) = \rho(0) + \sum_{n=1}^{\infty}(\frac{-i}{\hbar})^n \int_0^t dt_1 ... \int_0^{t_{n-1}} dt_n \mathrm{Spur}_r[H_I(t_1), [...[H_I(t_n), \rho(0)\rho_r]]], \tag{65.11}$$

mit $\rho_r = \rho_r(0)$. Damit hat $\rho(t)$ die Form

$$\rho(t) = U(t)\rho(0), \quad U = 1 + \sum_{n=1}^{\infty} U_n; \tag{65.12}$$

U_n ist ein Glied der Summe (65.11). Für Anwendungen der Art (65.1) braucht man $\dot{\rho} = \dot{\rho}(t)$ als Funktion von $\rho = \rho(t)$,

$$\dot{\rho} = (\dot{U}_1 + \dot{U}_2 + ...)\rho(0) = (\dot{U}_1 + \dot{U}_2 + ...)U^{-1}\rho, \tag{65.13}$$

wobei man für U^{-1} das Inverse der Summe (65.12) bräuchte. Nun ist aber häufig $U_1 = 0$, wenn nämlich fürs Reservoir $\langle b_j \rangle_r = \text{Spur}_r(b_j \rho_r) = 0$ ist. Das gilt nicht nur für thermisches Licht, sondern auch für Quetschlicht, wo laut (45.11) $S_\xi(b) = \exp(\xi^* b^2 - \xi b^{\dagger 2})$ die Fotonzahlen sich nur in Zweierschritten ändern. Dann müssen wir im Zähler von (65.13) mindestens $\dot{U}_2$ mitnehmen, können aber im Nenner $1 + U_2 \approx 1$ setzen. Da meist U_3 ebenfalls verschwindet, gilt bis $n = 3$

$$\dot{\rho}(t) = -\hbar^{-2} \int_0^t dt' \text{Spur}_r[H_I(t), [H_I(t'), \rho(t)\rho_r]], \tag{65.14}$$

wobei t' der Integrationsvariablen t_2 in (65.11) entspricht. Da die Operatoren im Doppelkommutator alle hermitisch sind, kann man eine Inversion der Operatorfolge auch mit hk = hermitisch konjugiert bezeichnen:

$$[H_I, [H_I(t'), \rho\rho_r]] = H_I H_I(t')\rho\rho_r - H_I \rho\rho_r H_I(t') + hk. \tag{65.15}$$

Da aber H_I und $H_I(t')$ laut (65.9) aus zwei nichthermitischen Anteilen bestehen, enthält jedes Glied in (65.15) 4 Kombinationen im Reservoir. Das erste enthält $b_i b_j \rho_r$, $b_j b_i^\dagger \rho_r$, $b_j^\dagger b_i \rho_r$ und $b_j^\dagger b_i^\dagger \rho_r$, das zweite enthält $b_j \rho_r b_i$, $b_j \rho_r b_i^\dagger$, $b_j^\dagger \rho_r b_i$ und $b_j^\dagger \rho_r b_i^\dagger$. Allerdings darf man unter Spur_r zyklisch permutieren, $b_j \rho_r b_i = b_i b_j \rho_r$ usw., so dass das zweite Glied neue Operatoren nur bei a liefert, nämlich $a\rho a$, $a\rho a^\dagger$, $a^\dagger \rho a$ und $a^\dagger \rho a^\dagger$.
Ohne Quetschungen im Reservoir ist ρ_r diagonal in der Fotonenzahl n_j. Die einzigen nichtverschwindenden Spuren sind dann

$$\text{Spur}_r(b_j^\dagger b_j \rho_r) = n_j, \quad \text{Spur}_r(b_j b_j^\dagger \rho_r) = n_j + 1. \tag{65.16}$$

Damit entfleucht ρ_r. Aus (65.14) wird

$$\dot{\rho} = -\int_0^t dt' \Sigma_j |g_j|^2 [((a^\dagger a\rho - a\rho a^\dagger)(n_j+1) + n_j(aa^\dagger \rho - a^\dagger \rho a))e^{i\Delta\omega_j \tau} + hk], \tag{65.17}$$

wobei wir die Zeitabhängigkeit aus (65.9) benutzt haben, mit $\omega_0 - \omega_j = \Delta\omega$ und $\tau = t - t'$. Für die Integration über t' nimmt man jedoch besser zuerst den Kontinuumslimes der Reservoirmoden. Dabei wird in (65.9) $\sum_j g_j b_j$ durch $\int g(\omega)\rho(\omega)b(\omega)d\omega/2\pi$ ersetzt, wobei $\rho(\omega)$ die Modendichte ist. In (65.9) entsteht ein Doppelintegral, $\int d\omega d\omega' \dots$ Bei $b_j b_i^\dagger$ wird δ_{ij} durch $2\pi\delta(\omega - \omega')$ ersetzt, analog zu (35.25). Schließlich kann man die t'–Integration für große t ausführen, mittels der Formel

$$\int_0^\infty d\tau e^{i\Delta\omega\tau} = \pi\delta(\Delta\omega) + iP/\Delta\omega. \tag{65.18}$$

Das P = „Prinzipalwert“ besagt, dass bei der nachfolgenden ω-Integration ein kleines Intervall symmetrisch um $\Delta\omega = 0$ wegzulassen ist. Das Integral bewirkt eine kleine Verschiebung der Frequenz ω_0 des Systems (Lambshift), die wir hier ignorieren. Dann holt die ω-Integration mit der Deltafunktion gerade den Wert $\Delta\omega = 0$ heraus, also $\omega = \omega_0$. Wir definieren die Zerfallsrate

$$\gamma = |g(\omega_0)|^2 \rho^2(\omega_0), \quad n_j = n_r(\omega_0) = n_r, \tag{65.19}$$

und erhalten damit aus (65.17)

$$\dot\rho = \tfrac{1}{2}\gamma(n_r + 1)(2a\rho a^\dagger - a^\dagger a\rho - \rho a^\dagger a) + \tfrac{1}{2}\gamma n_r(2a^\dagger\rho a - aa^\dagger\rho - \rho aa^\dagger). \tag{65.20}$$

Falls $b(\omega)b(\omega')$ auch einen Erwartungswert im Reservoir hat,

$$\langle b(\omega)b(\omega')\rangle = 2\pi m(\omega)\delta(2\omega_0 - \omega - \omega'), \tag{65.21}$$

kommen noch folgende Glieder dazu, mit $\omega = \omega' = \omega_0$:

$$\dot\rho = \dots + \tfrac{1}{2}\gamma m_r(2a^\dagger\rho a^\dagger - a^\dagger a^\dagger\rho - \rho a^\dagger a^\dagger) + hk. \tag{65.22}$$

wobei $m_r = m_r(\omega)$ auch komplex sein kann. Mit $\dot\rho$ kann man jetzt die Entwicklung der Erwartungswerte aller möglicher Operatoren verfolgen,

$$d\langle A\rangle/dt = \mathrm{Spur}(A\dot\rho), \quad \text{z.B. } d\langle a\rangle/dt = -\tfrac{1}{2}\gamma\langle a\rangle. \tag{65.23}$$

Die Meistergleichung (65.20) lässt sich für einen Haufen kohärenter Zustände (46.13), $\rho = \int d^2\alpha P(\alpha)|\alpha\rangle\langle\alpha|$ in eine *Fokker-Planck-Gleichung* für $P(\alpha)$ umwandeln. Wir setzen zunächst nur rechts den neuen Ausdruck für ρ ein:

$$\int d^2\alpha P \tfrac{1}{2}\gamma\{(n_r+1)(a|\alpha\rangle\langle\alpha|a^\dagger - a^\dagger a|\alpha\rangle\langle\alpha|) + n_r(a^\dagger|\alpha\rangle\langle\alpha|a - |\alpha\rangle\langle\alpha|aa^\dagger) + hk\} \tag{65.24}$$

Für $|\alpha\rangle$ gilt ja $a|\alpha\rangle = \alpha|\alpha\rangle$, so dass die Klammer bei $n_r{+}1$ $(\alpha\alpha^* - \alpha a^\dagger)|\alpha\rangle\langle\alpha|$ ist. Und mit (45.30), $a^\dagger|\alpha\rangle\langle\alpha| = (\partial_\alpha + \alpha^*)|\alpha\rangle\langle\alpha|$, vereinfacht sich die Klammer zu $-\alpha\partial_\alpha|\alpha\rangle\langle\alpha|$. In der Klammer bei n_r ist $a^\dagger|\alpha\rangle\langle\alpha|a = (\partial_\alpha + \alpha^*)(\partial_\alpha^* + \alpha)|\alpha\rangle\langle\alpha|$ und $-|\alpha\rangle\langle\alpha|aa^\dagger = -(\partial_\alpha^* + \alpha)\alpha^*|\alpha\rangle\langle\alpha|$, so dass hier insgesamt $(\partial_\alpha\partial_\alpha^* + \alpha\partial_\alpha)|\alpha\rangle\langle\alpha|$ bleibt. Das liefert

$$\dot{\rho} = \int d^2\alpha P(\alpha)\tfrac{1}{2}\gamma\{-\alpha\partial_\alpha - \alpha^*\partial_\alpha^* + 2n_r\partial_\alpha\partial_\alpha^*\}|\alpha\rangle\langle\alpha|. \tag{65.25}$$

Durch partielle Integration wird nun aus $-P\alpha\partial_\alpha|\alpha\rangle\langle\alpha|$ ein $+|\alpha\rangle\langle\alpha|\partial_\alpha\alpha P$; beim letzten Glied in (65.25) wird entsprechend zweimal partiell integriert. Danach lässt sich $|\alpha\rangle\langle\alpha|$ herauskürzen; es bleibt eine einfache Diffgl für die Verteilungsfunktion der kohärenten Zustände des Systems im Bad

$$\dot{P}(\alpha) = \tfrac{1}{2}\gamma(\partial_\alpha\alpha P(\alpha) + kk) + \gamma n_r\partial_\alpha\partial_\alpha^* P(\alpha). \tag{65.26}$$

Hier ist kk = komplexkonjugiert, Operatoren kommen ja nicht mehr vor. Gleichungen dieser Art, mit 1. und 2. Ableitungen, heißen Fokker-Planck-Gleichungen. Die 1. Ableitung entspricht einer Kollektivbewegung der Funktion im Parameterraum (Konvektion), die 2. einer Diffusion, jedenfalls solange der Koeffizient davor positiv ist. Die Operatoren (65.22) liefern weitere Glieder $\frac{1}{2}\gamma(m_r\partial_\alpha^2 + m_r^*\partial_\alpha^{*2})$, die zusammen mit $\gamma n_r\partial_\alpha\partial_\alpha^*$ eine „Diffusionsmatrix“ bilden. Für klassische Diffusion muss dabei $n_r > m_r$ gelten.

☞ *Aufgaben:* Leite $d\langle a\rangle/dt$ (65.23), $d\langle N\rangle/dt$ (65.1) und $d\langle a^k\rangle/dt$ her.

§66. Resonanzfluoreszenz

Wo wir das Fluoreszenzspektrum diskutieren.

In §42 wurde die Streuung von Licht an Atomen störungstheoretisch behandelt. Bei Resonanzfluoreszenz im Laserlicht (der Frequenz ω) versagt die Störungstheorie; man kann aber bei kleiner Verstimmung $\Delta\omega = \omega - \omega_0$ das Rabimodell von §43 benutzen. Dabei vereinfachen sich $a^\dagger$ und a zu

$$a^\dagger = \sigma_+ = \begin{pmatrix} 0 & 1 \\ 0 & 0 \end{pmatrix}, \; a = \sigma_- = \begin{pmatrix} 0 & 0 \\ 1 & 0 \end{pmatrix}, \; a^\dagger a = \tfrac{1}{2}(1 + \sigma_z) = \begin{pmatrix} 1 & 0 \\ 0 & 0 \end{pmatrix} \tag{66.1}$$

Das Laserlicht wird klassisch behandelt, so dass ω_1 in (43.9) einen festen Wert hat:

$$H_L = \tfrac{1}{2}\hbar\omega_1(\sigma_+ \mathrm{e}^{-i\omega t} + \sigma_- \mathrm{e}^{i\omega t}). \tag{66.2}$$

Unser altes $\hbar\omega_0 a^\dagger a$ aus H_F (65.2) wird $\frac{1}{2}\hbar\omega_0\sigma_z$, da Beiträge der Einheitsmatrix wieder weggelassen werden. Dazu wird jetzt der Laserhamilton H_L addiert:

$$H_F = H_s' = DH_0D^\dagger, \quad H_0 = \tfrac{1}{2}\hbar(\omega_0\sigma_z + \omega_1\sigma_x), \tag{66.3}$$

mitH_s', D und H_0 aus (43.9)-(43.11). Die unitäre Transformation D lässt sich auf H_{ISch} abwälzen, wo sie für $\Delta\omega \ll \omega$ unwesentlich ist. Das Resultat ist

$$\dot\rho = -i[H_0/\hbar, \rho] + \dot\rho(H_I), \tag{66.4}$$

wobei $\dot\rho(H_I)$ durch (65.20) gegeben ist. Dort setzen wir jetzt $n_r = 0$ (Badetemperatur null) und erhalten

$$2\dot\rho = -i\Delta\omega[\sigma_z, \rho] - i\omega_1[\sigma_x, \rho] + \gamma(2\sigma_-\rho\sigma_+ - \rho - \tfrac{1}{2}\{\sigma_z, \rho\}). \tag{66.5}$$

Aus $d\langle\boldsymbol{\sigma}\rangle/dt = \mathrm{Spur}(\boldsymbol{\sigma}\dot\rho)$ kann man nun $\langle\boldsymbol{\sigma}\rangle(t)$ berechnen:

$$\partial_t\langle\sigma_\pm\rangle = (-\tfrac{1}{2}\gamma \pm i\Delta\omega)\langle\sigma_\pm\rangle \mp \tfrac{1}{2}i\omega_1\langle\sigma_z\rangle, \tag{66.6}$$

$$\partial_t\langle\sigma_z\rangle = -\gamma(1 + \langle\sigma_z\rangle) - i\omega_1(\langle\sigma_+\rangle - \langle\sigma_-\rangle). \tag{66.7}$$

Zunächst die stationären Lösungen, $\partial_t\langle\boldsymbol{\sigma}\rangle_s = 0$: (66.6) liefert $\langle\sigma_+\rangle_s - \langle\sigma_-\rangle_s$ als Funktion von $\langle\sigma_z\rangle_s$, $\langle\sigma_\pm\rangle_s = \mp i\omega_1\langle\sigma_z\rangle_s/(\gamma \mp 2i\Delta\omega)$, also

$$\langle\sigma_+\rangle_s - \langle\sigma_-\rangle_s = -2i\omega_1\gamma\langle\sigma_z\rangle_s/(\gamma^2 + 4\Delta\omega^2) = -2i\langle\sigma_z\rangle_s\omega_1/\gamma(1+\delta^2), \tag{66.8}$$

mit$\delta = 2\Delta\omega/\gamma$. Einsetzen in (66.7) liefert dann

$$\langle\sigma_z\rangle_s = -(1+\delta^2)/(1+\delta^2+2\omega_1^2/\gamma^2), \tag{66.9}$$

$$\langle\sigma_\pm\rangle_s = \pm i(1 \pm i\delta)\omega_1/\gamma(1+\delta^2+2\omega_1^2/\gamma^2). \tag{66.10}$$

Die stationäre Besetzungswahrscheinlichkeit P_+ von ψ_+ ist $\frac{1}{2} + \langle\sigma_z\rangle_s/2$. Für $\delta = 0$ liefert (66.9) $P_+ = \omega_1^2/(\gamma^2 + 2\omega_1^2)$. Für $\omega_1 \to 0$ geht $P_+ \to \omega_1^2/\gamma^2 \to 0$, wie aus der Störungstheorie bekannt. Zur Berechnung von $\langle\boldsymbol{\sigma}\rangle = \langle\boldsymbol{\sigma}\rangle(t)$ subtrahieren wir $\langle\boldsymbol{\sigma}\rangle_s$:

$$\partial_t(\langle\boldsymbol{\sigma}\rangle - \langle\boldsymbol{\sigma}\rangle_s)_i = \sum_j A_{ij}(\langle\boldsymbol{\sigma}\rangle - \langle\boldsymbol{\sigma}\rangle_s)_j, \tag{66.11}$$

$$A_{ij} = \begin{pmatrix} -\gamma/2 + i\Delta\omega & 0 & -\frac{1}{2}i\omega_1 \\ 0 & -\gamma/2 - i\Delta\omega & \frac{1}{2}i\omega_1 \\ -i\omega_1 & i\omega_1 & -\gamma \end{pmatrix}, \quad \langle \boldsymbol{\sigma}_j \rangle = \begin{pmatrix} \langle \sigma_+ \rangle \\ \langle \sigma_- \rangle \\ \langle \sigma_z \rangle \end{pmatrix}. \tag{66.12}$$

Anfangs sei das Atom im Grundzustand, $\langle \sigma_z \rangle = -1$. Zur Vereinfachung sei $\Delta\omega = 0$:

$$\langle \sigma_z \rangle - \langle \sigma_z \rangle_s = \frac{-2\omega_1^2}{\gamma^2 + 2\omega_1^2} \mathrm{e}^{-3\gamma t/4} (\cosh \kappa t + \frac{3\gamma}{4\kappa} \sinh \kappa t), \;\; \kappa = [\frac{\gamma^2}{16} - \omega_1^2]^{\frac{1}{2}},$$

$$\langle \sigma_\pm \rangle - \langle \sigma_\pm \rangle_s = \mp \frac{i\omega_1}{\gamma^2 + 2\omega_1^2} \mathrm{e}^{-3\gamma t/4} [\cosh \kappa t + (\frac{\kappa}{\gamma} + \frac{3\gamma}{16\kappa}) \sinh \kappa t]. \tag{66.13}$$

Für $\omega_1 > \gamma/4$ ist $\kappa = i\nu$ mit reellem ν, und $\cosh \kappa t$ und $\kappa \sinh \kappa t$ werden durch $\cos \nu t$ und $-\nu \sin \nu t$ ersetzt.

Die Spektralverteilung ist definiert als

$$S(\omega) = \lim_{T\to\infty} T^{-1} \int_0^T dt \int_0^T dt' \langle \boldsymbol{E}^+(t) \boldsymbol{E}^-(t') \rangle_s \mathrm{e}^{i\omega(t-t')}, \tag{66.14}$$

wobei $\langle \boldsymbol{E}^+(t)\boldsymbol{E}^-(t') \rangle_s$ nur von $t - t'$ abhängt. Für $t > t'$ setzen wir $\tau = t - t'$, $dt\, dt' = d\tau dt'$ und integrieren t' weg, $\int_0^T dt'/T = 1$, so dass rechts in (66.14) nur $\int_0^\infty d\tau \langle \boldsymbol{E}^+(\tau)\boldsymbol{E}^-(0) \rangle_s \mathrm{e}^{i\omega\tau}$ bleibt. Für $t < t'$ setzen wir dann $t' - t = \tau$, $dt\, dt' = d\tau dt$ und haben jetzt in $\langle \boldsymbol{E}^+(t)\boldsymbol{E}^-(t') \rangle_s$ zur Anfangszeit $\langle \boldsymbol{E}^+(0)\boldsymbol{E}^-(\tau) \rangle = \langle \boldsymbol{E}^+(\tau)\boldsymbol{E}^-(0) \rangle^*$, wegen

$$\langle A^\dagger B \rangle^* = \mathrm{Spur}(\rho A^\dagger B)^* = \mathrm{Spur}((\rho A^\dagger B)^\dagger) = \mathrm{Spur}(B^\dagger A \rho^\dagger) = \langle B^\dagger A \rangle. \tag{66.15}$$

Damit ist insgesamt

$$S(\omega) = \int_0^\infty d\tau [\langle \boldsymbol{E}^+(\tau)\boldsymbol{E}^-(0) \rangle_s \mathrm{e}^{i\omega\tau} + kk]. \tag{66.16}$$

S wollen wir jetzt im Heisenbergbild berechnen. Ein Operator A hat dort die Zeitabhängigkeit (23.31), $\dot{A} = -i[A, H/\hbar]$. H sei zunächst wieder (65.2), (65.3):

$$\dot{a} = -i\omega_0 a - i \sum_j g_j b_j, \quad \dot{b}_j = -i\omega_j b_j - i g_j^* a. \tag{66.17}$$

Aufintegration der 2.Gl. gibt b_j, was sich dann in der 1.Gl. verwenden lässt:

$$b_j = b_{j0} \mathrm{e}^{-i\omega_j t} - i g_j^* \int_0^t dt' a(t') \mathrm{e}^{-i\omega_j (t-t')},$$

$$\dot{a} = -i\omega_0 a - i\sum_j g_j b_{j0}\mathrm{e}^{-i\omega_j t} - \sum_j |g_j|^2 \int_0^t dt' a(t')\mathrm{e}^{-i\omega_j(t-t')}. \quad (66.18)$$

Die ω_0-Abhängigkeit beseitigen wir durch $a = a'\mathrm{e}^{-i\omega_0 t}$, wobei $a'(t)$ nur noch wenig mit t variiert, obwohl b_j immer noch schnell oszilliert:

$$\dot{a}' = -\sum_j |g_j|^2 \int_0^t dt' a'(t')\mathrm{e}^{-i(\omega_j-\omega_0)(t-t')} + F(t), \quad (66.19)$$

$$F = -i\sum_j g_j b_{j0}\mathrm{e}^{i(\omega_0-\omega_j)t}. \quad (66.20)$$

Der Operator F hängt nur noch vom Reservoir ab und verrauscht das Signal, also ein „Rauscher". Er ist nicht hermitisch, in der Gleichung für $a'^{\dagger}$ erscheint $F^{\dagger}$. Das H_I (65.9) ist $\hbar(a^{\dagger}F + aF^{\dagger})$. Beim getriebenen Oszillator gibt es nun analog zu den Gleichungen der Erwartungswerte (66.5), (66.6) auch Operatorengleichungen,

$$\dot{\sigma}_{\pm} = (-\gamma/2 \pm i\Delta\omega)\sigma_{\pm} \mp \tfrac{1}{2}i\omega_1\sigma_z + F_{\pm}, \quad (66.21)$$

$$\dot{\sigma}_z = -\gamma(1+\sigma_z) - i\omega_1(\sigma_+ - \sigma_-) + F_z. \quad (66.22)$$

Deren Erwartungswerte sind identisch mit (66.5), (66.6), wegen $\langle F_i\rangle = 0$. Das Fluoreszenzspektrum entsteht aber ausschließlich durch F_i. Um das zu sehen, separieren wir die Erwartungswerte, also

$$\boldsymbol{\sigma} = \langle\boldsymbol{\sigma}\rangle + \delta\boldsymbol{\sigma}, \quad \langle\delta\boldsymbol{\sigma}\rangle = 0, \quad (66.23)$$

wobei $\langle\boldsymbol{\sigma}\rangle$ genau (66.11) erfüllt, während bei $\delta\boldsymbol{\sigma}$ noch F erscheint:

$$\partial_t\delta\sigma_i = \sum_j A_{ij}\delta\sigma_j + F_i. \quad (66.24)$$

Solche Gleichungen heißen auch *Langevin-Gleichungen*. Damit ist in (66.16)

$$\begin{aligned}\int d\tau \mathrm{e}^{i\omega\tau}\langle \boldsymbol{E}^+(\tau)\boldsymbol{E}^-(0)\rangle_s &\approx \langle\int d\tau \mathrm{e}^{i\omega\tau}\sigma_+(\tau)\rangle_s\langle\sigma_-(0)\rangle \\ &+ \langle\int d\tau \mathrm{e}^{i\omega\tau}\delta\sigma_+(\tau)\delta\sigma_-(0)\rangle_s.\end{aligned} \quad (66.25)$$

Im 1. Term gibt der stationäre Anteil $\int d\tau e^{i\omega\tau} e^{-i\omega_0\tau} = 2\pi\delta(\omega - \omega_0)$, also gerade das Laserspektrum. Der 2. Term erfüllt mit (66.24)

$$\dot{G}_i(\tau) = \sum_j A_{ij} G_j(\tau), \quad G_i = \langle \delta\sigma_i(\tau)\delta\sigma_-(0)\rangle, \tag{66.26}$$

weil $\langle F_i(\tau)\delta\sigma_-(0)\rangle$ wieder verschwindet. Damit erfüllt $G_i(\tau)$ die gleiche Diffgl (66.11) wie $\langle \boldsymbol{\sigma}\rangle - \langle \boldsymbol{\sigma}\rangle_s$, nur dass $\Delta\omega$ durch $-\omega_0$ ersetzt ist (das ω kommt erst bei der Fouriertransformation (66.16) dazu). Man entkoppelt die Gleichungen (66.26) durch Diagonalisieren von A. Jedes Diagonalelement liefert eine Funktion $\exp(a_d\tau)$. Die drei Eigenwerte a_d sind $-i\tilde{\omega}_0$ ($\tilde{\omega}_0 = \omega_0 - i\gamma/2$) sowie $-i\tilde{\omega}_{0\pm} = -i\tilde{\omega}_0 - \gamma/4 \pm \kappa$:

$$G_+ = \frac{\omega_1^2}{\gamma^2 + 2\omega_1^2}[e^{-i\tilde{\omega}_0\tau} - \lambda_+ e^{-i\tilde{\omega}_{0+}\tau} + \lambda_- e^{-i\tilde{\omega}_{0-}\tau}], \tag{66.27}$$

$$\lambda_\pm = (4\gamma^2 + 8\omega_1^2)^{-1}[-(10\omega_1^2 - \gamma^2)\gamma/4\kappa \pm \gamma^2 \mp 2\omega_1^2]. \tag{66.28}$$

Für $\omega_1 \gg \gamma$ ist $-\lambda_+ = \lambda_- = 1/4$, und κ ist imaginär. Das normierte Fluoreszenzspektrum $S_F(\omega)$ ist dann, mit $\Delta\omega = \omega - \omega_0$,

$$S_F = \frac{\gamma/2\pi}{\gamma^2/4 + \Delta\omega^2} + \frac{3\gamma/8\pi}{(3\gamma/4)^2 + (\Delta\omega - \omega_1)^2} + \frac{3\gamma/8\pi}{(3\gamma/4)^2 + (\Delta\omega + \omega_1)^2}. \tag{66.29}$$

Das sind drei Lorentzkurven,

$$S_F = L(\Delta\omega, \gamma) + \tfrac{1}{2}L(\Delta\omega - \omega_1, 3\gamma/2) + \tfrac{1}{2}L(\Delta\omega + \omega_1, 3\gamma/2), \tag{66.30}$$

in der Bezeichnung (41.9). Die letzten beiden Lorentzkurven bilden Seitenlinien von je der halben Intensität der Mittellinie. Bei kleinem ω_1 enthält S_F nur eine Lorentzkurve $L(\Delta\omega)$ wie in (41.9). Danach entwickelt sich in der Kurvenmitte eine Delle, und für $\omega_1 > \gamma/4$ ($\kappa = i\nu$) entwickeln sich die Seitenlinien.

§67. Quanteninformatik

Wo wir über zukünftige Datentransporte und Rechner spekulieren.

Wir wollen hier einige typisch quantische Begriffe und Operationen etwas eingehender studieren, auch im Hinblick auf mögliche Anwendungen. Wir beginnen mit dem

Kollaps der Wellenfunktion — In §7 wurde dir erklärt, das Resultat a_i einer Messung sei stets ein möglicher Eigenwert eines hermitischen Operators, $A\psi_{ai} = a_i\psi_{ai}$. Einen beliebigen zu messenden Zustand ψ entwickelt man nach den Eigenfunktionen $\psi_{aj}: \psi = \sum_j c_j\psi_{aj}$. Nach der Messung ist ψ auf ein ψ_{ai} „kollabiert", es hat dann plötzlich $c_j = \delta_{ij}$ (war ψ bereits eingangs in diesem Zustand, dann hat sich natürlich nichts geändert). Einfachstes Beispiel ist ein Zustand mit nur zwei Komponenten (Zweizustandssystem), etwa der Spin eines Elektrons oder ein ganzes Atom mit Spin $\frac{1}{2}$: $\psi = c_+\chi_+ + c_-\chi_-$ (21.4), wobei $\chi_\pm$ die Eigenzustände der Paulimatrix σ_z sind, $\sigma_z\chi_\pm = \pm\chi_\pm$. Zum Anschluss an die klassische binäre Algebra bezeichnen wir die Zustände hier mit $|1\rangle$ und $|0\rangle$:

$$|1\rangle = \chi_+ = \begin{pmatrix} 1 \\ 0 \end{pmatrix}, \; |0\rangle = \chi_- = \begin{pmatrix} 0 \\ 1 \end{pmatrix}, \; \sigma_z = \begin{pmatrix} 1 & 0 \\ 0 & -1 \end{pmatrix}, \; \sigma_x = \begin{pmatrix} 0 & 1 \\ 1 & 0 \end{pmatrix} \tag{67.1}$$

$$\psi = c_1|1\rangle + c_0|0\rangle. \tag{67.2}$$

Für einen Eigenzustand ψ von σ_z mit Eigenwert -1 wäre $c_1 = 0$ vor und nach der Messung. Für einen Eigenzustand ψ von σ_x dagegen (etwa mit Eigenwert -1, d.h. $c_1 = 1/\sqrt{2}$, $c_0 = -1/\sqrt{2}$) ist nach der Messung des Eigenwertes $2m_s$ von σ_z entweder $c_1 = 0$, $c_0 = 1$ oder $c_1 = 1$, $c_0 = 0$, und zwar mit je 50% Wahrscheinlichkeit. Man kann so keine Eigenzustände von σ_x erkennen. Bekommt man dagegen vorher gesagt, dass die Atome Nr. 2 bis 35 in Eigenzuständen von σ_x ankommen werden, dann kann man vielleicht schnell ein geeignetes Magnetfeld einschalten, das die Eigenzustände von σ_x in solche von σ_z dreht (oder den ganzen Messapparat drehen), und kann dann die Spinzustände dieser Atome voll messen. Die Drehung D ist die unitäre Matrix (21.24) für $\beta = 90°$:

$$D = \frac{1}{\sqrt{2}}\begin{pmatrix} 1 & -1 \\ 1 & 1 \end{pmatrix}, \; D\frac{1}{\sqrt{2}}\begin{pmatrix} 1 \\ 1 \end{pmatrix} = \begin{pmatrix} 0 \\ 1 \end{pmatrix}, \; D\frac{1}{\sqrt{2}}\begin{pmatrix} 1 \\ -1 \end{pmatrix} = \begin{pmatrix} 1 \\ 0 \end{pmatrix}. \tag{67.3}$$

Man misst dann z.B. für den obigen Eigenzustand von σ_x: $\langle\sigma_z\rangle = 1$, wegen $D\psi = \chi_+$. Statt Atomstrahlen kann man Licht mit definierter Polarisation benutzen, z.B. $|1\rangle = |r\rangle$ = rechtszirkular, $|0\rangle = |l\rangle$ = linkszirkular. Den Eigenzuständen von σ_x entspricht dann linearpolarisiertes Licht, etwa horizontales und vertikales,

$$|h\rangle = (|1\rangle + |0\rangle)/\sqrt{2}, \quad |v\rangle = (|1\rangle - |0\rangle)/\sqrt{2} \tag{67.4}$$

(siehe auch 35.14). Hier könnte man mit Strahlteiler und $\lambda/4$-Plättchen vor der Messung $|v\rangle$ in $|r\rangle$ umwandeln. Bei Licht kann man eine Mode auch mehrfach besetzen, sagen wir $|v^3\rangle = a_v^{\dagger 3}|0\rangle/\sqrt{6}$. Hier ginge bei einer „falschen“ Messung die Information unter Umständen nur teilweise verloren, nämlich falls die Messung nur eins der drei Fotonen verändert. Sie könnte z.B. den Zustand $|rv^2\rangle$ erzeugen. Bei Elektronen geht das so nicht, denn die stoßen sich ab. In Erdalkaliatomen hat man zwar Elektronenpaare zur Verfügung, die sind aber durch das Pauliprinzip eingeschränkt. Dagegen kann man Elektronen oder Alkaliatome in Dreierpackungen mit identischem ψ losschicken. Kommen dann drei Atome nacheinander in $|v\rangle$, dann ist das im Hilbertraum $|v\rangle_1|v\rangle_2|v\rangle_3$. Wir betrachten zur Vereinfachung nur noch solche Situationen und schreiben diesen Zustand einfach als $|vvv\rangle$. Die falsche Messung macht daraus nicht $|rvv\rangle$, sondern $(|rvv\rangle + |vrv\rangle + |vvr\rangle)/\sqrt{3}$. Wird an $\chi_\pm$ ein dritter Zustand $|3\rangle$ (§49) sehr schwach angekoppelt, dann könnte sich nach hinreichend langer Zeit doch eine nennenswerte Amplitude c_3 entwickeln. Das kann man durch häufiges Messen verhindern. Sei etwa $c_3 = \xi t$ und man wartet mit der ersten Messung bis $t = 0.5/\xi$, dann ist $|c_3|^2 = 0.25$, d.h. die Aufenthaltswahrscheinlichkeit im Dublett ist nur noch 0.75. Misst man dagegen diese Wahrscheinlichkeit bei jeweils $0.1/\xi$, dann ist sie bei $0.5/\xi$: $1 - 5 \times 0.01 = 0.95$. Es ist wie beim Kartoffelkochen: Wenn du ständig hinschaust, kochen sie nicht, oder? Der Effekt wurde anno 0 vom Griechen Zenon vorhergesagt, allerdings aufgrund eines logischen Fehlers. Heute lässt sich z.B. die Unterdrückung von Fluoreszenz quantisch berechnen.

Kryptografie — Hier geht es um die Verschlüsselung von Texten. Zur Sicherheit wird jeder Schlüssel nach einmaligem Gebrauch vernichtet. Damit Geheimagent Bernd nicht so viele Schlüssel rumschleppen muss, sendet Angelika vom BND ständig neue Schlüssel über einen Lichtleiter nach. Claudia dagegen arbeitet für den Nachrichtendienst eines außereuropäischen Landes (wesentlich an diesem beispielhaften Exempel sind nur die Anfangsbuchstaben A,B,C der Vornamen der beteiligten Personen). C versucht also, den Schlüssel auf dem Weg von A nach B zu kopieren. Nun sendet Angelika Quantenbits (Qbits) der Form (67.2) und wechselt dabei in Zufallsfolge zwischen zirkularer und linearer Basis, so dass etliche Qbits Eigenzustände von σ_z sind, die anderen aber Eigenzustände von σ_x. Wenn Claudia abhört, lässt sie im Mittel jeden zweiten Zustand kollabieren. Bernd benutzt einen unabhängigen und ebenfalls zufälligen Basiswechsel. Bei ihm kollabiert also auch jeder zweite ankommende Qbit. Aber wenn Angelika und Bernd ihre beiden Basisfolgen protokolliert haben, können sie diese nachträglich am Telefon (wo natürlich alle Nachrichtendienste mithören) vergleichen und die falschen Kombinationen weglassen. Für die richtigen Kombinationen vergleichen sie einen Bruchteil der gemessenen Eigenwerte. Hat Claudia nicht abgehört, dann sind darin keine Fehler, und der Bruchteil wird als Schlüssel für den Rest der Sendung benutzt. Andernfalls wird die Prozedur wiederholt.

Kontrollierte Binäroperatoren — Hier braucht man direkte Produkte zweier Spinoren oder Qbits, $|ij\rangle = |i\rangle|j\rangle = |i\rangle_1|j\rangle_2$. Das könnte wie gesagt eine Zweierpackung Atome sein, aber ein Atom mit Hyperfeinstruktur (Kernspin $\frac{1}{2}$) täte es auch. Ein klassisches Bit kann nur leer $|0\rangle$ oder voll $|1\rangle$ sein, ein (normiertes) Qbit enthält dagegen noch die komplexe Zahl c_0/c_1. Wendet man seine unitären Operatoren (die hier auch Operationen heißen) stets nur auf orthogonale Zustände an, dann bleiben sie orthogonal (§23). Man hat dann nur Eigenzustände der entsprechenden Paulimatrix und so nichts gegenüber der klassischen Boole-Algebra gewonnen. Der zusätzliche Informationsgehalt der Quanteninformatik steckt in schiefen Qbits.
Der Operator NICHT (= NOT auf englisch) vertauscht (negiert) den Inhalt des Qbits und wird in der σ_z-Basis durch σ_x (67.1) dargestellt:

$$\sigma_x|1\rangle = |0\rangle, \quad \sigma_x|0\rangle = |1\rangle. \tag{67.5}$$

Beachte, dass σ_x hier nicht als hermitischer, sondern als unitärer Operator gebraucht wird, $\sigma_x\sigma_x^\dagger = 1$. Das „kontrollierte NICHT" C_{12} (auch exklusives ODER genannt, XOR) negiert $|\rangle_2$ genau dann, wenn $|\rangle_1$ besetzt ist:

$$C_{12} = \begin{pmatrix} 1 & 0 \\ 0 & 0 \end{pmatrix}_1 \sigma_{x2} + \begin{pmatrix} 0 & 0 \\ 0 & 1 \end{pmatrix}_1 \sigma_{02}, \quad \sigma_0 = \begin{pmatrix} 1 & 0 \\ 0 & 1 \end{pmatrix}. \tag{67.6}$$

Die beiden ${}_1$-Matrizen sind Projektoren, die in (21.14) σ_{++} und σ_{--} hießen. Bequemer als die Matrixform ist eine Operationstabelle:

$$C_{12}|10\rangle = |11\rangle,\ C_{12}|11\rangle = |10\rangle,\ C_{12}|00\rangle = |00\rangle,\ C_{12}|01\rangle = |01\rangle. \tag{67.7}$$

Kompakter schreibt man

$$C_{12}|ij\rangle = |i, i+j\rangle, \tag{67.8}$$

wobei $i+j$ die Addition modulo 2 ist, also 1+1=0. Wir definieren auch noch ein durch ${}_2$ kontrolliertes NICHT C_{21}:

$$C_{21}|ij\rangle = |i+j, j\rangle. \tag{67.9}$$

C_{12} und C_{21} halten die direkten Produkte $|ij\rangle$ orthogonaler Zustände im direkten Produktraum. Nicht so die schiefen Zustände! Als Beispiel nehmen wir das mit D (67.3) gedrehte $|1\rangle_1$,

$$|D1, j\rangle = 2^{-1/2}\left(|1\rangle + |0\rangle\right)|j\rangle, \tag{67.10}$$

$$C_{12}|D1,0\rangle = 2^{-1/2}(|11\rangle + |00\rangle), \quad C_{12}|D1,1\rangle = 2^{-1/2}(|10\rangle + |01\rangle). \tag{67.11}$$

Die neuen Zustände haben nicht die Produktform $|\rangle_1|\rangle_2$; sie sind Linearkombinationen solcher Produkte. Schrödinger nannte sie *verschränkt* (englisch: *entangled*). Mit C_{12} und C_{21} kann man beliebige Inhalte ψ und ϕ zweier Zustände vertauschen („schwappen"):

$$C_{12}C_{21}C_{12}|\psi\phi\rangle = |\phi\psi\rangle. \tag{67.12}$$

Eigenzustände von σ_z kann man mit C_{12} kopieren, indem man den zweiten Qbit auf $|0\rangle$ setzt:

$$C_{12}|i0\rangle = |ii\rangle. \tag{67.13}$$

Schiefe Zustände lassen sich nicht kopieren:

$$C_{12}\left(c_1|1\rangle + c_0|0\rangle\right)|0\rangle = c_1|11\rangle + c_0|00\rangle. \tag{67.14}$$

Das Superpositionsprinzip verhindert die Erzeugung von c_1^2-Gliedern, wie sie im kopierten Zustand $|\psi\psi\rangle = (c_1|1\rangle + c_0|0\rangle)(c_1|1\rangle + c_0|0\rangle)$ auftreten müssten. Also: Schwappen ja, kopieren nein. Die Quantenkryptografie möchte ja gerade das Kopierverbot ausnutzen.

Verschränkung — Eine beliebte Basiswahl ist hier die von Bell,

$$\chi_g = 2^{-1/2}(|00\rangle + |11\rangle), \quad \chi_u = 2^{-1/2}(|00\rangle - |11\rangle), \tag{67.15}$$

$$\chi_0^1 = 2^{-1/2}(|10\rangle + |01\rangle), \quad \chi_0^0 = 2^{-1/2}(|10\rangle - |01\rangle). \tag{67.16}$$

χ_0^0 und χ_0^1 kennen wir schon aus (27.15) als die Triplett- und Singlett-Kombinationen zum Eigenwert 0 von $\sigma_z = \sigma_{z1} + \sigma_{z2}$. χ_g (gerade) und χ_u (ungerade) sind keine Eigenzustände von σ_z. Wichtig ist vielmehr, dass das zweite Bitpaar die vollständige Verneinung des ersten enthält, und dass die Einzelbits unpolarisiert sind, $\langle\boldsymbol{\sigma}\rangle_1 = \langle\boldsymbol{\sigma}\rangle_2 = 0$.
Einstein, Rosen und Podolsky (ERP, 1935) erkannten, dass die Messung des ersten Bits eines verschränkten Zustandes gleichzeitig eine Messung des zweiten ist, obwohl dieser räumlich weit weg sein kann. Bei der Annihilation von $^1S_0$-Positronium (Grundzustand von Parapositronium) in zwei Fotonen fliegen diese in entgegengesetzte Richtungen, $\boldsymbol{k}_1 = -\boldsymbol{k}_2 \equiv \boldsymbol{k}$, bleiben aber im χ_0^0 zugeordneten Polarisationszustand. Aus $(\boldsymbol{\sigma}_1 + \boldsymbol{\sigma}_2)\chi_0^0 = 0$ folgt, dass eine Messung von $\boldsymbol{\sigma}_1$ hier gleichzeitig $\boldsymbol{\sigma}_2$ dort festlegt. Misst man z.B. den Eigenwert m_{s1} von σ_{1z}, dann erscheint drüben automatisch $m_{s2} = -m_{s1}$. Misst man aber hier einen Eigenwert von σ_{1x}, dann stellt sich drüben auch ein Eigenzustand von σ_{2x} ein, und zwar wieder mit entgegengesetztem Eigenwert.

Dieser instantane Eingriff in ein fernes Teilsystem widerspricht der klassischen Elektrodynamik, nicht aber der Quantik. Für die klassisch möglichen Erwartungswerte ersann Bell (1987) Ungleichungen, die inzwischen experimentell falsifiziert wurden. Heute lässt uns das kalt, weil wir wissen, dass Überlichtsignale trotzdem unmöglich sind.
ERP-Bell-Zustände gestatten die instantane Übertragung von ψ an einen anderen Ort (*Teleportation*). Das ist wie Faxen mit Originalvernichtung (Kopieren ist ja unmöglich) und mit Überlichtgeschwindigkeit, wobei der Lesekode nachgeliefert wird. Produzierte Fotonpaare der nichtlinearen Optik sind meist verschränkt. Bei der parametrischen Verstärkung z.B. zerfällt bei der Niederkonversion ein Foton in zweie unter Impulserhaltung (48.9). In doppelbrechendem Material liegen die erlaubten Richtungen der beiden Fotonen auf zwei Kegeln. In den Schnittlinien der Kegel (so vorhanden) hat man die Kombinationen $(|hv\rangle + \mathrm{e}^{i\alpha}|vh\rangle)/\sqrt{2}$, mit einstellbarer Phase α (Kwiat et al, 1995). Man wird mit einzelnen Qbits wohl kaum Information übertragen können, weil die Dämpfung durch unerwünschte Moden zu groß ist. Dagegen kann man in Packungen Fehler ständig korrigieren.

$\mathcal{N}.\mathcal{D}.$

LITERATURVERZEICHNIS

Y Aharanov & D Bohm 1959 *Phys.Rev.* **115** 485

JS Bell 1987 *Speakable and unspeakable in quantum mechanics* (Cambridge University Press)

HA Bethe & EE Salpeter 1957 *Quantum Mechanics of One- and Two Electron Atoms* (Berlin: Springer)

N Bohr 1913 *Phil.Mag.* **26** 1, 476, 857

M Born 1926 *Z.Phys.* **38** 803

RW Boyd 1992 *Nonlinear Optics* (San Diego: Academic Press)

BH Bransden & CJ Joachain 1983 *Physics of Atoms and Molecules* (London: Longman)

G Breit 1929 *Phys.Rev.* **34** 553

L de Broglie 1923 *Compt.Rend.Acad.Sci.* **177** 507, 548, 630

C Cohen-Tannoudji, B Diu & F Laloë 1977 *Mécanique quantique* (Paris: Hermann), engl.: 1977 *Quantum Mechanics* (New York: Wiley, Paris: Hermann)

PAM Dirac 1927 *Proc.Roy.Soc.* **A114** 243

——— 1928 *Proc.Roy.Soc.* **A117** 610

——— 1958 *The Principles of Quantum Mechanics* (Oxford: Clarendon Press)

A Einstein 1905 *Ann.Physik* **17** 132

A Einstein, B Podolsky, N Rosen 1935, *Phys.Rev.* **47** 777

F Engelke 1992 *Aufbau der Moleküle* (Stuttgart: Teubner)

H Feshbach & F Villars 1958 *Rev.Mod.Phys* **30** 24

T Fließbach 1991 *Quantenmechanik* (Mannheim: Bibl.Inst.)

S Gasiorowicz 1974 *Quantum Physics* (New York: Wiley) [dt.: ^{5}1989 *Quantenphysik* (München: Oldenbourg)]

RJ Glauber 1963 *Phys.Rev.* **131** 2766 und *Phys.Rev.Lett.* **10** 84

IB Goldberg *et al.* 1989 *Phys.Rev.* **A39** 506

W Gordon 1926 *Z.Phys.* **40** 117

W Heisenberg 1925 *Z.Phys.* **33** 879

G Herzberg 1944 *Atomic Spectra and Atomic Structure* (New York: Dover)

——— 1950 *Molecular Spectra and Molecular Structure* (Princeton: Van Nostrand)

O Klein 1926 *Z.Phys.* **37** 895

HA Kramers 1933 *Hand- und Jahrbuch der Chemischen Physik, Bd.I* (Leipzig: Akad.Verlagsges.)

W Kutzelnigg 1978, *Einführung in die Quantenchemie, Bd.II* (Weinheim: Verlag Chemie)

PG Kwiat et al 1995 *Phys. Rev. Letters* **75** 4337

LD Landau & EM Lifschitz 1979 *Lehrbuch der Theoretischen Physik, Bd.III: Quantenmechanik* (Berlin: Akademie-Verlag)

——— 1989 *Lehrbuch der Theoretischen Physik, Bd.IV: Quantenelektrodynamik* (Berlin: Akademie-Verlag)

IN Levine 1991 *Quantum Chemistry* (Englewood Cliffs, NJ (USA): Prentice Hall)

BA Lippmann & J Schwinger 1950 *Phys.Rev.* **79** 469

D Lurié 1968 *Particles and Fields* (New York: Interscience)

E Merzbacher 1961 *Quantum Mechanics* (New York: Wiley)

A Messiah 1959 *Mécanique quantique* (Paris: Dunod) [dt.: ^{2}1991 & ^{3}1990 *Quantenmechanik* (Berlin: de Gruyter)]

P Meystre & M Sargent III 1990 *Elements of Quantum Optics* (Berlin: Springer)

PW Milonni 1994 *The Quantum Vacuum* (Boston: Academic Press)

W Nolting 1992 *Grundkurs: Theoretische Physik, Bd.5.1: Quantenmechanik: Grundlagen* (^{3}1997 Braunschweig/Wiesbaden: Vieweg)

W Nolting 1993 *Grundkurs: Theoretische Physik, Bd.5.2: Quantenmechanik: Methoden und Anwendungen* (^{3}1997 Braunschweig/Wiesbaden: Vieweg)

RG Parr & W Yang 1989 *Density-Functional Theory of Atoms and Molecules* (Oxford University Press.)

W Pauli 1927 *Z.Phys.* **43** 601

M Planck 1901 *Ann.Physik* **4** 553

II Rabi 1937 *Phys.Rev.* **51** 652

JJ Sakurai 1967 *Advanced Quantum Mechanics* (Reading: Addison-Wesley)

E Schrödinger 1926 *Ann.Physik* **80** 437

F Schwabl 1988 *Quantenmechanik* (Berlin: Springer)

ECG Sudarshan 1963 *Phys.Rev.Lett.* **10** 277

AP Sutton 1993 *Electronic Structure of Materials* (Oxford: Clarendon)

WR Theis 1985 *Grundzüge der Quantentheorie* (Stuttgart: Teubner)

W Vogel & DG Welsch 1994 *Lectures on Quantum Optics* (Berlin: Akademie-Verlag)

BL van der Waerden 1929 *Gött.Nachr.* 100

DF Walls & GJ Milburn 1994 *Quantum Optics* (Berlin: Springer)

M Weissbluth 1978 *Atoms and Molecules* (New York: Academic Press)

H Weyl 1929 *Z.Phys.* **56** 330

DP Woodruff & TA Delchar 1986 *Modern Techniques of Surface Science* (Cambridge: Cambridge Univ. Press)

INDEX

¡¡Die Zahlen beziehen sich auf die §-Nummern!! Besonders wichtige Einträge sind unterstrichen. Auf Aufgaben wird durch das nachgestellte Zeichen * verwiesen.